普 通 高 等 教 育 教 材

U0673347

膜科学与
技术基础 第二版

贾志谦 编著

Fundamentals of
Membrane Science
and Technology

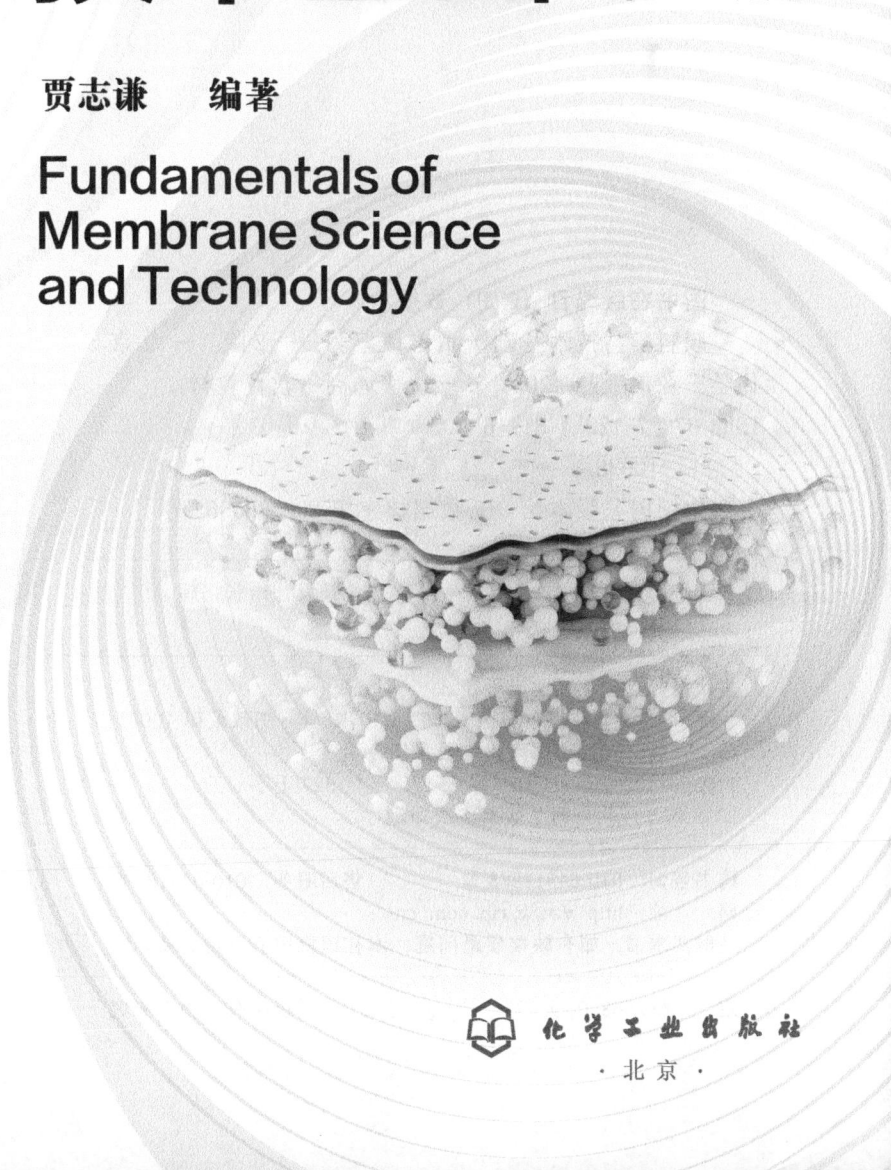

化学工业出版社
·北京·

内容简介

本书共分两篇，第一篇为膜基础，包括概述、膜材料及其性质、膜制备、膜的表征、膜传递机理、膜组件和流程设计等内容，系统阐述了膜科学与技术的基本原理和共性规律；第二篇为膜过程，包括反渗透、纳滤、超滤、微滤、气体分离、渗透汽化、液膜、电渗析、膜电解、燃料电池膜、水电解制氢膜、膜接触器、膜反应器、其他膜过程等内容，全面介绍了各个膜过程的原理和应用。

本书可作为高等院校化学工程与工艺、材料科学与工程、高分子材料与工程等专业本科生、研究生的教材和教学参考书，也可供从事膜科学与技术研究和生产的技术人员参考。

图书在版编目（CIP）数据

膜科学与技术基础 / 贾志谦编著. -- 2 版. -- 北京：
化学工业出版社，2025.6. --（普通高等教育教材）.
ISBN 978-7-122-47814-6

Ⅰ. TQ028.8

中国国家版本馆 CIP 数据核字第 2025B83S52 号

责任编辑：傅聪智　　　　　　　装帧设计：张　辉
责任校对：王鹏飞

出版发行：化学工业出版社
　　　　　（北京市东城区青年湖南街 13 号　邮政编码 100011）
印　　装：北京印刷集团有限责任公司
710mm×1000mm　1/16　印张 17　字数 327 千字
2025 年 6 月北京第 2 版第 1 次印刷

购书咨询：010-64518888　　　　售后服务：010-64518899
网　　址：http://www.cip.com.cn
凡购买本书，如有缺损质量问题，本社销售中心负责调换。

定　　价：68.00 元　　　　　　　　版权所有　违者必究

前　言

本教材自 2012 年首次出版以来，得到了广大读者的支持和厚爱，已有 30 多所高校将其作为本科生或研究生教材。十多年来，世界科技日新月异，膜科学与技术也有了长足发展，有必要对教材进行修订再版，使其更加全面和科学，及时反映该领域的最新研究进展。本次修订主要包括以下内容：

（1）在保留原有篇章结构的基础上，新增了 10 个小节。例如，第 3 章"膜制备"中增加了热致相分离法制备微孔膜、新型材料分离膜的制备、新型制膜方法等三节内容；第 9 章"电渗析 膜电解 燃料电池膜 水电解制氢膜"中增加了水电解制氢膜一节；第 12 章"其他膜过程"中增加了膜吸附、固相萃取膜、电池隔膜、膜电极过程、油水分离膜、阻隔膜等六节内容。

（2）在原有小节中增补了部分内容。例如，第 4 章"膜的表征"中增加了正电子湮没谱、吸附脱附等温线、纳米压痕、接触角等内容；第 5 章"膜传递机理"中增加了限域传质、XDLVO 理论等内容；第 7 章"反渗透 纳滤 超滤 微滤"中增加了反渗透膜的耐氯性能、耐溶剂纳滤膜等内容；第 10 章"膜接触器"中增加了膜润湿与膜污染、光热膜蒸馏等，不一一赘述。

（3）增加了创新性实例。为了反映膜领域的最新研究进展，全书增加了若干创新性实例，主要选自 Nature、Science 等重要期刊近年发表的论文。

（4）对原有内容进行了校核和勘误。

本次修订共增补文字近 10 万字，图 20 多幅，创新性实例 30 多个，全书内容更加全面和丰富。本次修订参考了国内外相关教材专著、学术论文和网络资料，得到了膜领域专家学者的支持指导，北京师范大学"十四五"高等教育教材建设项目给予了资助，在此一并表示衷心感谢！十多年来，研究生郭越新、武国蓉、郝爽、王建军、张天琪、张东旭、李修磊、朱斯超、王妍、史维幸、姜明辰、程肖雪、耿燕子、陆小雨、姜璐、范胜男、马婷婷、靳子瑄、陆荷洁、李一航、陈湘文等先后加入本课题组，探索未知，切磋琢磨，教学相长，亦为人生之幸！

在本书撰写和修订中，作者注重阐明科学原理和规律，力求科学严谨，逻辑清晰，语言凝练。由于膜科学与技术发展迅速，知识浩繁，加之作者认识水平有限，本书难免挂一漏万以及存在不妥之处，敬请读者不吝指正。

贾志谦
2025 年 4 月于北京师范大学

第一版前言

膜科学与技术，包括膜材料、膜制备、膜表征、膜传递机理、压力驱动膜过程、浓度驱动膜过程、电驱动膜过程、膜接触器、膜反应器等内容，属于多学科交叉领域，涉及高分子科学、物理化学、化学工程与技术、环境工程等多个学科。膜过程具有能耗低、分离效率高、过程简单等优点，属于高新技术范畴，正日益受到科技界和产业界的关注，已成为海水淡化、苦咸水淡化、饮用水生产、食品、医药、化工、生物技术、废水处理等领域首选或极具竞争力的先进技术。

本书是根据作者在北京师范大学化学学院讲授的《膜科学与技术》课程讲义改编而成的，共分为两篇内容，第一篇系统阐述了膜科学与技术的基本原理和共性规律；第二篇全面介绍了各个膜过程的原理、特点和应用。本书注重阐明膜科学与技术的基本理论，同时又兼顾了该领域的最新研究进展，并配有若干例题，部分术语以脚注形式作了解释以便于读者进一步了解。

本书编写过程中，得到了中国科学院生态环境研究中心刘忠洲研究员的鼓励和帮助，谨此表示衷心感谢；研究生常青、孙慧杰、谷庆阳、甄甜丽等参加了部分文字的录入工作，在此表示谢意；最后感谢国家自然科学基金（20676016，21076024）的资助。

本书可供从事膜科学与技术研究和生产的科研人员、大专院校师生参考，也可以作为本科生、研究生的教材和教学参考书。由于膜科学与技术涉及领域较广，加之作者水平有限，书中难免存在疏漏和不妥之处，敬请各位读者不吝赐教。

贾志谦

2011 年 10 月于北京师范大学

符 号 表

a	活度		S	膜面积；溶解-扩散模型中的溶解度系数
A	纯水渗透系数			
c	浓度		Sc	Schmidt 数
C	电容		Sh	Sherwood 数
d	直径		t	时间；迁移数
D	扩散系数		T	温度
E	拉伸模量；电位；能量；化学吸收中的增强因子		u	流速
			U	电压
f	摩擦阻力		v	体积分数
F	Faraday 常数；力		V	体积
h	位移		W	能量密度
H	亨利系数		x	摩尔分数；距离
i	电流密度		X	非平衡热力学方程中的推动力
I	电流强度；离子强度		y	摩尔分数
J	渗透通量		z	价态
k	传质系数；反应速率常数		Z	阻抗
K	平衡常数；分配系数；总传质系数		**希腊字母**	
l	膜厚度		α	分离因子；比表面积
L	长度；非平衡热力学方程中的系数		γ	活度系数
m	质量；膜萃取中的溶质分配系数		Γ	单位膜界面上溶质的吸附量
n	膜孔密度		δ	溶解度参数；边界层厚度
N	传质速率		ε	孔隙率；应变
p	压力		ζ	电位
P	渗透系数；荷电膜的选择透过度		η	泵的效率
Q	体积流量		θ	接触角
r	膜孔半径；比阻力		κ	溶液电导率
R	气体常数；阻力；截留率；反应速率		λ	分子平均自由程；热导率

μ	黏度；化学势		f	进料；聚合物的自由体积
π	渗透压		g	玻璃化；凝胶；气相
ρ	密度		i	组分
σ	表面张力；应力；截留系数		K	Knudsen扩散
τ	膜孔曲折因子；时间		int	本征
φ	体积分数		l	液相
Φ	耗散函数		lim	极限
χ	相互作用参数		m	膜
ω	溶质渗透系数		M	混合

上标

$*$	平衡		o	有机相

下标

0	初始		p	渗透流；膜孔
b	主体		r	浓缩流
cp	浓度极化		s	溶质
			w	水

缩略语表

Ab	抗体	EVA	乙烯-醋酸乙烯酯共聚物
AEM	阴离子交换膜	EVAI	乙烯-乙烯醇共聚物
AES	俄歇电子能谱	FC	燃料电池
ATP	三磷酸腺苷	FO	正渗透
AWE	碱性电解水	GO	氧化石墨烯
BF	呼吸图案法	GPC	凝胶渗透色谱
CA	醋酸纤维素	HER	析氢反应
CD	环糊精	IEC	交换容量
CDH	葡萄糖脱氢酶	IP	界面聚合
CDI	电容去离子	IPA	异丙醇
CMR	催化膜反应器	IPN	互穿聚合物网络
COD	化学耗氧量	LCST	低临界溶解温度
COFs	共价有机骨架化合物	LDH	层状双金属氢氧化物
CS	壳聚糖	lgG	免疫球蛋白
CTA	三醋酸纤维素	MBR	膜生物反应器
DMAc	N,N-二甲基乙酰胺	MD	膜蒸馏
DMF	N,N-二甲基甲酰胺	MF	微滤
DMFC	直接甲醇燃料电池	MFI	膜过滤指数
DMP	邻苯二甲酸二甲酯	MIT	分子印迹技术
DMSO	二甲基亚砜	MMMs	混合基质膜
DOA	己二酸二辛酯	MOFs	金属有机骨架化合物
DOD	放电深度	MPD	间苯二胺
DOP	邻苯二甲酸二辛酯	MWCO	截留分子量
EC	乙基纤维素	NF	纳滤
ED	电渗析	NIPS	非溶剂致相分离法
EDI	电去离子	OER	析氧反应
EIS	电化学阻抗谱	OX	邻二甲苯

P4VP	聚 4-乙烯基吡啶		PS	聚苯乙烯
PA	聚酰胺		PSF	聚砜
PAA	聚丙烯酸		PTFE	聚四氟乙烯
PAN	聚丙烯腈		PTL	多孔传输层
PAS	聚芳砜		PV	渗透汽化
PB	聚苯并咪唑		PVA	聚乙烯醇
PBIP	聚苯并咪唑酮		PVC	聚氯乙烯
PC	聚碳酸酯		PVDC	聚偏二氯乙烯
PDMS	聚二甲基硅氧烷		PVDF	聚偏氟乙烯
PE	聚乙烯		PVP	聚乙烯吡咯烷酮
PEBA	嵌段聚醚酰胺		PX	对二甲苯
PEEK	聚醚醚酮		RO	反渗透
PEG	聚乙二醇		SLM	支撑液膜
PEI	聚乙烯亚胺		SOC	荷电状态
PEK	聚醚酮		SPE	固相萃取
PEM	质子交换膜		SPED	固相萃取膜
PES	聚醚砜		SPG	Shirasu 多孔玻璃
PET	聚对苯二甲酸乙二醇酯		SPS	磺化聚苯乙烯
PHEP	聚六氢丙烯		SRNF	耐溶剂纳滤
PI	聚酰亚胺		TFC	薄层复合膜
PIMs	自具微孔聚合物		TFN	薄层纳米复合膜
PMD	光热膜蒸馏		TIPS	热致相分离法
PMMA	聚甲基丙烯酸甲酯		TMC	均苯三甲酰氯
PMP	聚 4-甲基-1-戊烯		TOC	总有机碳
PNIPAm	聚异丙基丙烯酰胺		UF	超滤
PP	聚丙烯		VOCs	挥发性有机物
PPO	聚苯醚		WVTR	水蒸气透过率
PPS	聚苯硫醚		YSZ	氧化钇稳定的氧化锆

目 录

第一篇 膜基础

1 概述 ……………………………… 2
1.1 膜技术发展简史 …………………… 2
1.2 膜的分类 …………………………… 3
1.3 膜过程 ……………………………… 4
思考题 …………………………………… 6
参考文献 ………………………………… 6

2 膜材料及其性质 ………………… 7
2.1 膜材料 ……………………………… 7
2.1.1 天然膜材料 …………………… 7
2.1.2 合成膜材料 …………………… 9
2.2 高分子材料结构与性质 ………… 13
2.2.1 玻璃化温度 …………………… 13
2.2.2 结晶度 ………………………… 15
2.2.3 耐热性 ………………………… 15
2.2.4 降解 …………………………… 15
思考题 ………………………………… 16
参考文献 ……………………………… 16

3 膜制备 …………………………… 17
3.1 概述 ………………………………… 17
3.2 高分子溶剂的选择 ……………… 21
3.3 浸没沉淀法制备非对称膜 …… 24
3.3.1 无定形聚合物的浸没沉淀
　　　 过程 ……………………… 24
3.3.2 结晶性聚合物的浸没沉淀
　　　 过程 ……………………… 27
3.3.3 膜的结构形态 ……………… 28
3.3.4 膜孔结构的控制 …………… 29
3.3.5 膜表面缺陷 ………………… 32
3.3.6 超临界流体作为非溶剂 …… 32
3.4 热致相分离法制备微孔膜 …… 33

3.4.1 热致相分离法 ……………… 33
3.4.2 低温热致相分离法 ………… 36
3.5 复合膜的制备 …………………… 36
3.5.1 分离层的制备 ……………… 36
3.5.2 基膜的选择 ………………… 39
3.6 无机膜的制备 …………………… 39
3.6.1 多孔基膜的制备 …………… 39
3.6.2 分离层的制备 ……………… 39
3.7 新型材料分离膜的制备 ……… 46
3.7.1 金属有机骨架膜 …………… 46
3.7.2 共价有机骨架膜 …………… 47
3.7.3 氧化石墨烯膜 ……………… 49
3.7.4 石墨烯膜 …………………… 53
3.7.5 MXene 膜 …………………… 55
3.7.6 自具微孔聚合物膜 ………… 56
3.7.7 嵌段共聚物膜 ……………… 60
3.7.8 Janus 膜 …………………… 61
3.8 新型制膜方法 …………………… 62
3.8.1 静电纺丝 …………………… 62
3.8.2 增材制造技术 ……………… 63
3.8.3 呼吸图案法 ………………… 64
3.8.4 光刻制膜 …………………… 66
3.8.5 纳米压印制膜 ……………… 67
3.9 膜的改性 ………………………… 67
3.9.1 基体改性 …………………… 67
3.9.2 表面改性 …………………… 68
3.10 不同构型膜的制备 …………… 72
3.10.1 平板膜 …………………… 72
3.10.2 管式膜 …………………… 73
3.10.3 中空纤维膜 ……………… 74

思考题 ……………………… 75
参考文献 ……………………… 75

4 膜的表征 ……………………… 77
4.1 结构参数的测定 ……………… 77
4.1.1 孔径的测定 ……………… 77
4.1.2 孔隙率的测定 …………… 80
4.1.3 正电子湮没谱 …………… 81
4.1.4 吸附脱附等温线 ………… 81
4.1.5 化学成分及结构分析 …… 83
4.2 渗透参数的测定 ……………… 85
4.2.1 选择性 …………………… 85
4.2.2 渗透性能 ………………… 86
4.3 荷电参数的测定 ……………… 87
4.4 其他参数的测定 ……………… 89
4.4.1 玻璃化温度和结晶度 …… 89
4.4.2 力学性能 ………………… 90
4.4.3 接触角 …………………… 91
4.4.4 稳定性 …………………… 93
4.4.5 膜污染状况 ……………… 94
思考题 ……………………… 94
参考文献 ……………………… 94

5 膜传递机理 ……………………… 95

5.1 膜内传递过程 ………………… 95
5.1.1 通过多孔膜的传递 ……… 95
5.1.2 通过非多孔膜的传递 …… 97
5.1.3 通过荷电膜的传递 ……… 101
5.1.4 非平衡热力学描述膜传递
过程 ……………………… 103
5.1.5 限域传质 ………………… 106
5.1.6 分子模拟 ………………… 107
5.2 膜表面传递过程 ……………… 108
5.2.1 浓度极化 ………………… 108
5.2.2 膜污染 …………………… 112
思考题 ……………………… 116
参考文献 ……………………… 116

6 膜组件和流程设计 ……………… 118
6.1 膜组件 ………………………… 118
6.2 流程设计 ……………………… 119
6.2.1 流程 ……………………… 119
6.2.2 能量消耗 ………………… 121
6.3 集成膜过程 …………………… 122
6.4 废弃分离膜的再利用和处理 … 123
思考题 ……………………… 124
参考文献 ……………………… 124

第二篇　膜过程

7 反渗透 纳滤 超滤 微滤 ……… 126
7.1 反渗透和正渗透 ……………… 126
7.1.1 渗透压 …………………… 126
7.1.2 反渗透 …………………… 127
7.1.3 正渗透 …………………… 131
7.2 纳滤 …………………………… 132
7.2.1 纳滤膜 …………………… 133
7.2.2 应用 ……………………… 138
7.3 超滤 …………………………… 138
7.3.1 极限通量 ………………… 139
7.3.2 稀释过滤 ………………… 140
7.3.3 应用 ……………………… 141
7.4 微滤 …………………………… 143
思考题 ……………………… 144
参考文献 ……………………… 144

8 气体分离 渗透汽化 液膜
渗析 ……………………………… 146
8.1 气体分离 ……………………… 146

8.1.1 膜材料 …………………… 146
8.1.2 应用 ……………………… 149
8.2 渗透汽化 ……………………… 153
8.2.1 概述 ……………………… 153
8.2.2 渗透汽化过程 …………… 153
8.2.3 膜材料和膜组件 ………… 154
8.2.4 应用 ……………………… 155
8.3 液膜 …………………………… 159
8.3.1 概述 ……………………… 159
8.3.2 促进传递液膜 …………… 160
8.3.3 液膜分离过程 …………… 162
8.3.4 应用 ……………………… 163
8.4 渗析 …………………………… 164
思考题 ……………………… 166
参考文献 ……………………… 166

9 电渗析 膜电解 燃料电池膜
水电解制氢膜 …………………… 167
9.1 离子交换膜 …………………… 167

9.2　电渗析 ·················· 170
　9.2.1　原理 ·············· 170
　9.2.2　应用 ·············· 172
9.3　膜电解 ················ 175
9.4　燃料电池膜 ············ 176
　9.4.1　质子交换膜 ········ 176
　9.4.2　阴离子交换膜 ······ 180
9.5　水电解制氢膜 ·········· 182
　9.5.1　水电解制氢原理 ···· 182
　9.5.2　隔膜 ·············· 184
思考题 ···················· 186
参考文献 ·················· 186

10　膜接触器 ············ 187
10.1　膜吸收 ··············· 187
　10.1.1　膜吸收器的结构 ···· 187
　10.1.2　传质过程 ·········· 188
　10.1.3　应用 ·············· 191
10.2　膜萃取 ··············· 194
　10.2.1　原理 ·············· 194
　10.2.2　传质过程 ·········· 195
　10.2.3　应用 ·············· 197
10.3　膜蒸馏 ··············· 199
　10.3.1　原理 ·············· 199
　10.3.2　传质和传热 ········ 201
　10.3.3　膜润湿和膜污染 ···· 202
　10.3.4　应用 ·············· 202
思考题 ···················· 206
参考文献 ·················· 206

11　膜反应器 ············ 208
11.1　膜化学反应器 ········· 208
　11.1.1　概述 ·············· 208
　11.1.2　膜选择分离式反应器 ·· 208
　11.1.3　膜控制输入式反应器 ·· 210
　11.1.4　膜介观孔道式反应器 ·· 212
11.2　膜生物反应器 ········· 213
　11.2.1　酶膜生物反应器 ···· 214
　11.2.2　膜微生物反应器 ···· 218
　11.2.3　膜组织细胞培养器 ·· 220
思考题 ···················· 220
参考文献 ·················· 220
12　其他膜过程 ·········· 222
12.1　亲和膜分离 ··········· 222

12.1.1　亲和膜材料 ········· 222
12.1.2　亲和介质的活化方法 ·· 224
12.1.3　配基 ··············· 225
12.1.4　亲和膜分离理论 ····· 226
12.1.5　应用 ··············· 226
12.2　分子印迹膜 ··········· 227
　12.2.1　制备方法 ·········· 227
　12.2.2　分离机理 ·········· 228
　12.2.3　应用 ·············· 228
12.3　控制释放膜 ··········· 228
　12.3.1　分类 ·············· 229
　12.3.2　应用 ·············· 231
12.4　环境响应膜 ··········· 232
　12.4.1　制备方法 ·········· 233
　12.4.2　物理刺激响应膜 ···· 233
　12.4.3　化学刺激响应膜 ···· 234
12.5　无机致密透氧膜 ······· 235
　12.5.1　快离子导体 ········ 235
　12.5.2　双相复合混合导体 ·· 236
　12.5.3　单相混合导体 ······ 236
12.6　膜乳化 ··············· 238
　12.6.1　影响因素 ·········· 238
　12.6.2　应用 ·············· 239
12.7　膜吸附 ··············· 239
　12.7.1　吸附膜 ············ 240
　12.7.2　吸附过程 ·········· 241
12.8　固相萃取膜 ··········· 244
12.9　电池隔膜 ············· 246
　12.9.1　锂离子电池隔膜 ···· 246
　12.9.2　全钒液流电池隔膜 ·· 247
　12.9.3　电池性能分析 ······ 248
12.10　膜电极过程 ·········· 251
　12.10.1　电容去离子 ······· 251
　12.10.2　电化学吸附 ······· 252
12.11　油水分离膜 ·········· 254
12.12　阻隔膜 ·············· 256
　12.12.1　影响气体阻隔性的主要
　　　　　　因素 ············ 257
　12.12.2　高阻隔膜的种类 ···· 257
思考题 ···················· 259
参考文献 ·················· 259
全书综合思考题 ·········· 260

第一篇
膜 基 础

1　概述
2　膜材料及其性质
3　膜制备
4　膜的表征
5　膜传递机理
6　膜组件和流程设计

1 概　述

1.1　膜技术发展简史

膜，是指分隔两相或两部分的屏障(barrier)，能以特定形式截留和传递物质，可以是固态、液态或其组合，中性或荷电的，厚度从几微米到几百微米。

1748 年，A. Nollet 偶然发现了动物膜的半透性[1]：为了证明在减压下溶解的空气能引起液体沸腾，将脱气后的乙醇密封在猪膀胱内，再浸入水中以与空气隔绝，结果发现水自发渗透进入乙醇内，使膀胱膨胀了。这一现象记录在关于沸腾论文的附录里，后来 Dutrochet 称该现象为渗透(osmosis)。1855 年 Fick❶首次将硝酸纤维素膜用于研究盐溶液通过多孔隔膜的扩散模型。1861 年，A. Schmidt 采用比滤纸孔径更小的赛璐玢(cellophane)膜❷，通过施加压力使膜的两侧产生压力差，分离溶液中的细菌、蛋白质、胶体等微小粒子，其精度远高于滤纸，称为超过滤。1907 年 Bechhold 制得了系列化的多孔火棉胶膜。1911 年 Donnan 研究了荷电体传递中的平衡现象。1917 年 Kober 报道了渗透汽化方法。1918 年 Zsigmondy 等首次提出商业规模生产硝化纤维滤膜的方法。1942 年 Kolff 首次报道了血液透析(hemodialysis)。1950 年 W. Juda 等研制成功第一张具有实用价值的离子交换膜。

1960 年，加利福尼亚大学 S. Loeb 和 S. Sourirajan 发明了浸没沉淀相转化制膜工艺(后称 L-S 制膜法)，并首先制成高脱盐率(97%～98%)、高透水速率的非对称型二醋酸纤维素反渗透膜，从此，反渗透技术开始实现工业化。20 世纪 60 年代初，Martin 研究反渗透时发现了具有选择分离特性的人造液膜，该液膜是覆盖在固体膜上的，称为支撑液膜。1968 年，美籍华人黎念之博士提出了乳化液膜的概念和原理。70 年代初，Cussler 研制成功含有流动载体(carrier)的液膜，提高了液膜分离技术的选择性。

20 世纪 70 年代，超滤技术工业化。80 年代，气体分离膜研制成功，Mon-

---

❶ Adolph Fick (1829—1901)，德国数学家，物理学家，生理学家。1855 年提出了 Fick 扩散第一定律，之后又提出了 Fick 扩散第二定律。

❷ 赛璐玢：由黏胶溶液制成，由其制成的玻璃纸机械强度高，广泛用于食品、服装、香烟等的包装。

santo 公司采用 Prism 系统分离 H_2/N_2，Dow 公司建成 N_2/O_2 分离装置。80 年代～90 年代，渗透汽化取得进展，GFT 公司于 1988 年在法国建成日产 15 万升无水乙醇的装置。90 年代以来，膜基平衡分离过程（membrane-based equilibrium process），如膜萃取、膜吸收、膜汽提（stripping）、真空膜蒸馏等出现，利用膜提供稳定的相际接触面，克服了常规分离中的液泛、返混等问题。与此同时，促进传递、膜反应器、膜传感器、控制释放膜等技术发展也很快。

目前，反渗透已成为海水淡化、苦咸水淡化、饮用水制备的最廉价方法。与溶剂吸收和物理吸附相比，膜法脱除天然气中的 H_2O、CO_2 和 H_2S 具有较好的经济效益。在燃料乙醇方面，采用生物反应器替代传统的间歇发酵技术，将乙醇及时移出发酵区，可实现连续生产，还可提高发酵效率。传统的恒沸精馏将乙醇水溶液由质量分数 95.6% 提高到 99.8% 以上，能耗较高，而利用 NaA 型透水膜通过渗透汽化制得 99.8% 的乙醇，可使能耗极大降低。因此，欧盟将膜技术列为 9 个优先发展的课题之一，提出"在 21 世纪的多数工业中，膜分离技术扮演着战略角色"。

1.2 膜的分类

膜的种类很多，可以根据膜材料、膜表面结构、膜断面结构等进行分类。

根据膜材料不同，分为天然膜和合成膜两大类。天然膜包括生物膜、天然物质改性或再生膜（如再生纤维素膜）。生物膜按其来源又分为有生命膜（如动物膀胱、肠衣）和无生命膜，无生命生物膜即由磷脂形成的脂质体和小泡，在药物分离中日益受到重视。合成膜包括无机膜（金属、硅酸盐、玻璃等）和有机高分子膜。无机膜耐热性和化学稳定性好，但成本较高；有机高分子膜易于制备，但在有机溶剂中易溶胀；由无机材料和有机高分子材料构成的膜具有两者的优点。通常将无机和有机成分微观混合或化学交联形成的膜称为无机/有机杂化膜（hybrid membrane），而将有机和无机成分明显分层的膜称为无机/有机复合膜（composite membrane）。无机/有机杂化膜主要采用溶胶-凝胶法（sol-gel）制备，如利用 Si(OEt)$_4$ 在聚合物溶液中发生 sol-gel 反应制得无机硅/有机聚合物杂化膜，或者以聚合物膜为母体，用适当的溶剂溶胀后与硅酸乙酯溶液接触，硅酸乙酯渗透进入膜内发生水解缩合得到杂化膜。制备无机/有机复合膜时，可将高分子溶液涂于无机多孔支撑膜上而制得。

按膜表面结构不同，分为多孔膜和非多孔膜。多孔膜，指结构较疏松的膜，如微滤膜和大多数超滤膜，一般用相转化法（phase inversion）制备，高分子膜中的高分子大多以胶束聚集体的形式存在。非多孔膜指结构紧密的膜，孔径在 1 nm 以下，膜中的高分子以分子状态排布，也称均质膜或致密膜（dense membrane），主要用于气体分离、渗透汽化等，如硅橡胶膜用于气体分离，均质金属膜用于纯化氢气。

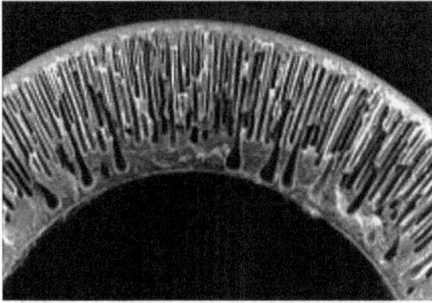

图 1-1 非对称膜

按膜断面结构不同分为非对称膜和对称膜。非对称(asymmetric)膜，指膜的横断面呈不同的层次结构，即从皮层(skin)到底层存在膜孔径的梯度分布(图 1-1)；反之，为对称膜，如大多数微滤膜和核孔膜。L-S 醋酸纤维素反渗透膜为典型的非对称膜，由很薄的皮层($0.1 \sim 1~\mu m$)、微细孔过渡层和较大孔的支撑层($100 \sim 200~\mu m$)组成，具有高传质速率和良好机械强度，被脱除的物质大都在表面，易于清除。非对称膜的过渡层易压密，对于压力驱动膜过程是一严重缺陷，因此提出了复合膜的概念，即用坚韧材料制备支撑层，在其上制备超薄分离功能层，以使两者分别优化，可降低皮层厚度($0.01 \sim 0.1~\mu m$)，又可取消过渡层。复合膜的皮层和支撑层采用不同的材料，常用支撑层材料有聚砜、聚丙烯腈、聚偏氟乙烯、石英玻璃、硅酸盐等。复合膜是第三代分离膜，主要用于反渗透、气体分离和渗透汽化，已成为反渗透膜、纳滤膜生产的最主要方法。

1.3 膜过程

通过膜的基本传质形式有以下三种[2,3]。

① 被动(passive)传递 组分以化学势梯度为推动力通过膜，为热力学下坡过程，化学势梯度可以是膜两侧的压力差、浓度差、温度差或电势差[图 1-2(a)]。现已工业化的膜过程均为被动传递过程。

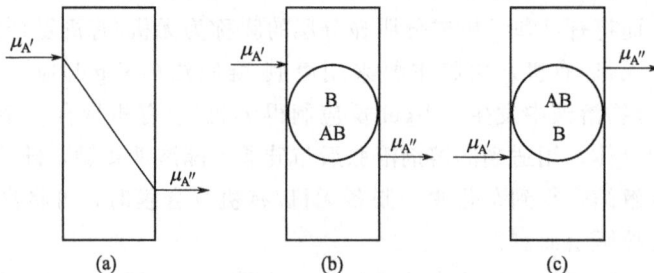

图 1-2 膜的基本传递形式

② 促进(facilitated)传递 在膜中添加对待分离组分有特异结合功能的载体，载体与进料侧溶液中的待分离组分结合形成络合体，然后在浓度梯度推动下向下游渗透侧传递，在膜的渗透侧表面释放出结合的组分而还原为载体，再在浓度梯度推动下反向传递到进料侧表面[图 1-2(b)]。促进传递利用载体与渗透组分产

生可逆络合反应，促进组分在膜内的选择性渗透，组分通过膜的传质推动力仍是膜两侧的化学势梯度，是一种高选择性的被动传递，已用于 O_2/N_2 分离（图 1-3）、酸性气体 H_2S 和 CO_2 的脱除、饱和烃和不饱和烃的分离等。生物膜中脂双层（lipid bilayer）渗透性不好，传递是由脂双层中的蛋白质载体实现的。

③ 主动（active）传递　组分逆其化学势梯度传递，为热力学上坡过程，推动力由膜内化学反应提供[图 1-2(c)]，主要存在于生物膜中。

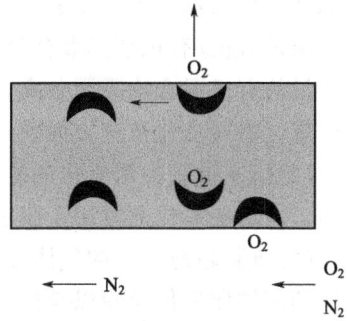

图 1-3　氧气促进传递膜

钠-钾泵通过细胞膜的传递就是一种主动传递。组织中的细胞内钾浓度高而钠浓度低，在细胞外侧则相反，维持一定的钠和钾的浓度需要消耗能量。每一个 ATP 分子可以使两个钾离子进入细胞，使三个钠离子离开细胞。

主要膜过程如表 1-1 所示。膜过程具有以下特点[4]：①高效，例如，以重力为基础的分离技术，其最小极限是微米，而膜可以将分子量为几千乃至几百的物质分离；②大多不发生相变，能耗较低；③通常在室温下操作，特别适用于热敏物质的分离。

表 1-1　主要膜过程及其特点

膜过程	推动力	分离机制	透过物	截留物	膜类型
微滤	压力差	筛分	溶液	悬浮物颗粒	对称多孔膜
超滤	压力差	筛分	小分子物质	胶体、大分子	非对称多孔膜
纳滤	压力差		水、一价离子	多价离子	非对称膜、复合膜
反渗透	压力差	溶解扩散、优先吸附-毛细管流动	溶剂	溶质	非对称膜、复合膜
渗析	浓度差	溶解扩散、筛分	小分子物质		对称微孔膜
电渗析	电位差	离子的选择传递	反离子		离子交换膜
气体分离	压力差	溶解扩散	易渗透气体	难渗透气体	均相膜、复合膜，非对称膜
渗透汽化	分压差	溶解扩散	易渗透组分	难渗透组分	均相膜、复合膜，非对称膜
液膜分离	浓度差	溶解扩散、促进传递			乳状液膜、支撑液膜

膜科学与技术涉及材料科学和过程工程科学等多个学科，如膜制备属于高分子和无机化学领域；过程传递机理属于物理化学范畴；过程流体力学、传热、传质、工程设计和工业应用属于化学工程与工艺、环境工程等领域[3]。

膜技术的发展方向主要有以下方面[5]。

(1)研制高选择性的有机物/有机物分离的渗透汽化膜，在某些化工分离中代替高耗能的精馏；研制脱除水中挥发性有机物的渗透汽化膜，用于食品工业中香料的回收和环境工程中的废水处理；研制抗有机溶剂的膜组件。1993 年，美国能源部组织国际著名膜专家对 7 个膜过程中的 38 项优先研究课题进行排序和评价,结果有机/有机液体混合物的分离膜被列为首位,这主要是由于石油化工中有大量的有机混合物需要分离,而传统的精馏技术操作复杂,能耗高,分离效果不理想,渗透汽化在这方面独具优势,在工业中最具应用前景。

(2)研制抗氯、耐氧化的复合反渗透膜。聚酰胺膜易被氯、H_2O_2 等氧化剂破坏,而这些氧化剂常用于膜过程中的灭菌。

(3)研制超薄皮层的气体分离膜、高选择性的 O_2/N_2 分离膜、对 O_2 具有选择性的固体促进传递膜以及抗污染超滤膜。

(4)研制人工离子通道膜[6]。细胞膜中的离子通道由若干蛋白质构成,膜蛋白分子可响应外界刺激,通过改变构象完成离子通道的打开和关闭,实现细胞内外的物质交换和信息传递。人工离子通道膜具有分子识别和选择分离功能,可用于金属离子分离、传感器等。自组装是构筑人工离子通道的常用方法,采用的超分子化合物受体主要有冠醚[7]、环糊精、杯芳烃和卟啉等。

思 考 题

1. 简述 L-S 膜和复合膜的异同。
2. 无机/有机杂化膜和无机/有机复合膜有何区别?

参 考 文 献

[1] Boddeker K W. J Memb Sci,1995(100):65-68.

[2] 朱长乐. 膜科学技术. 第 2 版. 北京:高等教育出版社,2004.

[3] 时钧,袁权,高从堦. 膜技术手册. 北京:化学工业出版社,2001.

[4] 郑领英,王学松. 膜技术. 北京:化学工业出版社,2000.

[5] 刘茉娥. 膜分离技术. 北京:化学工业出版社,1998.

[6] Hucho F,Weise C. Angrew Chem Int End,2002,40:3100-3116.

[7] Percec V,Dulcey A E,Balagurusamy V S K,et al. Nature,2004,430:764-768.

2 膜材料及其性质

2.1 膜材料

膜材料是膜技术的关键，分为天然膜材料和合成膜材料两大类(表2-1)。

表 2-1 主要膜材料

类 别	膜材料	举 例
天然膜材料	纤维素类 壳聚糖	醋酸纤维素,硝酸纤维素,乙基纤维素 壳聚糖
合成膜材料	聚砜类 聚酰(亚)胺类 聚酯 聚烯烃类 其他	聚砜,聚醚砜,聚芳醚砜,磺化聚砜 芳香族聚酰胺,聚砜酰胺,含氟聚酰亚胺 涤纶,聚碳酸酯 聚乙烯,聚丙烯腈,聚四氟乙烯,聚偏氟乙烯 聚二甲基硅氧烷,聚电解质,金属,陶瓷

2.1.1 天然膜材料

(1)纤维素类

纤维素主要来源于植物，包括棉纤维、木材纤维和禾本科植物纤维等，是地球上最丰富的天然高分子化合物，大自然通过光合作用每年生产几千亿吨纤维素。纤维素由 D-葡萄糖通过 β-1,4-苷键连接起来，羟基之间形成分子间氢键，结晶度高，高度亲水却不溶于水，分子量为 100 万～200 万。

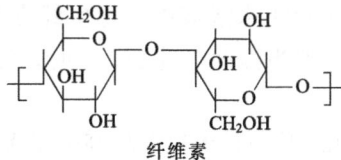
纤维素

纤维素的每个葡萄糖单元上有三个羟基，在催化剂(如硫酸、高氯酸、BF_3 等)存在下，能与冰醋酸、醋酸酐或乙酰氯发生酯化反应，得到醋酸纤维素(CA)。由于纤维素分子中的羟基被乙酰基取代，削弱了氢键的作用力，使醋酸纤维素分子间距离增大，具有透水速率大、耐氯性好、制膜工艺简单、血液相容性和生物相容性好等优点，用于气体分离、血液过滤、药物控制释放等。CA 进一步与乙酸酐反应得到三醋酸纤维素(CTA)，其乙酰化程度和分子链排列的规整性与 CA 有一定差异，拉伸强度、耐热和耐酸性能比 CA 高，与 CA 共混可改善 CA 的性能。醋酸纤维素膜的水通量和脱盐率与乙酰化程度有关，乙酰化程度越高，脱盐率越高，水通量越低。醋酸纤维素膜需在 35 ℃ 以下使用，长期耐氯性可达 1 mg/kg，但易压密，抗微生物侵蚀性较弱，酯基易水解，适宜 pH 值为 4～6。因此，醋酸纤维素的改性研究受到重视。例如，以 CA 为基质，加入适量的丙烯腈与衣康酸的共聚物（PAN），共混纺丝制得血浆分离膜，具有较好的形态和结构稳定性。

制备硝酸纤维素膜的常用溶剂为乙醚/乙醇（7∶3）混合溶剂，为增加膜的强度，常与醋酸纤维素共混，广泛用于透析和微滤。乙基纤维素（EC）属于纤维素醚，由碱纤维素与卤代乙烷（C_2H_5Cl）在高温高压下反应制得。由于氯乙烷沸点低（13 ℃），故在高温下反应器内压力很高，当反应温度为 110～140 ℃ 时，压力为 1.01～1.52 MPa，反应时间为 8～18 h。EC 的常用溶剂为芳烃和醇的混合物。EC 具有较高的气体渗透系数和选择性，中空纤维组件已用于空气中的氧/氮分离。纤维素酯或醚能溶于一般溶剂（如酯），易溶于非质子有机溶剂（如丙酮、二甲基甲酰胺等）。

再生纤维素是指将天然纤维素通过化学方法溶解后再沉淀析出得到的纤维素，也称为纤维素Ⅱ（cellulose Ⅱ）。1857 年，Schweitzer 发现纤维素能溶于铜氨溶液（氢氧化铜的氨溶液，也称为 Schweitzer 试剂）中，1891 年开始了纤维素铜氨溶液纺制人造丝的工作，黏胶法也于同年问世。黏胶法是以 CS_2 处理碱纤维素生成纤维素黄酸钠黏胶，再浸入硫酸浴中使黄酸盐水解为黄酸，黄酸不稳定，分解再生为纤维素。与天然纤维素相比，再生纤维素分子量（几万～几十万）较低，分子缠结较少，结晶度较低，但具有高度亲水性，对蛋白质的吸附性低，耐污染性强，通量衰减小，易于清洗，清洗后通量可以恢复到初值。铜氨纤维素和黏胶纤维素是很好的透析膜材料，尤其是人工肾大量使用再生纤维素。再生纤维素在多数有机溶剂中不溶，具有极好的耐溶剂性，在各种醇类、丙酮、甲苯、四氢呋喃中使用几个月均未发现异常现象，也不溶于氯仿、乙酸乙酯和 1 mol/L 盐酸，但微溶于 1 mol/L NaOH 水溶液中。再生纤维素在干态或有机溶剂中玻璃化温度高（240～260 ℃），但当温度超过 240 ℃ 时，纤维素开始热分解。

（2）壳聚糖

甲壳素（甲壳多糖，chitin）是一种天然有机高分子多糖，广泛存在于昆虫和甲壳动物（虾、蟹等）的甲壳中，少数真菌和绿藻等低等植物的细胞壁中也含有甲壳素，年合成量达 100 亿吨，数量仅次于纤维素。用盐酸处理甲壳使碳酸盐分解，用氢氧化钠溶液脱除蛋白质和脂肪，再经脱色处理可得到白色片状或粉状的甲壳素，化学结构为乙酰氨基葡聚糖，耐酸碱，耐腐蚀，耐高温，性质稳定。甲壳素分子间氢键使分子链间存在有序结构，所以甲壳素不溶于水、一般有机溶剂、酸和碱溶液。

甲壳素在碱性溶液中（如 $NaOH/C_2H_5OH/H_2O$ 体系）发生脱乙酰化反应得

到壳聚糖（氨基葡聚糖，也称甲壳胺，chitosan，CS）。甲壳素脱乙酰后，原来的酰氨基变为氨基，水溶性大为改善，化学性质也较活泼。CS 是碱性氨基多糖，其氨基被氢质子化后失去形成氢键的能力，分子柔性相对增强，可溶于多种酸中，但仍不溶于水。CS 膜制备简单，无毒副作用，在食品和医药中应用优于聚砜膜。CS 含有氨基、羟基等亲水基团，用作水优先透过的渗透汽化膜基质时，要求 CS 完全脱除乙酰基，分子量在 5 万～10 万，但纯 CS 膜在分离乙醇浓度较低的混合液时（乙醇质量分数小于 80%），溶胀度较大，分离选择性低，因此必须进行改性，如利用交联剂（多价金属离子、多元无机酸、戊二醛等）进行交联改性。CS 分子中的氨基与藻朊酸钠和聚丙烯酸分子中的羧基可形成离子键，制备的聚电解质复合膜对水分子的选择性高，对水/异丙醇、水/丙酮、水/丁醇、水/四氢呋喃等体系具有优异的选择性和较高的通量。CS 分子含有大量的羟基，可以和蛋白质中的氨基结合，因此可作为优良的亲和膜材料。

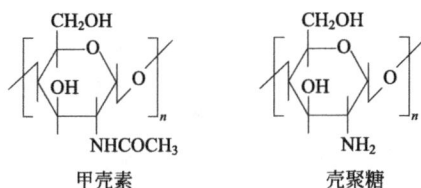

甲壳素　　　　　　壳聚糖

甲壳素/壳聚糖分子中含有反应活性强的羟基、氨基，易通过化学修饰（如酰基化、硫酸酯化、羟乙基化、羧甲基化等）制得不同用途的甲壳素衍生物膜，其亲水性强，通量大，生物相容性和生物可降解性好，特别适于分离水系物料，已用于反渗透、渗透汽化、纳滤、超滤、渗析、气体分离、离子交换等领域。

2.1.2 合成膜材料

为了克服纤维素类膜易水解、适用 pH 范围窄、不耐高温以及不耐微生物侵蚀等缺点，人们研究开发了合成膜材料，包括聚砜、聚酰胺、乙烯基聚合物等。这些膜材料通常具有刚性基团和交联结构，以改善膜的抗压密性、耐热性和化学稳定性；通过引入适当的亲水性基团，可以保证较高的水通量[1]。

（1）聚砜类

聚砜（polysulfone，PSF），即双酚 A-4,4′-二苯基砜，由双酚 A（即 2,2′-双酚基丙烷，bisphenol A）的钠盐和 4,4′-二氯二苯砜在非质子极性溶剂二甲基亚砜中于150～160 ℃下缩聚而成。为了引入亲水基团，可以将粉状聚砜悬浮于有机溶剂中用氯磺酸磺化。聚砜中硫原子处于最高氧化价态，与苯环构成共轭体系，所有键不易水解，所以聚砜具有良好的热稳定性和高温抗蠕变性，强度很高，pH 值适应范围为 1～13，酸碱稳定性优良，耐氯性好（在 50 mg/L 游离氯中可长期储存，可用200 mg/L 游离氯短期消毒），抗氧化性好，$T_g = 195$ ℃，能制成各种构型（平板、管状和中空纤维）和宽孔径范围（1～20 nm）的膜，已成为重要的膜材料。聚砜溶于芳烃、氯代烃、二甲基甲酰胺、二甲基乙酰胺和 N-甲基吡咯烷酮中。

聚芳砜(polyarylsulfone，PAS)，结构式为 Ar—SO$_2$—Ar′，其中 Ar、Ar′为芳基，两者可以相同，也可以不同。聚醚砜(PES)结构单元中不含脂肪烃基团异丙基，热稳定性比聚砜好，可耐受 128 ℃高温灭菌，故常以其为基本材料制备超滤膜。

聚砜类材料常用的制膜溶剂有二甲基甲酰胺、二甲基乙酰胺、N-甲基吡咯烷酮、二甲基亚砜等。聚砜类膜亲水性差，用于蛋白质过滤时容易污染。

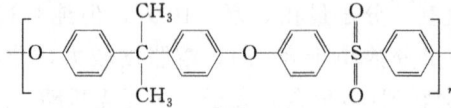

聚砜

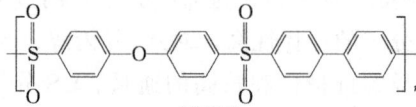

聚芳砜

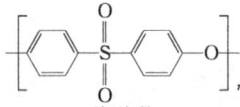

聚醚砜

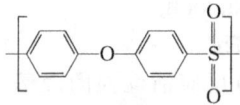

聚苯醚砜

(2)聚酰胺和聚酰亚胺

聚酰胺类膜材料含有酰胺基团—CO—NH—。早期使用的聚酰胺为脂肪族聚酰胺，如尼龙-6、尼龙-66 等，酰胺基团之间可形成氢键，力学性能良好，吸湿后屈服强度下降，屈服伸长率增大，脱盐率在 80%～90%，但透水速率低。尼龙无纺布可用作反渗透膜和气体分离复合膜的支撑底布。后来发展了芳香族聚酰胺膜，脱盐率可达 99.5%，透水速率提高，pH 值适用范围为 3～11，长期使用稳定性好，适于做反渗透膜。由于酰胺基团易与氯反应，故对水中游离氯有较高要求。Du Pont 公司生产的 DP-I 型膜为芳香族聚酰肼：

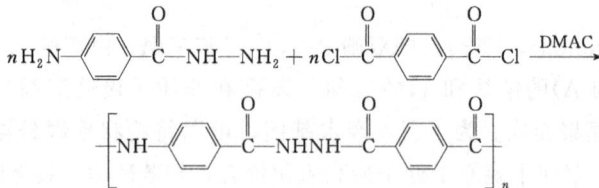

聚酰亚胺(polyimide，PI)主链结构单元中含酰亚胺基团，由芳香族或脂肪环族四酸二酐和二元胺缩聚制得。首先将二酐和二元胺在 N,N-二甲基乙酰胺、二甲基亚砜等强极性溶剂中于 70 ℃下制成可溶性的高分子量聚酰胺酸，再将该中间产物刮膜和凝胶化，然后加热至 150 ℃以上脱水环化(亚胺化)得到 PI。PI 具有很高的热稳定性和耐有机溶剂能力，但不耐强碱，对分离氢气有很高的效率。

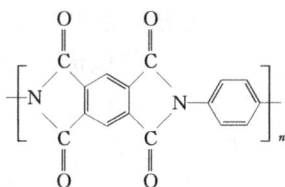

（3）芳香杂环类

芳香杂环类包括聚苯并咪唑（PBI）、聚苯并咪唑酮（PBIP）、聚哌嗪酰胺（PIP）等。聚苯并咪唑酮类膜对 0.5％NaCl 溶液的脱盐率达 90％～95％，透水速率较高，其化学结构为：

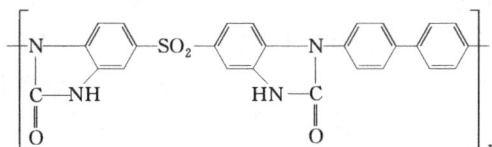

（4）乙烯基聚合物

乙烯基聚合物包括聚乙烯醇、聚乙烯吡咯烷酮、聚丙烯酸、聚丙烯腈、聚偏氟乙烯、聚四氟乙烯、聚丙烯酰胺等。

聚乙烯醇（PVA）由聚醋酸乙烯酯用甲醇醇解制得，酸和碱对该反应均具有催化作用，但碱催化效率较高，且副反应少。醇解度在 98％以上，产物不溶于甲醇和冷水，但无定形区在水中溶胀。与二元酸等交联的 PVA 已用于渗透汽化。PVA 经缩甲醛后不溶于水，缩醛反应常用酸作为催化剂。由于概率效应，邻近羟基缩醛成环后，往往中间夹有孤立的单个羟基，因此缩醛化并不完全。

聚丙烯腈（PAN）耐水解，抗氧化性好，适于制备中空纤维膜，但膜较脆，可引入不同种类和含量的第二、第三单体（如醋酸乙烯酯、甲基丙烯酸甲酯等）以增加链的柔韧性和亲水性。PAN 膜的重要性仅次于醋酸纤维素和聚砜。

聚偏氟乙烯（PVDF）结构单元为—CH_2—CF_2—，具有良好的化学稳定性、热稳定性和机械强度，疏水性强，溶于 DMF、二甲基乙酰胺、二甲基亚砜等强极性溶剂，可以通过浸没沉淀法制成不同结构的微孔膜，是膜蒸馏和膜吸收的理想材料。但 PVDF 膜容易污染，处理水溶液时阻力大，通量小，必须通过亲水化手段提高膜的抗污染能力，降低膜处理过程的动力能耗。偏氟乙烯和四氟乙烯的共聚物（F24）也可用相转化法制膜。聚四氟乙烯（PTFE）、聚六氟丙烯（PHEP）难溶于一般溶剂，通常采用熔融挤压法制膜。

PVDF

（5）聚烯烃

低密度聚乙烯（LDPE）由乙烯在高压下聚合而成，具有高度支化结构，可拉伸致孔。高密度聚乙烯(HDPE)由乙烯在常压和 Ziegler 催化剂作用下聚合而得，基本属于线型结构，仅有少量支化短链，力学性能优于 LDPE，可用烧结法制成微滤用滤板或滤芯。PE 在常温下不溶于任何已知溶剂中，矿物油、凡士林、植物油等能使其溶胀，并使其物性发生永久性局部变化。在 70 ℃ 以上时，PE 可少量溶于甲苯、三氯乙烯、氯代烃、石油醚中。PE 在紫外光下可发生光降解。

聚丙烯由丙烯和 Ziegler 催化剂作用制得，室温无溶剂，可用拉伸法制得微孔滤膜，PP 网是卷式组件中常用的间隔层材料。聚 4-甲基-1-戊烯(PMP)已用作氧/氮分离的膜材料。对于表面氟化的 PMP 非对称膜，其氧/氮分离系数高达7～8。乙烯-乙烯醇共聚物(EVAL)由乙烯和醋酸乙烯聚合生成共聚物，然后醇解制得，为半结晶性无规共聚物，其性质主要取决于乙烯基含量。

聚 4-甲基-1-戊烯(PMP)，是由丙烯二聚制得单体 4-甲基-1-戊烯，然后用 Ziegler-Natta 催化剂聚合而得，密度 $0.835\ \mathrm{g/cm^3}$，是密度最小的热塑性树脂，熔点在 220～240 ℃ 之间，具有较高的维卡软化点；可见光透过率达 90%，紫外光透光度优于玻璃及其他透明树脂；刚性大，100 ℃ 以上时超过聚丙烯，150 ℃ 以上时超过聚碳酸酯，具有很低的表面张力，仅有 24 mN/m，并有良好的电气绝缘性和化学稳定性。

(6)其他

聚醚酮(PEK)是一类耐化学试剂、耐高温的聚合物，其化学稳定性非常好，因而加工困难。聚醚醚酮(polyetheretherketone，PEEK)，由 4,4′-二氟苯酮、对苯二酚和碳酸钠在溶剂二苯砜中反应制得，热稳定性和化学稳定性好，在室温下只溶于浓的无机酸，如硫酸或氯磺酸。

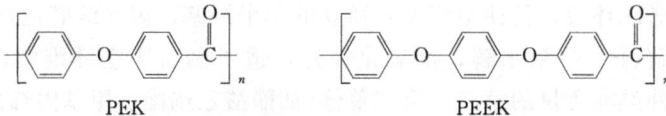

PEK   PEEK

聚苯醚(PPO)耐热性、耐水解性和机械强度均优于聚碳酸酯、聚砜等工程塑料。在亚铜盐-三级胺类催化剂作用下，将氧通入 2,6-二甲基苯酚的有机溶液中，于常温下经氧化缩合反应得到 PPO。该反应系自由基聚合过程，属逐步聚合机理。

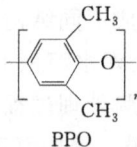

PPO

聚碳酸酯是以双酚 A 为原料，与光气反应或与碳酸二苯酯发生酯交换反应制得。主链中苯环和四取代碳原子使链的刚性增加，$T_{\mathrm{m}} = 270$ ℃，玻璃化温度 $T_{\mathrm{g}} = 150$ ℃，在 15～130 ℃ 内具有良好的力学性能，透明，耐蠕变。

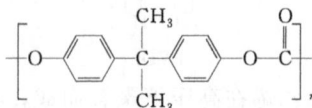

聚二甲基硅氧烷(dimethylsiloxane,PDMS)中,由于 Si—O 键的键能比 C—C 键高,故具有耐热、不易燃、耐电弧性;又由于 Si 原子体积较大,空间自由体积大,Si—O—Si 键角可在很大范围变动(130°~160°),使直链聚硅氧烷分子链高度卷曲,并有螺旋形结构,分子间作用力弱,结构较疏松,气体扩散系数高。纯 PDMS 为线型聚合物,机械强度差,用作膜材料时需将其交联以提高力学性能,常采用化学交联(过氧化物)、辐射交联或加入少量三官能团单体 CH_3SiCl_3 交联。

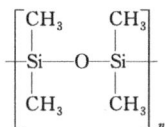

$$\left[\begin{array}{ccc} CH_3 & & CH_3 \\ | & & | \\ Si & O & Si \\ | & & | \\ CH_3 & & CH_3 \end{array}\right]_n$$

PDMS

无机陶瓷膜材料主要有 $\gamma\text{-}Al_2O_3$、TiO_2、ZrO_2 等。$\gamma\text{-}Al_2O_3$ 在酸性溶液中不稳定;TiO_2 在碱性和强电解质溶液中稳定性强;ZrO_2 对酸(除硫酸和氢氟酸)、碱具有很好的稳定性,力学性能和热物理性能良好。

2.2 高分子材料结构与性质

2.2.1 玻璃化温度

聚合物存在橡胶态(rubbery state)和玻璃态两种状态。玻璃态聚合物中,各段不能绕主链自由旋转,链的活动性很差。随着温度上升,可发生侧链或少量主链段的运动,使聚合物密度略有下降。橡胶态中,各段可以沿主链键自由转动,链具有很好的活动性。

聚合物从玻璃态转化为橡胶态的温度称为玻璃化温度(T_g)。在玻璃化温度时,热能刚好可以克服侧基的旋转阻碍或链间的相互作用,所有物理性质都将发生变化,如模数、比容积、比热容、折射率、渗透性等[2]。对于玻璃态聚合物,较大的作用力只能导致较小的变形,而对于橡胶态聚合物,较小的作用力能导致较大的变形。拉伸模数(E)定义为使聚合物发生一定应变在单位面积上所需施加的应力。高模数的玻璃态和低模数的橡胶态之间,拉伸模数一般差 3~4 个数量级。对于自撑膜(如中空纤维和毛细管膜),模数很重要,特别是气体分离过程,当压力比较高时(大于 1 MPa),低拉伸模数材料的毛细管膜(如硅橡胶膜)会破裂。

影响玻璃化温度的主要因素有:

① 主链的特征。主链由—C—C—,—C—O—和—Si—O—键构成时,分子可以围绕 σ 键转动,柔顺性(flexibility)强❶,T_g 低,如乙烯基聚合物、硅橡胶等。

在主链中引入杂环和芳环基团会大大降低其柔顺性,T_g 明显上升,如聚芳

---

❶ 柔顺性:指高分子链能够改变其构象的性质。

香酰胺的 T_g 远高于聚脂肪酰胺；聚砜 $T_g=195\ ℃$，聚醚砜 $T_g=230\ ℃$。聚噁二唑（polyoxadiazole）[❶]和聚三唑（polytriazole）含有杂环和芳环，具有极好的热稳定性，如聚噁二唑的玻璃化温度比其降解温度还高。

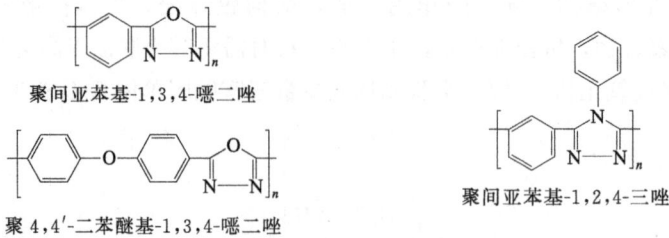

聚间亚苯基-1,3,4-噁二唑

聚 4,4′-二苯醚基-1,3,4-噁二唑

聚间亚苯基-1,2,4-三唑

② 侧链或侧基的性质。侧链或侧基对 T_g 的影响只限于含柔性主链的聚合物，当主链为刚性时，侧链或侧基的影响很小。侧基在某种程度上决定了绕柔性主链的旋转，也明显影响链间的相互作用。最小的侧基为氢原子，对绕主链的自由旋转没有影响，对链间距离及相互作用的影响也很小。苯基（—C_6H_5）减小了主链旋转的自由度，使链间距离增大。乙烯基聚合物侧基体积越大，绕主链旋转的立体位阻越大，T_g 越大（表 2-2）。存在极性侧基时，链间相互作用增强。聚丙烯、聚氯乙烯和聚丙烯腈的侧基体积大致相同，但极性逐渐增加，故链间相互作用增强，T_g 上升。柔性侧基（如烷基）不影响主链活动性，但使链间距离增大，链间相互作用减弱，从而使 T_g 下降。稀释剂或渗透物的存在可使玻璃化温度降低，并且玻璃化温度下降与熔点下降相似。

表 2-2 含有不同侧基的乙烯基聚合物的玻璃化温度[3]

$\{CH_2—CH\}$ R		乙烯基聚合物	
—R	$T_g/℃$	—R	$T_g/℃$
—H	−120	—CH_3	−15
—CH_3	−15	—Cl	87
苯基	100	—CN	120
二氯苯基	167		
—N 咔唑基	208		

[❶] 噁唑，oxazole，含一个氧和一个氮的不饱和五元杂环化合物，含两个氮时称为噁二唑，含三个氮时称为噁三唑。

2.2.2　结晶度

半结晶聚合物由无定形和结晶两部分构成，聚乙烯、聚丙烯、各类聚酰胺、聚酯等均属于半结晶聚合物。结晶度是指半结晶聚合物中结晶部分所占百分数。全同立构(isotactic)和间同立构(syndiotactic)聚合物通常是结晶的。分子为对称结构、不含无规则侧基时，结晶度较高，如对位取代的芳环结构。无规立构(atactic)聚合物通常是无定形的，只有存在氢键等分子间作用时才会结晶，如聚乙烯醇是无规立构聚合物，但因含有氢键，所以显示半结晶性质。微晶分为缨状微束和球晶两类。在缨状微束中，相邻的线状聚合物链构成晶格。将稀的聚合物溶液缓慢结晶可以得到球晶。共聚物通常不能结晶。

2.2.3　耐热性

对于膜过程，提高操作温度可使体系的黏度降低，通量提高，浓度极化现象得到改善，也有利于高温杀菌消毒。但随着温度升高，聚合物的物理和化学性质将发生变化，可发生环化、交联、降解等反应，影响膜的强度和性能。因此，提高膜材料的耐热性(heat resistance)具有重要意义。

提高耐热性需要提高 T_g、T_m 和结晶度，主要方法有：①在主链中减少单键，引入共轭双键、三键、环状结构、梯形结构，可提高高分子链的刚性和玻璃化温度，使膜耐热性提高；②在主链或侧链中引入极性的醚键、酰胺键以及羟基、氨基、氰基和硝基，使分子间产生氢键作用，可提高耐热性；③将高分子进行交联。聚合物的耐热性和可加工性经常是互相矛盾的，随着聚合物耐热性增加，加工越来越困难。梯形聚合物因不溶解而难以加工。

2.2.4　降解

降解是使聚合物分子量变小的化学反应的总称，包括解聚、无规断链、侧基和低分子物的脱除等。解聚是指先在大分子末端断裂，生成活性较低的自由基，然后按连锁机理迅速逐一脱除单体，可视为链增长的逆反应，在聚合上限温度以上尤其容易进行。无规断链指主链任何处都可以断裂，分子量迅速降低，但单体收率很少。聚氯乙烯、聚丙烯腈、聚氟乙烯等受热时取代基将脱除。氧、光、水、微生物、热、化学药品等均可引起降解[4]。

① 氧化降解　膜在水溶液中的氧化可能是水溶液中的氧化性物质产生的初级自由基 X· 与高分子材料 R—H 发生链引发反应所致：

$$RH + X \cdot \longrightarrow R \cdot + HX$$

自由基 R· 与 O_2 间再发生链转移反应，生成过氧自由基 ROO·，ROO· 夺取聚合物上的氢形成氢过氧化物 ROOH 和聚合物自由基 R·，如此反复：

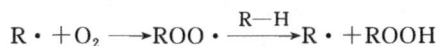

$$R \cdot + O_2 \longrightarrow ROO \cdot \xrightarrow{R-H} R \cdot + ROOH$$

ROOH 不稳定，可均裂为两个自由基，加速氧化，经一系列反应后使膜的化学结构和形态受到破坏。例如，橡胶氧化的结果是分子量显著降低，出现发黏现象。

$$ROOH \longrightarrow RO \cdot + \cdot OH$$

② 光降解　共价键的离解能约为 $160 \sim 600$ kJ/mol。日光中的远紫外光（$120 \sim 280$ nm）大部分被大气中的 O_3 吸收，照射到地面上的近紫外光（$300 \sim 400$ nm）不被饱和烃吸收，但能被含羰基及双键的聚合物吸收；少量的羰基、氢过氧基团、不饱和键、催化剂残基等可促进聚烯烃的光氧化作用。近紫外光并不能使多数聚合物离解，只使之呈激发态，如有氧存在，则被激发的 C—H 键易被氧脱除，形成氢过氧化物，然后按氧化机理降解。

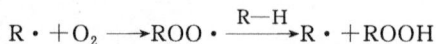

$$RH + O_2 \longrightarrow R \cdot + \cdot OOH$$

$$R \cdot + O_2 \longrightarrow ROO \cdot \xrightarrow{R-H} R \cdot + ROOH$$

③ 水解　膜材料带有易水解的基团（如—CONH—，—COOR 等）时，在酸或碱的作用下易发生水解反应，使膜的性能受到破坏，如醋酸纤维素膜最适宜的 pH 值使用范围很窄，仅为 $4.5 \sim 5.0$。提高水解稳定性的方法是减少材料中的易水解基团。聚砜、聚苯乙烯、聚丙烯、聚苯醚等具有优良的抗水解性，但由于缺乏亲水性基团，膜的透水性差，需要适当引入磺酸基、羟基、磷酸基等离子基团改善材料的性能。

④ 生物降解　很多种细菌能产生酶，使缩氨酸和葡萄糖键水解成水溶性产物。天然橡胶经过交联以及纤维素经过乙酰化后可增加对生物降解的抵抗力。

如上所述，在氧、光、水、微生物、热等作用下，聚合物的化学组成和结构将发生变化，物理性能也将劣化，出现发硬、发黏、变脆、变色、失去弹性等现象，这些变化和现象称为老化。

思 考 题

1. 在膜材料分子设计中，如何提高材料的下列性能？
   (1)玻璃化温度；(2)结晶度；(3)耐热性；(4)水解稳定性
2. 如何提高壳聚糖膜的抗溶胀性能？

参 考 文 献

[1] 徐又一,徐志康,等.高分子膜材料.北京:化学工业出版社,2005.
[2] 金日光,华幼卿.高分子物理.第 2 版.北京:化学工业出版社,2000.
[3] Mulder M.膜技术基本原理.李琳,译.北京:清华大学出版社,1999.
[4] 潘祖仁.高分子化学.第 2 版.北京:化学工业出版社,2000.

3 膜 制 备

3.1 概述

膜的制备方法主要包括烧结法、径迹刻蚀法、拉伸法、浸取法、相转化法、溶胶-凝胶法、分子自组装法等。对于同一膜材料，采用的制膜方法和工艺不同，膜性能通常会有很大差异。

(1)烧结法

烧结(sintering)是一种简单的制备多孔膜的方法，将一定大小的粉末颗粒挤压成薄膜，然后在低于熔点的温度下烧结制得(图 3-1)。孔径取决于颗粒的大小，孔结构较不规则，孔径分布较宽，孔隙率一般较低(10%~20%)，可用作微滤膜、复合膜的支撑体。很多聚合物(如聚乙烯、聚四氟乙烯、聚丙烯)、金属(不锈钢、钨、钼)、陶瓷(氧化铝、氧化锆)、石墨和玻璃等都可采用该方法制成烧结(sintered)膜。

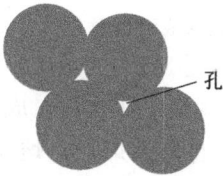

图 3-1　烧结膜

(2)径迹刻蚀法

径迹刻蚀法(track etching)是指将均质膜(聚碳酸酯、聚酰亚胺、聚对苯二甲酸二甲酯等)进行放射性辐照，使高分子化学键断裂形成小分子，然后置于化学刻蚀剂中，损伤区的成分溶解形成小孔(图 3-2)。孔密度取决于辐照时间，孔径范围为 0.02~10 μm，孔径取决于刻蚀时间。核孔膜孔径均匀，呈圆柱形，基本与膜面垂直，但孔密度低，表面孔隙率最大仅约 10%(图 3-3)。

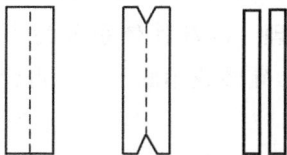

图 3-2　径迹刻蚀法

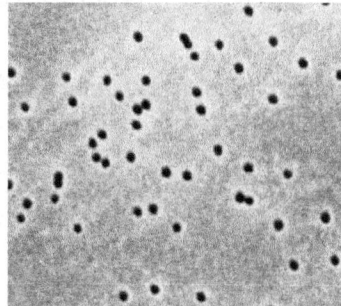

图 3-3　核孔膜

(3)拉伸法

20 世纪 70 年代中期，Calanese 公司开发了该方法，适用于半结晶性材料（PTFE、PP、PE 等）制膜。聚合物熔融挤出后进行拉伸，使垂直于挤出方向上的平行排列的片晶结构被拉开而形成微孔，然后通过热定型工艺固定孔结构。所得微孔呈细长形，是被拉开的片晶之间的贯穿空隙（图 3-4），孔隙率可达 90%，远高于烧结法，用于微滤中有取代烧结膜的趋势。

制备拉伸（stretched）膜的关键是熔融挤出时聚合物分子链高度取向，获得垂直于挤出方向而又平行排列的片晶结构，即得到硬弹性材料。硬弹性材料是一类和橡胶截然不同的弹性体，模量比普通橡胶高很多，具有高弹性、高模量以及高的低温弹性等特性，拉伸时能形成微孔，微孔尺寸和拉伸程度密切相关。同时，片晶间出现了微纤，微纤的形成可以增加材料的韧性，加强片晶间的联系并增强回复力（图 3-5）。

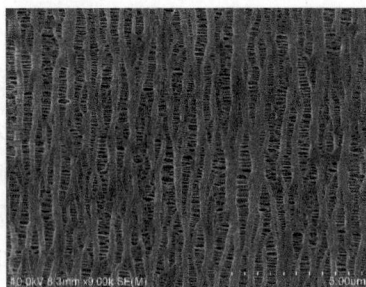

图 3-4 聚丙烯拉伸膜

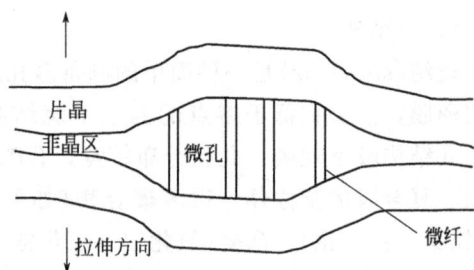

图 3-5 片晶间微孔形成示意图

拉伸法制膜不需要任何添加剂，对环境无污染，适合大规模工业生产，成本低，应用广泛。例如，制备聚丙烯中空纤维微孔膜时，首先将聚丙烯加热熔化，加压使熔融液从喷丝头挤出，受冷后成型，再将纤维加热至熔点以下 10～15 ℃进行退火❶(annealing)处理，然后冷热连续拉伸 50%～60%，最后在低于其熔点温度下热定型即得拉伸微孔膜。Core 公司还利用拉伸法制备防雨布，由于疏水多孔，对气体和蒸气有很高的渗透速率，而在一定压力下对水不渗透。

(4)溶出法[1]

将薄膜中的一种组分溶去得到微孔。例如，制备多孔玻璃膜时，根据硼硅酸盐玻璃的分相原理，将位于 $Na_2O\text{-}B_2O_3\text{-}SiO_2$ 三元不混溶区内的硼硅酸盐玻璃在 1500 ℃以上熔融，然后在 500～800 ℃热处理，冷却使体系分为不互溶的 $Na_2O\text{-}B_2O_3$ 相和 SiO_2 相，再用 5%左右的盐酸、硫酸或硝酸浸提，得到对称结

---

❶ 退火：将材料加热到一定温度，保温若干时间，然后缓慢冷却，可消除或减弱内应力，降低脆性，使化学成分均匀。

构的互相贯通的网络状 SiO_2 多孔膜。玻璃膜的薄化比较困难，膜阻力较大，使其应用受到限制。又如，将二醋酸纤维素和聚乙二醇共溶于丙酮、二氯甲烷等混合溶剂中，刮膜后将溶剂蒸发成膜，再用水将聚乙二醇溶出，得到多孔膜。

(5)相转化法

相转化(phase inversion)是将聚合物由液态转化为固体的过程。将均相聚合物溶液中的溶剂蒸发，或加入非溶剂，或改变温度，使之发生相分离，得到富聚合物相和贫聚合物相，其中固态的富聚合物相成为膜的主体，液态的贫聚合物相成为膜孔。相转化法又分为溶剂蒸发沉淀法、控制蒸发沉淀法、浸没沉淀法(immersion precipitation)、热致相分离法等方法。

① 溶剂蒸发沉淀法　将高分子铸膜液刮涂在平板上，在惰性气氛(如 N_2)且无水蒸气条件下使溶剂蒸发，得到均匀的对称结构致密膜。

② 控制蒸发沉淀法　20 世纪初，Bechhold 等曾采用该方法制膜。将高分子溶于由易挥发的良溶剂和不易挥发的非溶剂组成的溶剂中得到铸膜液，然后在玻璃板上刮涂，随着良溶剂不断蒸发，非溶剂和聚合物的含量愈来愈高，最终导致高分子沉淀析出，形成薄膜。

③ 非溶剂蒸气沉淀法　1918 年 Zsigmondy 曾使用该方法制膜。将湿膜置于被溶剂饱和的非溶剂的蒸气气氛中，由于蒸气中溶剂达到饱和，防止了溶剂挥发。随着非溶剂渗入湿膜，膜逐渐形成，可以得到无皮层的多孔膜。

④ 浸没沉淀法[2]　也称非溶剂致相分离法(NIPS)。将成膜材料、添加剂(致孔剂)和溶剂组成的制膜液(高分子的质量分数为 10%～30%)过滤、真空脱泡后，在一定温度和湿度下流延成 20～200 μm 厚的薄膜(称为湿膜)，然后置于凝胶浴(对溶剂和添加剂为良溶剂，对聚合物为非溶剂)中。此时，高分子溶液分为两相，一相是富高分子的固相，另一相是富溶剂的液相。通常膜表面最先发生凝胶作用，形成的孔比膜内部和底层小，故为非对称结构。若将湿膜立即浸入凝胶浴中制得膜，称为湿法制膜；若在一定温度和湿度下，使湿膜中的溶剂和可挥发的添加剂自表面部分蒸发后，再浸入凝胶浴中制得膜，称为干法制膜。最后将膜进行热水浴处理和干燥，得到成品膜。

添加剂是高分子的溶胀剂，用于调节高分子在溶液中的状态。在溶剂挥发阶段，添加剂可降低溶液的蒸气压，控制蒸发速率；在凝胶阶段，添加剂扩散速率较慢，可调节膜的孔结构和含水量，从而影响膜性能。浸没沉淀法目前仍是反渗透膜、超滤膜、气体分离膜的主要制备方法。

⑤ 热致相分离法　对于非极性结晶聚合物，如聚烯烃，在室温下没有合适的溶剂，难以用浸没沉淀法制膜。20 世纪 80 年代初，Castro 在其专利中提出通过改变温度驱动相分离制备微孔膜的方法[3]，称为热致相分离法(thermally induced phase separation，TIPS)。首先，聚合物与高沸点、低分子量的稀释剂在高温下(一般高于结晶聚合物的熔点 T_m)形成均相溶液，然后降低温度使之发

生固-液或液-液相分离，最后采用萃取等方法脱除稀释剂得到微孔膜。冷却速度是决定膜结构的关键因素。冷却速度慢时，形成相互贯通的大孔结构；反之，形成细小的花边状孔结构。

TIPS 体系中，双节线和旋节线之间的距离通常很窄，可以认为初级相分离为旋节线分相。相分离后期微孔结构的粗化过程可以用以下 3 种机理解释。a. Ostwald 熟化（ripening）理论，认为熟化是与化学势有关的表面曲率的变化过程，分子由高曲率的部分向低曲率部分扩散，导致高曲率表面消失和低曲率表面增大，使体系的总能量下降，液滴的平均半径与时间的关系为 $d \propto t^{1/3}$。b. 聚结理论（coalescence），认为两个或多个液滴相互碰撞聚集成单个液滴的过程为扩散控制，液滴的平均半径与时间的关系与 Ostwald 熟化机理一致，即 $d \propto t^{1/3}$。c. 水力流动（hydrodynamic flow）机理，认为在双连续结构的圆柱状部分，由于曲率半径不同，沿圆柱轴向存在压力梯度，内部的液体从窄的区域流向较宽的区域，引起微区（domain）的粗化，液滴半径与时间成线性关系，即 $d \propto t$。理论上双组分体系发生相分离时，Ostwald 熟化、聚结和水力流动机理对液滴增长速率的影响都需考虑。

利用 TIPS 法可以制备 PP、PE、尼龙、聚乙烯-丙烯酸盐、聚苯乙烯（PS）、聚甲基丙烯酸甲酯（PMMA）等微孔膜，与非溶剂诱导相分离相比，该方法需要控制的参数少，有很好的重现性。例如，利用 TIPS 法以莰烯（amphene，熔点 52 ℃）为溶剂制备微孔 PP 膜，莰烯在常温下易升华，可以采取升华-冷凝法回收溶剂，而不需要溶剂萃取。又如，PP-DPE（二苯醚）溶液在冷却前使 DPE 蒸发一定时间产生浓度梯度，可以得到各向异性 PP 微孔膜。

1965～1969 年间，Kesting 描述了相转化法成膜的机理。铸膜液中聚合物的浓度一般小于 25%，聚合物分子可以视为相对独立。当溶剂蒸发或溶剂与非溶剂之间进行交换时，聚合物浓度迅速增加，开始形成聚合物缠结，每数十个聚合物分子可形成一个球状粒子，随着溶剂的进一步减少，若干个球状粒子又形成球状粒子聚集体。在聚合物分子→球状粒子→球状粒子聚集体的演变过程中，聚合物/空气界面（即溶剂蒸发面）或聚合物/非溶剂界面（即溶剂与非溶剂交换接触面）上溶剂减少的速度最快，上述演变过程进行得也最快，使聚合物在界面的浓度增加，界面处被一层紧密排列的球状粒子或球状粒子聚集体覆盖，形成膜的表皮致密层。皮层以下部分溶剂减少速度低于皮层表面，在聚合物固化时仍有大量溶剂存在，有足够时间使球状粒子聚集体变大，并且松散无序地堆积，成为膜的多孔支撑层，这样便形成了非对称结构膜。气体分离膜孔径范围为 0.2～0.5 nm，由高分子链段间隙成孔；反渗透膜孔径范围为 0.3～1 nm，由球状粒子间隙成孔；超滤膜孔径范围为 1～20 nm，由球状粒子聚集体间隙成孔；微滤膜孔径范围为 20 nm～10 μm，由球状粒子的大聚集体间隙成孔。实验中观测到的孔径双峰分布可归因于同时存在两种孔类型。

(6)分子自组装法

分子自组装(self-assembly，SA)是利用分子与分子或分子中某一片段与另一片段之间的分子识别，通过非共价作用形成具有特定排列顺序的分子聚合体。非共价作用包括氢键、范德华(van de Waals)力、静电力、疏水作用力、π-π堆积作用、阳离子-π吸附作用等，为分子自组装提供能量。分子自组装制备分离膜是将结构单元有规则地吸附排列在微孔支撑层上并将其固定成膜，称为吸附自组装，又可进一步分为静电吸附自组装和化学吸附自组装两种类型。

① 静电吸附自组装 静电吸附自组装，指将表面带有一定电荷的多孔支撑膜交替浸没到聚阳离子和聚阴离子的溶液中，以静电作用为驱动力使聚电解质逐层沉积到基质上，每浸没一次都要用大量的去离子水充分漂洗以除去结合不牢的聚电解质离子，膜的厚度与自组装层数成线性关系。聚电解质在相反电荷的膜表面吸附分两步进行：首先，电解质快速吸附到膜表面，是一个动力学过程；其次，吸附到膜表面的聚电解质发生重排形成更完善的吸附层，是一个热力学过程。

乳胶粒子、纳米微球等也可以通过表面电荷的相互作用而自组装成膜，粒子特性决定了膜的表面性能。为了使粒子有效地组装到基膜上，必须对基膜进行预处理。例如，先过滤甲醇的水溶液，使每个膜孔都被润湿；再过滤表面活性剂(与乳胶粒子带相反电荷)的甲醇/水混合液，以增强基膜和乳胶粒子之间的相互作用；最后过滤乳胶粒子的稀溶液，使之自组装到基膜上。

② 化学吸附自组装 化学吸附自组装是基于基膜和聚合物分子之间强烈的化学吸附作用，一般先将支撑膜进行表面处理(沉积一层金或者表面活性剂)，再将高分子组装到膜表面上。例如，先在径迹刻蚀的聚碳酸酯(PC)膜表面沉积一层金，再将一端是羧基的硫醇组装到膜上，得到pH值响应的离子选择性膜。在低pH值下，表面羧基质子化，荷正电；在高pH值下，膜表面羧基解离，荷负电，这样通过静电作用可以实现离子的选择性分离。利用自组装法可以制备环境响应膜、通量可控膜和生物活性膜，还可以进行膜表面改性，不会破坏膜的表面，并能减少膜表面针孔等缺陷。

3.2 高分子溶剂的选择

制备高分子膜时溶剂对聚合物的溶解能力，以及膜分离时液体组分在高分子膜中的溶解情况，均可用溶解度参数(solubility parameter)描述。

无定形聚合物溶解过程中自由能的变化可写为：

$$\Delta G_M = \Delta H_M - T\Delta S_M \tag{3-1}$$

式中，ΔG_M、ΔH_M 和 ΔS_M 分别为高分子与溶剂混合时的 Gibbs 混合自由能、混合焓和混合熵。在等温等压下，高分子与溶剂自发相互混合(溶解)时，必须满足 $\Delta G_M < 0$。通常，溶解过程会使分子排列趋于混乱，即 $\Delta S_M > 0$。对于大多数聚合物特别是非极性无定形聚合物，溶解过程是吸热的，即 $\Delta H_M > 0$。所以，要使聚合物溶解，即 $\Delta G_M < 0$，必须满足 $\Delta H_M < T\Delta S_M$。非极性（或弱极性）聚合物与溶剂分子混合时，描述混合焓的 Hildebrand 公式为：

$$\Delta H_M = \varphi_1 \varphi_2 (\varepsilon_1^{1/2} - \varepsilon_2^{1/2})^2 V_M \tag{3-2}$$

式中，φ_1 和 φ_2 为溶剂和聚合物的体积分数；V_M 为混合后的摩尔体积；ε_1 和 ε_2 为溶剂和聚合物的内聚能密度（cohesive energy density，CED）。定义内聚能密度的平方根为 Hildebrand 溶解度参数 δ，即

$$\delta = \varepsilon^{\frac{1}{2}} = \left(-\frac{E}{V}\right)^{\frac{1}{2}} \tag{3-3}$$

式中，E 为摩尔蒸发能，表示一个分子离开其周围分子所需的能量。对于极性较强的液体，δ 值较高；当分子间引力较弱时，δ 值较低。根据 δ 的定义，式(3-2)改写为：

$$\Delta H_M = \varphi_1 \varphi_2 (\delta_1 - \delta_2)^2 V_M \tag{3-4}$$

可见，ΔH_M 总是正值，要使 $\Delta G_M < 0$，ΔH_M 越小越好，即 δ_1、δ_2 必须接近或相等。通常 $\delta_A - \delta_B < 1.7 \sim 2.0$ 时，A、B 互溶；$\delta_A - \delta_B > 2.0$ 时，不易发生溶解。聚合物不能气化，其溶解度参数需要通过实验或计算确定，实验方法包括黏度法和溶胀度法。在黏度法中，利用一系列不同溶解度参数的溶剂溶解聚合物，分别测定溶液黏度，当溶剂与聚合物溶解度参数相等时，聚合物在该溶剂中充分舒展，黏度最大，则该溶剂的溶解度参数可作为聚合物的溶解度参数。在溶胀度法中，将交联的聚合物置于不同溶剂中，达到溶胀平衡后测定溶胀度，溶胀度最大的溶剂的溶解度参数可作为聚合物的溶解度参数。聚合物的溶解度参数还可根据结构单元中各基团或原子的摩尔吸引常数直接计算得到，称为 Small 基团贡献法。

Hansen 提出，Hildebrand 溶解度参数可以分为色散力贡献（dispersion component，δ_d），极性作用贡献（polarity component，δ_p）和特殊相互作用贡献（δ_h）三个部分[4]：

$$\delta = (\delta_d^2 + \delta_p^2 + \delta_h^2)^{1/2} \tag{3-5}$$

三元溶解度参数较全面地表征了分子间的引力。若 A 分子为质子给体（proton donor），B 分子为质子受体（proton acceptor），AB 分子间的相互作用力为氢键引力，常在溶解和分离过程中起支配作用。例如，氯仿为质子给体，三甲基胺为质子受体，形成 $Cl_3C—H\cdots N(CH_3)_3$，两种分子具有较强的氢键引力；聚氯乙烯能溶于环己酮和四氢呋喃，却不溶于三氯甲烷和二氯甲烷，也是由于聚氯乙烯与前者能形成氢键。也可将溶解度参数分为色散力贡献（δ_d）、定向力贡献（δ_o）、诱导力贡献（δ_i）、Lewis 酸贡献（δ_a）和 Lewis 碱贡献（δ_b）五个部分，从而使 δ 可应用于所有体系中。表 3-1 和表 3-2 给出了部分溶剂和聚合物的溶解度参数[5]。

表 3-1 常用溶剂的溶解度参数　　　单位：$cal^{1/2}/cm^{3/2}$

溶剂	氢键	δ	δ_0	δ_d	δ_p	δ_h	摩尔体积 /(cm³/mol)
正丙烷	弱	7.0	7.1	7.1	0.0	0.0	116.2
正丁烷	弱	6.8	6.9	6.9	0.0	0.0	101.4
正己烷	弱	7.3	7.3	7.3	0.0	0.0	131.6
环己烷	弱	8.2	8.2	8.2	0.0	0.0	108.7
苯	弱	9.2	9.1	9.0	0.0	1.0	89.4
甲苯	弱	8.9	8.9	8.8	0.7	1.0	106.8
苯乙烯	弱	9.3	9.3	9.1	0.5	2.0	115.6
邻二甲苯	弱	9.0	8.9	8.7	0.5	1.5	121.2
间二甲苯	弱	8.9	8.8	8.7	0.4	1.3	121.2
对二甲苯	弱	8.8	8.8	8.7	0.0	1.3	121.2
1,1-二氯乙烷	弱	9.1	9.2	8.3	3.3	2.3	79.0
氯仿	弱	9.3	9.3	8.7	1.5	2.8	80.7
四氯化碳	弱	8.6	8.7	8.7	0.0	0.3	97.1
氯苯	弱	9.5	9.6	9.3	2.1	1.0	102.1
四氢呋喃	中等	9.1	9.5	8.2	2.8	3.9	81.7
丙酮	中等	9.9	9.8	7.6	5.1	3.4	74.0
甲乙酮	中等	9.3	9.3	7.8	4.4	2.5	90.1
环己酮	中等	9.9	9.6	8.7	3.1	2.5	104.0
乙腈	强	10.3	11.0	9.5	2.5	5.0	91.5
N-甲基吡咯烷酮	中等	11.3	11.2	8.8	6.0	3.5	96.5
二甲基甲酰胺	中等	12.1	12.1	8.5	6.7	5.5	77.0
二甲基亚砜	中等	14.5	14.6	9.3	9.5	6.0	75.0
甲醇	强	14.5	14.5	7.4	6.0	10.9	40.7
乙醇	强	12.7	13.0	7.7	4.3	9.5	58.5
丙醇	强	11.9	12.0	7.8	3.3	8.5	75.2
异丙醇	强	11.5	11.5	7.7	3.0	8.0	76.8
水	强	23.4	23.4	7.6	7.8	20.7	18.0

注：δ 为一维溶解度参数；δ_0 为三维溶解度参数的总和。1 cal＝4.1840 J。

表 3-2 常用聚合物的溶解度参数　　　单位：$cal^{1/2}/cm^{3/2}$

聚合物	δ_P	δ_M	δ_S	δ_d	δ_p	δ_h
CA	11.1~12.5	10.0~14.5		7.60	7.97	6.33
CTA				7.61	7.23	5.81
PE	7.7~8.2			8.61	0	0
PC	9.5~10.6	9.5~10.0				
PAN		12.0~14.0		8.91	7.9	3.3
Mylar	9.5~10.8	9.3~9.9				
PMMA	8.9~12.7	8.5~13.3				
PSF	10.0~10.5			8.99	8.06	3.66
PS	8.5~10.6	9.1~9.4		9.64	0.42	1.0
PTFE	5.8~6.4			6.84	0	0
PVC	8.5~11.0	7.8~10.5		9.15	4.9	1.5
PVA				7.82	12.93	11.68
天然橡胶	8.1~8.5					
硅橡胶	7.0~9.5	9.3~10.8	9.5~11.5			

注：δ_P 为弱氢键溶剂中的溶解度参数；δ_M 为中等氢键溶剂中的溶解度参数；δ_S 为强氢键溶剂中的溶解度参数。

非极性的非晶态聚合物与非极性溶剂混合，当聚合物与溶剂的溶解度参数相近时，易互溶。判断非极性结晶聚合物与非极性溶剂的相容性，只有在接近 T_m 时才能使用溶解度参数相近原则。对于极性聚合物，不仅要求两者溶解度参数相近，还要求两者溶解度参数的 δ_d、δ_p 和 δ_h 也分别相近。

在渗透汽化过程中，膜材料的选择可根据膜材料 m 与待分离组分 i 的 δ 矢量差的模数 Δ_{im} 判断，Δ_{im} 值越小，两者互溶性越好[6]。

$$\Delta_{im}^2 = (\delta_{di} - \delta_{dm})^2 + (\delta_{pi} - \delta_{pm})^2 + (\delta_{hi} - \delta_{hm})^2 \qquad (3\text{-}6)$$

由组分 j、i 和膜 m 组成的体系中，膜材料的选择性可根据 Δ_{jm}/Δ_{im} 判断，Δ_{jm}/Δ_{im} 值大，即 Δ_{im} 小，表示 i 和膜之间亲和力较强，分离系数 α_{ij} 大。

3.3 浸没沉淀法制备非对称膜

3.3.1 无定形聚合物的浸没沉淀过程

3.3.1.1 热力学分析

浸没沉淀法制膜过程至少需要 3 种物质：聚合物、溶剂和非溶剂。湿膜浸入凝胶浴后，溶剂和非溶剂通过湿膜/凝胶浴界面相互扩散，当溶剂和非溶剂之间的交换达到一定程度时，溶液变为热力学不稳定体系，导致形成两个液相，即贫聚合物相和富聚合物相，称为液-液分相（liquid-liquid demixing）。通常，制膜过程可视为热力学等温过程。Strathmann 等首先引入三元相图直观表示铸膜液的热力学性质，铸膜液的双节线、旋节线可以通过热力学计算得到。

根据 Flory-Huggins 理论❶，三元体系的 Gibbs 混合自由能 ΔG_m 表示为

$$\frac{\Delta G_m}{RT} = n_1 \ln\varphi_1 + n_2 \ln\varphi_2 + n_3 \ln\varphi_3 + \chi_{12} n_1 \varphi_2 + \chi_{13} n_1 \varphi_3 + g_{23}(\varphi_3) n_2 \varphi_3 \qquad (3\text{-}7)$$

式中，下标 1、2、3 分别表示非溶剂、溶剂和聚合物；n_i 和 φ_i 分别表示组分 i 的摩尔分数和体积分数；R、T 分别为气体常数和热力学温度；χ_{12} 和 χ_{13} 分别为非溶剂-溶剂和非溶剂-聚合物之间的相互作用参数；g_{23}（或 χ_{23}）为溶剂和聚合物之间的相互作用参数，是 φ_3 的函数。根据式(3-7)可得混合过程中各组分的化学势 μ_i：

$$\frac{\mu_i}{RT} = \frac{\partial}{\partial n_i}\left(\frac{\Delta G_m}{RT}\right)_{n_{j,j \neq i}} \qquad (i = 1, 2, 3) \qquad (3\text{-}8)$$

聚合物溶液发生液-液分相并达到相平衡时，组分 i 在两相中的化学势 μ_i 相等，即

$$\mu_i(\text{富聚合物相}) = \mu_i(\text{贫聚合物相}) \qquad (3\text{-}9)$$

---

❶ Paul J. Flory(1910—1985)，美国高分子物理化学家，在高分子化学领域，尤其在高分子物理性质与结构方面取得了巨大成就，1974 年荣获诺贝尔化学奖。

同时，在两相中分别满足下列质量平衡式：

$$\sum \varphi_i = 1 \tag{3-10}$$

由式(3-7)～式(3-10)可得三元相图中表示两相共存的双节线(binodal line)。旋节线(spinodal line)以内的区域表示不稳定相区，体系极不稳定，相分离是自发和连续的，没有热力学位垒；双节线和旋节线的交点为临界分相点；双节线和旋节线之间为亚稳区，体系虽不能自发发生相分离，但在振动、有杂质存在或过冷等条件下，有可能分相；双节线以外的区域为互溶的均相区(图3-6)。

Strathmann等利用相图中的连线 *ABCD* 表示膜的形成过程(图3-6)，*A* 为初始铸膜液组成，*D* 为膜的最终组成，此时富聚合物的固相(S)形成皮层，贫聚合物的液相(L)形成多孔层，S 和 L 达到相平衡。整个沉淀过程用 *AD* 描述，*C* 为固化点，固化后聚合物进一步的主体运动受阻。实际上表层最先开始沉淀，形成的致密结构成为屏障，阻碍了溶剂的挥发和非溶剂的渗透，所以从膜的表层到底层，沉淀速度应逐渐降低。

聚合物溶液的液-液分相是浸没沉淀法制膜的基础，液-液分相分为双节线分相(binodal demixing)和旋节线分相两种机理[7]，如图3-7所示。

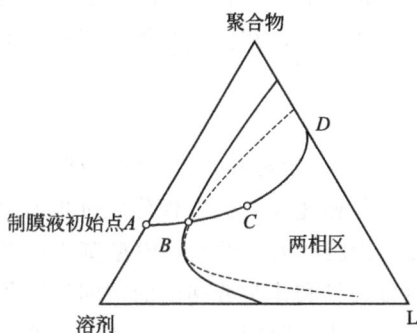

图 3-6　表示膜形成过程的三元相图

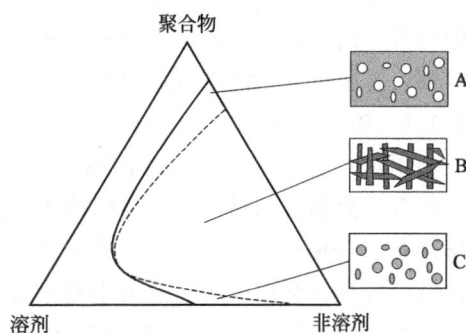

图 3-7　液-液分相

A—贫聚合物相成核(双节线分相)；B—双连续结构(旋节线分相)；C—富聚合物相成核(双节线分相)

① 双节线分相　通常，体系的临界点处于较低的聚合物浓度处，当体系组成变化从临界点上方进入双节线和旋节线之间的亚稳区时，体系发生贫聚合物相成核的液-液分相，即由溶剂、非溶剂和少量聚合物组成的贫聚合物溶液小液滴分散于富聚合物连续相中，在富聚合物连续相固化前，贫聚合物相小液滴聚结形成多孔结构。当体系组成变化从临界点下方进入亚稳区时，发生富聚合物相成核的液-液分相，即富聚合物相溶液小液滴分散于贫聚合物连续相中，富聚合物相小液滴在浓度梯度的推动下不断增大，直至聚合物相固化成膜，得到机械强度很低的乳胶结构膜。因此，制备膜时应在临界点上方发生相分离，使最终膜结构中富相为连续相，从而具有一定的机械强度。以上两种情况均为成核-生长机理。

② 旋节线分相 体系组成变化正好从临界点进入旋节线内的不稳相区，体系迅速形成由贫聚合物相微区和富聚合物相微区相互交错的液-液分相体系，经聚合物固化最终形成双连续的膜结构形态。

总之，亚稳区相分离为成核-生长机理，即在稀相产生核，其中超过临界尺寸的核不断生长，直至形成膜结构。临界点浓度决定了液液分离时是贫相成核还是富相成核。非稳区相分离是增幅分解机理，即膜液中的浓度波动在非稳区持续增长，由于相分离自发发生，体系内到处都有分相现象，分散相间有一定程度的相互连接，形成网络结构膜。

一般将聚合物通过化学或物理交联形成的三维网络称为凝胶，此时体系黏度无穷大，并具有类似橡胶的弹性，凝胶化对膜结构影响很大。玻璃化是指聚合物链被冻结成玻璃态的过程，不发生凝胶化时，玻璃化是无定形聚合物成膜的固化机理。

根据 Flory-Huggins 理论计算三元体系的双节线很烦琐，χ_{12} 和 g_{23} 具有浓度依赖性，而在计算中作为常数项处理，计算中须不断修正以得到与实验点吻合的结果。因此，一些研究者提出了各种经验或半经验公式计算三元体系的双节线。双节线也可以通过浊点（cloud point）实验测定。浊点指溶液从清澈变为浑浊时的组成。测定时，配制一系列不同浓度的聚合物溶液，在恒温搅拌下缓慢滴加非溶剂，直至聚合物溶液刚好出现浑浊。

3.3.1.2 动力学分析

利用热力学平衡相图可以预测分相机理，并在一定程度上预测膜结构。但是，浸没沉淀相转化是一个复杂的非平衡过程，分相速度取决于相分离过程的动力学因素。Cohen 等首先建立了浸没沉淀过程的传质动力学模型，模型基于扩散和连续性方程，利用不可逆热力学建立关联组分通量和化学势梯度的空间导数的微分方程，描述浸没凝胶过程中铸膜液和凝胶浴组成的时间和空间分布，计算浸入瞬间的组成路径、延迟时间和浓度分布。

根据模拟计算结果，Reuvers 等将相分离分为瞬时和延时两大类。瞬时液-液分相，指铸膜液浸入凝胶浴后迅速分相成膜，通常得到皮层较薄且多孔的非对称膜，如微滤膜和超滤膜；延时液-液分相（delayed demixing）是指铸膜液浸入凝胶浴后经过一定时间才分相成膜，通常得到致密较厚的皮层和海绵状亚层结构，如气体分离膜和渗透汽化膜。图 3-8 中曲线 BS 为铸膜液各点在浸入瞬间（$t<1$ s）的组成，其中图(a)表示浸入瞬间表层下方已迅速发生液-液分相，属于瞬时分相；图(b)表示浸入瞬间表层以下的组成未进入分相区，仍处于互溶均相状态，需要再经过一定时间的物质交换才能发生液-液分相，属于延时分相。

利用简单的光透射实验可以区分瞬时分相和延时分相，实验装置如图 3-9 所示。将刮好的膜浸入凝胶浴中，测定通过膜的透光率随时间的变化（图 3-10），可以看出，a 和 b 两个体系为瞬时分相，c 和 d 为延时分相。

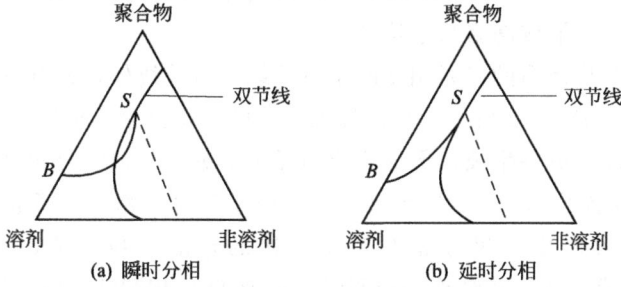

(a) 瞬时分相　　　　　　　　(b) 延时分相

图 3-8　制膜液浸入凝胶浴瞬间($t<1$ s)薄膜内组成

S—薄膜表层；B—薄膜底层

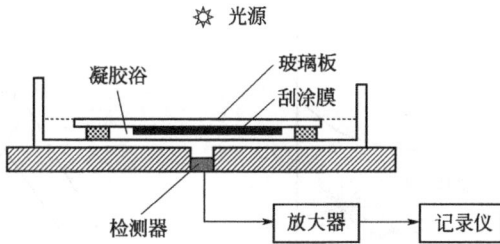

图 3-9　光透射实验装置

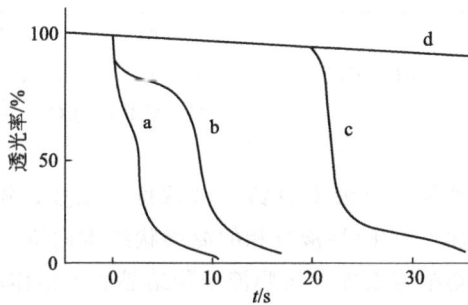

图 3-10　瞬时分相和延时分相的透光曲线

a,b—瞬时分相；c,d—延时分相

3.3.2　结晶性聚合物的浸没沉淀过程

结晶性聚合物主要有聚酰胺、PVDF、乙烯-乙烯醇共聚物（EVAL）等。当铸膜液的温度低于聚合物熔点时，聚合物可从溶液中结晶析出，得到处于平衡的结晶态和液态两相，称为液-固分相。当聚合物浓度很低时，结晶主要为单晶；随聚合物浓度增加，结晶转为层状甚至网络结构，即聚合物分子通过结点相连形成网络，结点区域通常为折叠状结构；聚合物浓度较高时，则可以形成悬浮的指状结晶、球晶(图 3-11)。液-固分相按照成核-生长机理进行，聚合物结晶逐渐长大，最后互相连接形成网络状结构[8]。

　　结晶性聚合物体系的三元相图除了双节线和旋节线外，还有一条结晶线，即液-固分相线，如图 3-12 所示。结晶性聚合物的分相分为三种情况：①液-液瞬时分相，分相机理是成核生长，形成的膜与无定形聚合物瞬时分相时相同；②先发生液-固分相(结晶化)，再发生液-液分相，属于延时分相，所形成的膜没有致密的皮层，膜的表面由等尺寸相互紧密连接的球形颗粒组成，横断面由球晶(spherulite)组成，海绵状结构不很明显；③液-液分相和液-固分相同时发生，属于延时分相，形成的膜表面由球形颗粒组成，但尺寸明显比第二种情况大，横断面是均匀多孔的海绵状结构，海绵状孔为开放孔，并相互贯通。

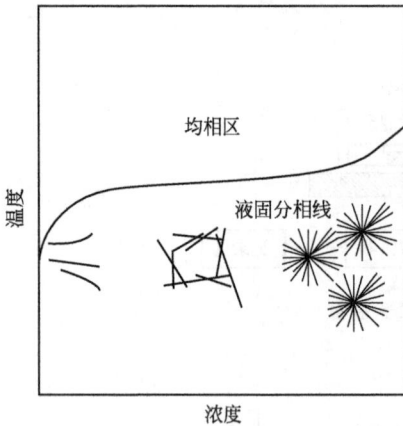

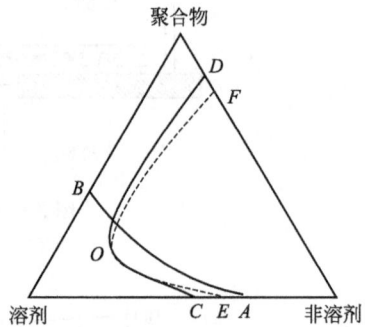

图 3-11　二元聚合物溶液的液-固分相　　　　图 3-12　结晶性聚合物的等温三元相图
AB—结晶线；COD—双节线；EOF—旋节线

　　影响体系分相机理的主要因素有铸膜液浓度、温度、添加剂、凝胶浴组成等。随铸膜液浓度增加，膜由液-液分相的海绵状结构向液-固分相的粒状结构转变，这是由于随聚合物浓度增加，铸膜液中预结晶的聚集体增加，当铸膜液与凝胶浴接触时，液-固分相先于液-液分相发生。温度升高更有利于发生液-液分相。提高聚合物浓度、降低铸膜液温度和提高铸膜液中非溶剂浓度，是聚合物溶液发生结晶性液-固分相的关键。

3.3.3　膜的结构形态

　　浸没沉淀法所制备膜的结构形态主要有五种：胞腔状、粒状、双连续、大孔和胶乳结构。

　　(1)胞腔状结构

　　胞腔状结构(cellular structure)，也称海绵状结构(sponge pore)，是由延时液-液分相过程中贫聚合物相成核-生长产生的，又可分为两种结构：①密封的胞腔状结构，常伴随着生成致密皮层，是由于双节线延时液-液分相过程被体系凝胶化或富聚合物相固化终止而产生的，具有此类结构的膜可用于气体分离、渗透汽化和反渗透；②互穿的胞腔状结构，是由于双节线液-液分相生成的孔在生长后期发生孔的凝聚，孔之间互相挤压，最终形成互相连通的孔，这种结构也可由旋节线分相形成。大多数微滤膜和很多超滤膜的底层均为这种结构。通常，增加聚合物浓度，在凝胶浴中添加溶剂，以及增加溶剂和聚合物的相容性，都将减缓相分离的速度，有利于海绵状结构形成。

（2）粒状结构

粒状（nodules）结构通常是由直径 25～200 nm 的部分粘连的小球构成，存在于膜孔内壁和膜皮层。一般认为膜孔内壁的粒状结构是由双节线液-液分相时富聚合物相的成核-生长所致。结晶性聚合物粒状结构则是液-固分相产生的球状晶体。

（3）双连续结构

双连续结构（bicontiuous structure）是由聚合物溶液旋节线液-液分相形成的，该类结构的多孔膜呈高渗透性的纤维状网络结构，适于用作 MF 和 UF 膜。

（4）大孔结构

大孔（macrovoid）结构有指状、锥形和泪滴等形状，常产生于瞬时液-液分相的体系中。在 DMSO/水、DMF/水、NMP/水、DMAC/水、TEP（磷酸三乙酯）/水和二噁烷/水等溶剂/非溶剂体系中，溶剂和水之间的亲和力强，不论选择何种聚合物都会形成大孔结构。膜中只存在少量大孔时，大孔形状一般是梨形；膜中存在很多大孔时，大孔呈高度拉长的形状。大孔结构将降低膜的机械强度。

（5）乳胶结构

乳胶结构（latex structure）是由贫聚合物连续相中富聚合物分散相的成核-生长形成的，膜的机械强度较差。

另外，不良的溶剂、高分子量聚合物等容易导致铸膜液和支撑物（如玻璃板）界面处形成底面皮层而增加过滤阻力。

3.3.4 膜孔结构的控制

多孔膜分离属于筛分机理，分离性能主要取决于膜孔径，通过选择合适的聚合物浓度、溶剂/非溶剂体系等成膜条件可以控制膜孔径，选择聚合物时主要考虑膜的表面特性（吸附性、亲/疏水性等）、热稳定性和化学稳定性。而对于非多孔膜，聚合物的化学结构直接影响膜的分离性能。

（1）聚合物浓度的影响

聚合物含量低时，膜易形成指状孔；聚合物浓度增加，膜皮层增厚，孔隙率下降，孔径减小，有利于形成海绵状结构。例如，二甲基乙酰胺中芳香族聚酰胺质量分数为 22％时，得到支撑层呈海绵状的反渗透膜；质量分数为 18％时，得到支撑层呈指状的超滤膜。图 3-13 为 CA/二噁烷/水体系中 CA 初始浓度为 10％

和 20%时，浸入凝胶浴瞬间计算出的组成轨迹。其中，连接线表示富聚合物相和贫相对应的平衡浓度。可见，两个浓度下均发生瞬时分相，但当聚合物初始浓度较高时，界面处聚合物浓度较高，导致皮层孔隙率降低[8]。

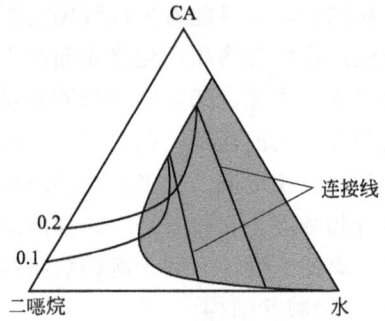

图 3-13　CA/二噁烷/水体系组成变化

(2)溶剂/非溶剂体系

溶剂与非溶剂的相互扩散速度对膜结构影响很大。当铸膜液中溶剂向外扩散速度大于非溶剂向内扩散速度时，有利于形成表皮致密膜；反之，易形成多孔膜。高互溶性的溶剂/非溶剂体系通常得到多孔膜，并且容易形成大孔结构；低互溶性的溶剂/非溶剂体系通常得到非多孔膜。

(3)添加剂

添加剂主要有无机盐、有机小分子、水溶性聚合物和非溶剂。添加剂的种类和用量对膜的性能影响显著，同时也很复杂。

① 无机盐类　主要是碱金属、碱土金属的无机盐或有机酸盐。S. Loeb 和 S. Sourirajan 发现饱和高氯酸镁溶液对二醋酸纤维素有溶解能力，可以作为致孔剂。后来，Manjikian 等选择甲酰胺作为致孔剂也很有效。Kesting 认为，醋酸纤维素分子中的羰基为电子给体，容易与无机水合阳离子结合，形成亚稳态络合体，削弱了高分子链之间的相互作用，使醋酸纤维素分子在无机盐水溶液中溶胀，有利于形成疏松的网络结构膜。电荷密度高、体积小的阳离子促使醋酸纤维素和水混溶。无机盐添加剂的缺点是降低了膜的力学性能，在后处理中容易洗脱。

② 有机小分子类　如丙酮、丁酮、四氢呋喃等。有机小分子含量适宜时，高分子在溶液中呈舒展状态，形成大量的高分子网络和较小的胶束聚集体，所得海绵状孔小且数量多。

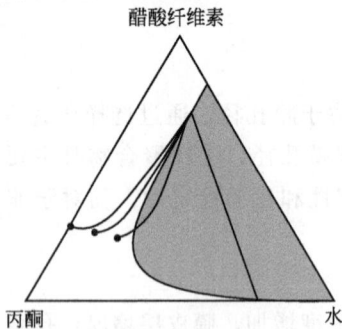

图 3-14　铸膜液中不同水含量(由左至右分别为 0、12.5%和 20%)时 CA/丙酮/水体系组成变化曲线

③ 水溶性聚合物类　如聚乙烯吡咯烷酮(PVP)、聚乙二醇(PEG)等，可以影响溶剂的溶解能力，改变铸膜液中聚合物的溶解状态，改善非溶剂在液态膜中的传质，加快膜的凝胶沉淀速度，造成瞬时分相，有助于成孔，成孔效果优于无机盐类添加剂，在后处理过程中不易洗脱，一般用量在 2%～7%。

④ 非溶剂类　聚合物溶液中加入非溶剂将使组成向液-液分相方向移动。图 3-14 为铸膜液中添加不同量水时计算出的 CA/丙酮/水体系的组成轨迹。当聚合物溶液中没有添加水

时，通过延时分相成膜，形成无孔膜。随铸膜液中水含量的增加，组成轨迹向双节线靠近并最终与之相交，发生瞬时液-液分相，得到多孔膜。

(4)凝胶浴组成

凝胶浴中添加适量的溶剂，可以降低铸膜液与凝胶浴之间扩散传质的化学势变化，从而降低相互扩散速率，使界面处聚合物浓度降低，促进形成多孔皮层。而另一方面，也使溶液发生延迟分相，倾向于形成厚而致密的皮层，消除大孔结构，促进形成海绵状孔。实际得到的膜结构是上述两种效应共同作用的结果。允许加入的最大溶剂量大致由双节线的位置决定。当双节线移向溶剂/聚合物轴时，允许加入较多的溶剂。对聚砜/DMAc/水体系，双节线距聚砜/DMAc轴很近，即使在凝胶浴中加入90%的DMAc仍可成膜。图3-15为在凝胶浴中加入不同体积二噁烷时，CA/二噁烷/水体系的组成轨迹。凝胶浴只有纯水时，发生瞬时分相；凝胶浴中加入18.5%的二噁烷时，组成轨迹与双节线相交，仍发生瞬时分相，但界面处膜内聚合物浓度降低。

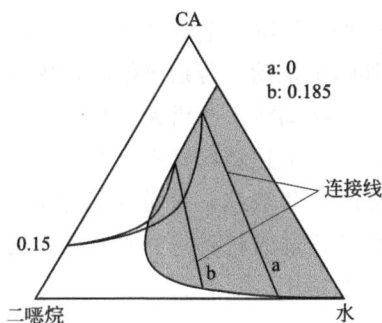

图3-15 凝胶浴中不同二噁烷
体积分数时CA/二噁烷/水体
系组成变化

(5)温度

低温沉淀可以使膜的通量降低、溶质截留率提高。工业上制备醋酸纤维素反渗透膜通常采用冰水作为凝胶浴。

(6)热处理

经过凝胶化，膜的不对称结构已形成，但有的尚未稳定，需要进行热处理，即将凝胶后的膜放在一定温度的热水中加热一段时间。在热处理中，获得了能量的高分子链向更紧密、更稳定的结构状态运动，促使链中极性基团相互吸引而使膜孔缩小，因此热处理是膜脱水收缩的过程。醋酸纤维素反渗透膜一般需要热处理(常采用甘油水溶液)，部分结合水获得能量后克服氢键作用而失去，得到致密脱盐层。对于芳香聚酰胺膜，热处理则不重要。

【例3-1】 相转化法制备壳聚糖膜

将一定量的CS溶于一定浓度的乙酸水溶液中得到CS溶液，脱泡后在玻璃板上流延成膜，充分晾干，再在NaOH溶液中中和残留的酸，用蒸馏水洗涤至中性，自然干燥即得CS平板膜。制备中空纤维膜时，将CS的稀酸溶液经喷头挤入碱性溶液中，同时在中空纤维内部通入氨气和空气的混合气体，凝固后即可得到中空纤维透析膜。为了提高CS膜的分离性能和机械强度，需要对CS膜进行交联改性。

浸没沉淀法步骤较多，为了使膜性能具有良好重现性，制备时应注意以下问题。①高分子材料和溶剂的纯化。注意极性高分子和极性溶剂易吸水。②高分

子-溶剂-添加剂的完全溶解和熟化。③铸膜液中杂质的去除。固体杂质采用
200~240 目滤网压滤除去；残存气体一般用减压法去除，而采用低沸点溶剂时
则可用静置法去除。④铸膜液流延时防止气体夹带。⑤环境温度、湿度和气氛恒
定，避免周围气体湍动，以减少针孔、亮点等缺陷。⑥刮涂了铸膜液的平板进入
凝胶浴时，进入角度和速度应严格控制，因其影响铸膜液溶剂和凝胶剂最初的对
流交换，从而影响膜皮层的形成。⑦残留的溶剂应完全去除，否则膜在储存和使
用中性能将不断衰退。

浸没沉淀法的缺点主要有：制备的非对称膜皮层厚度在 0.1~1.0 μm，不易
制得厚度小于 0.1 μm 的皮层；过渡层易压密，完全脱除残留溶剂比较困难；膜
干燥时容易出现结构塌陷；在凝胶化、热处理、后处理等工序中产生大量废水，
容易造成环境污染。

3.3.5 膜表面缺陷

在制膜过程中，气泡、尘埃、支撑纤维的缺陷等均可造成膜表面缺陷[1]。
当铸膜液蒸发时，气液界面不可避免地受到某种随机扰动。若系统稳定，扰动会
自动消除，气液界面仍保持平整；若系统不稳定，扰动将不断增大，在气液界面
形成凹凸不平或孔洞类结构。当铸膜液固化成膜时，上述结构将固化在膜表面上
成为缺陷。对于气体分离膜，气体以黏性流通过某些缺陷，使分离性能降低。
1976 年，Browall 提出[9]，在膜表面涂敷一层较易透过的材料，可大大减少通过
缺陷的非扩散气流，而对无缺陷处的扩散气流影响很小。

3.3.6 超临界流体作为非溶剂

流体处于超临界状态时，气液界面消失，变成均一体系，具有与液体相近的
密度以及与气体相近的黏度，易于在聚合物中扩散，传质系数大，并且超临界流
体的密度和黏度可通过压力和温度调节。

Matsuyama 等首次以超临界流体为非溶剂制备了非对称膜。首先将聚合物
溶液刮涂在平板上，再与超临界 CO_2 接触，超临界 CO_2 与溶液中的溶剂互溶，
两者相互扩散导致相分离，形成富聚合物的连续相和富溶剂的分散相，超临界
CO_2 不断置换富溶剂相，使溶剂从分散相中完全脱除，最终得到非对称膜。具
体操作步骤如下：①先向缓冲罐中通入 CO_2 使其达到预定压力和温度，同时使
成膜室的温度与缓冲罐保持一致。②将聚苯乙烯的甲苯溶液浇铸在圆形平盘上，
迅速将平盘置入成膜室，关闭成膜室后，打开阀门给成膜室加入 CO_2。由于缓
冲罐的容积远大于成膜室的容积，故此过程中 CO_2 的压力和温度基本不变。
③圆形平盘上的聚苯乙烯溶液与 CO_2 之间达到平衡后，在恒定压力下用 CO_2 吹
扫膜使其干燥。④60 min 后在恒定温度下缓慢降压，2 h 后实验结束，得到一张
干燥的膜。扫描电镜(SEM)观察表明，该方法制备的聚苯乙烯膜具有与 L-S 法
类似的非对称结构，在相同条件下孔隙率更高。

该方法的优点是：超临界 CO_2 使聚合物溶液发生相分离，同时使膜快速干燥，将相分离与干燥合二为一；由于不存在气液界面，避免了干燥过程中膜结构的塌陷；溶剂与超临界 CO_2 互溶，通过简单的减压分离后溶剂可循环使用，CO_2 不污染产品和环境，过程无污染。其缺点是需要高压设备，一次性投资较高。

3.4 热致相分离法制备微孔膜

3.4.1 热致相分离法

热致相分离法制备微孔膜，以基于 Flory-Huggins 聚合物溶液理论的二元相图为指导。图 3-16 为结晶聚合物-稀释剂二元体系的典型相图[10]。当聚合物浓度小于偏晶点时，在降温过程中 a 体系沿轨迹发生 L-L 相分离，通常会形成双连续或者腔胞结构膜，双连续多孔结构膜具有较高的比表面积、孔隙率、渗透性能以及机械强度；当聚合物浓度大于偏晶点时，b 沿降温轨迹发生 S-L 相分离，通常形成球粒堆积结构的膜。TIPS 法的制备体系通常具有高临界溶解温度（UCST），呈现高温相溶、低温分相的特征。也有低临界溶解温度（LCST）的聚合物溶液体系，会发生逆向热致相分离过程（reverse thermally induced phase separation，RTIPS），体系通过低温相溶、高温分相而得到多孔膜。

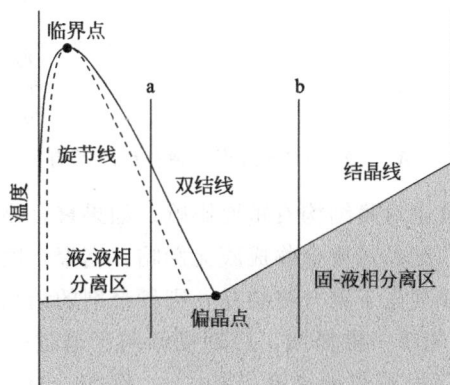

图 3-16 结晶聚合物-稀释剂二元体系的典型相图

在 TIPS 过程中，稀释剂会显著影响相图的形状以及临界点、偏晶点等的位置，从而影响膜结构与性能[11]。①当聚合物与稀释剂相互作用较强时，发生 S-L 相分离。体系由高温均相溶液逐渐降低温度到达 S-L 相分离曲线时，一部分聚合物首先在体系中形成晶核，随晶核不断形成和生长，更多的聚合物从体系中结晶析出，而其余液相组分则沿着 S-L 相分离曲线变化[图 3-17(a)中 L_n 方向]，直到聚合物完全结晶析出。②当聚合物与稀释剂相互作用较弱时，如果聚合物初始浓度小于 ϕ_m，随着体系温度降低，首先发生 L-L 相分离，即由于分子热运动而引起溶液内部浓度不均匀，使局部位置上的聚合物浓度增加且趋于稳定，形成聚合物富相，而其他部分聚合物浓度较低，形成聚合物贫相。聚合物贫相和聚合物富相中聚合物浓度沿着 L-L 相分离曲线 L_{a1}、L_{a2} 方向逐渐变化[图 3-17(b)]。当聚合物富相组成到达 ϕ_m 点时，继续降温则聚合物将结晶析出。当体系聚合物的初始浓度大于 ϕ_m 时，成膜过程中只发生 S-L 相分离。例如，在 iPP-C$_{20}$H$_{22}$、iPP-C$_{19}$H$_{39}$COOH、iPP-TA（N,N-双羟乙基牛脂胺）三个体系中，iPP 与三种稀释剂的相互作用依次减弱，相容性下降，其中前两种体系不存在偏晶点，在整个组成范围内仅发生 S-L 相分离。iPP-TA 体系则存在偏晶点 ϕ_m，当聚合物浓度低于 ϕ_m 时，先发生 L-L 相分离，而后发生 S-L 相分离。对于聚丙烯-二苯醚（iPP-DPE）和聚丙烯-坎烯体系，随着聚合物分子量的增加，L-L 相分离温度提高，L-L 相分离曲线上移，说明体系的相容性变差，从 L-L 相分离到聚合物结晶的温差变大，而 S-L 相分离曲线的变化不大。iPP 与稀释剂之间的相容性直接影响体系的热力学相图，进而影响了成膜动力学和膜结构。

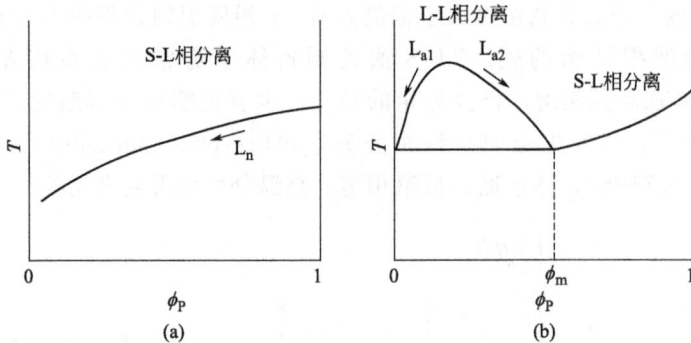

图 3-17 TIPS 过程中稀释剂的影响

稀释剂的结晶温度也对膜结构有重要影响。如果聚合物结晶温度高于稀释剂的结晶温度，稀释剂的结晶对聚合物成膜无影响；当聚合物结晶温度低于稀释剂的结晶温度时，则稀释剂先于聚合物结晶，则稀释剂的结晶决定了孔结构。

TIPS 法早期多采用单一稀释剂，后期则倾向于通过多种稀释剂复配、添加非溶剂和无机填料等获得理想的微孔结构[12]。例如，对于 PVDF 膜[13]，采用环己酮、碳酸丙烯酯、二乙二醇乙醚乙酸酯、邻苯二甲酸甲酯、邻苯二甲酸乙酯、邻苯二甲酸丁酯、邻苯二甲酸戊酯、水杨酸甲酯、苯甲酸甲酯、三乙酸甘油酯、柠檬酸三乙酯、碳酸丙二醇酯、苯乙酮、二乙二醇乙醚和己内酰胺为稀释剂，膜微观结构呈现球粒堆积状，而采用二苯甲酮、碳酸二苯酯可得到双连续多孔结构。将 PVDF 的稀释剂（三乙酸甘油酯、二乙酸甘油酯）与非溶剂（蓖麻油）混合作为稀释剂，球粒堆积孔结构转化为蜂窝状，且蜂窝孔之间有细小通道连接，具有了初步的双连续多孔结构。非溶剂的加入，改变了 PVDF 与稀释剂的相互作用，从而影响相分离机理和过程，可获得不同的孔结构。加入无机填料

（如疏水二氧化硅），在降温时填料占据一定空间，成膜后用氢氧化钠将其溶解，得到双连续多孔结构。填料还可以作为 PVDF 的成核剂，诱导 PVDF 快速结晶，改变 PVDF 的结晶过程，晶粒尺寸越小晶粒间距越小，从而达到调控膜孔结构的目的。

当体系发生液-液相分离时，冷却速率对膜结构有重要影响。如果冷却速率足够快，体系将迅速穿过亚稳区进入不稳区，发生旋节分解，短时间粗化通常得到双连续孔结构，而长时间粗化通常得到贯通胞孔结构。如果控制冷却速率使体系在亚稳区有足够的停留时间，则发生成核生长的液-液相分离。

TIPS 法制备的微孔膜多为各向同性膜，膜断面结构较为对称。在相同的截留分子量下，由于各向异性膜具有更好的渗透性，因此，发展了 TIPS 制备各向异性膜的方法，可分为两种：一是将膜液在一定温度下蒸发稀释剂，使表层聚合物浓度增大，在膜厚方向上产生一定的聚合物浓度梯度，再将膜液降温固化，形成各向异性的微孔膜；二是将膜液的上、下表面分别置于不同温度下固化成膜，在膜厚方向产生一定的温度梯度，形成各向异性微孔膜。

例如，TIPS 法制备聚 4-甲基-1-戊烯（PMP，商品名 TPX）膜，常用的溶剂有饱和脂肪酸、饱和醇、酯、醚、矿物油等。美国专利 US 6409921 采用己二酸二辛酯（DOA）与三乙酸丙三醇酯混合液（质量比 55：45，前者与 PMP 相容性较好且沸点比后者高 50 ℃以上），与原料 TPX 混合加热溶解，然后挤出中空纤维膜，三乙酸丙三醇酯率先蒸发，产生稀释剂浓度梯度，经淬冷和异丙醇萃取，得到孔隙率 58.5%、表面孔径小于 50 nm 的非对称结构膜。US 6375876 采用邻苯二甲酸二辛酯和三乙酸丙三醇酯混合液（质量分数 97：3）作稀释剂溶解 PMP（浓度 35%），在 290 ℃挤出，在 18 ℃的三乙酸甘油酯中冷却后用异丙醇萃取，得到非对称结构膜，血浆渗漏时间超过 72 h。US 6497752 采用己二酸二辛酯、三乙酸丙三醇酯和蓖麻油混合液（质量比 70：20：10）作稀释剂溶解 PMP（浓度 37%），在 290 ℃挤出，淬冷至室温后萃取，得到非对称结构膜，CO_2 渗透系数 53.41 mL/(cm^2·min·bar)，血浆渗漏时间超过 72 h。Tao 等[14]采用癸二酸二辛酯（DOS）/邻苯二甲酸二甲酯（DMP）稀释剂，发现降低淬冷温度时冷却速度加快，粗化时间减少，得到孔径更小的膜。在与 PMP 相容性差的邻苯二甲酸二丁酯（DBP）中发生 L-L 相分离，而在与 PMP 相容性好的邻苯二甲酸二辛酯（DOP）中发生 S-L 相分离。在 DBP/DOP 混合稀释剂中，随着 DBP 含量增加（≥30%），由于相容性差发生 L-L 分相形成胞腔孔；随着 DBP 含量减少（<30%），发生 L-L 和 S-L 分相[15]。采用相互作用较强的己二酸二辛酯（DOA）时得到球晶结构。

TIPS 法广泛用于聚丙烯、聚偏氟乙烯等结晶或半结晶型聚合物多孔膜的制备，也有研究者将 TIPS 法用于非晶态聚合物膜的制备，如聚砜、聚甲基丙烯酸甲酯、聚苯乙烯等。

3.4.2　低温热致相分离法

传统 TIPS 法采用高沸点稀释剂，制膜过程能耗高，对制膜设备要求严苛，稀释剂在萃取中不易完全去除，所得膜存在稀释剂微量残留和一定生物毒性。2007 年日本学者在专利 WO2007/080862 中提出了低温热致相分离（L-TIPS）和水溶性潜溶剂的概念。水溶性潜溶剂在室温下与聚合物相容性较差，但提高温度（低于高分子熔点）可以与聚合物形成均相溶液。控制铸膜液温度低于聚合物熔点而高于铸膜液的浊点，同时凝固浴温度显著低于铸膜液浊点，当铸膜液进入凝固浴中时，会同时发生 TIPS 和 NIPS 相分离。与单纯 NIPS 成膜相比，膜断面未出现大的空穴，仅有少量指状孔，中部为球状结构，内外表面均有皮层；铸膜液浊点温度与凝固浴温差越大，壁厚越厚，TIPS 作用越明显，NIPS 作用相对减弱。采用 PVDF 的水溶性潜溶剂（γ-丁内酯、碳酸亚丙酯和磷酸三乙酯）在 140～160 ℃下（PVDF 熔点 172 ℃）制得均相铸膜液，通过 L-TIPS 过程制备综合性能优异的 PVDF 膜，降低了操作温度，且水溶性溶剂更加环保友好。Liu 等[16] 将 PVDF 溶于磷酸三乙酯、γ-丁内酯、甘油中（120 ℃），然后在 30 ℃去离子水中淬冷得到 PVDF 膜。Hu 等[17]将 PVDF 溶解在 ε-己内酰胺中（140 ℃），并以 PVA 为添加剂，调节 PVDF 膜的亲水性，随着 PVA 含量的增加，指状孔明显减少，PVDF 膜拥有较高的机械性能和抗污染性能。

L-TIPS 法采用水溶性潜溶剂，溶解温度和能耗低。但是，该方法同时存在 TIPS 和 NIPS 成膜机制，导致成膜过程影响因素增多；同时，所用水溶性潜溶剂沸点仍较高（一般大于 140 ℃），通过与水交换去除潜溶剂时会产生大量废水，导致环境污染。

3.5　复合膜的制备

复合膜由分离层和基膜构成。

3.5.1　分离层的制备

分离层的制备方法主要包括涂敷法、原位聚合法、界面聚合法、动态膜法、水面展开法等。

（1）涂敷法

将基膜浸入聚合物溶液（一般小于 1%）中，拉出后即涂上一层 50～100 μm 厚的溶液，蒸发后形成 0.5～2 μm 厚的皮层。1965 年，UOP 公司在硝酸纤维素微孔膜表面涂敷三醋酸纤维素制成复合膜。General Electric 公司采用该法制备的聚碳酸酯-硅氧烷橡胶复合膜用于气体分离，如医用富氧系统，已获得工业应用。

对于弹性体聚合物，该方法可以得到薄的无缺陷涂层；对于玻璃态聚合物，当蒸发过程中经过玻璃化转变温度时，涂层内产生很大的应力容易使涂层破裂。交联可以提高涂层的化学或机械稳定性。

采用多孔支撑层时，由于毛细管力作用，在涂敷过程中容易发生孔渗，使支撑层的传质阻力增大，特别是对于玻璃态聚合物。减少孔渗的方法主要有：将孔预先填入某种物质以防止膜液渗入；选择分子量较高的聚合物，使聚合物的流体力学半径和溶液黏度增大；选择对多孔支撑层不润湿的溶剂。

（2）原位聚合法

将支撑膜浸入一定浓度的单体溶液（含催化剂）中，取出滴去过量的溶液，然后在高温下进行催化聚合反应。例如，糠醇在硫酸催化和 150 ℃条件下原位聚合制得 NS-200 复合膜。

（3）界面聚合法

界面聚合法是利用两种反应活性很高的双官能团或三官能团单体，在两个不互溶的溶剂界面上发生聚合反应，从而在多孔支撑膜上形成很薄的分离层。1970年，美国 North Star 研究所的 Cadotte 开发了界面聚合法制备复合膜[18]。后来，又利用间苯二胺和均苯三甲酰氯（TMC）反应制备了第一张全芳族复合膜 FT-30。具体过程为：将聚砜支撑膜先浸入 2％间苯二胺水溶液中，取出沥去多余的单体溶液，再浸入 0.1％的 TMC 己烷溶液中反应，形成交联的聚酰胺薄层（图 3-18）。在制备中 TMC 部分水解形成羧基，以羧酸盐形式存在。由于聚合交联和存在羧酸盐基团，对可溶性硅的脱除率高达 95％以上，适用于半导体厂的超纯水制备，但酰胺键易被氯（高氯酸盐或高氯酸）等氧化剂切断，使膜的脱盐性能下降。

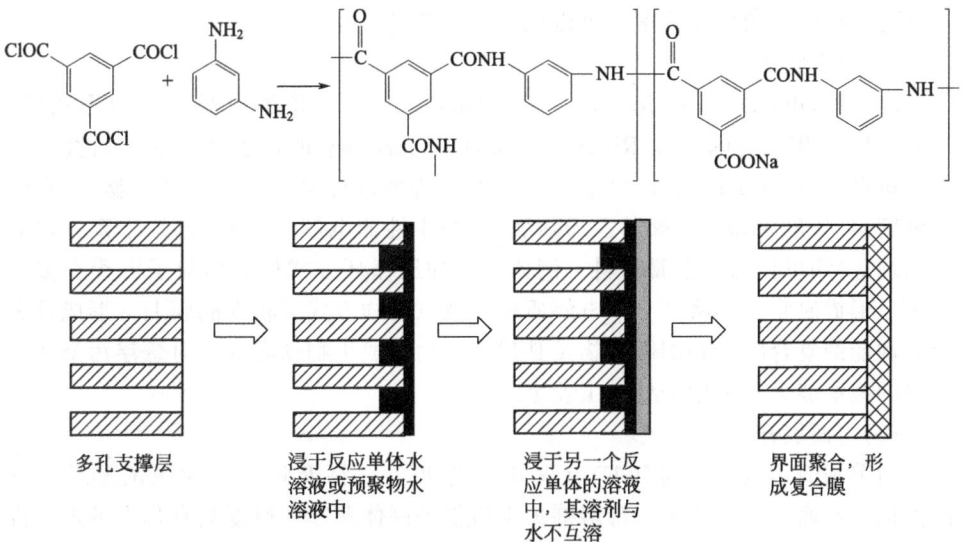

| 多孔支撑层 | 浸于反应单体水溶液或预聚物水溶液中 | 浸于另一个反应单体的溶液中，其溶剂与水不互溶 | 界面聚合，形成复合膜 |

图 3-18 界面聚合

1976 年，Cadotte 用哌嗪与均苯三甲酰氯和间苯二甲酰氯通过界面聚合制备了复合膜，其对 SO_4^{2-} 的截留率高而对 Cl^- 截留效果很差，通量高于反渗透，截留分子相对质量比超滤膜小很多，称之为疏松型反渗透膜或致密性超滤膜，以后又称之为纳滤膜。

界面聚合机理为：酰卤或异氰酸盐溶于有机溶剂中形成有机相，基膜吸收胺类水溶液构成水相。二元胺向有机溶剂扩散的倾向比酰氯向水相扩散的倾向大，界面聚合反应发生在两相界面靠近有机溶剂的一侧，为不可逆亲核反应。当水相为多元胺时，其在有机相中的溶解度很低，在界面处迅速反应形成一层超薄的交联网络层，阻碍了多元胺从水相进一步进入有机相，皮层的厚度取决于酰卤或异氰酸盐向水相中的扩散，因此，复合膜皮层很薄，通常为 20～25 nm；当水相为哌嗪(piperazine)或 1,3-苯二胺时，胺能较快地通过两相界面传递，形成的薄膜含有小孔(盐或小分子物质可以透过，热处理时小孔可消除)，形成的皮层厚度较大。紧靠皮层的支撑膜孔内为低交联度易透过水的凝胶层，使膜耐磨，其在反渗透中高度溶胀，对水的流动阻力很小；而在气体分离时，凝胶干燥变为刚性玻璃态，大大增加了气体的渗透阻力，故不适用于气体分离。

单体的基团活性顺序为：酰氯＞酸酐＞酸＞酯，伯胺＞仲胺，脂肪胺＞芳香胺。为了能在常温和较短时间内形成复合膜，应首选含酰氯和伯胺基团的单体，界面聚合反应的速率常数较大(10^2～10^6 mol/s)，反应速率主要受扩散控制。为了使两种活性单体在界面上等摩尔反应，可调整两者浓度等于扩散系数之比。为了防止酰氯端基水解，水相 pH 值应在 6.5～7；为了抑制端氨基成盐，水相 pH 值应大于 7，这样才有利于提高聚合物分子量。

界面聚合法的优点是反应具有自抑制性，可制得厚度小于 50 nm 的膜，通过改变两种溶液的单体浓度，可以调控选择性膜层的性能。

(4)动态膜法

动态膜(dynamically formed membrane)，也称原位形成膜或动力形成膜。1965～1970 年，美国 Oak Ridge National Laboratory 进行了动态膜的研究。很多无机电解质(如 Al^{3+}、Fe^{3+}、Si^{4+}、Zr^{4+} 等的水合氧化物或氢氧化物)、有机聚电解质(如聚丙烯酸、聚苯乙烯磺酸等)和中性非电解质(如甲基纤维素、聚氧化乙烯等)均可作为动态膜材料。例如，以加压循环方式使胶体粒子沉积在多孔基膜上形成底膜，再将高分子电解质稀溶液以同样方式沉积在底膜上，形成具有分离性能的复合膜。利用微生物及其代谢产物形成生物动态膜，对悬浮污染物有较强的截留能力，可用于处理工业废水。

(5)水面展开法

由美国通用电气公司(GE)首先开发成功[19]。将聚硅氧烷-聚碳酸酯共聚物溶液倒在水面上铺展成膜，待溶剂挥发后得到固体薄膜，厚度只有几十纳米，机械强度差，不能直接使用。通常将多层薄膜覆盖在多孔支撑膜上。在连续制膜过程中，水面污染将导致表面张力变化，使制膜过程稳定性变差；制膜速度太快时会造成水面波动，使膜厚不均而影响膜性能。

3.5.2　基膜的选择

　　基膜的孔径大小、孔径分布、孔隙率、光洁度、稳定性等对复合膜的性能有很大影响。聚砜的化学稳定性和热稳定性好，故复合膜大多采用多孔聚砜膜为基膜，如在聚砜膜上涂敷一层很薄的硅橡胶用于气体分离。聚酰胺复合膜可以用聚丙烯腈作为基膜，先将聚丙烯腈的—CN 水解为—COOH，—COOH 可与聚酰胺形成化学键，使复合膜具有较高的化学稳定性。聚乙烯醇也可以在水解的聚丙烯腈膜表面形成极薄、无缺陷的皮层。

3.6　无机膜的制备

　　无机膜的研究始于 20 世纪 40 年代，其发展可分为 3 个阶段[20]：20 世纪 40年代～70 年代，主要用于核原料铀同位素的分离；80 年代～90 年代，主要用于水处理、乳制品、饮料等工业的液体分离；90 年代以后，开始用于气体分离和陶瓷膜催化反应器。无机膜材料有金属、炭、玻璃、陶瓷等，膜的形状有平板式、管式、中空纤维式、卷式（如金属膜）等。无机膜分为均质膜、多孔膜、分子筛膜等，分离层通常支撑在多孔基膜上。与有机膜相比，无机膜具有耐高温、耐化学腐蚀、强度高等优点，可用于温度高于 200 ℃的反应如环己烷脱氢制苯、Claus 法处理硫化氢等，但无机膜塑性小，高温下密封困难，使用中容易破裂。

3.6.1　多孔基膜的制备

　　多孔基膜的作用是支撑分离层，使膜具有足够的强度。基膜的表面质量对分离层的连续性和形貌有巨大影响。制备基膜的材料主要有高岭土、蒙托石、工业氧化铝等，大多采用粒子烧结法制备。基膜的形状通常为管状、多通道蜂窝状（monolithic）。成型方法有干压成型、注浆成型和挤出成型等。干压成型是将粉体倒入模具内，然后用油压机加压成型。为了提高成型时粉体的流动性，通常添加适量的黏合剂和增塑剂。注浆成型是将料浆注入吸水性的石膏模具内停留一段时间，待料浆吸附于模具上形成一定厚度的坯体后，再将多余的料浆倒出，干透后脱模即可。挤出成型是在粉体中添加适量黏合剂和增塑剂，然后经陈化、真空炼泥、螺杆成型机成型制得坯体。上述三种方法中，干压成型和挤出成型得到的基膜孔径尺寸均匀，表面平整性好，表面粗糙度小；注浆成型法孔径尺寸大，孔径分布宽，表面平整性差，表面粗糙度最大。

　　通常需要在基膜上引入中间过渡层（孔径在 0.2～5 μm），以利于与表面分离层匹配，防止制备分离层时微细颗粒向多孔基膜内渗透。

3.6.2　分离层的制备

　　分离层的性能直接影响膜的选择透过性，其制备方法主要有溶胶-凝胶法

(sol-gel)、水热合成法、气相沉积法、热分解法等。

(1)溶胶-凝胶法

该方法起源于1846年，20世纪70年代才被用于材料的制备。20世纪80年代，荷兰 Twente 大学的 Leenaars 等首先用 sol-gel 法成功合成了 Al_2O_3 膜。此后，sol-gel 法成为制备陶瓷膜的主要手段。sol-gel 法是将金属盐或金属醇盐在一定条件下水解，生成水合金属氧化物或在金属上引入羟基，形成溶胶，溶胶在一定条件下凝聚成大网络的凝胶，成为铸膜液。按照制备溶胶方法的不同，sol-gel 法又分为胶体凝胶法(胶溶法)和聚合凝胶法(聚合法)。

① 胶体凝胶法 将金属盐或金属醇盐完全水解生成水合金属氧化物沉淀，然后加入一定量的胶溶剂(酸或碱)，使沉淀分散成金属氧化物或水合氧化物溶胶(该过程称为胶溶)，再经陈化成为凝胶。胶溶是静电相互作用引起的，向水解产物中加入酸或碱胶溶剂时，H^+ 或 OH^- 吸附在粒子表面，离子在液相中重新分布，在粒子表面形成双电层，使粒子间产生相互排斥作用。当排斥力大于粒子间的吸引力时，聚集的粒子分散成小粒子而形成溶胶。胶溶过程中需要严格控制胶溶剂的添加量，例如，制备 TiO_2 溶胶时，酸添加量过少会使胶溶不彻底，过多会造成粒子团聚。

② 聚合凝胶法 将金属醇盐在少量水中控制水解，在金属上引入羟基，含羟基的金属醇化物相互缩合，形成有机-无机聚合物溶胶，再经陈化成为凝胶。发生的主要反应为：

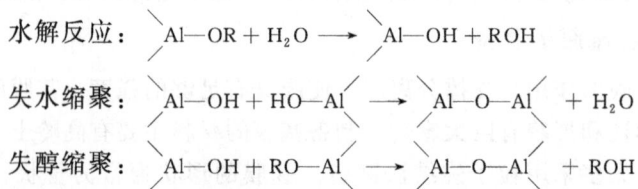

$$水解反应：\quad \diagdown Al{-}OR + H_2O \longrightarrow \diagdown Al{-}OH + ROH$$

$$失水缩聚：\quad \diagdown Al{-}OH + HO{-}Al \diagup \longrightarrow \diagdown Al{-}O{-}Al \diagup + H_2O$$

$$失醇缩聚：\quad \diagdown Al{-}OH + RO{-}Al \diagup \longrightarrow \diagdown Al{-}O{-}Al \diagup + ROH$$

通常加入 HCl、HNO_3、HAc 等水解抑制剂控制水解和缩聚速度。抑制剂添加量太多，抑制作用太强，导致水解不完全，同时缩聚反应难以进行，最终形成沉淀；添加量太少，反应过于剧烈，胶凝时间过短，溶胶粒径分布较宽。聚合凝胶法的反应进程较难控制。

金属醇盐在水中的溶解度很小，所以通常用母醇助溶。醇是醇盐水解的产物，对水解有抑制作用，故醇的添加量要适当，过多会延长水解和胶凝时间，过少会使水解缩聚产物浓度过高，引起粒子聚集形成沉淀。

影响水解反应的主要因素是水解温度和水的加入量。金属醇盐的水解活性一般比较低，反应通常在水浴中进行，铝醇盐的水解温度一般为 $85\sim95\ ℃$，钛醇盐水解活性较高，通常在室温下即可完全水解。加水量常用水和醇盐的物质的量之比 γ 表示，γ 是区分胶溶法和聚合法的依据。对于胶溶法，水是过量的；而对于聚合法，水量是控制的。如制备 TiO_2 溶胶时，胶溶法的 $\gamma=200\sim$

300，聚合法的 $\gamma \leqslant 4$。加水量对溶胶的黏度、溶胶向凝胶的转变、凝胶化时间等均有影响。陈化过程的主要影响因素是陈化温度和时间，升高温度有利于陈化的进行。

铸膜液涂膜前需要做好以下准备工作：

① 基膜表面处理。对基膜表面进行机械打磨或抛光，使之平整，然后用酸、碱、去离子水清洗干净，以避免膜不连续和发生脱落；对基膜表面进行活化处理，使制膜液和基膜结合更紧密，防止凝胶层在干燥和烧结过程中脱落，活化液还能填平基膜的凹陷，避免膜层塌陷。

② 对制膜液的黏度和固含量进行调整。添加黏合剂和增塑剂，以提高制膜液的黏合性、塑性和韧性，同时调节制膜液的黏度和固含量。这是因为黏度太低，溶胶粒子会过多地渗入到基膜孔隙中；黏度太高，会造成凝胶层厚度不均匀，在干燥和烧结中容易脱落和开裂。例如，在 γ-Al_2O_3 溶胶中加入聚乙烯醇（PVA，分子量为72000），在 SiO_2 溶胶中加入 N,N'-二甲基甲酰胺，均能有效防止凝胶干燥和焙烧过程中膜的开裂。

涂膜方法有浸涂、喷涂和旋涂等。浸涂时需要多次涂膜，才能得到完整连续的膜。每次涂膜都需要控制好膜的厚度，厚度太大，在干燥和烧结中容易开裂和脱落；每次涂膜后，都需进行干燥和烧结。

在多孔支撑体上浸涂成膜，包括毛细过滤（capillary-filtration）和膜涂敷（film-coating）两种机理。当干燥的多孔支撑体与悬浮浆料接触时，在毛细管力的作用下产生与支撑体表面垂直方向上的吸浆作用，称为毛细过滤机理。当支撑体的孔径与粒子的大小相当时，粒子被截留在支撑体表面而形成膜；如果支撑体孔径过大，粒子与分散剂一起渗透进入支撑体，难以形成连续的膜，还会增加膜的渗透阻力。毛细管吸力（Δp_c）与悬浮浆料的表面张力（σ）和支撑体的孔径（r）有关：

$$\Delta p_c = \frac{2\sigma \cos\theta}{r} \qquad (3\text{-}11)$$

滤饼层厚度（L_c）与浸浆时间（t）的平方根成正比：

$$L_c = K_C \sqrt{t} \qquad (3\text{-}12)$$

式中，K_C 为吸浆速率常数，是支撑体孔隙率、孔径及其分布、悬浮浆料的表面张力、固含量和黏度的函数。对多孔支撑体进行表面处理或预浸润，可以改变毛细吸力。

当浸入到悬浮浆料中的支撑体以一定速率提升和脱离悬浮浆料时，在黏性力、悬浮浆料表面张力和重力的作用下，在支撑体表面形成一黏滞层，称为膜涂敷机理。对于干燥的多孔支撑体，采用浸浆法涂膜，膜的形成既有毛细过滤的贡献，也有膜涂敷的贡献。

干燥是将湿凝胶层转化为干凝胶层，是制膜的关键步骤。由于颗粒非常小，所以会产生很大的毛细管力而导致膜层破裂。采用超临界干燥可使毛细管力大为减小，加入有机黏合剂可以缓解产生的应力。

烧结是使凝胶层转变为具有选择透过性的陶瓷膜层的过程，同时使基膜和分离层融合。干凝胶的烧结包括两个阶段：在相对较低的温度范围内，如 $300 \sim 400\,℃$ 内，凝胶粒子可发生晶型转变，并伴随脱水反应，生成无水粒子，同时有机添加剂被烧尽，这一阶段称为灼烧过程（calcination）。灼烧得到的氧化物粒子相互以点接触方式堆积，继续升高温度，在接触点处粒子之间形成"颈"连接，称为烧结。随着温度的升高，"颈"变宽，膜的强度提高。该过程的主要控制参数有升温速度、烧结温度和保温时间。升温速度太快，膜容易开裂和脱落。烧结温度必须保证溶剂全部蒸发，黏合剂和增塑剂全部燃尽，以及晶型发生转变，形成具有一定物相结构的陶瓷膜层。对于 Al_2O_3 膜，在 $\gamma\text{-}AlOOH$ 态，膜孔隙并未完全形成；当温度达到 $400\,℃$ 时，$\gamma\text{-}AlOOH$ 基本转化为 $\gamma\text{-}Al_2O_3$，微孔逐渐形成；温度达到 $800\,℃$ 时，孔径才比较稳定。

溶胶-凝胶法主要用于制备超滤膜和微滤膜，制备反渗透膜和气体分离膜需要采用气相沉积等方法进一步致密化。

(2)水热合成法

分子筛是一种微孔晶体材料，具有规整的孔道结构、良好的热稳定性和催化作用，由其合成的分子筛膜是无机膜研究领域的前沿和热点之一。其中，NaA型分子筛膜发展最为迅速。NaA 型分子筛具有八元环孔道结构（孔径 $0.41\,nm$），孔道内有较强的库仑电场，表现出很高的水选择渗透性，在大/小分子分离、极性/非极性分子分离、脱除有机物中微量水等方面应用前景广阔。理想的分子筛膜应较薄，连续且均匀，无针孔、裂缝等缺陷，具有一定的机械强度。合成分子筛膜的方法主要有原位水热合成法、二次生长法等。

① 原位水热合成法 将硅源、铝源按照一定比例配制成合成液，倒入反应器中，放入支撑体，然后在适宜的温度下反应，最后用去离子水洗涤膜至中性，干燥即得产品。该法所需合成时间较长，合成液在支撑体表面随机成核，所得分子筛膜难以连续致密。为了制备高性能的膜，需要进行多次原位水热合成，但会使膜层厚度增加，渗透通量大大降低。

② 二次生长法 二次生长法是先在支撑体表面预涂晶种，再置于合成液中水热晶化成膜。在一定的晶化条件下，晶种层可作为生长中心从合成液中汲取所需要的原料，向各个方向生长并填充晶体间的空隙，得到致密的分子筛膜。该方法消除了分子筛晶体生长所需的晶核形成过程，有利于分子筛优先在支撑体上生长和形成致密的分子筛层，可大大缩短合成时间，减少晶体间的空隙，有效控制膜层厚度。引入晶种的方法有浸涂法、提拉法、电泳法等。晶种大小对支撑体上成膜有较大影响。

例如，利用烷氧基硅烷偶联剂（3-氯丙基三甲氧基硅烷和 3-氨基丙基三甲氧基硅烷）将 NaA 分子筛晶种附着在不锈钢膜上，然后采用水热合成法在不锈钢膜表面合成 NaA 分子筛膜，使分子筛晶种有序生长，直至把不锈钢颗粒之间的空隙填充，形成无缺陷的膜层。该膜用于 3%（质量分数）水-苯甲醛溶液渗透汽化，分离因子达到 1000，通量 0.04 kg/(m² · h)。又如，首先利用聚电解质 PDDA 将大孔氧化铝表面修饰为具有正电性的表面，通过静电引力的作用将溶液中的 A 分子筛吸附到表面上（A 型分子筛带负电），然后以吸附的分子筛为晶种，在水热条件下成功生长一层 A 型分子筛薄膜。研究发现，在较短时间内分子筛生长是有取向性的，但随着生长时间的延长，取向性减弱。

分子筛膜大多是在上述静态密闭体系中制备的，存在的主要问题有：晶化液中的铝硅酸盐溶胶沉积在晶种层表面形成凝胶层，阻断了有效组分向晶种层内的扩散；另外，晶化液因局部过饱和会形成新的晶核附着在凝胶层或晶种层表面，使晶种层的晶粒不易生长，新形成的晶核反而主导了膜层的生长。

为此，可采用流动体系制备分子筛膜，通过浆液泵驱使分子筛前驱体溶胶在载体膜表面流动，加速晶化液中的有效组分向晶种层的扩散，保证晶种的进一步生长；动态条件可抑制晶化液中新晶核的生成，使晶种真正成为生长中心，有利于制备均匀、连续、致密、分离性能优异的分子筛膜，特别适于工业制备。

【例 3-2】　*NaA 分子筛膜的制备*

以硅酸钠、铝酸钠、氢氧化钠和蒸馏水为原料配制 NaA 分子筛的前驱体溶胶，在室温下充分搅拌混合均匀。将预涂有 NaA 分子筛晶种的氧化铝膜管固定在一个特制的反应器中。将前驱体溶胶在原料罐中加热到 100 ℃，用浆液泵使其进入反应器中，并在膜管外部循环流动。反应器的外侧通过热介质直接加热，温度恒定在 100 ℃，反应 3 h 后，将分子筛膜管取出，用蒸馏水洗涤至中性，室温自然干燥后即得 NaA 分子筛膜。

分子筛膜可以通过合成后改性进一步提高性能。例如，MCM-48 介孔分子筛膜在 363 K 的热水中加热 24 h 后结构会坍塌，可以通过合成后改性提高稳定性：将其分别在三甲基氯硅烷和三乙基氯硅烷中在 453 K 硅烷化处理 24 h，去离子水洗涤，473 K 下干燥。然后，将其在 363 K 热水中处理，发现介孔结构仍保持完好。其原因是硅烷化处理后，硅烷基团取代了 MCM-48 孔隙表面的 Si—OH，使 MCM-48 孔隙表面疏水性增加，减少了 Si—O—Si 键的水解。将其用于分离 10% 的乙醇/水体系，没有经过烷基化处理的膜，乙醇/水的分离系数仅为 0.3，水和乙醇的渗透通量分别为 16.2 kg/(m² · h) 和 0.54 kg/(m² · h)。经过烷基化处理后，乙醇/水的分离系数分别达到 16 和 24，水的渗透通量分别为 0.11 kg/(m² · h) 和 0.02 kg/(m² · h)，乙醇的渗透通量分别为 0.19 kg/(m² · h) 和 0.04 kg/(m² · h)。

(3) 气相沉积法

包括化学气相沉积（CVD）和物理气相沉积（PVD），用于制备 Ag、Au、Pd 等致密膜。物理气相沉积法又包括真空沉积、溅射沉积等方法。在真空沉积法中，在高真空下将金属在坩埚内加热至熔点（或高于熔点），金属蒸气冷凝沉积在低温支撑体表面形成薄膜。由于不同金属的蒸气分压和蒸发速度不同，直接沉积金属合金膜有一定困难，通常采用交替沉积或使用多个蒸发源的方法制备合金膜。溅射沉积不需要对金属加热，而是利用高速的氩等离子体轰击溅射靶，使金属原子逸出沉积在支撑体上。由于不同原子的蒸发速度相近，适于制备合金膜。又因蒸发速度较低，可制备超薄膜。

(4)热分解法

炭膜具有良好的耐高温和耐腐蚀性能。将有机聚合物溶液涂在多孔支撑体上，然后在惰性气体保护下热解炭化，得到炭分子筛膜。所选用的聚合物前驱体材料应具有良好的成膜性和较高的残碳量，常用的聚合物有纤维素、聚丙烯腈、酚醛树脂、聚酰亚胺等。将硅树脂高温裂解脱氢脱碳，得到以 SiO_x 为主要成分的硅基骨架膜，其抗氧性能远优于炭膜。

(5)电泳沉积法

在外加电场作用下，胶体粒子在分散介质中定向移动，并在导电的基体上沉积，可制备金属/陶瓷复合膜[21]。该方法设备简单且能在复杂形状的载体上沉积成膜。以有机溶剂为分散介质时，由于有机溶剂介电常数低，需要较高电压。以水为分散介质时，由于水的分解电压较低(25 ℃，1.23 V)，故所加电压不能太高，否则将造成陶瓷沉积层密度降低，均匀程度变差。

(6)阳极氧化法

1959 年，Hoar 等将该法用于 Al_2O_3 膜的制备。以硫酸为电解质溶液，Pt 电极为阴极，在纯度为 99.99%、厚度为 0.1～0.33 mm 的铝板表面进行阳极氧化，制得厚约 50 μm 的氧化皮膜，该膜另一侧的金属铝用溶解法去除，再经适当的热处理得到稳定的多孔 Al_2O_3 膜。所得膜孔基本互相平行并垂直于膜表面，但膜的机械强度较低。

(7)电镀法

控制直流电压，将金属或金属合金沉积在阴极的支撑体上形成薄膜。电镀液组成包括：所沉积金属离子的主盐、能与所沉积金属离子形成稳定配合物、改变镀液电化学性能和金属离子电沉积过程的配合剂、提高镀液导电能力和电流密度的导电盐、稳定电镀液酸碱度的缓冲剂、阳极活化剂和特殊添加剂等。

金属电沉积过程包括以下步骤：

① 液相传质。镀液中金属水合离子或配合离子向阴极镀件表面迁移，到达阴极双电层。

② 表面转化。通过双电层到达阴极表面，发生表面转化，释放结合水或由水合度大的转变为水合度小的，释放配合离子或由配合程度大的转变为配合程度小的。

③ 电化学反应。金属离子在电极表面获取电子，发生电化学还原反应，生

成吸附态原子。阳极发生金属氧化，释放电子，生成 M^{n+}。电极表面可能发生副反应，如阴极表面发生溶液中 H^+ 的还原。

④ 扩散结晶。吸附态原子经表面扩散到达晶格生长点并进入晶格，成为镀层的一部分；或者吸附态原子相互碰撞吸引，形成新的晶核并长大成晶体。

(8)化学镀法

化学镀利用化学反应形成镀膜，设备简单，不需电源，可以在任何复杂形状和大表面积的底膜上均匀沉积，底膜可以为非导体，所得膜薄且均匀，紧密不疏松、机械强度高。化学镀法通常需要催化剂，采用敏化-活化过程制备。例如，钯膜具有较强的吸氢透氢能力，主要用于氢气的分离，制备时常用钯的络合物，如 $Pd(NH_3)_4(NO_3)_2$ 等，典型的还原剂为肼和连二磷酸盐。首先用 $SnCl_2$ 和氯化钯溶液先后浸渍目标衬底，二价锡将二价钯还原为金属钯，在目标衬底上形成金属钯核，用去离子水漂洗。整个过程一般需要重复十次以上，以在表面获得足够的钯核，用于其后的钯沉积过程。

钯膜包括三大类：

① 纯钯膜。钯随吸氢量的不同，生成 α 相和 β 相两种固溶体，钯在吸氢和脱氢过程中反复发生相转变，体积膨胀和收缩产生的应力导致钯膜氢脆。

② 钯合金膜。钯中加入合金元素(Ag、Au、Cu、Y、V、Al、Pt、Fe、Ni、Rh 等)，能抑制合金在室温下发生相转变，减少透氢时的扭曲变形，提高渗氢速率。其中，$Pd_{77}Ag_{23}$ 合金膜应用最广，氢渗透通量是纯钯膜的 1.5 倍。为保持强度，膜厚至少为 50 μm。其制备过程为：先化学镀钯，等钯膜完全致密后清洗、干燥、称重，基体的增重即为钯的量；根据 $Pd_{77}Ag_{23}$ 膜组成，算出所需银的量，然后化学镀银，使银的沉积接近于所需量；镀膜完成后在 600～900 ℃焙烧。钯合金膜在使用温度大于 500 ℃时易发生晶粒长大现象，膜使用寿命短，仍不能满足实际所需的高纯氢纯化和分离的要求。

③ 钯复合膜。将钯膜覆载于多孔材料(陶瓷、石英、不锈钢等)的表面，支撑体可提高机械强度，可将钯膜的厚度减少到 5 μm 左右，通量比无支撑钯膜提高一个数量级。例如，在不锈钢膜表面烧结 Ni 粉以降低其平均孔径，然后镀一层 Cu，最后镀 Pd-Ni，使 Pd 膜厚度小于 1 μm。但是，Pd 膜层与多孔不锈钢在高温下发生金属间相互扩散，导致钯膜的透氢率下降和膜层破损。对多孔不锈钢表面进行预处理，设置氮化钛阻隔层，限制相邻层间的界面反应，可提高钯膜的机械稳定性和热稳定性。

(9)挥发诱导自组装

挥发诱导自组装法主要用于制备介孔分子筛膜。在硅溶胶中加入过量的易挥发溶剂，使溶胶中的硅前驱体和表面活性剂的浓度远小于临界胶束浓度；将溶胶涂在载体上，随着溶剂快速挥发，溶胶中开始形成胶束，胶束在载体表面排列沉积，硅酸盐低聚体与表面活性剂之间协同自组装，形成类液晶介孔相，得到介孔分子筛膜。该方法所得膜连续，光学透明，操作简单，耗时较短。

(10) 液-液界面生长

利用油水界面二氧化硅与表面活性剂的短程协同组装作用制备六方介孔膜，介孔孔道垂直于界面，对于应用具有重要意义。在界面生长中，溶液源源不断地提供成膜所需物质，膜由微米级颗粒组成，膜表面和内部的结构梯度相差小，不会产生破坏膜结构的应力作用；随膜厚度提高，水热稳定性和机械强度也增强。其缺点是合成时间较长，所得膜较厚。

3.7 新型材料分离膜的制备

3.7.1 金属有机骨架膜

金属有机骨架化合物(metal-organic frameworks，MOFs)属于无机-有机杂化材料，由金属离子(或簇)和有机配体组成，具有一维、二维或三维孔道结构，拓扑结构和化学性质多样，孔径尺寸范围、比表面积和孔隙率等远高于沸石等无机材料，且合成方法简单，无需导向剂和煅烧步骤，能耗较低。通过改变有机配体、合成后改性(postsynthetic modification，PSM)或引入多种功能基团等方法，可以进一步调控孔径、化学和物理性质，以满足不同要求。

有些 MOFs 化学稳定性和热稳定性高，例如，ZIF 系列具有与沸石相似的拓扑结构，能在沸腾的苯和水中稳定存在，ZIF-7 和 ZIF-90 具有优异的水热稳定性；Zr 基 MOFs 热稳定性好，分解温度大于 500 ℃；MIL-53、MIL-101、MIL-100、NU-100、UiO-66 等系列 MOFs 能在水和酸中稳定存在。MIL-101(Cr)在沸水中浸泡 1 周，其 BET 表面积与 PXRD 衍射峰均保持不变，在水中浸泡 12 个月仍然稳定。目前，MOFs 已应用于吸附、气体分离、催化、储氢、分子识别、光学器件、化学传感器、控制释放等领域。MOFs 膜可利用原位生长、二次生长、电化学等方法制备。其中，原位生长法和二次生长法制备 MOFs 膜与分子筛膜制备方法原理相似，电化学制备法包括阳极合成、阴极合成、电泳沉积等三种方法。

(1)阳极合成

利用电解时阳极金属板生成的金属离子与溶液中的有机配体在电极表面自组装形成 MOF 膜。然而，当反应时间过长时，形成的 MOF 膜层会从金属板上脱落，这是因为金属离子穿过 MOF 层迁移到 MOF/电解液界面处反应，同时金属板溶解，在 MOF 层和金属板之间产生空隙。

(2)阴极合成

在中性配体和金属离子溶液中，阴极产生氢氧根，可使配体去质子化，并在阴极表面上直接生长 MOF。与阳极合成法相比，阴极合成的 MOF 膜与电极之间有较好的黏附力，电极表面和沉积层之间不会出现空隙。

（3）电泳沉积

例如，将预合成的 HKUST-1、Al-MIL-53、UiO-66 和 NU-1000 微晶置于甲苯悬浮液中，再通过电场的作用将微晶沉积在电极上形成薄膜。其原理是利用了 MOF 的缺陷，即合成的 MOF 微晶由于缺少金属节点或部分配体而荷电。在电场作用下，带正电的 MOF 微晶向阴极移动，带负电的 MOF 微晶向阳极移动，并最终在电极上沉积形成薄膜。时间越长，形成的薄膜越致密，在电极上的附着性能也越好。

【例 3-3】 利用双配体合成 MOF 膜[22]

在 N_2/CH_4 膜分离中，基于沸石等材料构筑的无机膜如 SSZ-13、SAPO-34、AlPO-18 和 ETS-4，具有较窄的孔径（约 3.8 Å），表现出较好的 N_2/CH_4 选择性，最佳选择性可达到 10 以上。然而，材料的孔径太小，导致渗透性极低。在单一富马酸（fum）配体的 Zr-fum-MOF 膜基础上，以 fum 与甲基富马酸（mes）混合配体制备 MOF 膜，原三角形窗口的一侧受到甲基基团的挤压，窗口形状由纯 fum 配体时的"三叶草形"变为"月牙形"，与 CH_4 分子的形态不再匹配，N_2/CH_4 选择性达到 15，N_2 渗透率高达 3057 GPU。计算表明，在三角窗口中用 mes 取代一个 fum 后，CH_4 的扩散能垒增加了 150% 以上，而 N_2 的扩散能垒只增加了 33%。这样，通过设计不对称窗口，利用气体分子在形态上的差异实现了高效分离。

【例 3-4】 金属离子取代实现 MOF 膜转化[23]

CuBTC（HKUST-1）膜易于合成，表现出 H_2 渗透性，H_2/Xn 选择性（Xn 为其他气体）在 5.5～6.5，但 HKUST-1 不很稳定。MIL-100 由 BTC 和 Fe 中心连接而成，化学稳定性高，但合成条件苛刻，通常是将前驱体溶液（含氢氟酸）在 150 ℃下反应 6 h 制得。将 HKUST-1 膜浸到 $FeCl_3 \cdot 6H_2O$ 甲醇溶液中，在开始取代反应 1 h 后，XRD 衍射峰没有变化，21 h 后出现 MIL-100 的衍射峰。得到的 CuBTC/ MIL-100 膜，对所有气体的渗透性均小于 CuBTC 膜，然而其对 H_2/CO_2、H_2/O_2、H_2/N_2 和 H_2/CH_4 的选择性均有很大提高。

【例 3-5】 离子液体调控 MOFs 孔径[24]

MOFs 的柔性骨架极大降低了孔道本身的筛分及截留能力，对尺寸相近的气体较难实现基于分子尺寸的精确筛分。实现 MOFs 材料孔道的精细调控，特别是孔径的有效调节，是 MOFs 材料在气体分子筛分领域取得突破的关键。将空间位阻显著的离子液体（IL）限域负载到 ZIF-8 笼中（IL@ZIF-8），使分子截留窗口由常规孔转变为空间受阻孔，可实现对 MOFs 材料分子筛分性能的精确调变。

3.7.2 共价有机骨架膜

共价有机骨架（covalent organic frameworks，COFs）是一种晶态多孔材料，由有机单元通过共价键键合而成。COFs 具有孔径尺寸可调、易于功能化、高比表面积、低密度、化学和热稳定性高等优点，可用于吸附、药物传递、质子传导和多相催化等领域。COFs可分为二维和三维两大类。二维COFs具有周期性π阵列和有序一维孔道，孔道形状分为六边形、正方形、菱形、三角形等，可以根据拓扑学进行设计。三维COFs由三维构建单元构成，具有大量开放的孔道、较高的比表面积(可高达 4000 m^2/g)和较低的密度(可低至 0.17 g/cm^3)，适于用作吸附材料等。

根据连接基团不同，COFs可分为硼酸酐及硼酸酯系列、亚胺系列、酰亚胺系列、三嗪系列等。硼酸酐及硼酸酯系列COFs的合成反应可逆性较高，通常具有较高结晶性，但是由于硼元素缺电子的性质，大多数含硼COFs在潮湿空气或者水中不稳定，严重限制了其实际应用。亚胺系列通过醛基和氨基的脱水缩合反应而得，结晶性稍低，但具有较好的化学稳定性，例如COF-300在 490 ℃下仍能够保持稳定，在水以及常见的有机溶剂(如正己烷、甲醇、丙酮等)中都不会分解。聚酰亚胺系列具有很高的结晶性、多孔性和热稳定性。三嗪类是通过芳香性腈类化合物环化三聚反应制得，具有良好的热稳定性和化学稳定性，但结晶性较低，使其应用受到限制。

COFs合成的基础是动态共价化学(dynamic covalent chemistry，DCC)，合成过程伴随着结构中缺陷的识别与修复，最终得到晶态的有机框架结构。溶剂热法是合成COFs的常用方法，一般合成步骤是在Pyrex管中加入单体和溶剂，使用液氮将其冷冻，然后抽真空，重复上述操作三次以除去体系中的氧，然后将Pyrex管熔封后置于恒温烘箱中反应。离子热法主要用于三嗪类COFs的合成。例如，将单体1,4-二氰基苯和氯化锌加入安瓿瓶中，然后抽真空封口，并在400 ℃反应 40 h，熔融氯化锌用作反应溶剂以及氰基三聚反应的催化剂。该方法反应条件比较苛刻，对单体的热稳定性要求较高。

COFs通常是微晶粉末，不溶于各种溶剂，也不能在高温下熔化，可加工性差，限制了其应用。将COFs制成膜，可用于分离领域。COFs膜的制备方法主要有自下而上法和自上而下法两大类。自下而上法是将COF沉积在基膜上或在界面处聚合，包括溶剂热合成、界面合成、过滤、层层自组装、室温蒸气转化、化学气相沉积等方法。自上而下法是将二维结构的COF粉末剥离成COF纳米片(CONs)，包括溶剂辅助剥离、机械剥离等方法，然后再通过过滤等方法成膜。

(1)自下而上法

① 溶剂热合成。将基膜浸没在反应混合液中进行溶剂热反应，得到复合膜。例如，采用原位溶剂热法在醛基改性的管式陶瓷基底上合成厚度约为 400 nm 的COF-LZU1膜，该膜对水溶性染料(尺寸大于 1.2 nm)表现出良好的截留性能(>90%)，渗透系数可达 700 $L/(m^2 \cdot h \cdot MPa)$。采用变温溶剂热法，先在低温(室温，72 h)下合成COF-LZU1，之后升高温度(120 ℃，72 h)合成ACOF-1，制得具有相互交错孔结构的COF-LZU1-ACOF-1双层膜，对混合气体 H_2/CO_2、

H_2/N_2 及 H_2/CH_4 的分离选择性分别达到 24.2、84.0 和 100.2[25]。

② 界面合成。在气/液或液/液界面处，反应单体发生反应形成薄膜。将三(4-氨基苯基)胺和催化剂的水相溶液直接加到溶有 2,4,6-三甲酰基间苯三酚的二氯甲烷溶剂中，发生界面反应，得到 COF 膜，具有良好的柔韧性和完整性，对分子尺寸大于 COF 孔径的染料具有高截留性[26]。

③ 过滤。将 COFs 的分散液在预先制得的石墨烯薄膜上过滤，利用石墨烯的 π-π 作用诱导 COFs 有序排列，制备出 COF-rGO 双层薄膜，将该膜作为离子筛用于锂硫电池中，有效抑制了多硫化锂的穿梭效应，电池性能大幅改善。

④ 层层自组装。例如，在 PAN 基膜上交替计量喷涂均苯三甲醛和对苯二胺的 1,4-二氧六环溶液，制得 COF-LZU1 复合膜。随着组装层数增加，PAN 基膜表面孔被完全覆盖，通量减小，截留率增加，膜对水溶性苯胺蓝的截留率达到 99% 以上，渗透系数达到 400 L/(m²·h·MPa) 以上。随着反应温度的升高，溶剂二氧六环挥发速度增加，不利于形成均匀致密 COF-LZU1 层，导致膜的截留率降低。该膜在超声条件下保持稳定，且长期运行稳定性良好[27]。

⑤ 室温蒸气转化。将苯并二硫代苯二甲酸(BDTBA)和 HHTP 的丙酮溶液浇铸在玻璃基片上，与盛有均三甲苯和二噁烷的玻璃皿一起置于干燥器中，室温 72 h 后，得到深绿色 COFs 膜，溶液浓度决定了膜厚度。

⑥ 化学气相沉积。例如，在密闭真空环境下，同时加热蒸发对苯二胺和三醛基间苯三酚的粉末，通过化学气相反应在改性的 PVDF 基膜上制得 COF-Tp-Pa1 膜。随着加热温度的升高(180～240 ℃)，反应单体由固态升华为气态的量增加，反应物分压提高，气相反应速率、成核生长速率和沉积速率增加，截留率提高。随着蒸发时间的增加，膜表面孔隙率明显减少。膜对不同染料的截留率均在 90% 以上，渗透系数达到 450 L/(m²·h·MPa) 以上，对无机盐离子表现出较低的截留率，可用于纯化含盐的染料产品[28]。

(2)自上而下法

① 溶剂辅助剥离。借助合适的溶剂超声处理 COF 粉末，削弱层间相互作用，增加层间距。例如，将一定量的 COF-8 粉末分散于无水 CH_2Cl_2 中，超声处理 15 min 后，将悬浮液离心得到 CON，可以转移到载体上成膜。

② 机械剥离。将 COF-TpPa1 和 COF-TpPa2 分别放入研钵中，滴入几滴甲醇，在室温下用研钵充分研磨 30 min。将收集的粉末分散在甲醇中，离心直至溶液澄清后蒸去溶剂。纳米片厚度为 3～10 nm，但剥离后 COF 纳米片结晶度会有所降低。

3.7.3 氧化石墨烯膜

氧化石墨烯(graphene oxide，GO)是将石墨粉末化学氧化和剥离后得到的单原子层产物，具有聚合物、胶体、薄膜、两性分子的特性以及较高的化学稳定性、亲水性和抗污染性，属于新型二维软性材料。GO 表面带有共价连接的含氧基团，其中环氧基和羟基位于碳层的上下基面，羧基位于基面的边缘[图 3-19 (a)]。利用微米尺度的 GO 片可以制备层状 GO 膜，其结构类似珍珠母，呈砖墙式嵌锁结构[图 3-19(b)]，孔道尺寸分布较窄，可制得超薄膜，具有优异的气体分离、液体分离等性能。

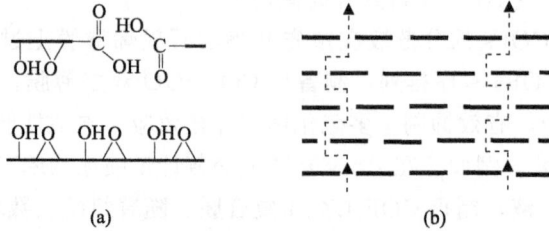

图 3-19 GO 表面含氧基团示意图(a)与 GO 膜断面结构示意图(虚线代表渗透通道)(b)

在气体分离方面，亚微米级厚的 GO 膜对气体(H_2、He、Ar、N_2)和有机蒸气完全不渗透，而对水蒸气渗透极快(为 He 的 10^{10} 倍)[29]，这是由于羟基、环氧基等极性基团的支撑作用使 GO 膜层间距由还原 GO 的约 0.4 nm 增大到约 1.0 nm，使未氧化部分形成 0.6 nm 左右的间隙，足以容纳一个水分子层，从而在 GO 膜中形成表面光滑的毛细管网络，使水快速渗透，这与水流过碳纳米管类似，而氧化部分由于与插层水存在较强作用，对水渗透无贡献，插层水还阻碍了其他气体分子通过，从而表现出优异的气体分离性能。厚度为 18 nm 的 GO 超薄膜(以孔径为 100 nm 的醋酸纤维素膜作支撑膜)对气体混合物 H_2/CO_2 和 H_2/N_2 的选择性分别达到 1110 和 300[30]。厚度为 3~10 nm 的 GO 超薄膜(聚醚砜膜作支撑膜)对 CO_2/N_2 的选择性达到约 20，高于传统分离膜，并且选择性随湿度增加而提高[31]。

在液体分离方面，由于水合作用，GO 膜在水溶液中层间距可增加至 1.3 nm 左右，相当于有效孔径为 0.9~1.0 nm，能容纳 2~3 个水分子层，可使水合半径为 0.45 nm 或更小的水合离子(如 Na^+、Cl^-、Mg^{2+} 等)快速通过，而较大的离子或分子(如 $[Fe(CN)_6]^{3-}$、$[Ru(bipy)_3]^{2+}$、甲苯、丙醇、甘油等)不能通过，从而达到了尺寸筛分的目的。同时，由于存在毛细管力作用，溶液渗透速率比单纯扩散高三个数量级以上[32]。利用 GO 膜过滤乙醇、正丙醇、异丙醇和水的混合液，发现醇的渗透速率比水低 80 倍[33]。将中空纤维陶瓷膜支撑的 GO 膜用于碳酸二甲酯/水体系(水的质量分数为 2.6%)的渗透汽化脱水[34]，透过水浓度达到了 95.2%(质量分数，下同)，通量为 1702 g/($m^2 \cdot h$)。将 GO 膜用于 90%乙醇/水的渗透汽化分离[35]，在 80 ℃下透过液水浓度为 99.8%，通量达到 2297 g/($m^2 \cdot h$)。将 GO/PAN 膜用于 NaCl 溶液脱盐[36]，在 90 ℃下水渗透通过膜并在膜下游汽化，脱盐率为 99.8%，水通量达到了 65.1 L/($m^2 \cdot h$)。除了优异的分离性能外，GO 片之间由于相互作用面积大，在亚微米尺度上具有波纹形貌，载荷可在整个膜上有效分配，使其比传统碳基或黏土基材料具有更高弹性，表现出优异的机械性能[37]。

GO膜的制备方法主要有旋涂法、过滤法、气液界面自组装法、模板法、L-B法等。

① 旋涂法。将GO分散液旋涂在支撑体上可得到GO膜。例如，在铜箔上旋涂GO分散液，得到 $0.1 \sim 10 \mu m$ 厚的GO膜，然后采用化学腐蚀法去除部分铜，得到覆有GO膜的直径为 1 cm 的孔，可耐 0.01 MPa 压差。

② 过滤法。利用微孔滤膜过滤GO分散液得到GO膜，膜面积取决于基膜。例如，利用孔径为 $0.2 \mu m$ 的 Anodisc 膜真空过滤GO分散液，干燥后剥离得到厚度为 $1 \sim 30 \mu m$ 的GO膜，层间距为 0.83 nm。

③ 气液界面自组装法。将GO分散液加热蒸发，使GO片在气液界面层层组装形成GO膜，其厚度由蒸发时间决定，但膜的杨氏模量一般低于过滤法。

④ 模板法。将金表面用 11-氨基-1-十一硫醇处理使之荷正电，然后与荷负电的GO分散液发生静电作用形成GO薄膜。

⑤ L-B法。在碱性条件下GO片边缘的羧基荷负电，不利于GO片交叠，会在边缘处形成褶皱，但在较高 L-B 压力下，边缘的皱褶会部分交叠和嵌锁，形成连续的 1 nm 厚的单层膜。

采用上述方法制备的GO膜，由于GO片之间仅存在范德华力、π-π 相互作用和水分子氢键等作用，造成GO膜强度较低，易碎，其模量仅为GO片模量（$200 \sim 500$ GPa）的 10%，拉伸强度仅为GO片（约 63 GPa）的 1%。另外，由于GO膜亲水性强，在水溶液中易溶胀，强度低，从而限制了其实际应用。提高GO膜力学性能和稳定性的方法主要有交联、交联聚合等方法。

① 交联。加入交联剂与GO表面含氧基团形成配位键或共价键，所用交联剂有金属离子、硼酸、聚烯丙基胺、多巴胺、环氧基低聚倍半硅氧烷等。例如，先用过滤法制得GO膜，再过滤 MCl_2 溶液（M＝Ca^{2+}、Mg^{2+}，质量分数<1%），得到金属离子交联的GO膜，其刚度提高了 $10\% \sim 200\%$，断裂强度提高了 50%，但由于金属离子与GO作用较弱，容易洗脱。过滤GO和硼砂的混合液，使硼酸根离子与GO的羟基形成共价键，将膜揭下后再在 90 ℃ 热处理 50 min，可使刚度和拉伸强度进一步提高。向GO分散液中加入聚烯丙基胺水溶液，使GO的环氧基团与 PAA 氨基反应生成 C—N 键，再将化学交联的GO稀释至 1 mg/mL 后过滤得到GO膜，其模量比未改性GO膜提高 30%，但GO加入 PAA 后易出现聚集现象。

【例 3-6】 阳离子插层调节 GO 膜选择性[38]

通过调节层间距可以调控二维材料膜的分离性能。在 GO 中，含氧基团和芳环共存的区域易与离子（如 K^+）形成强相互作用而使离子插层固定在该位点上，实现层间距调控。将制备的 GO 膜浸泡在相同浓度的各种离子溶液中，不同离子会使 GO 膜具有不同层间距。先将 GO 膜在 KCl 溶液中浸泡一段时间，再在各种离子溶液中浸泡后的 GO 膜，其层间距几乎和 KCl 溶液中浸泡后的层间距一样，说明在 KCl 溶液中浸泡后 K^+ 插层稳定了 GO 膜层间距，阻挡了其他离子的进入。K^+ 插层可以大幅降低离子(包括 K^+)在 GO 膜中的渗透率，实现了水/离子高效稳定的分离。其他与 GO 有更强相互作用的离子也可以进行稳定插层，通过改变水合离子半径实现对层间距和分离性能的调控。

【例 3-7】 二元酸、二元醇和多元醇交联 GO 膜[39]

利用二元酸、二元醇、多元醇为交联剂对 GO 膜进行交联，通过改变共价交联的位置(GO 层间或 GO 边缘)、交联剂分子大小和侧基等对渗透通道尺寸、结构和性能进行调控，实现对不同组分的渗析分离。其中，二元酸交联 GO 膜属于层间交联，随着二元酸分子链长度增加，GO 膜层间距、弹性模量和对无机盐溶液的渗透速率增加，弹性模量可达到空白膜的 15.6 倍，对无机水合离子表现出尺寸选择性，K^+/Mg^{2+} 的选择性达到了 6.1 以上。二元醇或多元醇交联氧化石墨烯膜属于 GO 边缘交联，对于直链二元醇，随二元醇分子链长增加，弹性模量增加。对于丙三醇、新戊二醇和季戊四醇等交联膜，疏水性侧基使层间距增大，亲水性侧基有利于促进无机水合离子的渗透。与二元酸交联 GO 膜相比，二元醇或多元醇交联 GO 膜的弹性模量、对金属离子的渗透速率和选择性均较低，表明交联键位置对 GO 膜性能具有重要影响。

② 交联聚合。将 GO 与带有功能性基团的单体共价交联，然后再进行单体聚合。例如，在三乙胺存在下向 GO 胶体中加入甲基丙烯酰氯，室温下反应 24 h，使 GO 表面的羟基、环氧基和羧基发生亲核取代反应形成酯键或酐键，得到末端为甲基丙酰的 GO，可在水-空气界面迅速聚合形成高度褶皱的膜，机械强度得到提高。将 GO 膜浸入 10,12-二十五碳二炔-1-醇(PCDO)的四氢呋喃溶液中，PCDO 分子末端的羟基与 GO 的羧基发生酯化反应，使 PCDO 单体接在 GO 表面，然后在 UV 辐照下使 PCDO 的二炔发生 1,4-加成，所得膜拉伸强度达到 106 MPa。将 GO 分散于 pH 8.5 的 Tris-HCl 溶液中，加入多巴胺盐酸盐，在冰浴中超声 10 min 后在常温下搅拌 24 h，使多巴胺在溶解氧的作用下发生氧化-自聚-交联反应而附着在 GO 表面，过滤洗涤干燥，将所得 PGO 粉末分散于 pH 7.0 的 PBS 缓冲溶液中超声 1 h，加入聚醚酰亚胺(PEI，M_w 600)的 PBS 缓冲溶液，过滤得到 PGO+PEI 纸，将其浸入 Tris-Cl 缓冲溶液中或过滤 Tris-Cl 缓冲溶液，使 GO 表面聚多巴胺的酚基氧化为醌基，并与 PEI 的氨基发生 Michael 加成或 Schiff 碱反应而交联，所得膜的杨氏模量达到 84.8 GPa，拉伸强度达到 178.9 MPa。

【例 3-8】 GO/ZIF-8 膜[40]

采用冷冻干燥-原位晶化两步法制备了纳米和亚纳米结构 GO 分离膜，实现了膜的选择性、水通量和稳定性的大幅提升。冷冻干燥过程中明显增加了 GO 层间距，使膜变厚，同步扩增了膜内二维层间通道和纵向纳米通道。进一步在纵向通道处选择性原位生长 ZIF-8 纳米晶，构筑了 ZIF-8 非连续堆积的纳米通道（图3-20），强化了膜结构的稳定性与水的传质，发现 ZIF-8 在膜内均匀生长并未改变层间距。采用气体吸附法和低场核磁技术分析了膜内层间 2D 通道以及纵向贯通纳米孔的分子（气体与溶剂）可渗入性，证实了纵向贯通纳米孔的存在，定性给出了其空间尺寸的变化。在错流运行条件下，水通量比原始 GO 膜提高近 30 倍，并展现出更为优异的截留性能，对荷负电染料甲基蓝（MB）的截留率达到约100%。纵向贯通纳米通道的体积容量远高于 2D 纳米通道，同时 ZIF-8 的疏水纳米通道可有效提高毛细力，进一步强化传质。

图 3-20　GO/ZIF-8 膜的制备

3.7.4　石墨烯膜

在铜箔上化学气相沉积生长石墨烯，属于催化反应过程，包括三个步骤：

① 碳前驱体的分解。CH_4 分子吸附在金属基体表面，在高温下 C—H 键断裂，产生各种碳碎片 CH_x。脱氢反应与基体的催化活性有关，铜的活泼性不太强，对甲烷的催化脱氢是强吸热反应，包括部分脱氢、偶联、再脱氢等过程，在铜表面完全脱氢产生碳原子的能垒很高，甲烷分子的裂解不完全，不会形成单分散吸附的碳原子。

② 石墨烯成核。甲烷分子脱氢之后，在铜表面的碳物种相互聚集，生成新的 C—C 键、团簇，成核形成石墨烯岛。金属缺陷位置（如台阶）金属原子配位数低、活性高，碳原子容易在此成核。

③ 石墨烯长大。石墨烯晶核数量不断增加，之后产生的碳原子或团簇不断附着于晶核，使之逐渐长大形成连续石墨烯薄膜。

在铜箔上生长得到石墨烯薄膜后，通常需要去除铜箔得到石墨烯膜，或将石墨烯膜转移到其他基体上。石墨烯膜的转移方法主要有湿化学腐蚀法、机械剥离法等。

① 湿化学腐蚀法。在石墨烯表面旋涂转移介质，如聚甲基丙烯酸甲酯（PM-MA）、聚二甲基硅氧烷（PDMS），然后浸到化学溶液中腐蚀金属基底，用蒸馏水清洗后转移至目标基底，使石墨烯一侧与基底贴合，最后除去石墨烯表面的转移介质（PMMA 可通过溶剂溶解或高温热分解去除，PDMS 可直接揭下），得到石墨烯薄膜。

② 机械剥离法。利用石墨烯和环氧树脂之间的作用力,剥离铜基底上的单层石墨烯。其步骤是:利用 CVD 法在 Cu/SiO$_2$/Si 基底上合成单层的石墨烯,通过环氧粘接技术将石墨烯和目标衬底连接,通过施加一定的机械力将石墨烯从铜基体上剥离下来,不会对铜衬底造成损坏,铜基底可以重复使用。

为了提高石墨烯膜的力学性能,制备了纤维网络增强的大面积、可卷曲、抗拉伸的石墨烯复合膜,包括无纺布结构层、聚合物支撑层和 CVD 石墨烯薄膜三层结构,复合膜的断裂应力、断裂强度和拉伸刚度分别高达 33.3 MPa、33.3 N和 35011 N/m,且断裂应变与石墨烯薄膜的理论值相近(约 14.14%),可承受10000 次的往复弯折[41]。

【例 3-9】 大面积多孔石墨烯纳米筛/碳纳米管复合膜的制备[42]

先利用 CVD 合成单层石墨烯,再转移到交错互联的单壁碳管(SWNT)基膜上(图 3-21),以介孔 SiO$_2$ 作为多孔牺牲模板,采用氧等离子体刻蚀单层石墨烯,形成多孔石墨烯纳米筛(孔径 0.3~1.2 nm)。碳管作为基底,可提升超薄石墨烯膜的机械强度。高密度的孔道在阻碍离子透过的同时,实现了水分子的快速传递。通量与氧等离子体处理时间呈正相关,而脱盐率与氧等离子体处理时间呈负相关。在正渗透中,渗透系数为 22 L/(m^2·h·bar),对 NaCl 的截留率高达 98.1%。

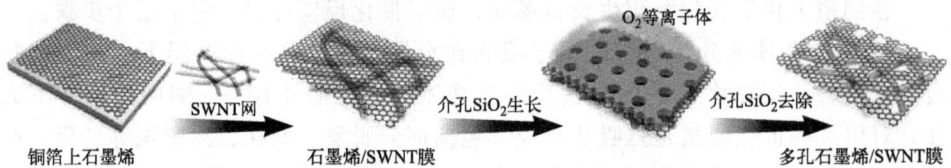

图 3-21 多孔石墨烯纳米筛/碳纳米管复合膜的制备

【例 3-10】 寡层石墨烯/h-BN 膜[43]

氘(D)是一种重要的氢同位素,在清洁核能、激光器、半导体、核医学等方面具有重要应用,但是 D 在自然界的丰度很低(0.016%),目前使用的电解-蒸馏富集法能耗较高。理论上原子或分子不能穿透单原子厚度的晶体,但是氢离子(H$^+$)可以快速穿过寡层 h-BN 或石墨烯膜(Nature,516:227-230),H$^+$ 的传输速度(σ_H)远大于 D$^+$ 的传输速度(σ_D,$\sigma_H/\sigma_D \approx 10$)。由于材料电导率的差异,h-BN 膜比石墨烯膜显示出更大的传输速度。二维材料的种类会影响 H$^+$ 和 D$^+$的传输速度,但是不会影响分离系数。传输速度的差异在于 D$^+$ 离子透过膜需要克服更高的能垒,H$^+$ 和 D$^+$ 能垒间的差异来源于 H$^+$ 和 D$^+$ 零点能的不同。电解产生的 H$^+$ 和 D$^+$ 在通过石墨烯或 h-BN 膜之前,会经过含(重)水和含 SO$_3^-$ 的 Nafion 多孔膜等介质,H$^+$ 和 D$^+$ 与这些介质的不同相互作用影响了后续的传输行为。

将石墨烯制成单层原子超薄膜,极有可能产生缺陷或破损。石墨烯膜缺陷的修复,可以采用界面聚合法。将膜浸没在水溶液和与水不互溶的有机溶液的界面处，由于石墨烯不透水，只有在缺陷处，两种分子才能相互接触反应形成聚合物，有效封堵该处缺陷，制备出无缺陷的石墨烯薄膜。

向石墨烯膜中引入纳米孔的方法，主要包括等离子体刻蚀、聚焦离子束刻蚀、紫外诱导氧化刻蚀等方法。其中，等离子体刻蚀法操作简便，成本较低，且易于放大。首先，利用氩等离子体的惰性氩离子直接轰击石墨烯，去除石墨烯中的少量碳原子。氩离子通常不与石墨烯发生化学反应，因此引入的缺陷几乎不会扩大。通过调节入射能量可控制引入的缺陷大小，而调节入射粒子数量可控制缺陷密度。然后，利用氧等离子体进行化学刻蚀，这一过程包括物理轰击和化学刻蚀。化学刻蚀主要是通过活性氧基团与石墨烯反应，生成一系列气态碳氧产物。与扩大缺陷相比，引入缺陷需要更高的能量。通过合理控制氧等离子体内离子的能量，可在不引入新缺陷的情况下扩大由氩等离子轰击产生的缺陷，实现纳米孔的可控制备。

3.7.5 MXene 膜

MXene 由过渡金属碳化物和氮化物组成，化学式为 $M_{n+1}X_nT_x$（$n=1$, 2 或 3），M 表示过渡金属（Ti、Nb、Ta 或 V），X 表示 C 或 N，T 表示表面端基基团（—F、—O 或—OH）。MXene 可以通过自上而下蚀刻剥离金属碳化物 $M_{n+1}AX_n$ 和自下而上方法合成，在 MAX 中 A 是主族元素，主要位于元素周期表的 ⅢA～ⅥA 族，在高浓度 HF 溶液中 M—A 键被削弱，A 元素易从晶体结构中去除。由于 HF 的危险性，实际中可由氟化物盐 LiF 和盐酸反应原位产生蚀刻剂。由于 Li^+ 的插层，增大了 MXene 片的层间距，促进了 MXene 片的剥离。由于 A 原子被蚀刻，MXene 薄片出现大量—F、—O 或—OH 基团：

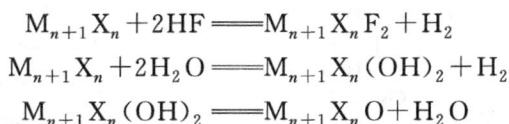

$$M_{n+1}X_n + 2HF \Longrightarrow M_{n+1}X_nF_2 + H_2$$
$$M_{n+1}X_n + 2H_2O \Longrightarrow M_{n+1}X_n(OH)_2 + H_2$$
$$M_{n+1}X_n(OH)_2 \Longrightarrow M_{n+1}X_nO + H_2O$$

通过改变蚀刻剂可以控制—F 和—O 基团的组成。例如，较高的 HF 含量导致较高比例的—F 基团，而使用较温和的腐蚀剂如氟化物盐，则导致较高比例的—OH 基团。使用路易斯酸性盐刻蚀形成—Cl、—Br、—Se、—Te 的端基。MXenes 的特性如层间距离和导电性等，取决于官能团的种类和数量。MXenes 的官能团还容易受到后处理的影响。例如，通过热交联—OH 官能团，使 $Ti_3C_2T_x$ 膜层间距减小。

MXene 表面极性基团丰富，亲水性强，机械稳定性好，层间距小，可制备高性能液体分离膜。将 MXenes 分散在溶剂中，形成均匀稳定的胶体分散液，通过真空或压力辅助过滤可制备 MXenes 纳米片膜。对于二维层状膜，层间距对分子截留至关重要。$Ti_3C_2T_x$ 膜在干燥状态下的有效层间距为 4.7 Å，通过提高温度可以减小到 2.9 Å，湿态膜的层间距为 6.4 Å。

利用牺牲模板法可制备高通量 MXene 膜。例如，采用共混抽滤的方法，在 MXene 层间插入 $Fe(OH)_3$ 胶体颗粒，再通过盐酸腐蚀除去颗粒，被充分撑开的层间通道显著提高了水渗透系数[大于 $1000 L/(m^2 \cdot h \cdot bar)$]，且对于尺寸 2.5 nm 以上分子的截留率超过 90%。

3.7.6 自具微孔聚合物膜

3.7.6.1 自具微孔聚合物

2004 年 Budd 和 Mckeown 等首次合成了自具微孔聚合物（polymers of intrinsic micro-porosity，PIMs）PIM-1。PIM-1 是一类由扭曲的刚性单体组成的微孔聚合物，其分子链的扭曲结构阻碍了链堆积，具有 $0.4 \sim 0.8$ nm 的微孔结构、800 m^2/g 以上的比表面积、大于 500 Barrer 的氧气透过率，氧气/氮气的选择性达到 $3 \sim 4.5$。目前已报道的 PIMs 可分为梯形自聚微孔聚合物（ladder PIMs）和半梯形自聚微孔聚合物（如自聚微孔聚酰亚胺 PIM-PIs）两大类。

(1)梯形自聚微孔聚合物[44]

① 以二氧六环为桥接。该二氧六环由含有邻羟基苯酚的单体和 2,3,5,6-四氟对苯二腈（tetrafluoroterephthalonitrile）通过缩合反应制得，其微孔基元包括螺吲哚、螺芴、螺双茚满（如 PIM-1）、二亚乙基蒽、三蝶烯、特勒格碱、四苯乙烯（如 TPE-PIM）等，这些基元影响聚合物链的堆叠、微孔体积、微孔分布和分离性能。在氧气/氮气分离性能上，选择性顺序为螺吲哚＜螺芴＜三蝶烯。PIM-1 合成有高温、低温两种方法，其中高温法用时较短，且产物纯度较高。

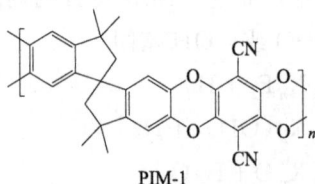

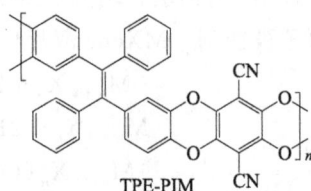

PIM-1   TPE-PIM

② 以特勒格碱（Tröger's Base，TB）为桥接。特勒格碱是具有 C_2 旋转轴的 V 形结构分子，桥环分子使聚合物链更加扭曲和刚硬，聚合物具有更高的比表面积。其微孔基元和二氧六环桥接的基本相同，如 PIM-EA-TB（含亚乙基蒽基元）、PIM-MP-TB（含亚甲基并五苯基元）。

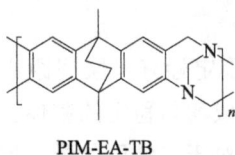

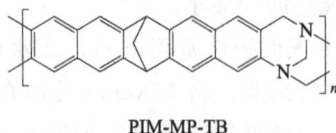

PIM-EA-TB   PIM-MP-TB

③ 以二氧六环和吡嗪环为桥接。代表性的结构如 PIM-7、PSBI-AB 等，具有刚性的聚合物结构和较大比表面积。

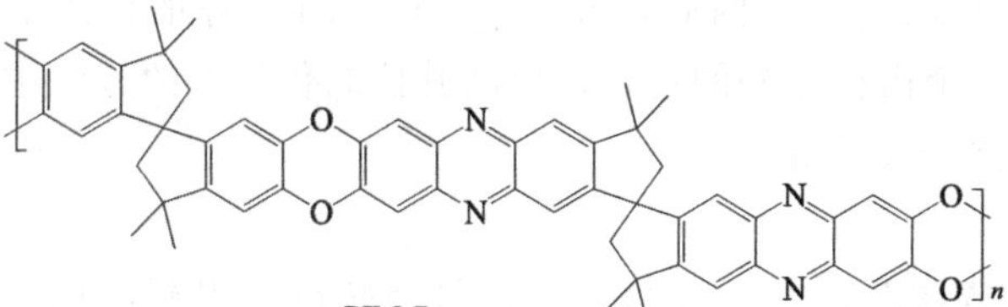

PIM-7 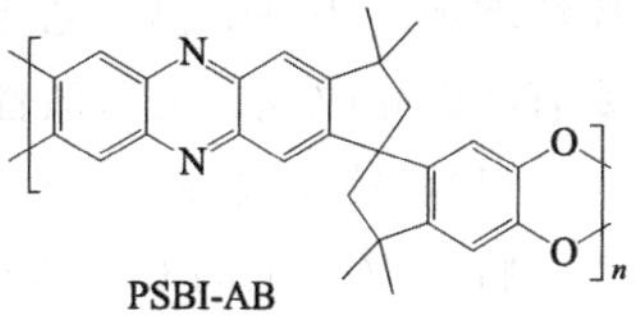　　　　　　　　　PSBI-AB

④ 催化双降冰片结构(CANAL)以及 4 位取代的吡喃为桥接。其中 CANAL 结构为全碳骨架。

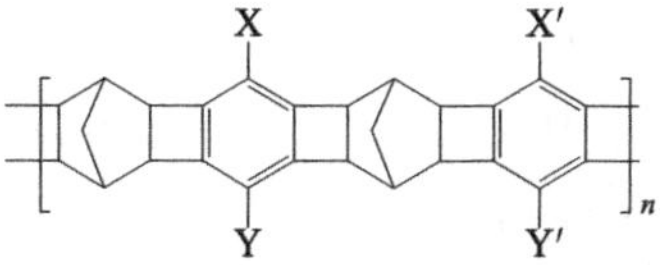

X,X′,Y,Y′ = H, Me, OMe, i-Pr等
CANAL PIM

(2)半梯形自聚微孔聚合物

自聚微孔聚酰亚胺(PIM-PI),是将螺吲哚、螺芴、亚乙基蒽、特勒格碱、类特勒格碱、三蝶烯等微孔基元分别引入到二酐或二胺单体中,再通过缩聚反应得到半梯形自聚微孔聚合物,具有高比表面积(通常在 $500 \sim 850 \ m^2/g$),如 PIM-PI-EA(含亚乙基蒽基元)。

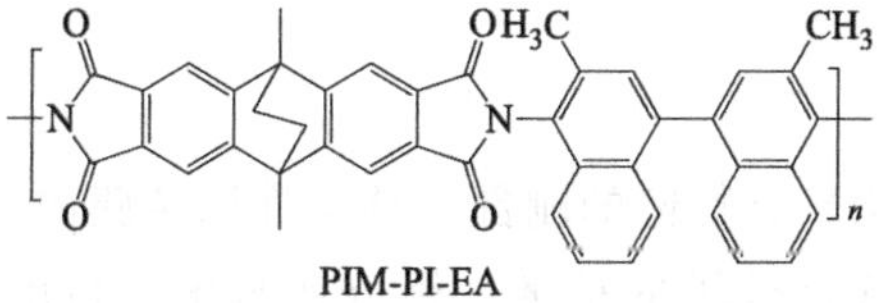

PIM-PI-EA

3.7.6.2　自具微孔聚合物膜

PIM-1 能溶于四氢呋喃、氯仿、二氯甲烷等极性溶剂,可通过溶剂蒸发法制备成膜,仍保留其微孔结构,具有高达 20％～25％ 的自由体积,对大多数气体的渗透系数可高出传统膜材料 1～2 个数量级,而选择性适中。将 PIM-1/PVDF 的 TFC 膜用于质量分数 5％的正丁醇/水混合物的渗透汽化分离,PIM-1 活性层厚度为 1.0 mm 时,渗透通量可达 $9.08 \ kg/(m^2 \cdot h)$,分离因子为 13.3。

塑化是指随着压力的升高,二氧化碳和碳氢化合物等可凝性气体在聚合物膜内吸收增加,使聚合物膜发生溶胀,自由体积和渗透系数增加,而选择性下降。发生塑化的最小压力称为塑化压力,不同聚合物膜的塑化压力不同。塑化压力越高,膜的抗塑化能力越强。纯 PIM-1 膜的塑化压力约为 10 atm(1 atm＝101325 Pa),具有良好的抗塑化能力。物理老化对玻璃态聚合物的影响较大,这是由于玻璃态聚合物处于热力学非平衡状态,随着时间的延长,聚合物倾向于热力学平衡状态,分子链收缩,链堆积密度增加,自由体积降低,气体渗透性减小。动力学尺寸较大的气体分子易受物理老化的影响，因此，H_2/N_2、O_2/CH_4 等的渗透选择性增加。PIM-1 膜的老化是一个由快变慢的过程，提高其抗老化能力的方法主要有功能化改性、交联改性、掺杂改性等。

(1)功能化改性

将 PIM-1 上的 CN 基水解成羧基(PIM-1-COOH)，与羟胺反应得到胺肟基(AO-PIM-1)，与叠氮钠反应生成四氮唑(TZPIM)等，能降低其透过率，提高选择性。

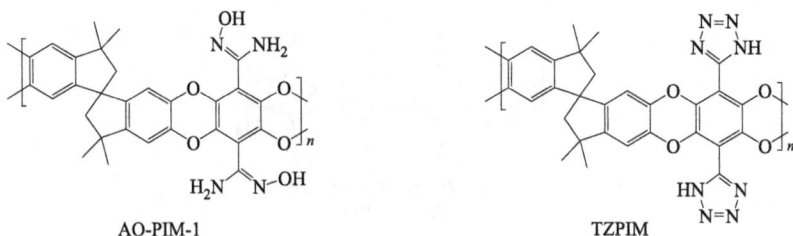

AO-PIM-1   TZPIM

(2)交联改性

PIM-1 的物理交联方法主要有热交联和热氧交联。在高温(250～300 ℃)条件下，PIM-1 中的氰基生成三嗪环，使 PIM-1 形成网络结构，对 H_2 和 CO_2 的渗透系数提高，H_2/N_2、CO_2/CH_4 和 CO_2/N_2 的选择性同时增加。在高温和氧气存在条件下，膜内微孔狭窄处发生氧化交联，使膜的孔道变窄，尺寸筛分效应增强，可提高膜的选择性。

(3)掺杂改性

填料掺杂可以影响聚合物链的刚性、移动性以及膜内自由体积等，填料的孔道或吸附位点可促进气体分子的扩散、筛分或吸附。目前 PIM-1 膜中添加的填料主要有无机材料、有机/无机杂化材料、有机材料等。例如，将 ZIF-8 引入 PIM-1 中，随着 ZIF-8 含量的增加，膜对各种气体的渗透性增加，H_2/N_2、H_2/CH_4、O_2/N_2、CO_2/CH_4 的选择性也同时增加。

【例 3-11】 PIMs 液流电池隔膜[45]

传统高分子离子交换膜的制备是基于微观尺度的相分离，难以同时兼顾高离子电导率和高选择性。液流电池普遍采用的全氟磺酸膜导电性和耐化学性良好，但对不同离子的选择性较低，在有机液流电池中容易发生离子交叉污染，降低了电池的储能容量、能量效率和使用寿命。PIMs 具有刚性扭曲的高分子骨架结构，高分子链难以有效堆叠，能在材料内部形成亚纳米级微孔。选择胺肟功能化的自具微孔聚合物(AO-PIM-1)作为前驱体，利用胺肟与酸酐的高反应活性形成 1,2,4-噁二唑基团及荷负电的羧酸基团，通过与不同结构的酸酐反应在羧酸基团旁引入乙基、苯基和联苯基等侧链基团，得到 cPIM-Et、cPIM-Ph 和 cPIM-BP，另外通过 PIM-1 水解合成了不带侧链基团的羧酸化 PIM-1(cPIM-1)。增加侧链基团中的芳环数量可以提高孔道的局部疏水性，从而控制羧酸根基团的水合程度。分子动力学（MD）模拟的径向分布函数（RDF）显示，当芳环数量增加时，整个水合层内围绕羧酸根的水分子数量减少，cPIM-BP 中水团簇相对孤立；cPIM-Ph 中水通道是连通的，通道尺寸 5.0 Å，具有高离子电导率，对氧化还原活性分子呈现超低渗透性；cPIM-1 和 cPIM-Et 中水合通道更发达且完全连通，孔间通道为 8.8 Å，离子电导率更高，但选择性低。在改性蒽醌分子（2,6-D2PEAQ）和铁氰化物有机液流电池体系中，cPIM-Ph 膜显著降低了活性物质交叉渗透，稳定性为全氟磺酸膜的 100 倍，是传统磺化聚醚醚酮的 10 倍。

【例 3-12】 用于轻质原油分离的 PIMs 膜[46]

PIMs 具有扭曲的梯形结构和高渗透性，已被用于气体分离、有机溶剂分离等领域。但是，该膜在有机溶剂中会发生溶胀及塑化，使孔径发生变化，导致其分离效率和选择性降低。采用螺二芴单体和芳二胺单体制备含 N-芳基连接螺环的刚性螺二芴芳基二胺聚合物（SBAD），其中螺二芴基单元的刚性结构可以抑制膜溶胀，芳二胺的引入可增加柔性，提高分离选择性。利用螺二芴二溴化物、不同分子结构的芳二胺和 XantPhos Pd G4 环钯配合物（催化剂），通过 Buchwald-Hartwig 氨基化反应合成了四种 SBAD（图 3-22），具有较高热稳定性，在易挥发性有机溶剂（如 THF、$CHCl_3$、CH_2Cl_2）中溶解性良好，有利于刮涂成膜。该膜耐有机溶剂性能优异，甲苯溶胀引起的 SBAD-1 膜质量变化仅为 30%，而 PIM-1 膜质量变化高达 130%。分离甲苯中 1,3,5-三异丙基苯（TIPB，204.35 Da），在连续运行 48 h 后，四种 SBAD 分离膜的 TIPB 截留率高达 80%，远高于 PIM-1 的截留率（10%），渗透系数为 $0.1 \sim 0.7$ L/($m^2 \cdot h \cdot bar$)。该膜可用于轻质原油的非热膜分馏，实现分子量小于 170 Da（C 原子数低于 12 或沸点低于 200 ℃）的烃类分子的富集分离。

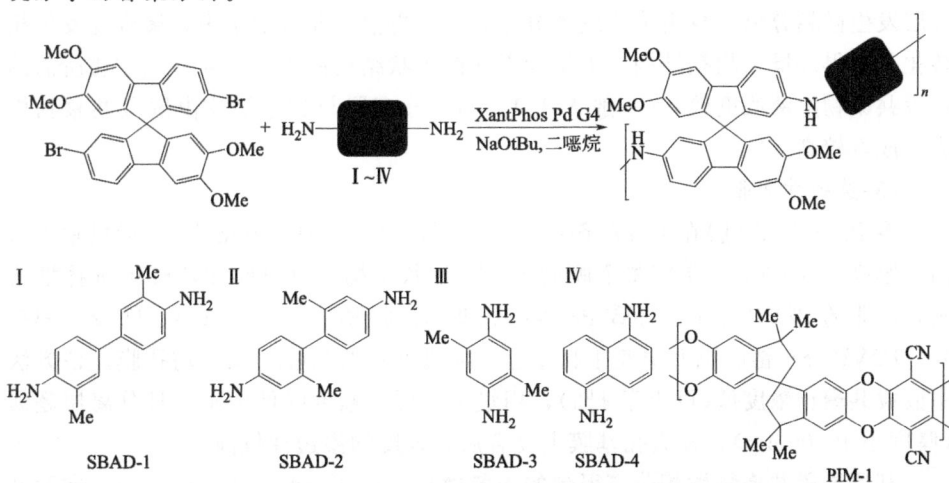

图 3-22 含 N-芳基连接螺环的刚性聚合物的合成

3.7.7 嵌段共聚物膜

嵌段共聚物是由两种或者两种以上的具有不同化学组成的聚合物链通过共价键键合而成。由于构成共聚物的嵌段在物化性质上的差异(通常用 Flory-Huggins 相互作用参数 χ 表示),在一定条件下会发生微相分离,以减小不同链段间的不利接触和界面面积,使体系能量降低,从而形成大面积高度有序的结构,再经物理或化学方法处理,将分散相转变为孔道,即可得到均匀微孔膜。制备嵌段共聚物均孔膜主要有选择性去除、非溶剂诱导相分离、选择性溶胀等方法。

(1)选择性去除

通过化学反应或溶解作用将嵌段共聚物中的某一部分去除而转变为孔道,主要包括两个步骤:首先是退火处理,将嵌段共聚物置于温度场(在玻璃化转变温度以上)或溶剂场中,增强分子链的运动能力,调控嵌段共聚物的微相分离,以获得规整取向的分相结构;然后,将分散相或分散相的一部分经化学反应或溶解去除,形成孔道,而连续相嵌段维持多孔膜的完整性和机械强度。例如,将聚苯乙烯-*b*-聚乳酸溶液涂覆在大孔基膜上,溶剂挥发后形成垂直取向膜,然后在碱性溶液中刻蚀聚乳酸嵌段,得到表面为均孔结构的复合膜。在嵌段共聚物体系中加入能与分散相嵌段形成次价键作用的小分子物质或均聚物,分相后溶解去除这些添加物,也可获得均孔结构。例如,将 PS-*b*-PMMA 与均聚物 PMMA 的共混物旋涂于含氧化层的硅片上,再将聚合物膜转移至多孔聚砜基膜上,然后用乙酸溶解除去 PMMA 均聚物。选择性去除法多在较为苛刻的条件下进行,分离层的机械强度会受到影响,完全去除某一嵌段也会使膜失去部分功能。

(2)非溶剂诱导相分离

该方法是将嵌段共聚物的自组装与非溶剂诱导相分离相结合。例如,将聚苯乙烯-*b*-聚(4-乙烯基吡啶)浓溶液刮涂在玻璃板上,使溶剂在空气中部分挥发,表层发生微相分离,自组装成纳米分相结构,再浸入非溶剂水中,聚合物发生相转化,获得表层为均孔结构、下层为无序海绵状结构的不对称膜。该方法所需的嵌段共聚物溶液浓度较高(一般大于 15%),分离层与支撑层均由嵌段共聚物构成,成本较高。

(3)选择性溶胀

将 PS-*b*-P2VP 膜在中性溶剂中退火,可在短时间内(1 min 左右)形成垂直取向、厚度达 500 nm、贯穿整个膜的 P2VP 柱状结构,再将膜在乙醇中选择性溶胀,溶胀的 P2VP 分子链导致 PS 连续相变形。将膜从乙醇中取出,随着乙醇挥发,P2VP 分子链收缩并覆盖于孔壁上,形成垂直的圆柱形孔道均孔膜。该方法中嵌段共聚物浓度低(可小于 1%),用量少,可大幅度降低成本,且分离层超薄(厚度小于 100 nm),在大孔基膜上复合后,强度和渗透性较高。

利用嵌段共聚物微相分离得到的均匀微孔,尺寸一般在 10~50 nm。嵌段共聚物主要通过阴离子聚合、原子转移自由基聚合等活性聚合方法制备,成本高。

另外，嵌段共聚物的分相结构取向与基底的诱导作用大小及膜厚有密切关系，过程影响因素较多。

3.7.8 Janus 膜

Janus(罗马神话中的两面神)膜两侧形貌结构或化学组成具有不对称性，因而具有某些优异的物理、化学、生物等性能，在液体单向透过、高效油水分离、界面传质等方面具有极大应用潜力。Janus 膜主要分为浸润性差异 Janus 膜、极性-非极性 Janus 膜、正电-负电 Janus 膜等类型。浸润性差异 Janus 膜在膜两侧表现出非对称润湿性，如膜一侧为超亲/亲液态，而另一侧为超疏/疏液态。Janus 膜的制备方法可分为层-层制备法和化学不对称修饰法两类。

① 层-层制备法。例如，利用静电纺丝法先电纺亲水性聚乙烯醇(PVA)并对其进行化学交联(c-PVA)，之后再在其上电纺疏水性聚氨酯(PU)，获得法向非均匀润湿性的 Janus 膜。利用真空抽滤方法先抽滤一层膜，然后在其上抽滤一层与之浸润性相反的材料，也可以得到 Janus 复合膜。将聚苯乙烯磺酸盐旋涂到硅片上，形成一层牺牲层，然后分别旋涂聚氧乙烯聚甲基丙烯酸甲酯嵌段共聚物和聚苯乙烯-聚(4-乙烯基吡啶)，牺牲层经水溶解后，得到 Janus 膜。层-层制备法可能存在两层结合力不强、界面相容性较差和稳定性不好等问题。

在铸膜液中加入两种性质不同的组分，在成膜过程中两种组分发生迁移或相分离，得到 Janus 膜。例如，以均苯三甲醛、亲水聚乙二醇-二胺和疏水烷烃-二胺为原料，利用氨基与醛基的化学反应将三者连接在一起，之后将溶液浇铸到基膜表面，在相分离过程中，亲水基团自发向底层迁移，疏水基团自发向表层迁移，得到了浸润性差异 Janus 膜。将疏水性表面修饰大分子(SMM)混合到聚醚酰亚胺溶液中，利用涂膜机将溶液浇铸到玻璃板上。在溶剂蒸发过程中，SMM 自发迁移至聚合物/空气界面处，获得了浸润性差异的 Janus 膜。

② 化学不对称修饰法。常用的化学不对称修饰法包括光化学改性法、单侧沉积法等。光化学改性法利用紫外光对材料表面进行改性，赋予材料表面某些新的性能。对膜进行单侧辐照时，由于光强沿不透明薄膜逐渐衰弱，因此能够在膜厚度方向上进行非均匀光反应，实现膜的不对称修饰。在单侧沉积法中，只将膜一侧进行沉积。例如，将聚丙烯(PP)膜漂浮在多巴胺/聚乙烯亚胺(DA/PEI)溶液中。由于自身的疏水性，PP 膜会稳定地漂浮在空气/水界面处，DA/PEI 则沉积在与其相接触的 PP 膜另一侧，实现 PP 膜的单侧亲水改性，沿着膜厚度方向具有润湿性梯度。化学不对称修饰法具有更好的界面相容性和更高的界面结合力，但是难以精确控制两侧膜的厚度。

Janus 膜主要应用在液体单向透过、油水分离、离子选择透过等方面。

① 液体单向透过。当水滴在 Janus 膜疏水一面时，由于疏水作用以及水自身的表面张力，水滴会形成一圆球，使水滴与膜接触部分被挤入膜上的小孔。而小孔的另一端是亲水的，从而可以快速将水滴拉到亲水一侧，实现自发传输，而

逆过程则不可自动进行。这种利用亲水-疏水特性实现的自发传输过程,降低了液体通过膜所需施加的额外能量。例如,利用单侧紫外光(UV)照射法制备了厚度方向上具有浸润性差异的 Janus 织物膜。当水滴在亲水侧时,水滴会迅速扩散,但不能穿透整个膜;而当水滴在超疏水侧时,水滴会快速从超疏水侧渗透到亲水侧,实现了水的单向输运。

② 油水分离。例如,以亲水聚胺和超疏水聚二甲基硅氧烷为原料,制备浸润性差异 Janus 膜。当水包油乳液滴加到 Janus 膜的亲水侧时,聚胺亲水层会使水包油乳液破乳,促进油滴透过膜。而由于超疏水层的存在,水可以润湿亲水表面但不能渗透到膜中,实现了水包油乳液的分离。

③ 离子选择透过。正电-负电 Janus 膜两侧带有相反电荷,可以发挥类似离子交换膜的作用选择性透过离子,在电解质溶液中可形成离子浓度差。例如,当 K^+ 从带负电一侧接近正-负 Janus 膜时,由于正负电荷的吸引,钾离子可以进入膜中,而当到达另一侧后,由于正-正电荷的排斥作用会促使钾离子离开膜。带负电的氯离子也可以经相反路径进入膜另一侧。适当控制两侧膜的孔径大小,如带正电一侧的孔径大于带负电一侧孔径,则可促进 K^+ 的定向运动而抑制 Cl^- 的反向流动,能在膜的一侧富集 K^+,形成高浓度 KCl 溶液,并在膜两侧形成浓度差。当用电路连通两侧溶液时便会产生电能。在纳滤过程中,正-负电 Janus 膜可以同时完成阴、阳离子的过滤,获得传统滤膜难以达到的效率。离子通过正-负电 Janus 膜的自发定向移动,可以降低离子分离的能耗。

3.8 新型制膜方法

3.8.1 静电纺丝

静电纺丝装置由喷丝装置、高压电源、接收装置等组成(图 3-23),其原理是在几千伏至几万伏的高压静电场作用下,带电的聚合物溶液或熔体液滴在泰勒锥顶点被加速,当液滴表面的电荷斥力超过其表面张力时,液滴表面就会高速喷射出微小液体流,这些射流在较短的距离内经过电场力的高速拉伸、溶剂挥发与纤维固化,最终沉积在接收装置上,形成连续的非织造网状纤维膜。

通过改变纺丝液浓度、电压、液体流速、表面张力等条件,可获得直径在几纳米到几十微米的纤维。降低溶液的

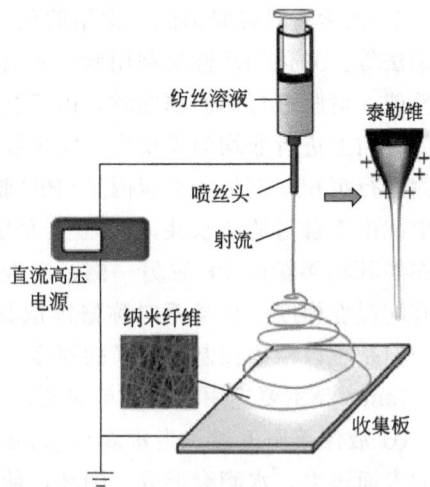

图 3-23 静电纺丝装置示意图

表面张力有利于形成均匀连续的纤维。溶液黏度增加，则射流抵抗电场力拉伸的能力增加，导致纤维直径的增加以及纤维中珠粒数量的减少。通过静电纺丝已制成多种聚合物纳米纤维膜，如聚丙烯腈、聚氧化乙烯、聚丙烯、聚氨酯、聚酰亚胺、聚偏氟乙烯等。例如，以对苯二甲酸乙二醇酯为支撑层，采用静电纺丝技术制备聚醚砜纳米纤维层，得到高通量超滤膜。

3.8.2　增材制造技术

增材制造技术（AM，又称数字制造技术或 3D 打印技术）[47]，是指利用计算机辅助设计产品的数字化模型，再通过原料的累加固化，实现复杂结构产品的加工与制造，具有设计灵活、无需模具、成型快速、原料利用率高等特点，在精密零件、分离膜、医疗器械等精细结构产品的定制加工方面具有广阔应用前景。将该技术与膜制备方法相结合，可在一定程度上克服传统分离膜制备过程中结构与组成难以精准调控的问题，实现分离膜的精确制备与结构调控。增材制造技术主要包括以下方法：

（1）光聚合成型

光聚合成型是指以激光、紫外线或自然光等引发液态单体或低聚物固化成型为特定结构，包括立体光刻、双光子聚合、数字光处理等方法。例如，以氧化铝颗粒、光敏树脂等的混合物为浆料，采用光聚合成型技术得到胚体膜，再经高温烧结得到氧化铝多孔膜。光聚合技术可快速固化胚体膜，提高胚体膜的机械强度，缩短干燥时间，避免干燥过程中产生缺陷，提高无机膜的制备效率。

【例 3-13】　防结垢复合超滤膜的制备[48]

结垢会导致通量降低、能耗增加、膜清理和膜更换费用提高。为了恢复膜性能，常用酸性或碱性清洗剂清洗污垢，但容易带来健康和环境问题，也会影响膜的使用寿命。对膜表面进行化学改性可以减缓结垢。另外，将膜表面图案化，促进流体剪切，在膜表面形成局部涡流，也可减少污垢的形成。将计算机建模和 3D 打印相结合，可设计和制造防结垢的复合膜。首先利用计算流体力学模拟设计波纹状的支撑结构，然后采用工业级的多头 3D 打印机，使用 UV 固化的聚氨酯丙烯酸酯低聚物打印该支撑结构，用溶剂脱除孔中填充的氢化蜡材料，得到内部为多孔结构、表面为波纹状的支撑材料，再通过相分离制备聚醚砜超滤膜，之后采用真空方式将该膜复合到支撑材料上，得到具有良好防结垢性能的复合超滤膜。经过十次循环测试（水作清洗剂），膜渗透速率仍能保持初始值的 88%。

（2）粉末床融合

粉末床融合是指利用激光或黏合剂将粉末连续逐层固定为特定结构，包括选择性激光烧结（selective laser sintering，SLS）、选择性激光熔融、电子束熔融、粘接剂喷射等。

（3）墨水直写

墨水直写是指原料墨水在受控流速下从针头连续挤出，按一定程序逐层累积固化成型，可在常温下进行，可加工原料范围广，在精细制造领域显示出巨大潜力。例如，以氧化铝颗粒、F127 的混合水溶液为墨水，采用墨水直写技术，在梯度结构氧化铝陶瓷膜表面构筑结构可控的条纹状流道，显著提高了膜的水渗透通量稳定性与耐污染性。

利用挤出式 3D 打印技术打印醋酸纤维素网膜，再通过水解转化为纤维素，用于高效油水分离。由于纤维素具有优异的亲水性以及吸水性，能在水下产生一定溶胀，同时保存一定的机械性能，具有优异的水下自清洁性能。即使网膜在干燥状态下被高黏度的油相(如硅油)污染，一旦和水接触，油相也会自动脱离其表面，实现自清洁。

(4)喷墨打印

喷墨打印是指将含有原材料的墨水喷出并沉积成型。静电喷涂技术是利用电晕放电原理雾化原料溶液，并在高压直流电场作用下涂覆于基底平面。基于静电喷涂技术的界面聚合过程，是利用电晕放电将水油两相雾化为微米尺度的微液滴，将传统宏观的两相反应转化为无数个微米液滴的微元反应，从而实现对聚酰胺分离层结构的精细调控。通过控制界面聚合反应单体浓度、Z 轴方向累加程度等，可控构筑了具有光滑表面结构、厚度从 4 nm 至几十纳米可调的聚酰胺分离层。

(5)熔融沉积成型

熔融沉积成型是指将低熔点热塑性材料通过挤压头加热熔化成液体挤出，在 X-Y 平面沉积固化，形成精密结构产品。

3.8.3 呼吸图案法

呼吸图案法(breath figure，BF)是一种以水滴为模板制备多孔膜的方法。20世纪初，J. Aitken 开始研究水蒸气接触低温表面冷凝形成有序水滴的现象，之后 G. Widawski 等将其用于制备规整有序的聚苯乙烯(PS)多孔膜。该方法的主要步骤包括[49]：选用高蒸气压、低沸点、与水不互溶的有机溶剂，如二硫化碳(CS_2)、二氯甲烷(DCM)、三氯甲烷(TCM)等溶解高分子物质；在一定湿度下将溶液浇铸在固体基板上，溶剂的快速挥发导致溶液表面温度降低，水蒸气在溶液表面凝聚成核；水滴核生长，在 Marangoni 对流、空气流动和毛细管效应等作用下，自组装形成有序排列(图 3-24)；待溶剂和水滴完全挥发，在高分子膜上形成有序多孔结构，其孔径介于几十纳米到几十微米之间。该过程的主要影响因素包括：

① 有机溶剂。溶剂挥发较慢时，不利于水滴凝聚，无法获得多孔结构；溶剂挥发过快时，不利于水滴的生长排列和获得有序多孔结构。同时，溶剂和聚合物的相容性也很重要，相容性好时，溶解的高分子链可在溶液中进行布朗运动，容易迁移到溶液表面阻止水滴聚结。另外，有机溶剂的密度也影响有序多孔膜的结构。当水滴密度小于溶剂密度时，水滴悬浮在溶液表面，待水滴和溶剂完全挥发后只能得到单层有序孔；当水滴密度大于溶剂密度时，水滴能沉入溶液中凝结

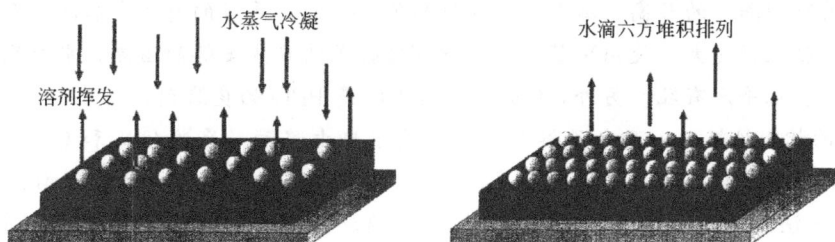

图 3-24 呼吸图案法示意图

生长并有序排列，最终形成多层有序孔。

② 相对湿度。当相对湿度(RH)较低时，溶液表面无法形成足够多的水滴，不能形成规整孔结构。RH 越高，水滴生长越快，孔径越大。当 RH 高于 90% 时，水滴凝聚过多，聚合物不能及时包裹水滴，导致水滴相互融合聚集，难以形成有序多孔结构。某些溶剂(如甲醇、乙醇和甲酸等)的蒸气，也能冷凝形成液滴，可作为多孔结构的模板。甲醇和乙醇的沸点、表面张力和蒸发焓均低于水，更易凝聚在溶液表面，有利于液滴的有序排列。

③ 高分子溶液浓度。高分子溶液浓度过低，在水滴生长过程中聚合物无法稳定水滴，导致水滴相互融合，无法形成有序多孔结构；溶液浓度过高时黏度大，水滴不能浸入溶液中，只能在表面生长，膜孔径小。

④ 聚合物。聚合物的分子量 M_w 决定了溶液黏度，当 M_w 较低时，溶液黏度低，不易包裹水滴和阻止水滴聚结，不能形成有序孔结构；当 M_w 过高时，溶液黏度高，水滴不能浸入溶液中，导致 PS 膜孔较小。与疏水聚合物相比，具有一定亲水结构的两亲性聚合物对水滴具有更强的稳定能力，更易形成有序多孔结构。星形或支链聚合物具有较高的链段密度，易于稳定水滴。

对于不能采用 BF 法制备多孔膜的功能材料，可以将已制备的图案膜作为模板，使其结构正向或者反向转移至其他材料表面，从而实现其他材料的图案化。例如，将聚二甲基硅氧烷(PDMS)的预聚液灌注到蜂窝状图案膜中加热固化，采用溶剂去除模板聚合物后，得到蜂窝状图案膜的反向复刻结构。然后，利用该 PDMS 阵列结构作为模板可以制备其他材料的图案化结构。

⑤ 环境温度。环境温度主要影响溶剂的挥发速率和挥发时间，进而影响溶液表面温度和水滴的成核生长排列。当环境温度较低时，溶剂挥发慢，环境温度和溶液表面温差小，水滴生长速率低，生长时间长，膜孔径大；当环境温度较高时，溶剂挥发速率快，水滴生长时间减少，膜孔径减小。水滴直径 D 与其生长时间 t 相关，早期符合 $D \sim kt^{1/3}$ (k 为常数)的关系，后期符合 $D \sim kt$ 的关系。

【例 3-14】 BF 法制备聚苯醚多孔膜

利用有机溶剂 CS_2、TCM、三氯乙烯(C_2HCl_3)、苯和甲苯制备聚苯醚 (PPO)多孔膜。使用苯、CS_2、TCM 和 C_2HCl_3 时，均可形成有序多孔结构，且随着溶剂沸点的升高，溶剂的挥发性降低，水滴有更多的时间在溶液表面凝结生长，膜孔径变大。使用甲苯时，其低挥发性无法产生足够的温差，水蒸气不能凝结，膜几乎没有孔。另外，CS_2 和 C_2HCl_3 是 PPO 的良溶剂，而苯和 DCM 与 PPO 的相容性较差，高分子链不易在溶液中自由移动，导致 CS_2 和 C_2HCl_3 中形成的多孔结构比苯中的更加有序，而在 DCM 中不能形成规整的孔结构。

BF 法制备的有序多孔膜可用于过滤分离。例如，在微米级金属编织网上制备聚碳酸酯图案膜，具有良好的疏水疏油性，可用于油水分离。以溴化聚苯醚(BPPO)作为成膜材料，在冰基底上通过调节溶液浓度，制备孔径在 $1.0\sim4.5\,\mu m$ 的通孔有序膜，可用于分离。

有序多孔膜还可作为载体材料用于分子识别和检测。例如，利用呼吸图法在玻璃碳电极外侧制备 PS-b-PAA 图案化表面，得到纳米生物电极阵列。当检测抗坏血酸和尿酸的混合溶液时，能大幅抑制抗坏血酸的响应，可在伏安图上将两物质的峰明显分开，提高了检测的灵敏度和选择性，实现了在大量抗坏血酸存在的条件下对尿酸的精确检测。

有序多孔膜孔径接近可见光的波长，可用于很多光学组件和光电子器件。例如，以蜂窝状多孔膜为模板制备具有球形阵列的 PDMS 膜，可用于光刻领域以及光子器件。采用该方法制备的具有凹面或凸面微透镜阵列的蛋白质膜，用于生物相容性光子器件领域。

3.8.4 光刻制膜

光刻技术是在光照作用下，借助光致抗蚀剂(又名光刻胶)将掩膜版上的图形转移到基片上，主要应用于显示面板、集成电路、半导体分立器件、纳米孔膜等细微图形加工。首先紫外线等通过掩膜版照射到附有一层光刻胶薄膜的基片表面，使曝光区域的光刻胶发生化学反应；再溶解去除曝光区域或未曝光区域的光刻胶，使掩膜版上的图形被复制到光刻胶薄膜上；最后利用刻蚀技术将图形转移到基片上。光刻胶一般由基体树脂、增感剂和溶剂组成，按曝光光源和辐射源的不同，可分为紫外光刻胶、深紫外光刻胶、X射线胶、电子束胶、离子束胶等，又包括正性和负性两大类(图 3-25)。

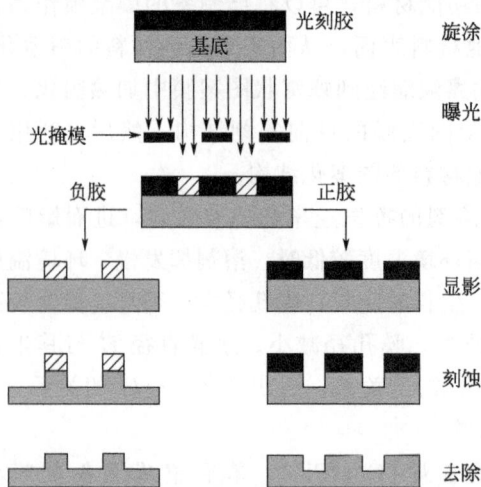

图 3-25 光刻技术示意图

① 正性光刻胶：如重氮苯醌与线型酚醛树脂的混合物，受光照部分发生降解反应而被显影液溶解，留下的非曝光部分的图形与掩模版一致。正性光刻胶分辨率高，曝光

容限大，针孔密度低，适合于高集成度器件的生产。

② 负性光刻胶：如二芳基叠氮化物和环化顺式聚异戊二烯的混合物，受光照部分产生交联反应而成为不溶物，非曝光部分被显影液溶解，获得的图形与掩模板图形互补。负性光刻胶附着力强，灵敏度高，显影条件要求不严格，适于低集成度器件的生产。

3.8.5 纳米压印制膜

纳米压印制膜是通过压模制作微纳结构膜，具有高产能、高分辨率、低成本等优点，使用的光刻胶主要分为两类：

① 热压印光刻胶：把光刻胶加热到玻璃化转变温度以上，将硬模板压入光刻胶中，待光刻胶冷却后抬起模板，从而将模板上的微纳结构转移到光刻胶上。光刻胶材料主要有聚甲基丙烯酸酯、烯丙基酯接枝低聚物、聚二甲基硅烷等。

② 紫外压印光刻胶：将硬模板压入常温下液态光刻胶中，用紫外光将光刻胶固化后抬起模板，将模板上的微纳结构转移到光刻胶上。按照光引发反应机理，可分为自由基聚合和阳离子聚合两大类，主要材料有甲基丙烯酸酯、有机硅改性丙烯酸或甲基丙烯酸酯、乙烯基醚、环氧树脂等。

3.9 膜的改性

膜的改性分为基体改性和表面改性。基体改性方法包括共混（blend）和共聚，表面改性方法包括表面涂敷、表面化学处理、表面接枝（grafting）等。

3.9.1 基体改性

3.9.1.1 共混

将两种或两种以上的高分子材料配制成铸膜液，然后采用 L-S 法制成高分子膜，也称为高分子合金膜。通常制备高分子合金比通过化学反应合成新材料容易些。1970 年，Cannon 公开了 CDA（二醋酸纤维素）/CTA（三醋酸纤维素）反渗透合金膜的专利。20 世纪 70 年代末出现了以聚砜为主要材料的合金膜，Xavier 将聚砜与环氧树脂共混制成合金超滤膜，以改善聚砜的亲水性。90 年代，出现了以聚酰胺为主要材料的渗透汽化合金膜，例如，聚酰胺与亲水性的 PVA（聚乙烯醇）、PAA（聚丙烯酸）共混制备的渗透汽化合金膜用于分离有机物水溶液。共混的目的包括：

（1）改善膜的亲水性

高分子材料共混，可以改善膜的亲水性，提高耐污染性能。聚砜是应用非常广泛的膜材料，但聚砜憎水性强，超滤膜通量不理想。PSF 与亲水性较强的 SPSF、PVA、CA、AN-VAc（丙烯腈-醋酸乙烯共聚物）等共混可以提高 PSF 的亲水性和耐污染性能。PVDF 耐化学溶剂性能好，易消毒，但疏水、透水率较低。将 PVDF 与 PEG(聚乙二醇)、磺化聚苯乙烯、聚乙酸乙烯酯、PMMP(聚甲基丙烯酸甲酯)、无机粒子(氧化铝、二氧化硅、二氧化锆)等共混，可改善 PVDF 的亲水性。例如，将 PVDF 和 α-Al_2O_3 粒子均匀混合于 N-甲基吡咯烷酮(NMP)中，然后加入水解率为 $40\%\sim90\%$ 的 PVA，用相转化法制成杂化不对称微孔膜，亲水性增强，水通量提高一倍以上，膜的表面更光洁，强度更高。

(2)提高膜的物化稳定性

聚乙烯醇(PVA)化学性质稳定，高度亲水，成膜性和耐污染性良好，分子间氢键使其热稳定性高，但 PVA 膜易于溶胀甚至溶解，采用 PVA 与 CA 共混可改善 PVA 膜耐水性和溶胀性。CS 膜通量高，但湿强度低，将 CS 与力学性能好的尼龙-6 共混制备微孔滤膜，可以提高湿强度。尼龙-6 的 T_g 只有 49 ℃，尼龙-6/PAA 共混提高了尼龙-6 的耐热温度，拓宽了尼龙-6 膜的应用范围。CA 易被微生物降解，将 CA 与耐微生物降解的氰乙基纤维素、PAN 共混，可以提高 CA 膜的抗菌性能。

(3)提高膜的分离性能

当合金组分的分子间作用力大于单组分体系时，合金将更加致密。例如，P4VP(聚 4-乙烯基吡啶)/CA 反渗透合金膜中，P4VP 与 CA 分子间氢键形成大分子链间的交联，膜更加致密，脱盐率提高。PMS(马来酸-苯乙烯共聚物)/PEG 的气体分离合金膜中，PMS 与 PEG 分子间的氢键使合金的自由体积减小，选择性提高。

(4)改善成膜性能

PVC 膜凝胶化时容易收缩起皱，将成膜性能好的 PAN 与 PVC 共混成膜，膜的表面变得平整光滑。

3.9.1.2　共聚

首先通过共聚反应得到共聚物，然后将共聚物溶液经浸没沉淀过程制得膜。例如，聚偏氟乙烯-六氟丙烯(PVDF-HFP)、聚偏氟乙烯-三氟乙烯 (PVDF-TrFE)、聚偏氟乙烯-三氟氯乙烯(PVDF-CTFE)等，通过共聚可以改变 PVDF 的结晶度和亲和性。

3.9.2　表面改性

与基体改性不同，表面改性不改变膜基体的结构和性质，只改善膜表面的亲水性、粘接性、生物相容性、抗污染等性能，或赋予膜表面新的功能。表面改性的主要方法有表面涂敷、表面化学处理、表面接枝等。

3.9.2.1　表面涂敷

例如，在 PVDF、聚醚砜(PES)超滤膜和尼龙-6 微滤膜表面，涂敷壳聚糖(CS)制成复合膜。该方法操作简单，但涂敷层易从膜表面脱落，改性效果的持久性差。

3.9.2.2　表面化学处理

表面化学处理是利用化学方法在膜表面引入—NH_2、—OH、—COOH、—SO_3H 等极性基团，使表面由非极性转化为极性，提高亲水性、粘接性。PVDF 分子中碳—氟键键能高，化学稳定性好，但在相转移催化剂存在下，利用强碱(KOH)/

强氧化剂(KMnO$_4$ 溶液)体系处理，可使 PVDF 膜表面脱去 HF 而形成双键，然后在酸性条件下使双键与亲核试剂反应生成大量羟基。但是，经化学处理改性的 PVDF 膜，强度有所减小，颜色也变深。

3.9.2.3 表面接枝

表面接枝，是指利用化学、物理手段在膜表面形成活性中心，然后由活性中心引发单体在膜表面接枝聚合。接枝的高分子链与膜表面之间的化学键结合使改性效果持久，也可赋予膜表面以接枝聚合物的性质。接枝单体有丙烯酸及其盐、甲基丙烯酸及其盐、丙烯酰胺、丙烯酸酯、甲基丙烯酸酯、乙酸乙烯酯、丙烯腈、4-乙烯吡啶、N-乙烯基吡咯烷酮、磺化苯乙烯等。根据活性中心产生方法的不同，分为化学接枝、光接枝、等离子体接枝、辐射接枝等。

(1)化学接枝

化学接枝法是指通过化学反应在膜表面产生活性中心，然后再引发单体接枝聚合。例如，以过氧化苯甲酰为引发剂，使丙烯酸在聚丙烯微孔膜表面接枝聚合。偶氮二异丁腈不宜用作接枝共聚的引发剂，因为异丁腈自由基比较稳定，不易夺取大分子链上的氢原子而形成活性点。采用氧化还原体系可以有选择地产生自由基接枝点，减少均聚物的形成。纤维素及其衍生物、聚乙烯醇等均含羟基，可与 Ce^{4+}、V^{5+}、Fe^{3+} 等高价金属化合物形成氧化还原引发体系。阴离子型、阳离子型配位催化剂能产生离子活性物种。

(2)光接枝

光接枝由 Oster 在 20 世纪 50 年代提出，是利用紫外光引发单体在膜表面接枝聚合。波长 300 nm 光的能量约为 400 kJ/mol，与化学键能(120~840 kJ/mol)相当，大于一般化学反应的活化能。

① 光接枝机理 光接枝大多数按照自由基加成聚合机理进行，第一步反应是生成膜表面自由基。根据产生方式的不同，可以分为三种引发机理：含光敏基聚合物辐射分解法、自由基链转移法和夺氢反应法。

a. 含光敏基聚合物辐射分解法 某些含有光活性基团的聚合物受紫外光照射时，会发生 Norrish Ⅰ型反应。例如，羰基吸收紫外光后被激发，羰基的 α 键容易发生均裂，产生的表面自由基和游离自由基可以引发单体聚合，生成接枝共聚物和均聚物。反应机理如下[50]：

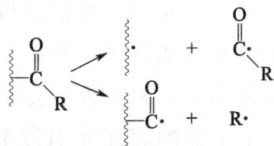

b. 自由基链转移法 利用自由基向聚合物的转移在聚合物表面产生自由基，进一步引发接枝反应。安息香类光敏剂(如安息香双甲醚、安息香乙醚、安息香异丁醚等)受到紫外照射后，会经历 Norrish Ⅰ型反应，产生两个自由基，当单

体浓度很低时，两个自由基向聚合物表面链转移，产生表面自由基进而引发接枝聚合反应，但同时两个自由基也会引发单体产生单体自由基，进一步生成均聚物。安息香双甲醚的引发机理如下[51]：

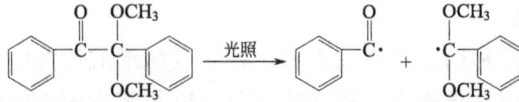

c. 夺氢反应法　芳香酮类光敏剂（如二苯甲酮），在吸收紫外光后被激发到能量较高的单线态，然后迅速系间跃迁到能量较低但寿命更长的三线态。处在三线态的芳香酮能从高分子材料表面夺取氢，自身被还原成半频哪醇自由基，同时在高分子材料表面生成一个大分子自由基，大分子自由基可以引发单体的聚合，生成高分子链。半频哪醇自由基活性较低，不易自由基聚合，但容易通过偶合反应参与链终止反应，故该方法的接枝效率较高。二苯甲酮(BP)的引发机理如下[4]：

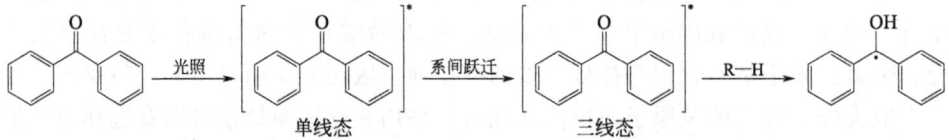

② 光接枝方法　光接枝的方法可分为气相接枝法和液相接枝法两大类。

a. 气相接枝法　将膜、单体、光敏剂溶液置于一密闭容器中，加热使溶液蒸发，然后在弥漫着溶剂、单体和引发剂的气氛中进行膜表面光接枝。气相接枝法的优点是自屏蔽效应小，接枝率高，形成的均聚物少。缺点是反应慢，所需辐射时间长[52]。

b. 液相接枝法　将膜置于含引发剂和单体的溶液中直接进行光接枝聚合，称为一步液相光接枝法。例如，在 PP 微孔膜表面 UV 光引发接枝 4-乙烯基吡啶，使膜具有化学阀效应，在不同 pH 值下通量不同。pH 值低时，吡啶基离子化，带电基团因静电排斥而伸展，通量较低；去离子化后可逆收缩，通量增加。一步液相光接枝法操作简便，但由于激发态的光引发剂在夺取基膜的氢原子时，也会夺取单体上的氢原子形成单体自由基，产生大量的均聚物，造成原料浪费和接枝率降低。另外，光引发剂也可以从接枝的聚合物链上夺取氢原子，使接枝链发生交联，对膜的一些应用产生不利的影响。

为了克服一步法的缺点，Ma 等[53]提出了两步液相光接枝法（图 3-26），首先将膜放入光引发剂溶液中光照一定时间，然后将膜取出洗涤，再放入单体溶液中照射。在第一步反应中，光引发剂从基膜上夺取氢原子形成表面自由基和半频哪醇自由基，在无单体存在的条件下，两者偶合形成表面光引发剂。在第二步反应中，在紫外光照射下，第一步生成的表面光引发剂又分解成表面自由基和半频哪醇自由基，表面自由基与单体发生反应，形成接枝聚合物。因为半频哪醇自由基的寿命很短，且易于偶合或终止增长的链，所以两步法可以大量减少均聚物的形成。另外，由于表面光引发剂的形成和接枝聚合发生在不同步骤，所以接枝密

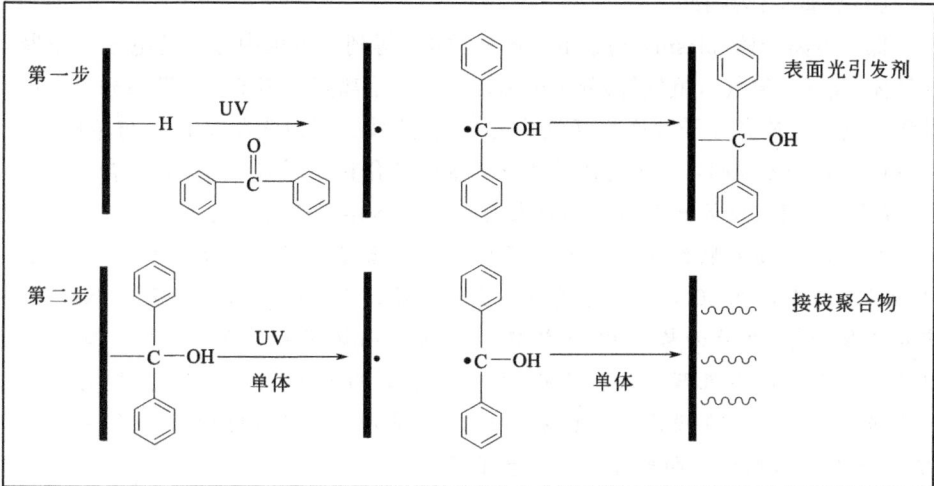

图 3-26 两步液相光接枝法的机理

度(即接枝位点数)和接枝链长度都可以有效控制。

为了使膜改性连续进行,可采用连续液相接枝法,即膜在电机牵引下经过溶有光敏剂和单体的预浸液进入反应腔内,UV 穿过石英窗对其进行辐照。反应腔内充有氮气及挥发的溶剂、引发剂和单体的蒸气,UV 辐照时间随电机速度而改变。反应后以合适的溶剂除去基膜上剩余的单体、引发剂及均聚物。该方法的优点是:基膜通过预浸液后在表面形成一层极薄的液层,自屏蔽效应小,同时实现了膜改性的连续化,有利于工业推广[54]。

基膜的接枝活性取决于单体与基膜的亲和性、基膜的氢活性等因素。其中,氢活性受结晶度、规整度等影响。高结晶度的基膜难以提氢,故高密度聚乙烯(HDPE)比低密度聚乙烯(LDPE)难接枝。对于拉伸制备的聚丙烯膜,拉伸比对接枝率有很大影响。溶剂作为单体和引发剂的载体,对引发剂应呈惰性,并能润湿膜表面,对于液相光接枝还应是接枝链和均聚物的良溶剂,对紫外光不屏蔽等[55]。光接枝过程一般需要在惰性气氛(如氮气或氩气)中进行,这是因为空气中的氧能淬灭光引发剂的三线态,对聚合有阻聚作用❶。

光接枝具有以下优点[56]:紫外光对材料的穿透力不强,接枝聚合可限定在材料的表面或亚表面进行,容易控制接枝层的厚度和反应深度,不会损害材料的本体性能;可以控制反应只在单侧进行,因而适于制备两侧性能不同的材料;紫外辐射的光源及设备成本较低,易于连续化操作,反应速率快,产物纯净,极具工业应用前景。

---

❶ 氧和自由基反应生成较不活泼的过氧自由基,过氧自由基本身或与其他自由基歧化或偶合终止: $M_x^{\cdot} + O_2 \longrightarrow M_x-O-O$。

(3)等离子体接枝

低温等离子体(plasma)通过低压辉光放电❶得到。电场中加速的电子与非聚合性气体(氧气、氮气、氩气等)分子碰撞，气体分子离解为离子、激发态分子、自由基等，然后进攻高分子膜产生活性中心[57]。接枝时可以先将微孔膜与单体接触，然后用等离子体辐照，或者先用等离子体辐照微孔膜，再与单体接触聚合。

【例3-15】　聚偏氟乙烯微孔膜表面等离子体接枝聚丙烯酸

将PVDF微孔膜经等离子体处理后，浸入质量分数5%的丙烯酰胺(AAm)单体水溶液中，在60℃下进行接枝反应。然后，在50℃、1mol/L的NaOH水溶液中使接枝的聚丙烯酰胺链水解，得到聚丙烯酸(PAA)接枝聚偏氟乙烯(PAA-g-PVDF)微孔膜。该膜具有pH响应性，当pH<4时，PAA链的溶剂化作用很小，链收缩在膜表面，膜孔打开，通量增大；当pH值在5.2~7.5时，PAA链充分溶剂化，向外伸展，通量下降。

(4)辐射接枝

利用高能射线在膜表面产生自由基活性中心进而引发接枝，可在常温下反应，后处理比较简单。^{60}Co所放射的γ射线能量为1.17~1.33MeV，比光能(几个电子伏特)大得多，而共价键的键能为2.5~4eV，有机化合物的电离能为9~11eV。因此，辐射对于物质的初级作用是电离，逸出一个电子后产生一个阳离子自由基，阳离子自由基不稳定，离解成阳离子和自由基：

$$AB \longrightarrow AB^{\cdot+} + e^-$$
$$AB^{\cdot+} \longrightarrow A^+ + B\cdot$$

【例3-16】　PVDF微孔膜表面辐射接枝聚苯乙烯磺酸

利用^{60}Co γ射线辐照置于气相苯乙烯单体中的PVDF微孔膜，得到接枝率5%~10%的PVDF膜。然后，利用聚苯乙烯接枝链中苯环的反应活性，以5g/L的硫酸银为催化剂，在80℃、9.8mol/L的浓硫酸中处理，得到表面亲水的PVDF微孔膜，水在膜表面的接触角由改性前的68°降低为58°。

等离子体接枝、辐射接枝等常用于PTFE、PVDF等化学性质较稳定的聚合物的改性。

3.10　不同构型膜的制备

膜的构型(configuration)包括平板(plate)膜、管式(tubular)膜和中空纤维(hollow fiber)膜等。

3.10.1　平板膜

平板膜用于板式组件和卷式组件。实验室中通常用玻璃刮刀或不锈钢刮刀在

---

❶ 在电场作用下，气体被击穿而导电的现象称为气体放电。

玻璃板上刮膜制得，工业上则用刮膜机连续生产（图 3-27），一般膜宽 1~1.5 m。为了增加膜的强度，多用聚酯织物或聚酯无纺布增强。聚酯织物或聚酯无纺布的缩水率与膜凝胶收缩率相当，经凝胶化、热处理后，与膜不分离，使膜的拉伸强度大幅度增加。无纺布在使用前需进行平整处理。

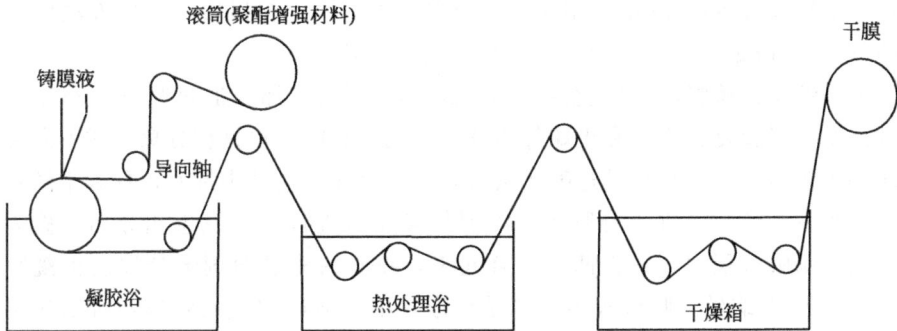

图 3-27　L-S法平板膜制备的工艺流程

3.10.2　管式膜

管式膜管径通常大于 10 mm，分内压式和外压式两种。内压式的致密皮层在管内侧，操作时管内压力大于壳程压力，而外压式的致密皮层在管外侧。管式膜的直径大，需要多孔管作为支撑层。多孔管可以是聚乙烯、聚丙烯、烧结金属、陶瓷等微孔管。图 3-28 为外压式管膜制备示意图。多孔管通过底部有一锥孔的铸膜液贮筒，缓慢向下移动，在其外壁均匀地涂敷上一层铸膜液，膜厚度由贮筒锥孔和多孔管之间的间隙控制。溶剂挥发时间由锥孔出口到凝胶浴之间的距离控制，膜在溶剂挥发后垂直进入凝胶浴进行凝胶化。图 3-29 为内压式管膜制备示意图。管式膜堆积密度小，但由于料液流动状态好，对进料预处理要求低，因而在许多领域得到广泛应用。对于无机膜，还有多流道蜂窝形，其优点是填充密度大，安装维修方便，且比单管结构牢固。

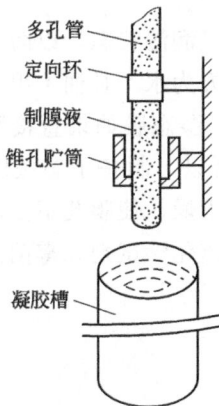

图 3-28　外压式管膜制备示意图　　图 3-29　内压式管膜制备示意图

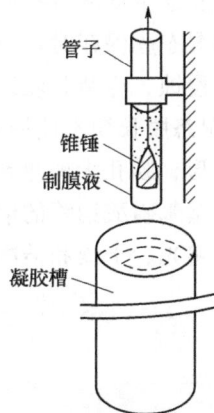

3.10.3 中空纤维膜

通常将直径为 50～200 μm 的中空纤维称为中空细纤维丝（hollow fine fibers），其外部耐压高，用于反渗透、气体分离（耐 7.0 MPa 以上高压）；直径 200～500 μm 的中空纤维，可用于超滤、血液透析、低压气体分离；直径 500 μm 以上的中空纤维称为毛细管纤维（capillary fibers）。中空纤维膜属于自撑膜，制备方法包括溶液纺丝（spinning）、熔融纺丝和半熔融纺丝三大类。

溶液纺丝：铸膜液经熟化脱泡（defoaming）❶后，加压通过喷丝头挤出，经溶剂挥发、凝胶化、漂洗和干燥等步骤，得到成品膜。根据相分离方式不同分为干纺和湿纺两种。铸膜液经过喷丝头后，溶剂直接在空气中挥发，称为干纺；经过喷丝头后，丝直接进入凝胶浴，溶剂与凝胶浴进行交换发生相分离，称为湿纺。实际制膜过程中，常将两者结合起来，喷丝后先经溶剂部分挥发再凝胶成膜，称为干-湿纺丝。喷丝板的喷口是环形，中间通以空气或液体，所以喷出的纤维是中空的，纤维规格主要由喷丝头决定。如果中间通入水，则形成内表面致密的非对称中空纤维；如果中间通入稍加压的空气或惰性气体，待稍蒸发后进入凝胶浴中，则形成外皮层中空纤维膜。PAN 等的熔融温度高于其分解温度，只能采用溶液纺丝。

熔融纺丝：将高聚物加热熔化后，加压使熔融液从喷丝头挤出，受冷后成型，得到的是均质膜，通量小，适用于反渗透、气体分离。熔融纺丝中，纤维规格主要取决于挤出速率和牵伸速率，纺丝速率比干-湿纺丝（每分钟几米）高很多。熔融-拉伸纺丝可制得微孔膜。

半熔融纺丝：制备三醋酸纤维素中空反渗透膜或纳滤膜时采用半熔融纺丝法。CTA 的浓度一般为 35%～55%，甚至可以到 80%，远高于溶液纺丝。喷丝时，为了防止纤维塌瘪，由供气系统向纤维中心供气。

与平板膜相比，中空纤维铸膜液中聚合物浓度较高，导致皮层厚度增加，这是中空纤维膜通量低的直接原因。

制备的湿态膜保存时，应使膜面附有保存液，呈润湿状态，以防止发生膜水解、微生物侵蚀、冻结和收缩变形。保存液参考配方为水：甘油：甲醛＝79.5：20：0.5。湿态膜长期不使用时，应置于保存液中。湿态膜如果直接脱水，将导致膜收缩变形、膜孔大幅度缩小和膜结构破坏。所以，制备干态膜时，可用甘油、十二烷基苯磺酸钠等的溶液浸渍膜，然后室温干燥，使膜孔不变形。干态膜应在室温、避光、干燥和洁净的条件下储存，并远离化学试剂和霉菌。

---

❶ 脱泡：在制备纺丝溶液时，由于黏度较高，常混入空气泡堵塞喷丝头上的细孔引起纤维中断。为保证连续生产，空气泡必须在纺丝前除去。

思 考 题

1. 简述双节线分相和旋节线分相的区别。
2. 简述瞬时分相和延时分相的区别。
3. 表面接枝中采用哪些方法可以在膜表面形成活性中心？
4. 简述 sol-gel 过程中胶体凝胶法和聚合凝胶法的区别。
5. 二维膜材料还有哪些？如何提高二维膜的力学性能？
6. 二维材料膜的孔径如何调控？
7. 理想的分子筛膜应具有哪些特点？
8. 均匀微孔膜的制备方法有哪些？

参 考 文 献

[1] 王湛,周翀. 膜分离技术基础. 北京:化学工业出版社,2004.

[2] Kesting R E. Synthetic polymeric membranes. New York:McGraw Hill,1985.

[3] US 4247498.

[4] Hansen C M,Beerbower A. Solobility parameters//Kirk-Othmer Encyclopedia of chemical technology. Suppl. Vol. ; 2nd ed. ; Standen A,Ed; New York:Interscience,1971.

[5] 朱长乐. 膜科学技术. 第 2 版. 北京:高等教育出版社,2004.

[6] Mulder M H V,Smolders C A. Sep Purif Method,1986,15:1.

[7] Mulder M. 膜技术基本原理. 李琳,译. 北京:清华大学出版社,1999.

[8] 徐又一,徐志康,等. 高分子膜材料. 北京:化学工业出版社,2005.

[9] Browall W R. US 3980456,1976.

[10] 刘卷,于慧芳,谭晶晶,等. 膜科学与技术,2023,43(5):179-189.

[11] 苏仪,李永国,陈翠仙,李继定. 膜科学与技术,200,5:89-96.

[12] Zhao J,Chong J Y,Shi L,Wang R. J Membr Sci,2019,572:210-222.

[13] 金宇涛,林亚凯,田野,等. 工业水处理,2021,2:26-32.

[14] Tao H,Zhang J,Wang X L. J Polym Sci,Part B:Polym Phys,2007,45(2):153-161.

[15] Tao H,Zhang J,Wang X L. J Appl Polym Sci,2008,108:1348-1355.

[16] Liu J,Lu X,Li J,Wu C. J Polymer Res,2014,21:568.

[17] Hu N,Xiao T,Cai X,et al. Membranes,2016,6:47.

[18] Cadotte J E. Evolution of composite RO membranes. Washington:ACS,1985 .

[19] Ward W J. J Membr Sci,1976,31(3):199 .

[20] 邢卫红,范益群,徐南平. 无机陶瓷膜应用过程研究的进展. 膜科学与技术,2003,23(4):86-92.

[21] Laxmidhar B,Lin M L. Prog Mater Sci,2007,52:1-61.

[22] Zhou S,Shekhah O,Ramírez A,et al. Nature,2022,606:706-712.

[23] Li W B,Zhang Y F,Zhang C T,et al. Nature Comm. 2016,7:11315.

[24] Ban Y J,Li Z J,Li Y S,et al. Angew Chem Int Ed,2015,54:15483-15487.

[25] Fan H,Mundstock A,Feldho F A,et al. J Am Chem Soc,2018,140(32):10094-10098.

[26] Liu J,Gang H,Zhao D,et al. Sci Adv,2020,6(41):eabb1110.

[27] Hao S,Jiang L,Li Y L,et al. Chem Comm,2019,56:419-422.

[28] Hao S,Zhang T Q,Fan S N,et al. Chem Eng J,2021,421:129750.

[29] Nair R R R,Wu H A,Jayaram P N,et al. Science,2012,335:442-444.

[30] Li H,Song Z N,Zhang X J,et al. Science,2013,342:95-98.

[31] Kim H W,Yoon H W,Yoon S M,et al. Science,2013,342:91-95.

[32] Joshi R K,Carbone P,Wang F C,et al. Science,2014,343:752-754.

[33] Liu R L,Arabale G,Kim J,et al. Carbon,2014,77:933-938.

[34] Huang K,Liu G P,Lou Y Y,et al. Angew Chem Int Ed,2014,53:6929-6932.

[35] Hung W S,Tsou C H,Guzman M D,et al. Chem Mater,2014,26:2983-2990.

[36] Liang B,Zhan W,Qi G G,et al. J Mater Chem A,2015,3:5140-5147.

[37] Dikin D A,Stankovich S,Zimney E J,et al. Nature,2007,448:457-460.

[38] Chen L,Shi G S,Shen J,et al. Nature,2017,550:380-383.

[39] Jia Z Q,Wang Y. J Mater Chem A,2015,3:405-4412.

[40] Zhang W H,Yin M J,Zhao Q. Nature Nanotechnology,2021,16:337-343.

[41] Zhang D X,Jia Z Q,Zhang S P,et al. Adv Funct Mater,2023:2307419.

[42] Yang Y,Yang X,Liang L,et al. Science,2019,364:1057-1062.

[43] Lozada-Hidalgo M,Hu S,Marshall O,et al. Science,2016,351:68-70.

[44] Wang Y,Ma X,Ghanem B S,et al. Mater Today Nano,2018,3:69-95.

[45] Wang A Q,Breakwell C,Foglia F,et al. Nature,2024,635:353-358.

[46] Thompson K,Mathias R,Kim D,et al. Science,2020,369:310-315.

[47] 沈心,王晶,赵海洋,等. 膜科学与技术,2021,41(6):236-242.

[48] Mazinani S,Al-Shimmery A,John Chew Y M,et al. ACS Appl Mater Interfaces,2019,11 (29):26373-26383.

[49] 刘文勇,林先长. 包装学报,2023,15(5):46-60.

[50] Yang W T,Yin M Z,Deng J P,et al. Polymer Bulletin,1999(1):60-65.

[51] Katogi S,Miller C W,Hoyle C E. Polym Bull,1998,39(13):2709-2714.

[52] Chan C M. Polymer Surface Modification and Characterization. New York:Hanser Press,1994.

[53] Ma H M,Robert H,Davis,et al. Macromolecules,2000,33:331-335.

[54] Ranby B,Cao Z M,Hult A,et al. Polymer Preprints,1986,272:38.

[55] Wang R,Xie Y,Pan J X. Modern plastics processing and applications,2004,16(6):61-64.

[56] Deng J P,Wang L F,Liu L Y,et al. Progress in Polymer Science,2009,34:156-193.

[57] Yasuda H J. Membr Sci,1984,18:273-284.

4 膜的表征

膜的表征可分为两类：①结构参数的测定，如孔径及其分布、皮层厚度、表面孔隙率等；②渗透参数的测定，如截留率、分离因子、渗透速率等。

4.1 结构参数的测定

对于平板膜，一般先用荧光灯对膜进行宏观检测，检查膜内部微气泡和膜上针孔(pinhole)等缺陷，以便及时对膜进行修补。对于中空纤维超滤膜及其组件，常在中空纤维内侧通入小于 0.2 MPa 的压缩空气，外侧充满纯水，此时应绝对无气泡产生，以此检验有无大孔缺陷存在。膜的厚度应包括增强材料在内，一般为 0.14～0.20 mm，用螺纹千分尺测定任意三点处膜的厚度(以稍有接触为限)，再取平均值。

4.1.1 孔径的测定

孔径结构包括平均孔径和孔径分布。圆柱状孔(cylindrical pore)为贯通膜壁的直孔，孔径可通过电子显微镜直接观察得到；弯曲孔需要用泡压法、压汞法等间接测定。孔径可以用绝对孔径和标称孔径表示，绝对孔径指等于或大于该孔径的粒子均被截留，而标称孔径表示等于或大于该孔径的粒子 95% 或 98% 被截留。

4.1.1.1 直接观测

利用电子显微镜可直接观测膜结构。膜的干燥通常采用低温冷冻干燥法，首先将膜冷冻，使其中的水分结晶，然后在低温和真空下(133.332 Pa)使结晶水升华(16 h 以上)，所得样品不收缩，且润湿性能不变。高分子膜通常比较柔软，在切片、断裂时，易发生孔结构的改变，常采用液氮中冷冻淬断、酯包埋切片等技术制备样品。高分子材料不导电，样品上容易产生电荷聚集，导致形貌失真，同时高能电子作用也可能导致高分子材料发生物理和化学变化，所以常采用离子束溅射方法在膜表面镀金、铂、钯等金属。

扫描电子显微镜(SEM)主要利用二次电子信号成像用以观察样品的表面形态，分辨率可达 5 nm 以下。制样过程为：含水膜初步脱水(干膜经适当复水)；放入液氮中冷冻淬断；进一步干燥，离子束溅射镀金(厚约 20 nm)。微滤膜孔径

一般在 $0.1 \sim 1 \mu m$，SEM 可准确表征其膜孔大小及分布，所得孔径称为几何孔径。超滤膜皮层微孔很小时，SEM 不能反映其皮层表面孔径。

原子力显微镜(atomic force microscope，AFM)是以直径小于 100 Å(1 Å = 0.1 nm)的探针以恒定的力扫过被测表面，探针尖端的原子与样品表面发生 London-van der Waals 相互作用，通过检测这些力可得到探针尖端原子到样品表面原子的距离，根据 AFM 图像的横截面得到孔径及孔隙率。该方法的优点是可以表征绝缘高分子材料，试样无需预处理，可在大气条件下进行测量，但是当表面粗糙度与孔径尺寸相当时检测结果很难分析。

4.1.1.2 间接测定

根据与孔有关的物理效应测定相应物理量，然后利用理论公式计算孔径及其分布，是一种间接的测定方法，所得孔径称为物理孔径。由于依据的物理效应不同，不同方法测得的孔径会有较大差别，但也存在着相互一致的联系，应结合膜的实际使用状态选择适宜的测定方法。

(1)泡压法

1970 年 Bechhold 首先提出利用泡压法(图 4-1)测定膜孔径。将膜用水浸润后装入测试池中，在膜上注入一薄层水，使膜微孔内充满水。从膜下面通入氮气并缓慢升压，当气泡半径与孔半径相等时将穿过孔，膜上出现第一个气泡

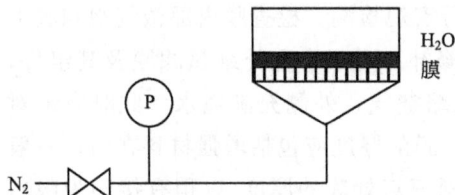

图 4-1 泡压法

时的压力对应膜的最大孔径，膜上气泡出现最多时的压力对应膜的最小孔径。孔径根据 Laplace 方程计算：

$$r = \frac{2\sigma\cos\theta}{p} \tag{4-1}$$

式中，σ 是液体的表面张力；θ 是液体与膜的接触角；r 是膜孔半径。泡压法使用对膜润湿良好的液体，测得的是开放孔的孔径及其分布。该方法的缺点是使用不同液体时得到的结果会有所不同，升压速度和孔长度也会影响测量结果。

(2)压汞法

压汞法(mercury intrusion)是将汞压入孔中，测定不同压力下汞的体积，可准确测定孔径分布。在较低压力下，大孔被汞充满；随着压力增加，小孔逐渐被充满，直到所有孔均被充满。汞不能润湿膜，$\cos\theta < 0$，所以

$$r = \frac{-2\sigma\cos\theta}{p} \tag{4-2}$$

每一压力均对应一个孔径。图 4-2 为累积体积(cumulative volume，V_{cum})随压力的变化。该法能测量包括死端孔在内的大于 $2 \mu m$ 的所有膜孔，缺点是设备价格较高，压力过大时膜孔会发生变形。

（3）滤速法

假设多孔膜微孔的孔径相同且为圆柱形直孔，液体不自发润湿膜，在某一压力下膜被湿润而允许液体通过，此后随压力增大，流量线性增加，符合 Hagen-Poiseuille 方程：

$$Q = \frac{n\pi r^4 St\Delta p}{8\mu l} \qquad (4-3)$$

式中，Q 为渗透流量；n 为孔密度；S 为有效膜面积；Δp 为压力；t 为时间；μ 为黏度；l 为毛细孔长度。理想的压力-通量曲线如图 4-3 所示。

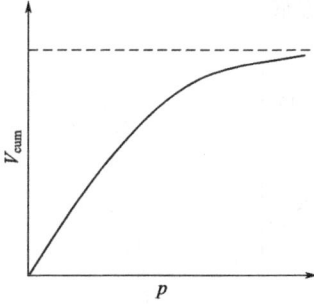

图 4-2　累积体积随压力的变化　　　　图 4-3　理想的压力-通量曲线

然而，微滤和超滤膜的孔径通常并不均匀，实际的压力-通量曲线如图 4-4 所示。当压力低于 p_{min}（$p_{min} = 2\sigma\cos\theta/r_{max}$）时，液体不能透过膜；在压力 p_{min} 下，液体可以透过最大的孔；随着压力增加，更小的孔开始有液体透过；最后，当压力达到 p_{max} 时，最小的孔也变为可透过的，通量随压力增加而线性增加。在圆柱形直孔的情况下，可根据 Hagen-Poiseuille 方程确定膜孔径分布。该方法主要用于微滤和超滤膜的表征。

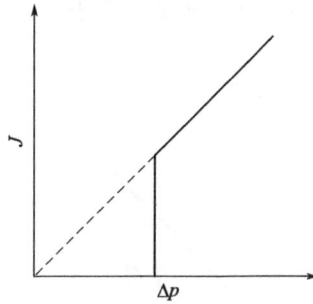

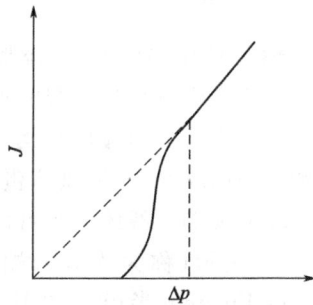

图 4-4　实际的压力-通量曲线

（4）气体渗透泡压法

将泡压和气体通过孔的流动结合起来可得孔径分布。先测得干膜的气体通量和压力的关系（通常为一直线），然后将膜润湿使孔内充满液体，再测定气体通量和压力的关系曲线。当气体压力很低时，气体以在液体中扩散的方式通过膜孔，流量很小。在某一最小压力下，气体通过最大的孔。在某一压力下，气体通过最小的孔，此时通过湿膜的流量与通过干膜的流量相等（图 4-5）。孔径分布由下式计算：

$$\frac{V_i}{\sum V_i} = \frac{\Delta p_i \Delta Q_i}{\sum \Delta p_i \Delta Q_i} \qquad (4-4)$$

式中，V_i 为半径 r_i 孔的体积分数；Δp_i 为对应于 r_i 的压力；ΔQ_i 为 r_i 孔的流量。

(5)截留分子量法

压汞法和泡压法对测定超滤膜孔径不适用，这是因为其孔径小，所需压力太高。通常以截留分子量(MWCO)表征超滤膜的孔结构和截留性能，其值一般在 $10^3 \sim 10^5$。首先配制一系列不同分子量的标准试剂(聚合物或蛋白质)的溶液，分别测定其截留率，然后作出截留分子量曲线，选取截留率在90%(聚乙二醇溶液作为评价液)或95%(蛋白质溶液作为评价液)的分子量，作为超滤膜的截留分子量。当孔径均匀时，截留曲线较陡，称为锐截留；孔径分布较宽时，曲线较平缓，称为钝截留。图4-6为超滤膜的锐截留和钝截留的截留特征。所选标准试剂的分子量分布应较窄，溶于水，且对膜污染程度低。

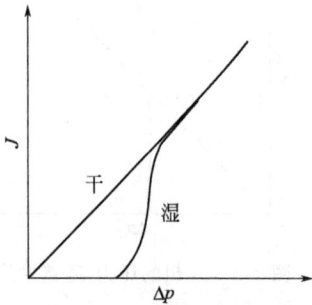

图 4-5 气体渗透泡压法

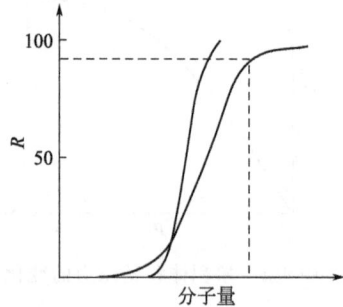

图 4-6 超滤膜的锐截留和钝截留的截留特征

标准试剂在溶液中为球形或近似球形时，能反映超滤膜的真实孔径。很多蛋白质结构中存在半胱氨酸单元之间的共价交联，抑制了绕骨架单键的旋转，形成了具有确定半径的球形结构。常用的蛋白质及其分子量为：胃蛋白酶(35000)，卵清蛋白(42000)，牛血清蛋白(67000)。线型高分子在溶液中可视为无规线团(random coil)，线团大小可以用高分子链一端至另一端的直线距离 r 的均方根 $\langle r^2 \rangle^{0.5}$ 表示(称为均方末端距)，也可用回转半径(radius of gyration, r_g)或 Stokes-Einstein 半径 r_h 描述。溶剂和温度对线团大小有很大影响，溶剂与聚合物间相互作用越强，温度越高，则线团越伸展，回转半径越大，能以伸展链形式穿过膜孔。

实验时可以采用 Dragendorff 试剂法[注]测定聚乙二醇的浓度。聚乙二醇与 Dragendorff 试剂生成橘红色络合物，可用分光光度法测定其浓度[1]。

4.1.2 孔隙率的测定

孔隙率是指膜中孔体积占整个膜体积的百分数。膜孔分为开放孔和密闭孔，

[注] Dragendorff 试剂在酸性水溶液中可以和芳香族含氮化合物(如生物碱)等生成沉淀，广泛用作有关药物、毒品的检测试剂。

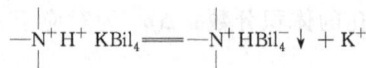

$$-\text{N}^+\text{H}^+ \text{ KBiI}_4 \Longleftrightarrow -\text{N}^+\text{HBiI}_4^- \downarrow + \text{K}^+$$

所以孔隙率也有总孔隙率和有效孔隙率之分。

总孔隙率包含了密闭孔和开放孔的贡献，文献中给出的孔隙率多为总孔隙率，可采用干湿膜质量差法测定。先测定体积为 V 的干膜质量 m_1，然后将干膜浸入能润湿膜材料的液体（密度 ρ）中，取出后擦干测定湿膜质量 m_2（注意湿膜表面不能有湿存水，也不能将膜孔内的水吸出），然后按下式计算孔隙率：

$$\varepsilon = \frac{m_2 - m_1}{\rho V} \tag{4-5}$$

有效孔隙率指开孔孔隙率，因为只有开放孔才对膜通量有贡献。弯曲孔膜的孔隙率较高，一般为 35%～90%；柱状孔膜的孔隙率较低，一般小于 10%。弯曲孔膜中的网络结构容易使膜的强度降低，为保证强度往往需要膜厚在 40 μm 以上；而柱状孔膜则有较好的强度，膜厚可在 15 μm 以下。由于微孔膜过程中通量与膜厚成反比，所以，柱状孔膜虽然孔隙率较低，但仍具有较高的通量。微滤膜的表面孔隙率（即表面孔面积与膜表面面积之比）一般在 5%～70%，超滤膜表面孔隙率较低，一般在 0.1%～1%。

4.1.3　正电子湮没谱

正电子湮没谱是一种对材料微结构进行无损检测的核技术方法，其对材料中的缺陷（包括空位、位错、空位团、微孔洞等）非常敏感。正电子湮没谱包括多种测量方法，其中正电子湮没寿命谱仪通过测量材料中正电子湮没的寿命来表征材料中缺陷的大小、种类和数量，应用领域包括金属材料空位迁移能、聚合物中自由体积、电子偶素的湮没行为等。

正电子是电子的反物质，与电子具有相同的质量和电量，但带有相反的电性。实验中使用的正电子由 ^{22}Na 放射源提供。^{22}Na 是一种不稳定核素，其自发衰变时放出正电子（β^+），几乎同时级联发射一个能量为 1.28 MeV 的 γ 光子，这个信号用作正电子寿命的起始信号。正电子进入物质中后，经热化、扩散、被缺陷捕获后与电子发生湮没，湮没时放出能量约为 0.511 MeV 的 γ 光子，作为正电子寿命的终止信号。起始和终止信号分别被探测器探测，经处理得到一个正电子的寿命。积累上百万个湮没事件后，就得到一个正电子湮没寿命谱。寿命谱由几个分立的衰减成分组成，在较大缺陷中由于湮没处较小的电子密度，正电子的湮没寿命较长。在扣除源成分和背底后，通过非线性拟合方法将寿命谱不同湮没寿命成分分开，得到分立的寿命值（τ_1、τ_2、τ_3 等）及其湮没强度（I_1、I_2、I_3 等）。在常规正电子寿命谱测定中，样品和放射源呈三明治结构放置（样品/放射源/样品），因此，每个样品需要相同的两片。

4.1.4　吸附脱附等温线

多孔材料的孔结构通常采用物理吸附仪测定，在恒定温度、不同压力下测定样品对吸附质气体的吸附量，得到吸附脱附等温线，据此确定孔结构。1985

年，IUPAC 建议将物理吸附等温线分为六种类型。2015 年，IUPAC 更新了原有的分类，在 I 类、IV 类吸附等温线中增加了亚类（图 4-7），并用孔宽代替孔径。

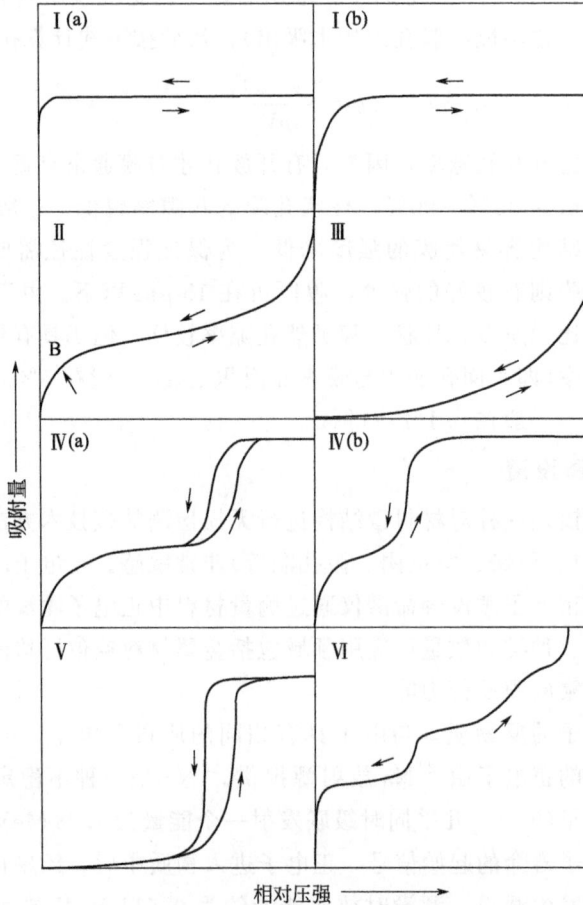

图 4-7 吸附脱附等温线的类型

微孔材料呈 I 类吸附等温线，其弯向 P/P_0 轴，而后呈水平或近水平状，吸附量接近一个极限值，是典型的 Langmuir 等温线。I（a）具有狭窄微孔，一般孔宽小于 1 nm。I（b）微孔的孔径分布范围较宽，可能还有较窄介孔，一般孔宽小于 2.5 nm。具有相对较小外表面的微孔固体，如某些活性炭、沸石分子筛和某些多孔氧化物，具有可逆的 I 型等温线，其特点是吸附很快达到饱和。无孔或大孔材料的气体吸附等温线呈现可逆的 II 类等温线，反映了单层-多层吸附，当 $P/P_0 = 1$ 时还没有形成平台，吸附还未达到饱和。III 型等温线也属于无孔或大孔固体材料，不存在 B 点，因此没有可识别的单分子层形成，吸附材料-吸附气体之间的相互作用较弱。

Ⅳ型等温线来自介孔类材料，吸附特性是由吸附剂-吸附质相互作用、凝聚状态下分子之间相互作用决定的。对于Ⅳ(a)型等温线，在低压下主要是在孔壁形成单分子层吸附，是可逆的。随着压力升高至某值后，最小孔内开始出现毛细凝聚现象。随压力不断升高，较大的孔也相继被凝聚液填充，直到所有的孔都充满了凝聚液。此后，吸附量不再随比压增加，呈现饱和吸附。而在脱附过程中，毛细凝聚的逆过程是从大孔到小孔依次发生的，吸附与脱附过程不完全可逆，出现吸附脱附等温线不完全重合，即迟滞现象。Ⅳ(a)型等温线的特点是存在与毛细冷凝有关的回滞环，当孔宽超过临界宽度时开始发生回滞，临界孔宽取决于吸附系统和温度，如筒形孔中的氮气/77K和氩气/87 K吸附，临界孔宽大于4 nm。具有较小孔宽的介孔吸附材料符合Ⅳ(b)型等温线，吸附脱附曲线完全可逆，锥形端封闭的圆锥孔和圆柱盲孔也具有Ⅳ(b)型等温线。

Ⅴ型等温线的形状在 P/P_0 较低时与Ⅲ型相似，这是由于吸附材料-吸附气体之间的相互作用相对较弱。在更高的相对压力下，存在一个拐点，表明成簇的分子填充了孔道。具有疏水表面的微/介孔材料的水吸附行为呈Ⅴ型等温线。Ⅵ型等温线呈台阶状的可逆吸附，这些台阶来自高度均匀的无孔表面的依次多层吸附，台阶高度表示各吸附层的容量。例如，石墨化炭黑在低温下的氩吸附或氪吸附属于此类型。

4.1.5 化学成分及结构分析

X射线光电子能谱(X-ray photoelectron spectrometry，XPS)是用X射线照射样品，使分子或原子中的电子脱离原子成为自由电子，即光电子，然后测量光电子的能量分布及其强度的关系。某一元素中电子结合能是一定的，是该元素的特征值，化学环境的差异将导致结合能的微小变化，即化学位移。例如，C_{1s} 电子结合能为285.0 eV，尼龙-6中与氢或其他碳原子相连的碳 C_{1s} 的电子结合能接近285eV，碳原子与氮相连时产生的化学位移是1.3eV，而羧基中碳原子的化学位移约为2.8eV。XPS可检测0.5~10 nm深处的原子，特别适于测定表面结构。

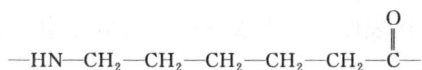

$$-HN-CH_2-CH_2-CH_2-CH_2-CH_2-\overset{\overset{\displaystyle O}{\|}}{C}-$$

俄歇电子能谱(Auger electron spectrometry，AES)是用电子束或X射线激发试样，使原子内壳层能级的一个电子被逐出，此内层空穴被较外层的电子填入，多余的能量以无辐射弛豫方式传给另一电子，并使之发射，成为俄歇电子。例如，K层电子被逐出后，其他层(如L层)的电子填补产生的空穴，L层跃迁到K层释放出的能量($E_K - E_L$)传递给其他层的电子，使其向外发射(图4-8)。俄歇电子峰的能量具有元素特征性，该方法适用于轻元素($Z<32$)的分析。

二次离子质谱(secondary ion mass spectrometry，SIMS)采用一次离子作为

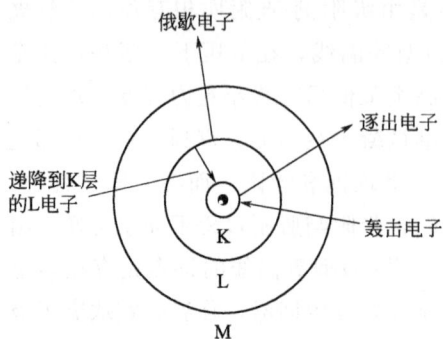

图 4-8 俄歇电子发射过程

激发源，二次离子为发射产物。一次离子可以为 O_2^+、O^-、N_2^+、Cs^+、Rb^+、Ar^+、Xe^+ 等，其能量在 keV 量级，可以进入固体的几个原子层，导致发射中性或带电表面粒子，再用质谱进行检测。该方法检测灵敏度高，适于痕量杂质分析。

利用 FTIR 检测氢键给体（如—OH、—NH_2）和氢键受体（如—C=O）的伸缩振动峰，可判断氢键的强弱（氢键的形成使伸缩振动峰向低波数方向移动）。在液相中测定时，应选择极性较小、对氢键无干扰的溶剂，而极性较强的溶剂（如乙腈）会破坏氢键结构。^{1}H NMR 也可判断分子间氢键的形成及强弱，氢键的形成将导致电子密度平均化，使—OH、—NH_2 等的质子化学位移向低场移动。

高场核磁共振仪主要用于测定分子的化学结构，通过化学位移得到分子内部结构信息，研究领域属于微观领域（分子内部），可进行[1]H、[13]C、[31]P、[15]N 等波谱测量。而低场核磁共振仪场强较低，一般是 1 T 以下，因此可以采用永磁体，无需液氮液氦、无需屏蔽房，场强稳定且成本低，占地面积小。低场核磁共振主要用于测定分子间的动力学信息，通过弛豫时间得到分子运动以及分子间作用信息，研究领域属于亚微观领域（分子间），可测定玻璃态转化温度、高分子材料交联密度、造影剂弛豫率、孔径分布及孔隙度等。低场核磁共振技术主要检测 H，含 H 样品经过特定频率的射频激励后，产生核磁共振信号，对应有 T_1（自旋-晶格弛豫时间）、T_2（自旋-自旋弛豫时间）两个主要参数，通过测试 T_1、T_2 并建模，可用于食品、农业、石油勘探、聚合物等研究。例如，对于液态水和冰，H 原子的弛豫时间显著不同，冰中 H 原子相互作用更强，弛豫时间更短。水存在于不同环境之中，如大孔隙和小孔隙中，其弛豫时间有明显区别，据此可以研究孔隙结构、水分迁移等。根据颗粒表面吸附水与自由水弛豫时间的差异，还可以测量湿润环境下颗粒的比表面积。在农业中，可以测定油料种子含油含水率及固体脂肪含量。

X 射线吸收精细结构（X-ray absorption fine structure，XAFS）谱的原理是基于 X 射线穿透物质时，其强度会因物质的吸收而有所衰减，由 K 壳层电子被激发而形成的吸收边称为 K 吸收边，类似还有 L、M 等吸收边。每一种元素都有其特征的吸收边，吸收边的位置与元素的价态有关，氧化态增加 1，吸收边的位置向高能侧移动约 $2 \sim 3$ eV。在吸收边高能侧，随着 X 射线能量的增加，吸收系数并不单调下降，而是有振荡，这就是 X 射线吸收谱的精细结构。通常将 XAFS 谱分为两个区域（图 4-9）：

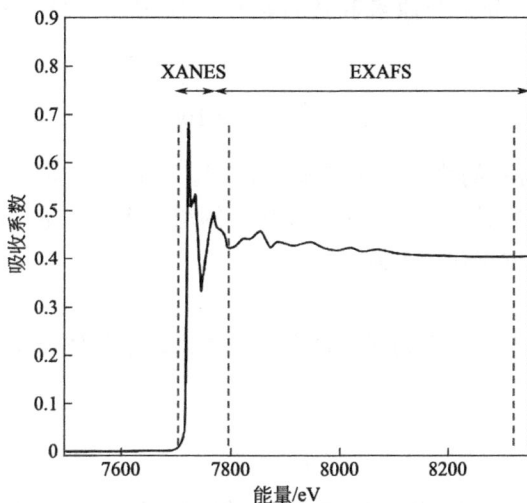

图 4-9　X 射线吸收精细结构谱

① X 射线吸收近边结构（X-ray absorption near edge structure，XANES）。在吸收边前 10 eV 到吸收边后约 50 eV，特点是连续的强振荡，源于 X 射线激发出的内层光电子在周围原子与吸收原子之间的单电子多重散射效应，反映了吸收原子的电子结构信息，如价态、轨道杂化、对称性等。在实际应用中，XANES 还可分为边前（pre-edge）、边（edge）和狭义的 XANES 三个部分。

② 扩展 X 射线吸收精细结构（extended X-ray absorption fine structure，EXAFS）。在吸收边之上 50 eV 以上的区域（50～1000 eV），通过数据处理和拟合可以获得丰富的结构信息，主要是吸收原子近邻配位原子的结构信息，如原子种类、键长、配位数和无序度因子等。EXAFS 源于 X 射线激发出米的内层光电子在周围原子与吸收原子之间的单电子单次散射效应。EXAFS 取决于短程有序作用，不依赖长程有序，可用于晶体、非晶、液态、熔态、催化剂活性中心、金属蛋白等的结构研究。

4.2　渗透参数的测定

4.2.1　选择性

膜的选择性可以用溶质截留率（retention）、分离因子表示。

（1）溶质截留率

溶质截留率用于含有溶剂和溶质的稀溶液体系，如反渗透膜表观截留率（或脱盐率）R 定义为：

$$R = \frac{c_f - c_p}{c_f} \times 100\%$$

(4-6)

式中，c_f 和 c_p 分别为原液和透过液中溶质浓度。膜本征截留率(intrinsic solute rejection)为：

$$R_{int} = \frac{c_m - c_p}{c_m} \times 100\%$$ (4-7)

式中，c_m 为料液侧膜表面上溶质的浓度。实际测定的通常是表观截留率。对于对称结构的微滤膜，测定时膜的任何一侧均可作为上游，而对于非对称结构的超滤膜，只能以皮层作为上游。

(2)分离因子

分离因子用于气体混合物或液体混合物体系，如气体分离、渗透汽化。分离因子 α 定义为

$$\alpha_{ij} = \frac{y_i / y_j}{x_i / x_j}$$ (4-8)

式中，x，y 分别表示原料侧和渗透侧组成；下标 i，j 分别代表组分 i 和 j。在选择分离因子时，应使其大于 1。例如，如果 A 组分通过膜的速率大于 B，则分离因子表示为 $\alpha_{A/B}$。

4.2.2 渗透性能

膜的渗透性能可以用渗透速率、渗透系数等表示。

(1)渗透速率

渗透速率定义为单位时间、单位膜面积的渗透量，即通量 J。对于液体分离膜，一般将膜浸泡 24 h 以上并预压 30 min 后在 25 ℃下测定。

$$J = \frac{Q}{St}$$ (4-9)

(2)渗透系数

对于反渗透膜，定义纯水渗透系数 A 为单位时间、单位膜面积和单位压力下的纯水渗透量，由一定压力下膜的纯水通量 J_w 求得：

$$A = \frac{J_w}{\Delta p}$$ (4-10)

反渗透中，溶质渗透系数定义为单位溶质浓度差的溶质通量。在气体分离时，渗透系数 P 由下式求得：

$$J = \frac{P \Delta p}{l}$$ (4-11)

气体渗透系数的测试装置如图 4-10 所示。将已知厚度的均质膜装入测试池中，通入气体加压，渗透气体的量用质量流量计或皂膜流量计测定。气体渗透系数是材料的本

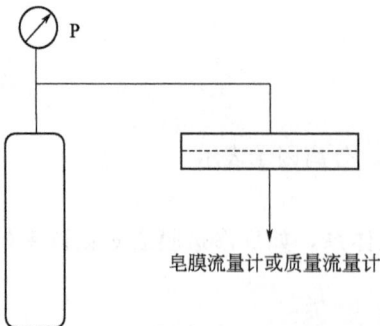

P

皂膜流量计或质量流量计

图 4-10 气体渗透系数的测试装置

征性质，但并非常数，与样品老化状态、测试条件、所用气体种类有关。CO_2、SO_2、H_2O、乙烯等是作用性气体，会改变聚合物的形态。He、H_2、N_2、Ar、O_2可视为惰性或非作用性气体，不会改变聚合物的形态。T_g和结晶度是影响渗透系数的重要参数，这是因为传质主要发生在无定形区。

测定渗透汽化膜的渗透系数时，在膜上游侧的容器中加入纯液体，在膜下游侧抽真空，使下游侧压力低于实验温度下纯液体饱和蒸气压的1/10，以维持足够的推动力。渗透通过膜的液体在下游侧蒸发，然后在冷凝器中收集称重。

在工业上经常需要测定膜的渗透参数，但吸附、浓度极化、膜污染等会严重影响渗透速率和截留率。例如，在化工、医药、食品等工业中使用的超滤膜，其实际水通量通常不到纯水通量的1/10，而截留效果比预测结果好得多。微滤膜的实际水通量与纯水通量差别更大，有时很快降为0。一般很难将结构参数直接与渗透参数相关联，因为简单模型中的孔构型（圆柱孔或球堆积间隙孔）与实际孔有时相去甚远。

在压力驱动膜过程中，回收率和体积浓缩比也是重要的参数。在连续操作中，设Q_p为渗透液流量，Q_f为进料液流量，定义回收率y为：

$$y = \frac{Q_p}{Q_f} \times 100\% \qquad (4\text{-}12)$$

回收率的范围在0～1。工业膜过程中通常希望回收率尽可能高，但随着回收率提高，不易渗透组分的浓度增大，膜性能下降。体积浓缩比VCR定义为初始原料流量与截留物流量之比，表示溶液浓度增加的程度：

$$VCR = \frac{Q_f}{Q_r} \qquad (4\text{-}13)$$

4.3 荷电参数的测定

荷电膜包括离子交换膜、荷电反渗透膜、荷电纳滤膜、荷电超滤膜等。荷电参数主要有交换容量、膜电阻、含水量、选择透过性、流动电位等。

（1）交换容量

交换容量（ion-exchange capacity，IEC）指每克干膜可交换离子的物质的量，mmol/g，是膜中离子基团含量的量度，采用滴定法测定。将磺酸氢型阳膜（干膜质量为m，g）浸入NaCl溶液中，通过离子交换将其转化为钠膜，然后以酚酞为指示剂，用NaOH溶液（浓度为c，mol/L）滴定交换出来的H^+，消耗NaOH的体积为V（mL），则IEC为：

$$IEC = \frac{Vc}{m} \qquad (4\text{-}14)$$

对于膦酸型和羧酸型阳膜，酸性较弱，将其与过量NaOH交换，再对剩余

的 NaOH 进行反滴定，计算交换容量。对于季铵氯型阴膜，将其与 NaNO₃ 或
Na₂SO₄ 溶液交换置换出 Cl⁻，再以铬酸钾溶液（10%）为指示剂，用 0.1 mol/L
AgNO₃ 标准溶液滴定。

随交换容量增加，膜选择透过性提高，导电能力增强，但膜含水量和溶胀度
也增大，强度降低。一般离子交换膜的交换容量在 1~3 mmol/g 左右，荷电反
渗透膜的容量比 1 小很多。

（2）膜电阻

膜电阻是膜传递离子能力的量度，直接影响电渗析所需电压和电能消耗。膜
电阻一般在 0.1 mol/L KCl 或 NaCl 溶液（25 ℃）中测定，膜电阻小有利于节电降
耗。海水淡化的离子交换膜面积电阻在 1~3 Ω·cm² 左右。荷电反渗透膜只有表
面荷电，可阻止带有相同电荷离子或离子基团在膜表面沉积，电阻相当大。

（3）含水量

含水量（water uptake）是指膜内与活性基团结合的内在水，以每克干膜所含
水的质量（g）表示（%）。随交换容量提高，含水量增加。交联度大的膜由于结合
紧密，含水量低。提高含水量，可使膜的导电能力增加，但由于膜的溶胀，膜的
选择透过性降低。一般膜的含水量在 20%~40%。

（4）选择透过性

选择透过性一般用反离子迁移数[1]（transport number）和膜的选择透过度表
示。膜内反离子迁移数指反离子在膜内的迁移量与全部离子在膜内的迁移量之
比，也可用离子迁移所带电量之比表示。例如，在阴离子交换膜-NaCl 溶液体系
中，膜内 Cl⁻ 迁移数为：

$$t_{Cl^-} = \frac{Q_{Cl^-}}{Q_{Na^+} + Q_{Cl^-}} \tag{4-15}$$

式中，Q 表示离子迁移所带电量。选择透过度 P 指反离子在膜内迁移数的
实际增值与理想增值之比：

$$P = \frac{t_{g,m} - t_g}{t_{g,m}^\circ - t_g} \tag{4-16}$$

式中，$t_{g,m}$ 和 t_g 分别为反离子在膜内和溶液中的迁移数；$t_{g,m}^\circ$ 为反离子在
理想膜内的迁移数，设为 1。一般要求离子交换膜的选择透过度大于 85%，反离
子迁移数大于 0.9。

（5）流动电位

如果膜上带负电，溶液中正离子被吸引移向膜表面，负离子受到排斥离开表

---

[1] 迁移数：指导体中载流子的导电百分数。例如，25 ℃ 0.01 mol/L HCl 水溶液中，H_3O^+ 的迁移数
为 0.84，Cl⁻ 为 0.16。离子迁移数是唯一能实验测量的单种离子的性质，离子的许多其他性质都可通过其
获得。

面，形成双电层。其中表面附近离子因静电力作用被表面束缚很难运动，形成固定离子层；远离表面的离子可以迁移，为扩散区域。离子溶液沿表面流动时所形成的剪切面上的电位称为 ξ 电位，代表有效表面电荷。ξ 电位不是常数，取决于表面电荷和离子强度 I。离子强度增加，双电层厚度和 ξ 电位降低(图 4-11)。

ξ 电位可通过测定流动电位(streaming potential)求得，实验装置如图 4-12 所示[2]。电解质溶液在压力差 Δp 作用下通过荷电的多孔膜膜孔或无孔膜之间的狭缝时，由于发生物质和电荷传递而产生流动电位 ΔE(用高阻电压表测定)，该值与流道几何形状无关。改变 Δp，可测得相应的 ΔE，$\Delta E / \Delta p$ 与 ξ 电位之间的关系由 Helmholtz-von Smoluchowski 方程表示[3]：

$$\frac{\Delta E}{\Delta p} = \frac{\varepsilon \xi}{\mu \kappa} \tag{4-17}$$

式中，ε 为溶液介电常数；κ 为溶液电导率；μ 为黏度。当溶液离子强度一定时，ε、κ、μ 不变，根据 ΔE-Δp 曲线的斜率可确定 ξ。根据 ξ 电位可判断膜所带的电荷。

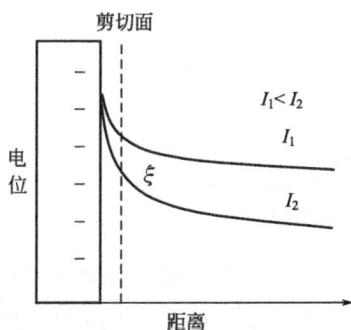

图 4-11　双电层和 ξ 电位

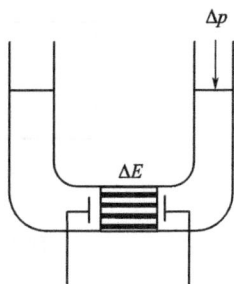

图 4-12　流动电位的测定

4.4　其他参数的测定

4.4.1　玻璃化温度和结晶度

差热分析(differential thermal analysis，DTA)指在加热或冷却过程中试样与参比物之间的温差与温度的关系，而差示扫描量热法(differential scanning calorimetry，DSC)指为消除试样和参比物间温差所需提供的能量与温度的关系。图 4-13 为一种半结晶聚合物的 DSC 曲线示意图。结晶和熔

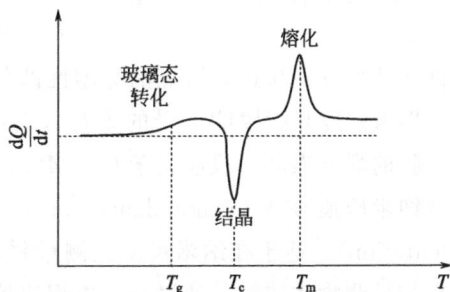

图 4-13　半结晶聚合物的 DSC 曲线

融属于一级相变，显示一个尖峰，峰面积正比于聚合物的熔变，而熔变与结晶度有关。由熔融曲线确定单位质量聚合物熔融所对应的峰面积，并与已知密度和结晶度样品的标定曲线比较，可以计算得到结晶度。发生玻璃态转化时，由于热容变化而使基线偏移，玻璃化温度为切线的交点(或拐点)。

4.4.2 力学性能

利用材料试验机可测定膜的弹性模量(modulus of elasticity)和断裂伸长率。弹性模量表示物体变形的难易程度[4]。将膜片试样沿纵轴方向以均匀速率拉伸直至断裂(图 4-14)，试验时测量加在试样上的载荷 F 和相应标线间长度的变化，设试样初始截面积为 A_0，标距原长 L_0，则应力(材料变形时单位面积上的力，stress，σ)和应变(物体由于外因或内部缺陷所引起的形状尺寸的相对改变，strain，ε)分别为：

$$\sigma = \frac{F}{A_0} \tag{4-18}$$

$$\varepsilon = \frac{\Delta L}{L_0} \tag{4-19}$$

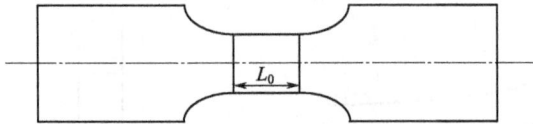

图 4-14 机械强度的测定

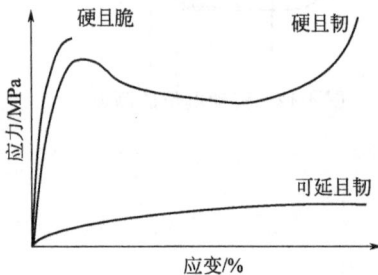

图 4-15 聚合物的应力和应变曲线

聚合物应力和应变的典型曲线如图 4-15 所示。纵向弹性模量 E 是指应力-应变曲线起始部分的斜率：

$$E = \frac{\Delta \sigma}{\Delta \varepsilon} \tag{4-20}$$

应力-应变曲线上的最大值称为屈服应力(yield stress，σ_r)，达到屈服应力后进一步变形，应力不会增大反而有所下降，此时材料丧失了其力学性能。在 σ-ε 曲线中，低于屈服点的称弹性部分，超过屈服点的称塑性部分。

爆破强度是指膜能承受的垂直方向的最高压力，以单位面积上所受压力表示。膜的爆破强度一般应大于 0.3 MPa。

纳米压痕技术(nanoindentation)，也称深度敏感压痕技术(depth-sensing indentation)，适于在纳米尺度上测量材料的力学性质。其原理是将特定形状的压头与被测物体接触，通过计算机程序控制载荷发生连续变化，在压入过程中利用传感器采集信号，实时测量压痕深度，得到载荷-位移曲线，再通过计算得到

材料的弹塑性能。由于施加的是超
低载荷，监测传感器具有优于 1 nm
的位移分辨率，所以可达到纳米级
（0.1～100 nm）的压深，特别适用于
测量薄膜、涂层等超薄层材料力学
性能，如弹性模量、硬度、断裂韧
性、应变硬化效应、黏弹性、蠕变
行为等。图 4-16 为纳米压痕试验中
典型的载荷-位移曲线，在加载过程
中试样表面首先发生弹性变形，随

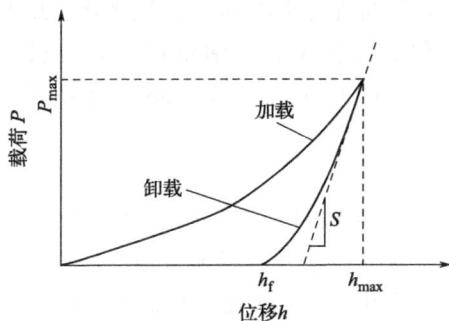

图 4-16　纳米压痕试验的典型载荷-位移曲线

着载荷进一步提高，塑性变形开始出现并逐步增大；卸载过程主要是弹性变形恢
复的过程，而塑性变形最终使样品表面形成了压痕。图中 P_{max} 为最大载荷，
h_{max} 为最大位移，h_f 为卸载后的位移，S 为卸载曲线初期的斜率。纳米硬度的
计算采用传统的硬度公式 $H = P/A$，其中 H 为硬度（GPa），P 为最大载荷（μN），
A 为压痕的投影面积（nm^2）。与传统硬度计算不同，A 值不是由压痕照片得到
的，而是根据接触深度计算而得，其具体关系式根据压头形状的不同，一般采用
多项式拟合的方法确定。纳米压痕技术克服了传统压痕测量只适用于较大尺寸试
样、只能获得材料的塑性性质等不足，同时提高了硬度的检测精度，使得边加载
边测量成为可能，为检测过程的自动化和数字化创造了条件。

4.4.3　接触角

接触角是液体-固体-气体三相交界处的夹角，反映了液体与固体表面之间的
相互作用强度，是评估材料润湿性的关键参数。液态水与固体表面的接触角，可
以用三种结构模型描述。理论上，在绝对光滑表面上，固体（S）、气体（G）与液
体（L）界面的表面张力（γ）达到平衡时，三相界面的夹角为固有接触角（θ）
[图 4-17(a)]，可通过 Young 模型描述：

$$\cos\theta = \frac{\gamma_{SG} - \gamma_{SL}}{\gamma_{LG}} \tag{4-21}$$

实际上，由于固体表面具有一定粗糙度，上述模型方程的计算值与实际值之
间存在一定差异。在 Wenzel 模型中，提出粗糙度因子（R）的概念，即实际的固

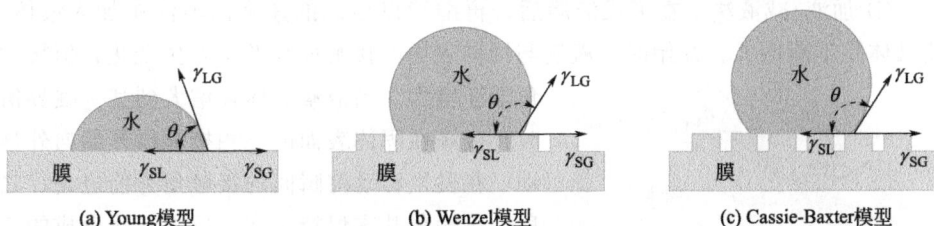

(a) Young模型　　　　(b) Wenzel模型　　　　(c) Cassie-Baxter模型

图 4-17　浸润模型示意图

体表面积与理想平滑的表面积之比，R 越大，粗糙度越大，并且认为溶液渗透进固体表面粗糙的微纳结构中，接触到凹槽底部，定义为 Wenzel 润湿状态[图 4-17(b)]，可通过 Wenzel 模型描述：

$$\cos\theta_w = R\cos\theta = R\,\frac{\gamma_{SG} - \gamma_{SL}}{\gamma_{LG}} \tag{4-22}$$

根据 Wenzel 模型，通过增加固体表面粗糙度可以使亲液的固体表面更加亲液，疏液的固体表面更加疏液。Cassie-Baxter 模型考虑到具有微纳结构的固体材料呈多孔粗糙的表面，孔道中会滞留大量空气，形成能量壁垒阻碍液体向凹槽底部渗透，液滴以悬浮状态存在于固体界面[图 4-17(c)]，故引入了固相和气相的面积比，通过 Cassie-Baxter 模型描述：

$$\cos\theta_{CB} = f_{SL}\cos\theta_{SL} + f_{GL}\cos\theta_{GL} \tag{4-23}$$

式中，f_{SL} 和 f_{GL} 分别代表了固-液和气-液面积占比，两者和为 1；θ_{SL} 和 θ_{GL} 分别为液滴在固体和空气中的固有接触角，通常 $\theta_{GL} = 180°$。增大的气-液界面（f_{GL}）降低了固-液界面（f_{SL}）的值，导致水的接触角更大。Wenzel 模型适用于粗糙度较低或中等疏水性的表面，Cassie-Baxter 模型更适用于较高粗糙度的表面。

杨氏方程中假定固体表面平坦光滑、化学均匀、各向同性，固-液-气三相达到热力学平衡状态，三相接触线静止，接触角也称为静态接触角（static contact angle）。实际固体表面可能存在粗糙不平、化学组成不均一、表面污染等情况，使实际接触角在相对稳定的两个角度之间变化，其上限为液-固界面取代气-固界面时形成的接触角，称为前进接触角（advancing contact angle，θ_{Adv}），下限为气-固界面取代液-固界面时形成的接触角，称为后退接触角（receding contact angle，θ_{Rec}）。当出现前进角或后退角时，三相接触线开始发生移动，接触角称为动态接触角（dynamic contact angle）。一般情况下，前进角总是大于后退角，二者之差定义为接触角滞后（contact angle hysteresis），其大小决定了液滴从固体表面滚落的难易程度，滞后越大，液滴越不易从表面滚落。一定体积的液滴从固体表面发生滚落时所需的最小倾斜角度，称为滚动角（sliding angle，α），反映了接触角滞后的大小（图 4-18）。

前进角和后退角针对的是疏水材料，测定方法主要有：

① 加液/减液法。在形成液滴后，再继续以很低的速度向液滴中加入液体，使其体积不断增大。开始时，液滴与固体表面的接触面积并不发生变化，但接触角渐渐增大。当液滴的体积增大到某一临界值时，液滴在固体表面的三相接触线开始向外移动，在发生移动前瞬间的接触角为前进角。之后，接触角基本保持不变。反之，从形成的液滴中不断地以很低的速度移走液体，使其体积

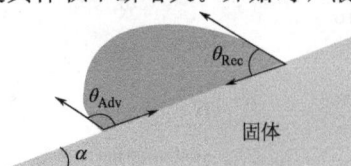

图 4-18 滚动角示意图

减小。开始时，液滴与固体表面的接触面积并不发生变化，但接触角渐渐减小。当液滴的体积减小到一定值时，液滴在固体表面的固/液/气三相接触线开始向里移动，移动前瞬间的接触角为后退角。此后，接触角基本保持不变。利用该方法测量时，必须注意以下几点：体积变化的速度应足够低，保证液滴在整个过程有足够的时间松弛，使测量在准平衡下进行；加入或移走液体时，与液滴相比，针头或毛细管的直径一定要足够小，使液体在针管/毛细管外壁上的润湿不会对液滴在固体表面的接触角产生影响，这对后退角的测量尤其重要，否则测量值将严重偏离真实值。

② 倾斜板法。将液滴置在样品表面后，使样品表面朝一方缓慢倾斜，开始时液体由后方向前方转移，使前方的接触角不断增大，而后方的接触角不断缩小。当倾斜到一定角度时，液滴开始发生滑动。发生滑动前液滴的前角为前进角，后角则为后退角。滚动角反映了液滴与固体表面之间的黏附性，滚动角越大，液滴对固体表面的附着能力越强。

4.4.4 稳定性

热稳定性通常利用 TGA、DTA、FT-IR、TGA-MS 等进行研究。离子交换膜中的磺酸基团在较高温度下可发生脱磺酸基化反应(desulfonation)，Nafion 在 325 ℃左右发生热降解反应，而 Nafion-SiO₂ 膜降解温度可升至 470 ℃[5]。

膜在使用时应不被料液溶胀、溶解或发生化学反应。将膜置于酸、碱、过氧化物等溶液中，浸泡一定时间后观察膜外观变化，测定纯水通量和截留率等性能，并与未浸泡膜相比较。若截留率等下降不超过 10%，则认为比较稳定。

测定膜的溶胀度时，首先将干膜真空干燥称重(记为 m_1)，然后浸入溶剂中，每隔一定时间取出，用滤纸吸干膜表面溶剂后称重，直至质量不再发生变化为止(记为 m_2)，则膜的溶胀度 DS 为：

$$DS = \frac{m_2 - m_1}{m_1} \times 100\% \qquad (4\text{-}24)$$

测定膜的可萃取物时，将膜置于沸水中，一定时间后取出干燥，测量膜萃取前后质量的变化，分析水中成分，确定主要的可萃取物。

压密是指膜在压力下发生压缩和剪切蠕变，孔结构致密化，膜外观厚度变小，导致通量衰减，减压后通量通常不能恢复到初值，变形是不可逆的。在压力驱动过程中，可以用纯水的通量衰减曲线(图 4-19)表征膜的压密性，纯水通量的经验式为：

$$J_{w,t} = J_{w,0} t^m \qquad (4\text{-}25)$$

式中，$J_{w,0}$ 和 $J_{w,t}$ 分别为初始和运行 t

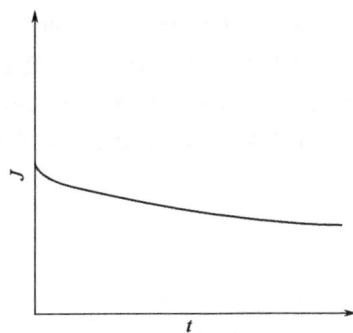

图 4-19　纯水的通量衰减曲线

小时的纯水通量。以 $\lg(J_{w,t}/J_{w,0})$ 对 $\lg t$ 作图可得一直线，其斜率 m 定义为压密斜率。显然，膜的压密斜率越小越好，反渗透膜的压密斜率一般应小于 0.03。

反渗透的操作压力较高，容易出现压密现象；纳滤和超滤中，也可能发生压密，取决于操作压力和膜形态；气体分离中，操作压力很高，但较少出现压密现象，这是因为压力不会对致密膜的结构产生明显影响，但也可能影响多孔亚层结构使总阻力增大。

4.4.5 膜污染状况

膜污染通常会导致通量下降和跨膜压升高，因此，测定通量和跨膜压变化可以监测膜污染及清洗过程。利用 SEM、EDX、FT-IR 等可表征膜表面污染状况。研究膜吸附污染的影响时，将膜浸入待分离溶液中，在摇床上恒温振荡一定时间后，用纯水冲洗膜表面以除去游离污染物，然后测定纯水通量的变化。

超声时域反射法（ultrasonic time-domain reflectometry, UTDR）可以在线实时监测膜污染及清洗过程[6]。监测系统由超声信号发射和接收仪、超声传感器、示波器和计算机组成。通常，随着膜污染程度的增加，由于污染层对超声声强的吸收和阻隔散射，使返回信号逐渐减弱。对于无机垢层（如 $CaSO_4$），当其在膜表面达到一定厚度时，由于固体密度大，其声阻抗高于高分子材料，超声反射信号将增强。

思 考 题

1. 总结测定膜的物理孔径时所依据的主要理论。
2. 如何根据 DSC 曲线确定玻璃化温度？
3. 表征膜的选择性时，截留率和分离因子分别用于哪种情况？

参 考 文 献

[1] Jia Z Q, Tian C A. Desalination, 2009, 247: 423-429.
[2] Mulder M. Basic principles of membrane technology. 2nd ed. L Kluwer Academic publishers, 1996.
[3] Shaw D J. Introduction to colloid and surface chemistry. London: Butterworth, 1970.
[4] 金日光, 华幼卿. 高分子物理. 第 2 版. 北京: 化学工业出版社, 2000.
[5] Jalani N H, Dunn K, R Datta. Electrochimica Acta, 2005, 51: 553-560.
[6] Li J X, Sanderson R D, Jacobs E P. J Membr Sci, 2001, 201: 17-29.

5 膜传递机理

膜传递过程包括膜内传递、膜表面传递和膜外部传递。组分在膜内传递行为的差异，是膜具有分离性能的根本原因。膜内传递模型分为：①通过多孔膜的传递模型，包括筛分、表面力-孔流动、Knudsen 流动等模型；②通过非多孔膜的传递模型，包括溶解-扩散、不完全的溶解-扩散模型；③通过荷电膜的传递模型。膜表面传递过程，包括浓度极化、伴有传热过程中的温度极化、膜污染等。膜外部传递过程与膜组件构造、组件内流体流动状况有关。

5.1 膜内传递过程

5.1.1 通过多孔膜的传递

（1）筛分模型

筛分模型（sieve model）也称孔流动模型（pore model），用来描述 MF、UF 过程（膜孔径在 2 nm～10 μm）。微滤膜多为均一结构，而超滤膜常为不对称结构，皮层决定传递阻力。

假设膜孔为一系列垂直或斜交于膜表面的平行圆柱孔，通过膜孔的流动为层流，流体不可压缩，通量可用 Hagen-Poiseuille[❶] 方程表示：

$$J = \frac{\varepsilon r^2 (\Delta p - \Delta \pi)}{8 \mu l} \tag{5-1}$$

式中，r 为膜孔径；ε 为表面孔隙率；$\Delta \pi$ 为渗透压差，对于大部分 UF 过程 $\Delta \pi$ 可忽略。按照该模型，通量与压力差成正比，与黏度成反比，同时也受膜结构的影响。然而，除径迹核孔膜外，实际中很少有膜具有这样的结构，因此通常在上式分母中引入曲折因子（膜孔道实际长度与膜厚之比，τ）以反映孔形状、孔道长度等对传递的影响，τ 值由实验确定。烧结膜可视为紧密堆积球结构，通量可用 Kozeny-Carman 关系描述：

$$J = \frac{\varepsilon^3 \Delta p}{K \mu S^2 (1-\varepsilon)^2 l} \tag{5-2}$$

---

❶ Poiseuille，法国生理学家，物理学家，主要研究血液在血管中的流动。

式中，S 为单位体积中球形颗粒的表面积；ε 为孔体积分数；K 为 Kozeny-Carman 常数，取决于孔形状和曲折因子。

(2)优先吸附-毛细管流动模型

该模型主要用来描述反渗透海水淡化过程。1963 年，Sourirajan 在 Gibbs 吸附方程基础上，提出了优先吸附-毛细管流动模型(preferential sorption-capillary flow model)。当水溶液与多孔膜接触时，如果膜的物理化学性质使膜对水优先吸附，则在膜/溶液界面上形成一个纯水吸附层。在压力作用下，优先吸附的水渗透通过膜孔，构成脱盐过程。纯水层的厚度与溶质和膜的化学性质有关。在膜界面上，溶质吸附量可用 Gibbs 方程表示：

$$\Gamma = -\frac{1}{RT}\frac{\partial \sigma}{\partial \ln\alpha} \tag{5-3}$$

式中，Γ 为单位膜界面上溶质吸附量；σ 为溶液的表面张力；α 为溶液中溶质活度。该式表明表面张力会引起溶质在界面上正吸附或负吸附，从而造成界面附近的浓度梯度，使溶液中的某一组分被优先吸附。反渗透膜表面的化学性质必须满足优先吸附溶剂或优先排斥溶质。

当膜皮层孔径等于吸附水层厚度 t_w 的 2 倍时，能同时获得最高渗透通量和最佳分离效果，称为临界膜孔径(图 5-1)，该值比盐和水分子直径大几倍。孔径大于 $2t_w$ 时，溶质会从膜孔中心通过，造成溶质泄漏。后来 Matssra 和 Sourirajan 对优先吸附-毛细孔流动模型作了发展，建立了表面力-孔流动模型，既适用于溶剂在膜上优先吸附，也适用于各种溶质在膜上优先吸附，取决于溶质、溶剂和膜的物理化学性质及其相互作用。

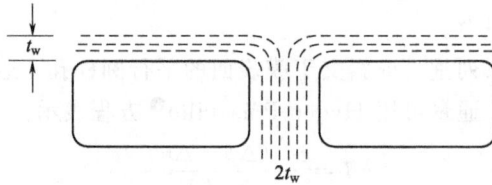

图 5-1　优先吸附-毛细管流动模型

(3)Knudsen 流动模型

当膜两侧存在压差 Δp 时，气体以小孔 Knudsen 流或大孔黏性流(viscous flow)形式通过微孔膜。当孔径 d_p 比气体分子平均自由程(即分子两次连续碰撞之间的平均移动距离，mean free path)λ 小很多时，气体与孔壁之间的碰撞概率远大于分子之间的碰撞概率，此时气体通过膜孔的传递属于 Knudsen 扩散(图 5-2)。这里，λ 由下式求得：

$$\lambda = \frac{kT}{\sqrt{2}\,\pi d^2 p} \tag{5-4}$$

式中，d 为分子的动力学半径。对于纯气体，可用 Knudsen 因子 K_K 判断传递机理：

$$K_K = \frac{\lambda}{d_p} \qquad (5\text{-}5)$$

当 $K_K < 0.01$ 时，通量用黏性流公式描述；当 $K_K > 10$ 时，可视为纯 Knudsen 扩散，通量为：

$$J_K = \frac{n\pi r^2 D_K \Delta p}{RT\tau l} \qquad (5\text{-}6)$$

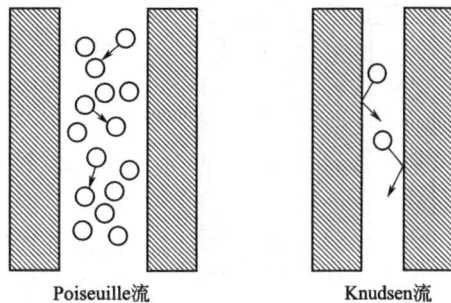

图 5-2　Poiseuille 流和 Knudsen 流

式中，r 为膜孔半径；D_K 为 Knudsen 扩散系数；$D_K = 0.66r(8RT/\pi M)^{1/2}$，其大小与压力无关。可见，$J_K$ 与 $M^{1/2}$ 成反比，当组分的分子量不同时可实现分离。基于 Knudsen 扩散的气体 A 和 B 的通量之比称为理想分离因子：

$$\alpha = \frac{J_{K,A}}{J_{K,B}} = \left(\frac{M_B}{M_A}\right)^{\frac{1}{2}} \qquad (5\text{-}7)$$

例如，氢-氮混合气的理想分离因子 $\alpha = 14^{1/2} = 3.74$。假设该混合气通过 γ-Al_2O_3 复合膜（表层孔径 2～4 nm，平均压差 100 kPa）的分离因子为 2.9 ± 0.2，表明接近 Knudsen 流。从 $^{238}UF_6$ 中分离 $^{235}UF_6$ 的理想分离因子很低，仅为 1.0043，采用多孔陶瓷膜分离时需要采用多级操作。气体分离时，高温和低压都有利于提高 λ，同时还可避免表面流动和吸附现象发生。液体中分子间距离很小，λ 只有几个埃，所以，液体分离中 Knudsen 扩散可忽略。当组分的分子量处于同一数量级时，如 O_2 和 N_2、己烷和庚烷，多孔膜分离困难，需要使用非多孔膜。

（4）表面扩散

孔壁上的吸附分子由浓度梯度推动在表面上扩散，被吸附组分比未被吸附组分扩散快，从而达到分离目的。在孔径为 1～10 nm 时，表面扩散起主导作用。对于气体分离，表面扩散比 Knudsen 扩散更重要。

（5）毛细管凝聚

在温度较低时，孔道被可凝组分充满，可凝组分流出孔道后蒸发而与不可凝组分分离。

5.1.2　通过非多孔膜的传递

通过非多孔膜传递的速率控制步骤是通过致密皮层的传递，但亚层阻力也影响传递过程。例如，采用超滤膜作为亚层时，其孔隙率可能只有百分之几甚至小于 1%。设实际皮层厚度为 l_0，当分子从 A 处透过膜皮层时，需要通过的距离

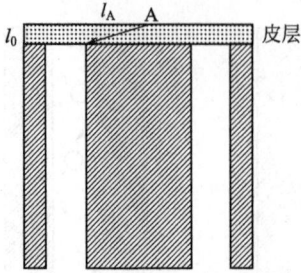

图 5-3 皮层的有效厚度

l_A 比皮层厚度 l_0 大很多(图 5-3)。皮层有效厚度 l_{eff} 与亚层的表面孔隙率 ε 有关,可表示为:

$$l_{eff} = \varepsilon l_0 + (1-\varepsilon)\frac{l_A+l_0}{2} \tag{5-8}$$

20 世纪 60 年代,Lonsdale、Merten 和 Riley 提出了溶解-扩散模型(solution-diffusion model),描述通过非多孔膜的传递,适用于气体分离、渗透汽化、反渗透等过程。假定膜是无缺陷的理想膜,溶剂和溶质首先溶解在无孔膜的表层中,然后各组分扩散通过膜(设组分间不存在化学势或通量间耦合),最后从膜下游侧解吸。溶质和溶剂在膜中的溶解度和扩散系数是该模型的重要参数。在溶解、扩散和解吸三个步骤中,涉及聚合物和组分间的相互作用,按照相互作用不同,分为理想体系、弱相互作用体系和强相互作用体系三大类。

5.1.2.1 理想体系

聚合物和组分之间的相互作用可忽略时为理想体系。在反渗透中,根据溶解-扩散模型得到水的渗透速率方程为:

$$J_w = A(\Delta p - \Delta\pi) \tag{5-9}$$

式中,J_w 为纯水通量;A 为纯水渗透系数。

$$A = \frac{D_w c_w V_w}{RTl} \tag{5-10}$$

式中,D_w 为水在膜内的扩散系数;c_w 为水在膜内的浓度;V_w 为水的摩尔体积。溶质的渗透速率方程为:

$$J_s = \frac{K_s D_s (c_f - c_p)}{l} = B(c_f - c_p) \tag{5-11}$$

式中,J_s 为溶质摩尔通量;B 为溶质渗透系数;c_f 和 c_p 分别为高压侧和低压侧溶质的浓度;l 为膜厚;K_s 为溶质在膜和溶液中的分配系数;D_s 为溶质在膜内的扩散系数。由以上两式可知,压力增大时,J_w 增大而 J_s 几乎不受影响,故透过液中溶质浓度 c_p($c_p = J_s/J_w$)下降。根据 $R = 1 - c_p/c_f$,可得:

$$R = \frac{A(\Delta p - \Delta\pi)}{A(\Delta p - \Delta\pi) + B} \tag{5-12}$$

上式表明,压力增大时,截留率 R 提高。

气体分离中,一些非极性气体和惰性气体通过无定形弹性体聚合物膜的传递可视为理想体系。气体在聚合物中溶解度很低,气体通过膜的扩散用 Fick 定律表示:

$$J = -D\frac{dc}{dx} \tag{5-13}$$

定态下积分得：

$$J = \frac{D(c_{i1} - c_{i2})}{l} \tag{5-14}$$

式中，c_{i1} 和 c_{i2} 分别为上、下游侧浓度。气体在聚合物中溶解度很低，膜内气体浓度 c_i 和膜外气体分压 p_i 的关系可用 Henry 定律描述：

$$c_i = S_i p_i$$

式中，S_i 为组分 i 在膜中的溶解度系数。则

$$J_i = \frac{D_i S_i (p_{i1} - p_{i2})}{l} \tag{5-15}$$

D 和 S 的乘积定义为渗透系数 P，则

$$J_i = \frac{P_i (p_{i1} - p_{i2})}{l} \tag{5-16}$$

如果膜下游侧分压可忽略，分离体系的分离因子称为理想分离因子。理想分离因子等于渗透系数之比：

$$\alpha_{ij} = \frac{P_i}{P_j} \tag{5-17}$$

渗透选择性是气体在膜中的溶解选择性和扩散选择性共同作用的结果。渗透系数的常用单位是 Barrer[●] 或 GPU，$1GPU = 10^4 Barrer$。

扩散系数是动力学参数，对于球形分子，根据 Stokes-Einstein 方程：

$$D = \frac{kT}{f} = \frac{kT}{6\pi \mu r} \tag{5-18}$$

式中，f 为摩擦阻力；r 为分子半径。该式表明，随气体分子半径增大，扩散系数降低。

溶解度为热力学参数，对于理想体系，溶解度与浓度无关，等温吸附线是线性的，即聚合物中的浓度与气相分压成正比。决定气体溶解度的主要因素是气体冷凝的难易程度，可用临界温度 T_C 或 Lennard-Jones 势能函数[❷]描述。在天然橡胶中，H_2、O_2 等小分子渗透快是由于其扩散系数大，CO_2 等大分子渗透快则是由于其溶解度高。

5.1.2.2 相互作用体系

当组分与膜存在相互作用时不符合理想行为。表 5-1 为 40 ℃ 时某些组分在

[●] 1 Barrer $= 10^{-10} cm^3 (STP) \cdot cm/(cm^2 \cdot s \cdot cmHg) = 7.5 \times 10^{-18} m^2/(s \cdot Pa)$，该单位是为了纪念气体扩散研究的先驱 Richard M. Barrer 而定义的。

[❷] Lennard-Jones 势能函数 ε_p 是描述球形对称势场中分子间相互作用势能与分子间距离的定量关系的函数：$\varepsilon_p = \dfrac{C_1}{d_{AB}^{12}} - \dfrac{C_2}{d_{AB}^6}$。式中，$d_{AB}$ 为 A 和 B 分子的核间距，12 次方项为排斥势，6 次方项为吸引势，故 ε_p 又称 6~12 势（6~12 potential）。

聚二甲基硅氧烷中的渗透系数[1]。甲苯、三氯乙烯等的渗透系数比 N_2 等小分子大 4～5 个数量级，这么大的差别是由于组分和聚合物间相互作用程度不同而导致溶解度和扩散系数不同之故。

表 5-1 某些组分在聚二甲基硅氧烷中的渗透系数(40 ℃)

气体	渗透系数/Barrer
N_2	280
O_2	600
CO_2	3200
氯仿	329000
三氯乙烯	740000
甲苯	1106000

(1)溶解度

组分溶解度不符合 Henry 定律，等温吸附线为高度非线性的，特别是压力较高时。当气体在玻璃态聚合物膜中的吸附等温线为凸形曲线时，可用双吸附(dual sorption)理论描述。该理论假设同时存在两种吸附机理，即基于 Henry 定律的吸附和 Langmuir 吸附，气体在聚合物中的浓度可用两种吸附之和表示：

$$c = c_d + c_h = k_d p + \frac{C_h b p}{1 + b p} \tag{5-19}$$

式中，k_d 为 Henry 系数；b 为空位亲和性常数；C_h 为饱和常数。

(2)扩散系数

组分的扩散系数也与浓度有关，高溶解度通常会导致高扩散速率，这是因为渗透组分的溶解使聚合物溶胀，促进链节的自由转动，降低了扩散活化能；另外，通过膜中溶解液体的扩散比通过固体聚合物快，扩散系数可用下列经验式表示：

$$D = D_0 \exp(\gamma \varphi) \tag{5-20}$$

式中，D_0 是渗透物浓度为零时的扩散系数；φ 为渗透物的体积分数；γ 表示渗透物对链段运动的增塑作用，简单气体几乎不与聚合物发生作用，$\gamma \to 0$。

扩散系数与浓度的定量关系可用自由体积(free volume)理论解释。自由体积是指分子间的空隙，以大小不等的空穴形式无规分布在聚合物中，提供分子运动的空间，使分子链可以通过转动和位移调整构象。只有存在足够的自由体积时，分子才能从一处扩散到另一处。自由体积 V_f 定义为 0 K 的紧密堆积的分子受热膨胀产生的体积：

$$V_f = V_T - V_0 \tag{5-21}$$

式中，V_T 为温度 T 时的表观体积，由聚合物密度确定；V_0 为 0 K 时分子占据的体积，可由基团贡献法确定[2]。自由体积分数 v_f 定义为自由体积 V_f 与表观体积 V_T 之比：

$$v_f = \frac{V_f}{V_T} \tag{5-22}$$

对于相互作用体系，自由体积分数 v_f 是渗透物体积分数 φ 和温度的函数，随 φ 增大而增大：

$$v_f(\varphi,\ T) = v_f(0,\ T) + \beta(T)\varphi \tag{5-23}$$

式中，$v_f(0,\ T)$ 为温度为 T 且不存在渗透物时聚合物的自由体积分数；$\beta(T)$ 为常数，表示渗透物对自由体积的贡献。

对于许多聚合物，玻璃态温度时高分子链段运动被冻结，自由体积分数 $v_f = 0.025$，该值可视为常数（以 v_{f,T_g} 表示）。温度高于 T_g 时，自由体积分数随温度升高而线性增加：

$$v_f = v_{f,T_g} + \Delta\alpha(T - T_g) \tag{5-24}$$

其中 $\Delta\alpha$ 为温度高于 T_g 和低于 T_g 时热膨胀系数的差值。

如果渗透物变大，自由体积也必须增加。尺寸大于某一临界值的空穴的概率正比于 $\exp(-B/v_f)$，其中 B 表示渗透物所需的局部自由体积。渗透物的流动性取决于允许其取代的空穴的概率，这种流动性与扩散系数有关

$$D_T = RTA_f \exp\left(-\frac{B}{v_f}\right) \tag{5-25}$$

其中 A_f 取决于渗透分子的大小和形状。该式表明扩散系数随温度上升而增大，随渗透分子变大而减小。渗透物浓度为无限稀释时，扩散系数 D_0 为：

$$D_0 = RTA_f \exp\left[-\frac{B}{v_f(0,\ T)}\right] \tag{5-26}$$

将式(5-25)和式(5-26)合并得：

$$\ln\frac{D_T}{D_0} = \frac{B}{v_f(0,\ T)} - \frac{B}{v_f(\varphi,\ T)} \tag{5-27}$$

5.1.3　通过荷电膜的传递

离子通过荷电膜的传递受膜中固定电荷的影响。溶液中与膜中固定离子带相同电荷的离子受到排斥而不能通过膜，称为 Donnan 排斥[❶]，可用平衡热力学描述。当电解质溶液与荷电膜达到平衡时，离子组分 i 在溶液中的化学势 μ_i 为：

$$\mu_i = \mu_i^\circ + RT\ln\gamma_i c_i + z_i F\psi \tag{5-28}$$

组分 i 在膜中的化学势 μ_{im} 为：

$$\mu_{im} = \mu_{im}^\circ + RT\ln\gamma_{im} c_{im} + z_i F\psi_m \tag{5-29}$$

平衡时两相中 i 组分化学势相等，$\mu_i = \mu_{im}$。设 $\mu_i^\circ = \mu_{im}^\circ$，平衡电位差 $E_{don} = \psi_m - \psi$，则：

$$E_{don} = \frac{RT}{z_i F}\ln\frac{\gamma_i c_i}{\gamma_{im} c_{im}} \tag{5-30}$$

---

❶ Donnan，英国物理化学家，1911 年提出了半透膜平衡理论。半透膜两侧达到平衡时，由于蛋白质等大分子或大离子不能透过半透膜，而溶剂等小分子却能自由通过，导致膜两侧电解质浓度并不相等。

对于稀溶液，$\gamma_i \approx 1$，$\gamma_{im} \approx 1$，则：

$$E_{don} = \frac{RT}{z_i F} \ln \frac{c_i}{c_{im}} \tag{5-31}$$

根据上式可进行简单的计算。例如，对于浓度比 c_i/c_{im} 为 10 的一价离子，$E_{don} = -59\ \text{mV}$。Donnan 电位表示荷电膜与溶液形成的界面电位。

Donnan 平衡理论主要用于描述大分子溶液的渗透压、离子交换树脂（或离子膜）与电解质溶液之间的平衡。例如，带固定负电荷（R^-）且 Na^+ 为反离子的阳离子交换膜浸入稀 NaCl 溶液中，由于膜内没有 Cl^-，溶液中 Cl^- 可以扩散进入膜内，为了维持电中性，必然有相同数量的 Na^+ 也扩散进入膜内，实际上是 Cl^- 与 Na^+ 成对扩散进入膜内，最终达到膜平衡（图 5-4）。此时，同一组分（NaCl）在膜内外的化学势相等：

$$RT \ln a_{NaCl} = RT \ln a_{NaCl,m} \tag{5-32}$$

或

$$a_{Na^+} a_{Cl^-} = a_{Na^+,m} a_{Cl^-,m} \tag{5-33}$$

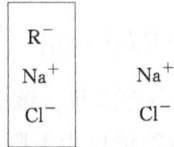

图 5-4 荷负电膜与 NaCl 水溶液的 Donnan 平衡

对于稀溶液，活度系数为 1，则：

$$[Cl^-]_m [Na^+]_m = [Cl^-][Na^+] \tag{5-34}$$

根据膜内和膜外离子满足电中性的假设，$[Cl^-] = [Na^+]$，$[Cl^-]_m + [R^-]_m = [Na^+]_m$，则

$$[Cl^-]_m ([Cl^-]_m + [R^-]_m) = [Cl^-]^2 \tag{5-35}$$

$$[Cl^-]_m = \frac{-[R^-]_m + \sqrt{[R^-]_m^2 + 4[Cl^-]^2}}{2} = \frac{[Cl_0^-]^2}{[R^-]_m + 2[Cl_0^-]} \tag{5-36}$$

式中，$[Cl_0^-]$ 为溶液中 Cl^- 的初始浓度。由上式可知，膜中 Cl^- 浓度主要由原料浓度 $[Cl_0^-]$ 和膜内固定电荷密度 $[R^-]_m$ 决定。$[R^-]_m$ 趋向 0 时，$[Cl^-]$ 和 $[Cl^-]_m$ 近似相等，膜无选择性；$[R^-]_m$ 无穷大时，$[Cl^-]_m$ 很小，膜选择性趋向 100%；只要溶液中 $[Cl^-]$ 不等于 0，$[Cl^-]_m$ 就不等于 0，即膜的选择性不可能达到 100%。当溶液为非理想时，需引入平均离子活度系数进行校正。

电驱动膜过程中，对离子溶质存在两种作用力，即浓度差和电位差。另外，考虑到对流传质通量 $c_i v$，离子传递通量可用一维的 Nernst-Planck 公式表示：

$$J_i = c_i v - D_i \frac{dc_i}{dx} + \frac{F z_i c_i D_i}{RT} \frac{dE}{dx} \tag{5-37}$$

综上所述，对于非荷电膜，从多孔到非多孔，其分离机理由筛分向表面力

(膜/溶剂/溶质之间相互作用力)-孔流动、Knudsen 流动，直至溶解-扩散变化。同样，对于荷电膜，从多孔到非多孔，其分离由筛分和 Donnan 效应机理到 Donnan 效应和溶解-扩散机理变化。

5.1.4 非平衡热力学描述膜传递过程

膜的传质现象是不可逆过程，膜的渗透过程往往包含多种传质推动力和过程的伴生现象，不能视为热力学平衡过程，只能用不可逆热力学模型(irreversible thermodynamics phenomenological model)描述[3]。在通过膜的传递过程中，自由能被不断消耗，产生了熵，由于不可逆过程导致的熵增加速度可用耗散函数(dissipation function，ϕ)描述，耗散函数表示为所有不可逆过程的加和，其中的每一项为共轭的通量 J 与推动力 X 的乘积：

$$\phi = T\frac{dS}{dt} = \sum J_i X_i \tag{5-38}$$

在接近平衡时，可以假设每个通量与共轭推动力之间为线性关系，

$$J_i = \sum L_{ij} X_i \tag{5-39}$$

对于单组分传递体系，如果推动力为化学势梯度，则

$$J_1 = L_1 X_1 = -L_1 \frac{d\mu_1}{dx} \tag{5-40}$$

例如，电流强度的 Ohm 定律，热传导速率的 Fourier 定律，物质扩散速率的 Fick 定律以及物质体积流量的 Poiseuille 方程均为该种形式。对于两组分传递过程，将有两个通量式，共 4 个系数(L_{11}，L_{12}，L_{21}，L_{22})，当推动力为化学势梯度时表示为：

$$J_1 = -L_{11}\frac{d\mu_1}{dx} - L_{12}\frac{d\mu_2}{dx} \tag{5-41}$$

$$J_2 = -L_{21}\frac{d\mu_1}{dx} - L_{22}\frac{d\mu_2}{dx} \tag{5-42}$$

其中，式(5-41)右侧的第一项对应于由于组分 1 自身梯度导致的通量，L_{11} 称为主系数；第二项反映了组分 2 的梯度对组分 1 通量的贡献，L_{12} 称为耦合系数(coupling coefficient)。

根据 Onsager 倒易关系(reciprocal relation)❶，耦合系数是相等的：

$$L_{12} = L_{21} \tag{5-43}$$

此外还需满足以下条件：

$$L_{11} \geqslant 0, \ L_{22} \geqslant 0, \ L_{11}L_{22} \geqslant L_{12}^2$$

耦合系数可正可负。通常一个组分通量增加也导致另一组分通量上升，即存在正耦合。正耦合一般导致选择性下降。

---

❶ Onsager，美国物理化学家。1925 年提出了 Onsager 电解质极限定律，1968 年获得诺贝尔化学奖。

以水作为溶剂(下标 w)和一个溶质(下标 s)配成稀溶液,耗散函数为:

$$\phi = J_w \Delta \mu_w + J_s \Delta \mu_s \tag{5-44}$$

式中,J_w 和 J_s 分别为溶剂和溶质的摩尔通量;$\Delta \mu_w$ 和 $\Delta \mu_s$ 分别为溶剂和溶质的化学势差。$\Delta \mu_w$ 表示为:

$$\Delta \mu_w = V_w(p_2 - p_1) + RT(\ln a_2 - \ln a_1) \tag{5-45}$$

式中,下标 2 代表渗透物侧;下标 1 代表原料侧。渗透压表示为

$$\pi = \frac{RT}{V_w} \ln a \tag{5-46}$$

则式(5-45)变为:

$$\Delta \mu_w = V_w(\Delta p - \Delta \pi) \tag{5-47}$$

溶质化学势差为:

$$\Delta \mu_s = V_s \Delta p + \frac{\Delta \pi}{c_{s,a}} \tag{5-48}$$

式中,$c_{s,a}$ 为平均浓度,$c_{s,a} = (c_{s,1} - c_{s,2})/\ln(c_{s,1}/c_{s,2})$。将式(5-47)和式(5-48)代入式(5-44)得到耗散函数表达式:

$$\phi = (J_w V_w + J_s V_s)\Delta p + (\frac{J_s}{c_{s,a}} - J_w V_w)\Delta \pi \tag{5-49}$$

式中右侧第一个括号内的项表示透过膜的总体积通量 J_v:

$$J_v = J_w V_w + J_s V_s \tag{5-50}$$

右侧第二个括号内的项表示溶质透过膜的体积通量 J_d:

$$J_d = \frac{J_s}{c_{s,a}} - J_w V_w \tag{5-51}$$

因此,耗散函数可写成:

$$\phi = J_v \Delta p + J_d \Delta \pi \tag{5-52}$$

相应的唯象方程为:

$$J_v = L_{11} \Delta p + L_{12} \Delta \pi \tag{5-53}$$

$$J_d = L_{21} \Delta p + L_{22} \Delta \pi \tag{5-54}$$

式(5-53)表明,即使膜两侧没有流体压差($\Delta p = 0$),仍会有体积通量;当膜两侧没有渗透压差时($\Delta \pi = 0$),压差可导致体积通量,也可写为:

$$L_{11} = \left(\frac{J_v}{\Delta p}\right)_{\Delta \pi = 0} \tag{5-55}$$

L_{11} 称为纯水渗透系数,当膜两侧均为纯水时通常写为 L_p。当膜两侧为纯水时,由于渗透压差为零,流体压差 Δp 与体积通量之间存在线性关系,由通量-压力曲线的斜率可得到纯水渗透系数 L_p。

式(5-54)表明,如果两侧溶质浓度相同($\Delta \pi = 0$),当 $\Delta p \neq 0$ 时仍会有溶质通量,即溶质传递形成溶剂通量和溶剂传递形成溶质通量;膜两侧没有压差($\Delta p =$

0)时，渗透压差也会产生溶质通量，可写为：

$$L_{22} = \left(\frac{J_d}{\Delta\pi}\right)_{\Delta p = 0} \tag{5-56}$$

L_{22} 称为溶质渗透系数，通常写为 ω。实验时在一定时间间隔内测定膜两侧溶液浓度和渗透压变化，可求得 ω。

在定态条件下，无体积通量时（$J_v = 0$）。

$$L_{11}\Delta p + L_{12}\Delta\pi = 0$$

$$(\Delta p)_{J_v = 0} = -\frac{L_{12}}{L_{11}}\Delta\pi \tag{5-57}$$

定义截留系数 σ 为：

$$\sigma = -\frac{L_{12}}{L_{11}} = \frac{(\Delta p)_{J_v = 0}}{\Delta\pi} \tag{5-58}$$

在测定 σ 时，在膜一侧加入已知渗透压的盐水溶液，在另一侧施加外压，当两侧无流动时，外压与渗透压之比即为 σ。σ 表示膜的选择性，$\sigma = 1$ 时为理想膜，没有溶质传递；$\sigma < 1$ 时为非完全膜，存在溶质传递；$\sigma = 0$ 时无选择性。根据 L_p、ω 和 σ 的定义，总体积通量 J_v 和溶质摩尔通量 J_s 方程可改写为：

$$J_v = L_p(\Delta p - \sigma\Delta\pi) \tag{5-59}$$

$$J_s = c_{s,a}(1-\sigma)J_v + \omega\Delta\pi \tag{5-60}$$

上述两个方程由 Katchalsky 提出[4]。这样，原来的四个唯象系数转化成了 3 个较易实验测定的传递参数（L_p、ω 和 σ）。

如果溶质不能被膜完全截留，则渗透压差为 $\sigma\Delta\pi$。当膜允许溶质自由通过时（$\sigma = 0$），渗透压差接近于零（$\sigma\Delta\pi \rightarrow 0$），体积通量表示为：

$$J_v = L_p\Delta p \tag{5-61}$$

即体积通量正比于压差，此为典型的多孔膜传递方程。

热渗透中传热与传质互相耦合，膜两侧的温差不仅导致传热，而且导致传质。在电渗透中电位差与静压差之间也互相耦合，设多孔膜将两个盐水溶液分开，电位差和压差分别导致传递，耗散函数为：

$$\phi = T\frac{dS}{dt} = \sum J_i X_i = J\Delta p + I\Delta E \tag{5-62}$$

$$I = L_{11}\Delta E + L_{12}\Delta p \tag{5-63}$$

$$J = L_{21}\Delta E + L_{22}\Delta p \tag{5-64}$$

可以看出电位差和压差均可产生电流，也可以产生体积通量。假设 Onsager 关系式成立（$L_{12} = L_{21}$），可以有以下 4 种不同的情况：

① 电流为 0 时，由于压差而产生的电位称为流动电位：

$$\Delta E_{I=0} = -\frac{L_{12}}{L_{11}}\Delta p \tag{5-65}$$

② 压差为零($\Delta p = 0$)时，由于电位而导致溶剂传递称为电渗透：

$$J_{\Delta p = 0} = \frac{L_{21}}{L_{11}} I \qquad (5\text{-}66)$$

③ 当溶剂通过膜的通量为零($J = 0$)时，由于电位差存在而形成的压差称为电渗压：

$$\Delta p_{J=0} = -\frac{L_{21}}{L_{22}} \Delta E \qquad (5\text{-}67)$$

④ 电位差 ΔE 为零时，由于溶剂通过膜的传递而产生电流：

$$I_{\Delta E=0} = \frac{L_{12}}{L_{22}} J \qquad (5\text{-}68)$$

不可逆过程热力学可以描述推动力与通量之间的耦合现象，但不能提供分子或颗粒通过膜的传递机理，此时与膜结构有关的模型更为有用。

5.1.5 限域传质

传统的气体分离、渗透汽化、反渗透、电渗析等聚合物膜中，渗透分子通过高分子链热运动产生的瞬时链间空隙（一般小于 1 nm）进行传递，膜内的自由体积分数及自由体积孔穴尺寸决定了膜材料的渗透性和选择性，通常存在渗透性和选择性的 trade-off 现象。当膜的孔道尺寸减小到一定程度（如亚纳米尺度）时，壁面对流体分子的作用显著增强，从而对渗透性和选择性产生影响，成为影响流体分子传递的重要因素，此时流体具有不同于宏观尺度的结构和输运特性，经常表现出超常的传质行为，传统的连续介质力学模型不再适用，界面效应占据主导，称为限域传质[5]。限域通道可分为一维通道、二维通道和三维通道，其对流体传递的影响包括壁面效应、空间限域效应、量子效应等。

（1）壁面效应

限域通道壁面的极性、电荷等性质强烈影响流体的传质行为。例如，水分子在 1 nm 尺寸的石墨通道中的滑移长度达到 60 nm，表现出近似无摩擦传递过程。随 CNTs 管径减小，水分子滑移长度增长加快。而具有相似光滑结构的六方氮化硼(hBN)通道中，水分子滑移长度仅约 1 nm，hBN 较大的阻力源于 hBN 极性强，会吸附 OH^-，与水分子之间的静电作用增强，导致 hBN-H_2O 摩擦力提高。通过化学气相沉积(CVD)合成的石墨烯二维通道中，水分子滑移长度相对较小，主要是因为 CVD 合成的石墨烯表面电荷多，增大了水分子的滑移摩擦阻力。在壁面/流体相互作用的影响下，壁面附近出现有序层状结构，随着与壁面间距离的增加，有序性逐渐减弱并趋近于宏观流体，有序层状结构可持续 3～4 层。

（2）空间限域效应

亚纳米通道的空间限域效应会显著影响分子的聚集态和离子的水合状态，从而影响其传递速率。直径 0.8 nm 的 CNT 通道可通过空间限域效应使水分子呈现单链传递行为，水分子之间的氢键数目由体相水的 3.9 个下降到 CNT 中的

1.8 个，从而降低了水分子的黏度和传递能垒。

（3）量子效应

He 分子在尺寸 1～1.7 nm 的石墨烯二维通道中以镜面反射模式进行弹道输运，传质速率高出经典传质模型预测值几个数量级。与之相比，He 分子在 MoS_2 通道中的传质速率约为石墨烯通道的 1/100，主要是因为 MoS_2 的表面皱褶高度约为 1 Å，与 He 的动力学直径和德布罗意波长相近，He 分子受到 MoS_2 粗糙度的影响，只能以漫反射模式传递。

5.1.6 分子模拟

分子模拟是指通过计算机模型模拟分子结构与行为，包括量子力学、分子力学、分子动力学、蒙特卡洛等方法，广泛用于物理、化学、生物、材料科学等领域。为了在原子和分子尺度深入理解膜结构与跨膜传质机理，并指导高性能膜材料开发，分子模拟已经被越来越多地用于膜分离研究[6]。

（1）量子力学方法

量子力学方法通过求解薛定谔方程描述电子行为，精确计算分子的电子结构和性质。该方法计算结果准确性高，能够提供分子体系的详细电子结构信息，对于理解化学反应机理和分子的物理化学性质至关重要。然而，由于计算量巨大，量子力学方法通常适用于较小规模的分子系统。

（2）分子力学方法

分子力学方法建立在经典力学理论基础上，借助经验和半经验参数计算分子结构和能量，也称力场方法。其基本思想是将分子视为通过弹性力维系在一起的原子集合，原子若过于接近会受到排斥力影响，若远离则会造成化学键的拉伸或压缩以及键角扭曲，引起分子内部引力的增加，每个真实分子的结构都是上述几种作用达到平衡的结果，该方法 广泛用于计算分子构象和能量。

（3）分子动力学方法

分子动力学方法通过求解牛顿运动方程模拟分子的运动轨迹，提供分子运动、结构和热力学性质的详细信息，适用于研究分子的动态行为和相变过程，还可提供系统的统计平均性质，如热容、扩散系数等。通过分子动力学模拟，可以得到分子在不同条件下的运动轨迹，了解分子的构象变化和相互作用机制。例如，利用非平衡动力学模拟研究了 PA 膜模型在压力梯度下对 NaCl 和一些小分子中性有机物的截留机理，发现溶质分子在孔道内采用跳跃行为在膜内运动，膜的截留能力并不与溶质尺寸成单调相关，溶质与其水合层间的作用势能控制着膜对该溶质的截留，结合作用越强，溶质水化合层越稳定，则膜对于该溶质的截留能力越强。尽管有机溶质分子比 Na^+ 和 Cl^- 大，但 PA 膜对有机分子的截留率明显低于对 NaCl 的截留率，这是因为离子主要通过离子水合层中水分子的脱落而实现膜内扩散，离子-水的相互作用力明显强于有机溶质-水的相互作用力。

(4)蒙特卡洛方法

蒙特卡洛方法以概率和统计理论方法为基础，通过随机抽样探索分子的构象空间，也称统计模拟法。利用概率分布生成新的系统构型，并根据能量差决定是否接受该构型。该方法不直接计算分子的轨迹，而是通过统计方法估计系统的宏观性质，计算效率较高，可预测分子的热力学性质和相变行为。

分子模拟软件种类很多。例如，LAMMPS(large-scale atomic/molecular massively parallel simulator)属于开源分子模拟软件，可以模拟大规模的原子和分子动力学，支持多种材料和多种模拟环境，具有高度并行化的特性，可以在高性能计算机上进行复杂的分子模拟计算。NAMD(nanoscale molecular dynamics)主要用于生物分子系统的模拟，支持多种模拟方法，并具有高效的并行计算能力。Materials Studio 是专为材料科学领域开发的计算软件，能方便地建立 3D 分子模型，深入分析有机晶体、无机晶体、无定形材料以及聚合物，模拟方法包括量子力学的密度泛函理论、半经验的量化计算方法、分子力学、分子动力学以及介观模拟方法等。

5.2 膜表面传递过程

对微滤、超滤、纳滤、反渗透等压力驱动膜过程，通量可用 Darcy 定律表示：

$$J = \frac{\Delta p - \Delta \pi}{\mu R} \tag{5-69}$$

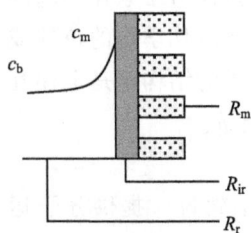

图 5-5 各种传质
阻力示意图

式中，R 为传递阻力。对于微滤和超滤过程，通量下降非常严重，实际通量通常低于纯水通量的 5%，主要原因是浓度极化(concentration polarization)、吸附、凝胶层形成、膜污染和膜压密使通过膜的传递阻力增加。此时，传递阻力 R 包含了膜阻 R_m、可逆污染阻力 R_r(即浓度极化阻力)和不可逆污染阻力 R_{ir}(图 5-5)。其中，R_m 由过滤料液前测定的膜纯水通量计算得到，R_{ir} 包括孔堵阻力和吸附阻力，由过滤料液后测定的膜纯水通量计算求得(此时 $R_r = 0$)。利用阻力串联模型可以分析操作条件对不同阻力的影响，从而指导过程的优化[7]。

5.2.1 浓度极化

5.2.1.1 压力驱动膜过程

在压力驱动膜分离中，被截留组分在膜边界层中的浓度逐渐增加，高于主体溶液浓度，导致反向扩散。当溶质以对流方式流向膜表面的通量等于溶质透过膜的通量与从膜表面扩散回主体的通量之和时，体系达到定态，在边界层形成浓度梯度，称为浓度极化(图 5-6)。

在稳态下，物料平衡方程为：

$$Jc = Jc_p - D\frac{dc}{dZ} \tag{5-70}$$

根据边界条件 $Z=\delta$，$c=c_b$；$Z=0$，$c=c_m$，积分得：

$$J = \frac{D}{\delta}\ln\frac{c_m - c_p}{c_b - c_p} \tag{5-71}$$

式中，δ 为边界层厚度。又因为传质系数 $k=D/\delta$，本征截留率 $R_{int}=1-c_p/c_m$，则由式(5-71)得：

$$\frac{c_m}{c_b} = \frac{e^{J/k}}{R_{int} + (1-R_{int})e^{J/k}} \tag{5-72}$$

当溶质被膜完全截留时，$c_p=0$，$R_{int}=1$，则

$$\frac{c_m}{c_b} = e^{J/k} \tag{5-73}$$

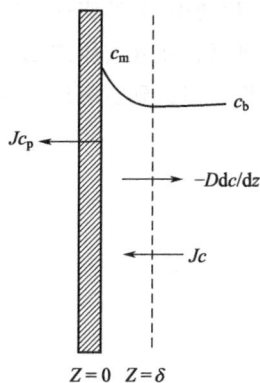

图 5-6 浓度极化

c_m/c_b 称为浓度极化模数，其随 J 增大而增大，随 k 增大而减小，式(5-73)为浓度极化基本方程。k 受流体力学状况影响，可由 Sherwood 数(Sh)求得：

$$Sh = \frac{kd_h}{D} = aRe^b Sc^c \left(\frac{d_h}{L}\right)^d \tag{5-74}$$

式中，Sc 为 Schmidt 数($Sc=\mu/\rho D$)；a、b、c、d 为常数；d_h 为水力直径；L 为膜组件长度。对于管内流动：

层流 $\qquad\qquad Sh = 1.62\left[ReSc(d_h/L)\right]^{0.33} \tag{5-75}$

湍流 $\qquad\qquad Sh = 0.04Re^{0.75}Sc^{0.33} \tag{5-76}$

可见，影响 k 的主要因素是 v、D、ρ、μ 和膜组件构型。提高 k 值的主要方法包括：增加流速；采用脉冲流动；改变膜组件结构，如减小膜器长度，增加水力直径；采用湍流促进器(turbulence promoter)破坏边界层(图 5-7)，如使用波纹状膜，卷式组件中在原料腔室的膜之间设间隔器，电渗析中在板框式膜组件内强化传质，但这些措施也会使压降和能耗增加；提高温度，使溶质扩散系数增大，原料黏度降低；施加电场使带电粒子或分子定向运动以减少浓度极化，通常在临界场强下进行[8]，此时带电溶质向膜面运动速率为 0，可避免溶质在膜面沉积，又可避免增加能耗。

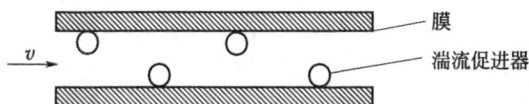

图 5-7 湍流促进器

浓度极化造成两个结果。①截留率变化。当溶质的分子量较低时(如反渗透)，使溶质的传质推动力 Δc 增加，透过液中溶质浓度增加，截留率下降；大分子溶质

(如超滤中)会形成一种次级膜或动态膜，使小分子溶质截留率提高。②通量下降。浓度极化使渗透压差 $\Delta\pi$ 增加，降低了溶剂传递的推动力 $(\Delta p - \Delta\pi)$，使溶剂通量降低，但达到定态后，通量不再继续下降，是可逆过程(图 5-8)。

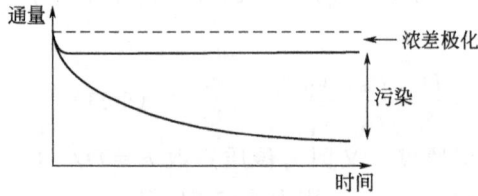

图 5-8　通量随时间的变化

5.2.1.2　浓度驱动膜过程

浓度驱动膜过程，如透析、液膜分离、渗透汽化，渗透组分在原料侧溶入膜内并在推动力作用下扩散通过膜，浓度分布如图 5-9 所示，图中 $c_{i,1}^{sm}$ 为组分 i 在原料侧膜表面的浓度，$c_{i,2}^{sm}$ 为渗透物侧膜表面浓度。可见，对于浓度驱动膜过程，原料侧的膜表面浓度低于主体浓度。

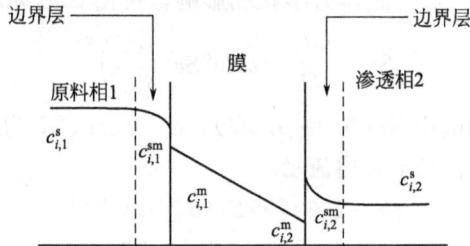

图 5-9　浓度驱动膜过程的浓度分布

设分配系数 K 为：

$$K = \frac{c_{i,1}^{m}}{c_{i,1}^{sm}} = \frac{c_{i,2}^{m}}{c_{i,2}^{sm}} \tag{5-77}$$

定态时，组分 i 通过边界层和膜的通量相等。组分 i 通过原料侧边界层的通量为：

$$J_i = k_1(c_{i,1}^{s} - c_{i,1}^{sm}) \tag{5-78}$$

式中，k_1 为原料侧边界层的传质系数。通过渗透侧边界层的通量为：

$$J_i = k_2(c_{i,2}^{sm} - c_{i,2}^{s}) \tag{5-79}$$

通过膜的通量为：

$$J_i = \frac{D_i}{l}(c_{i,1}^{m} - c_{i,2}^{m}) = \frac{D_i K}{l}(c_{i,1}^{sm} - c_{i,2}^{sm}) = \frac{P_i}{l}(c_{i,1}^{sm} - c_{i,2}^{sm}) \tag{5-80}$$

由式(5-78)~式(5-80)得到通量一般式为：

$$J_i = k_{ov}(c_{i,1}^{s} - c_{i,2}^{s}) \tag{5-81}$$

其中总传质系数 k_{ov} 为：

$$\frac{1}{k_{ov}}=\frac{1}{k_1}+\frac{l}{P_i}+\frac{1}{k_2} \tag{5-82}$$

5.2.1.3　电渗析过程

设带负电的阳离子交换膜置于阴极和阳极之间，在阴极和阳极间施加直流电压时，阳离子将从左向右移向阴极，膜左侧浓度减小而右侧浓度逐渐升高，边界层中存在浓度梯度产生扩散通量，稳态时形成一定的浓度分布(图5-10)。

在电位差作用下，阳离子通过膜的传递通量为：

$$J_m=\frac{t_m i}{zF} \tag{5-83}$$

电位差作用下，阳离子在边界层中的传递通量为：

图 5-10　电渗析中的浓度极化

$$J_{bl}=\frac{t_{bl} i}{zF} \tag{5-84}$$

在浓度差作用下，阳离子在边界层中的扩散通量为：

$$J_{D,bl}=-D\frac{dc}{dx} \tag{5-85}$$

式中，t_m 和 t_{bl} 分别为膜和边界层中阳离子迁移数；dc/dx 为边界层中浓度梯度。定态时，阳离子通过膜的传递通量等于边界层中电驱动通量与扩散通量之和：

$$\frac{t_m i}{zF}=\frac{t_{bl} i}{zF}-D\frac{dc}{dx} \tag{5-86}$$

边界条件为：

$$x=0 \text{ 时} \qquad c=c_m$$
$$x=\delta \text{ 时} \qquad c=c_b$$

积分得到膜表面处阳离子浓度为：

$$c_m=c_b-\frac{(t_m-t_{bl})i\delta}{zFD} \tag{5-87}$$

由该式得到电流密度 i 为：

$$i=\frac{zFD(c_b-c_m)}{\delta(t_m-t_{bl})} \tag{5-88}$$

可见，浓度极化影响电流密度，当膜表面阳离子浓度 c_m 趋近于零时，达到极限电流密度(limiting current density)：

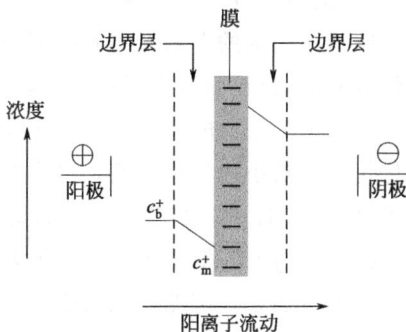

$$i_{\lim} = \frac{zDFc_b}{\delta(t_m - t_{bl})} \tag{5-89}$$

可见，极限电流密度取决于主体溶液中阳离子浓度 c_b 和边界层厚度。由于 D 和 δ 难以精确确定，实际中通常采用电流-电压等实验方法测定 $i_{\lim}$。当电流密度大于 $i_{\lim}$ 时，将发生水的离解，产生 H^+ 和 OH^- 以传递电流。浓度极化使部分电能消耗在水的电离和与脱盐无关的 H^+ 与 OH^- 迁移上，导致电流效率下降，极化也使液/膜界面的电阻增大，耗电上升。为了消除浓度极化效应，操作电流密度应低于 $i_{\lim}$，电渗析中通常取极限电流的 $70\%\sim90\%$ 作为操作电流。另外，强化传质，减小边界层厚度，可提高装置的极限电流密度。而另一方面，在电去离子(EDI)过程中，水解离产生的离子有助于饱和交换树脂的再生；而在双极膜电渗析中，需要在双极膜极限电流几倍甚至十几倍以上工作。

综上所述，在超滤和微滤中，浓度极化现象比较严重，这是因为通量高，被截留的大分子或胶粒的扩散系数($10^{-11}\sim10^{-10}\,\mathrm{m^2/s}$)小，反向扩散通量很低；反渗透中通量低，小分子溶质扩散系数(约 $10^{-9}\,\mathrm{m^2/s}$)高，浓度极化影响较小；气体分离中，因为通量小，气体扩散系数($10^{-5}\sim10^{-4}\,\mathrm{m^2/s}$)大，浓度极化影响很小或可以忽略；渗透汽化中通量较低，但传质系数比气体分离过程小，浓度极化影响略大些；渗析中通量较低，低分子溶质的传质系数与反渗透相当，浓度极化一般不严重；电渗析中浓度极化的影响可能很严重。

5.2.2 膜污染

膜污染是指微粒、大分子、盐、微生物等在膜表面或膜孔内吸附沉积，造成膜孔变小或堵塞，使膜通量和分离特性发生不可逆变化的现象。根据污染物的类型，膜污染可分为无机物污染、有机物污染和微生物污染三大类。微生物污染包括三个主要步骤：①细菌在膜表面黏附；②黏附的细菌生长繁殖，并分泌胞外聚合物(extracellular polymeric substance，EPS)；③随着菌落的扩大，胞外聚合物相互粘连，最终在膜表面形成一层生物膜(biofilm)。胞外聚合物形成的基质能促进细菌在膜表面的附着，同时保护细菌免受免疫系统和抗菌剂的杀灭作用。微粒和大分子污染主要发生在使用多孔膜的微滤和超滤中，在反渗透中也有很大影响，使用致密膜的渗透汽化和气体分离一般不发生该类膜污染[9]。反渗透中膜污染主要源自膜表面吸附，而超滤膜污染主要源自膜孔堵塞。

5.2.2.1 膜污染模型

发生膜污染后，通量可以用阻力串联模型描述：

$$J_v = \frac{\Delta p}{\mu(R_m + R_c)} \tag{5-90}$$

式中，R_m 为膜阻；R_c 为滤饼阻力。R_c 等于滤饼比阻力 r_c 与滤饼厚度 l_c 的乘积。滤饼比阻力通常用 Kozeny-Carman 式描述：

$$r_c = 180 \frac{(1-\varepsilon)^2}{d_s^2 \varepsilon^3} \qquad (5-91)$$

式中，d_s 为溶质颗粒的直径；ε 为滤饼层孔隙率。滤饼有效厚度在几微米左右，厚度不断增加导致通量持续衰减。当溶质被完全截留时，根据物料衡算式 $c_b V = l_c c_c S$，可以得到滤饼阻力 R_c：

$$R_c = \frac{r_c c_b V}{c_c S} \qquad (5-92)$$

式中，c_b 为溶液主体中污染物浓度；c_c 为滤饼层中污染物浓度；V 为溶液体积；S 为膜表面积。所以通量为：

$$J = \frac{1}{S}\frac{dV}{dt} = \frac{\Delta p}{\mu\left(R_m + \dfrac{r_c c_b V}{c_c S}\right)} \text{或} \frac{1}{J} = \frac{1}{J_w} + \left(\frac{\mu c_b r_c}{c_c \Delta p}\right)\frac{V}{S} \qquad (5-93)$$

式中，J_w 为纯水通量；V 为渗透物体积。可见，在一定的浓度 c_b 和压力 Δp 时，通量的倒数与渗透物体积呈线性关系。

【例 5-1】 某超滤膜在 0.1 MPa 下的纯水通量为 80 L/(m²·h)。超滤某液相时，由于滤饼层的形成，在 0.2 MPa 下的通量仅为 15 L/(m²·h)，设滤饼比阻力 $r_c = 1.0 \times 10^{18}$ m^{-2}，液相黏度与水相同，计算滤饼厚度。

解：超滤膜纯水通量 J_0 为：

$$J_0 = \frac{\Delta p_0}{\mu R_m}$$

则膜阻为：

$$R_m = \frac{\Delta p_0}{\mu J_0} = \frac{0.1 \times 10^6}{\dfrac{80 \times 10^{-3}}{3600} \times 10^{-3}} = 4.5 \times 10^{12} (\text{m}^{-1})$$

超滤某液相时通量 J 为：

$$J = \frac{\Delta p_0}{\mu(R_m + R_c)}$$

$$R_c = \frac{\Delta p}{\mu J} - R_m = \frac{0.2 \times 10^6}{\dfrac{15 \times 10^{-3}}{3600} \times 10^{-3}} - 4.5 \times 10^{12} = 4.35 \times 10^{13} (\text{m}^{-1})$$

滤饼厚度为：

$$l_c = \frac{R_c}{r_c} = \frac{4.35 \times 10^{13}}{1.0 \times 10^{18}} = 4.35 \times 10^{-5} (\text{m}) = 43.5 (\mu\text{m})$$

描述通量衰减的经验式为：

$$J = J_0 t^n \qquad n < 0 \qquad (5-94)$$

式中，J 为实际通量；J_0 为初始通量；n 可能为错流速度的函数。

污染趋势可通过污染实验测定：采用死端(dead-end)过滤方式，测定一定压力下不同时刻渗透物的累积体积。采用堵塞指数（PI）、膜过滤指数（membrane fouling index，MFI）等参数描述污染现象[10]。将式（5-93）对时间 t 积分可得：

$$\frac{t}{V} = \frac{\mu R_m}{S \Delta p} + \frac{\mu r_c c_b}{2 S^2 c_c \Delta p} V \tag{5-95}$$

以 t/V 对 V 作图得到一条直线，该直线的斜率定义为 MFI，即：

$$\text{MFI} = \frac{\mu r_c c_b}{2 S^2 c_c \Delta p} \tag{5-96}$$

该式表明，MFI 随溶液主体中污染物浓度 c_b 增加而增加。MFI 可以在一定程度上预测通量衰减，但存在以下不足：MFI 是基于滤饼过滤的参数，实际中可能还有其他污染因素；MFI 实验为死端过滤，而实际膜过滤一般以错流方式操作；MFI 假设滤饼阻力与压力无关，实际中通常并不是这样。

增加料液泵流量，提高错流速度，可以抑制膜污染，但同时也会使能耗增大。当料液黏度较高、流速提高困难时，可采用高速旋转剪切过滤，分为两种方法：①高速旋转圆盘膜过滤[11]，即膜固定，通过膜面附近圆盘的高速旋转而增加膜面错流速度；②旋转膜过滤[12]，即膜随中心轴旋转，膜的转动带动组件内溶液的流动。

5.2.2.2　XDLVO 理论

XDLVO 理论（extended Derjaguin-Landau-Verway-Overbeek theory）由 van Oss 提出，用于定量描述两个平面固体表面之间的界面自由能[13]。该理论通过定量计算路易斯酸碱（AB）相互作用能、范德华（LW）相互作用能和静电双电层（EL）相互作用能，得到界面自由能，可用于阐明污染物对膜表面的污染机理，预测膜污染行为，指导膜污染控制。在膜过滤前期，膜上滤饼层尚未形成，渗透阻力较小，通量下降缓慢，膜污染主要是污染物与膜之间的界面自由能控制；在滤饼层形成后，膜污染主要由污染物与膜上污染层之间的界面自由能控制。溶液中膜表面的总界面自由能 ΔG_{mlf}^{TOT} 由下式表示：

$$\Delta G_{mlf}^{TOT} = \Delta G_{mlf}^{AB} + \Delta G_{mlf}^{LW} + \Delta G_{mlf}^{EL} \tag{5-97}$$

式中，下标 m、l 以及 f 分别表示膜、溶剂和污染物。ΔG_{mlf}^{TOT} 为正值时，物质之间为排斥作用力，不易引起膜污染；ΔG_{mlf}^{TOT} 为负值时，物质之间为吸引作用力，污染物容易在膜面聚集并引发膜污染。相互作用的两种物质在距离 d（nm）时的三种界面自由能分量（mJ/m^2）分别由下式计算：

$$\Delta G_{mlf,d}^{AB} = \Delta G_{mlf,d_0}^{AB} e^{\frac{d_0 - d}{\lambda}} \tag{5-98}$$

$$\Delta G_{mlf,d}^{LW} = \Delta G_{mlf,d_0}^{LW} \left(\frac{d_0}{d} \right)^2 \tag{5-99}$$

$$\Delta G_{mlf,d}^{EL} = \kappa \zeta_m \zeta_f \varepsilon_0 \varepsilon_r \left\{ \frac{\zeta_m^2 + \zeta_f^2}{2 \zeta_m \zeta_f} \left[1 - \coth(\kappa d) + \frac{1}{\sinh(\kappa d)} \right] \right\} \tag{5-100}$$

式中，d_0 为物质间的最小分离距离（0.158 nm）；ε_0、ε_r 分别表示真空介电常数（8.85×10^{-12} F/m）和溶液相对介电常数；κ（0.104 nm^{-1}）为德拜常数的倒数；ζ_m、ζ_f 分别表示膜和模型污染物的 ζ 电位（mV），其中

$$\Delta G_{\mathrm{mlf},d0}^{\mathrm{AB}} = 2\big[\sqrt{\gamma_1^+ \gamma_f^-} + \sqrt{\gamma_m^-} - \sqrt{\gamma_1^-} +$$
$$\sqrt{\gamma_1^-}\,(\sqrt{\gamma_1^+} + \sqrt{\gamma_m^+} - \sqrt{\gamma_1^+} - \sqrt{\gamma_m^+ \gamma_f^-} - \sqrt{\gamma_1^+ \gamma_m^-} \tag{5-101}$$

$$\Delta G_{\mathrm{mlf},d_0}^{\mathrm{LW}} = -2(\sqrt{\gamma_m^{\mathrm{LW}}} - \sqrt{\gamma_1^{\mathrm{LW}}})(\sqrt{\gamma_f^{\mathrm{LW}}} - \sqrt{\gamma_1^{\mathrm{LW}}}) \tag{5-102}$$

$$\Delta G_{\mathrm{mlf},d_0}^{\mathrm{EL}} = \frac{\kappa \varepsilon_r \varepsilon_0}{2}(\zeta_m^2 + \zeta_f^2)\left[1 - \coth(\kappa d_0) + \frac{2\zeta_m \zeta_f}{\zeta_m^2 + \zeta_f^2}\right]\mathrm{csch}(\kappa d_0) \tag{5-103}$$

式中，γ^{LW}、γ^+、γ^- 分别代表范德华力、电子供体、电子受体的表面张力分项，液体的 γ_1^+、γ_1^-、γ_1^{LW} 是已知的。γ_m^+、γ_m^-、γ_m^{LW}、γ_f^+、γ_f^-、γ_f^{LW} 等表面张力分量由杨氏方程计算：

$$\frac{1 + \cos\theta_0}{2}\gamma_1^{\mathrm{TOT}} = \sqrt{\gamma_1^{\mathrm{LW}} \gamma_s^{\mathrm{LW}}} + \sqrt{\gamma_s^+ \gamma_1^-} + \sqrt{\gamma_1^+ \gamma_s^-} \tag{5-104}$$

式中，θ_0 为液体在待测表面的接触角；下标 l 为待测液体；下标 s 为待测固体（膜或污染物滤饼层）。总表面张力（γ^{TOT}）是由表面张力 AB 分量和 LW 分量两部分构成：

$$\gamma^{\mathrm{TOT}} = \gamma^{\mathrm{LW}} + \gamma^{\mathrm{AB}} \tag{5-105}$$

$$\gamma^{\mathrm{AB}} = 2(\gamma^- \gamma^+)^{1/2} \tag{5-106}$$

通过测定膜表面与三种已知表面张力参数的液体（一种非极性和两种极性）的接触角，代入三个方程式可以计算污染物与膜之间的自由能。计算污染物与污染物层之间的界面作用能时，将上述公式中膜的各项参数换成污染物的参数即可。XDLVO 理论仅适用于固体表面之间的界面自由能评估，利用 Derjaguin（DA）法可以进一步描述光滑球形颗粒与光滑平面表面之间的总界面能。

$$U_{\mathrm{mlf}}^{\mathrm{TOT}} = U_{\mathrm{mlf}}^{\mathrm{AB}} + U_{\mathrm{mlf}}^{\mathrm{LW}} + U_{\mathrm{mlf}}^{\mathrm{EL}} \tag{5-107}$$

$$U_{\mathrm{mlf}}^{\mathrm{LW}}(d) = 2\pi \Delta G_{d_0}^{\mathrm{LW}} \frac{d_0^2 a_f}{d} \tag{5-108}$$

$$U_{\mathrm{mlf}}^{\mathrm{AB}}(d) = 2\pi a_f \lambda \Delta G_{d_0}^{\mathrm{AB}} \exp\left(\frac{d_0 - d}{\lambda}\right) \tag{5-109}$$

$$U_{\mathrm{mlf}}^{\mathrm{EL}}(d) = \pi \varepsilon_0 \varepsilon_r a_f \left[2\zeta_m \zeta_f \ln\left(\frac{1 + \mathrm{e}^{-kd}}{1 - \mathrm{e}^{-kd}}\right) - (\zeta_m^2 + \zeta_f^2)\ln(1 - \mathrm{e}^{-2kd})\right] \tag{5-110}$$

式中，a_f 表示污染物颗粒的水力学半径；λ 是极性相互作用力在水中的衰减特征长度，$\lambda = 0.6$ nm。

5.2.2.3 膜清洗

膜污染发生后，需要及时清洗，而不能等到膜污染很严重时才清洗，这样会增加清洗难度。膜的清洗方法分为物理清洗法和化学清洗法。在化学清洗法中，

化学清洗剂不应与膜组件材料发生化学反应。碱液可以去除有机污染物和油脂。加酶洗涤剂，如 0.5%～1.5% 胃蛋白酶、胰蛋白酶等，可去除蛋白质、多糖、油脂等污染物。柠檬酸可去除无机物污染，如 $CaCO_3$、铁锈等。

正冲洗是使用洁净的流体（如水）冲洗进料侧膜表面，将污染物冲洗下来带走，流体不通过膜孔渗透到下游。反冲洗是指过滤一段时间后，原料侧减压，使渗透液反向流回原料侧，以除去膜孔内或膜表面上的污染层，防止形成沉积层，保证滤饼阻力始终处于较低水平，具有较好的膜通量再生效果，可以保持高通量，因此是经常采用的清洗方式。在实际操作中，当污染出现时，为维持通量需要提高进料侧的压力，以补偿污染引起的通量降低。当进料侧压力到达设定值时开启反冲洗，使通量恢复，如此循环使过滤和清洗自动交替进行。

超声波清洗指利用超声波穿过膜组件，冲蚀和分散膜表面的污染物，强化清洗过程[14]。超声波清洗器由超声波发生器、换能器等组成。超声波发生器将交流电源转换为超声波频率的电源（频率范围 16～68 kHz），然后通过电缆输送给换能器。在换能器内，若干声头并联组成声阵，将电能转换为同频机械振动能，在清洗液中形成超声波声场。超声波与液体作用产生非热效应，表现为液体激烈而快速的机械运动与空化现象，破坏污染物与膜表面的吸附，引起污染物层的疲劳破坏而脱离。但频率过大或超声时间过长时，超声对膜结构具有一定破坏作用，造成强度和泡点下降。

膜清洗效果可用通量恢复率 R_J 表示：

$$R_J = \frac{J_1}{J_0} \times 100\% \tag{5-111}$$

式中，J_1 和 J_0 分别为清洗后膜和未污染膜的纯水通量。

思 考 题

1. 从多孔膜到非多孔膜，分离机理如何逐步变化？
2. 压力驱动膜过程、浓度驱动膜过程和电渗析中浓度极化有何区别？
3. 分析下列膜过程中浓度极化的特点：
   (1)超滤和微滤；(2)反渗透；(3)气体分离；(4)渗透汽化；(5)渗析；(6)电渗析
4. 减轻浓度极化的途径有哪些？

参 考 文 献

[1] Blume I,Schwering P J F,Mulder M H V,Smolders C A. J Memb Sci,1991(61):85.
[2] Bondi A. J Phys Chem,1964(68):411.
[3] Mulder M. 膜技术基本原理. 李琳,译. 北京:清华大学出版社,1999.
[4] Kedem O,Katchalsky A. Biochemical et Biophysica Acta,1958,27:229.
[5] 赵静,刘公平,金万勤,等. 化工学报,2024,75(11):3857-3869.
[6] 张潇,李珂,于春阳,等. 膜科学与技术,2019,39:105-115.

[7] Jonsson A,Tragardh G. Chem Eng Process,1990,27:67.

[8] Radovich J M,Bahman B,Mullon C. Sep Sci Technol,1985,20(4):315-329.

[9] Van den Berg G B,Smolders C A. J Memb Sci,1989(40):149.

[10] Schippers J C,Verdouw J. Desalination,1980(32):137.

[11] Frappart M,Akoum O,Ding L H,Jaffrin M Y. J Memb Sci,2006,282:465-472.

[12] Serra C A,Wiesner M R. J Memb Sci,2000,165:19-29.

[13] 文欣,海玉琰,何灿,等.膜科学与技术,2024,44(4):147-156.

[14] Chai X,Kobayashi T,Fujii N. Sep Sci Technol,1999,15:139-146.

6 膜组件和流程设计

6.1 膜组件

膜组件(module)包括板框式(plate-and-frame)、卷式(spiral wound)、管式、毛细管式、中空纤维式和褶皱式等,其中板框式、卷式和褶皱式膜组件使用平板膜。

板框式膜组件中(图 6-1),两张膜为一组构成夹层结构,在原料腔室和渗透物腔室中安装间隔器,采用密封环和两个端板将一系列膜组安装在一起,装填密度(paking density)为 $100\sim400\ m^2/m^3$,原料的组成和流速均随位置变化。为了形成均匀的流量分布,可以设置挡板。板框式组件构造简单,可以单独更换膜片。

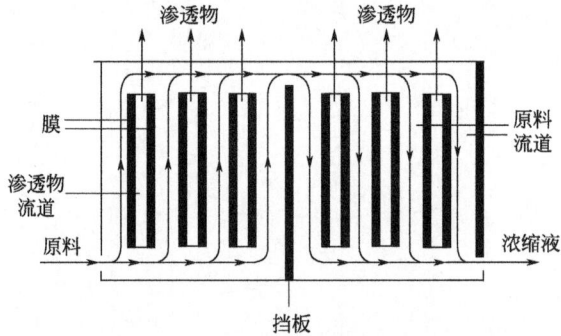

图 6-1 板框式膜组件示意图

1964 年,美国通用原子公司研制出螺旋卷式反渗透膜组件。卷式膜组件是将膜与渗透物侧之间间隔器的三个边胶封起来,间隔器同时具有湍流促进作用,原料沿着平行于中心管的轴向流过圆柱状膜器,而渗透物沿径向流向中心管(图 6-2)。通常将一组卷式组件安装在同一压力容器内,通过中心渗透物管彼此串联起来(图 6-3),装填密度($300\sim1000\ m^2/m^3$)取决于流道宽度,比板框式膜组件高。卷式膜组件比中空纤维膜耐污染,料液预处理费用低。另外,当前性能最好的界面聚合复合反渗透膜难以制成中空纤维型,因此,卷式膜组件是反渗透、纳滤工业装置的最主要型式。但料液侧隔网容易使悬浮固体停留,且难以清洗。

褶皱式膜组件是将平板膜折成圆筒形褶皱滤芯,然后安装在耐压外壳中,料

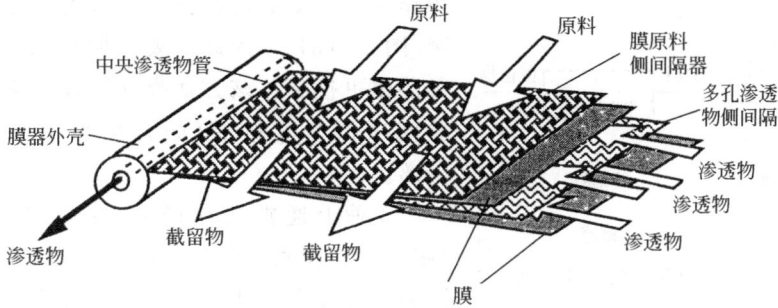

图 6-2 卷式膜组件示意图

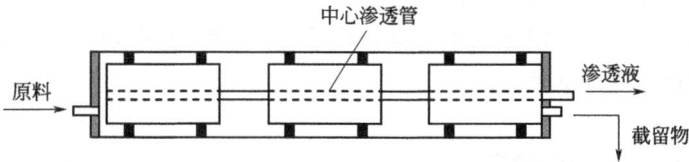

图 6-3 装有三个串联卷式膜组件的压力容器示意图

液由壳侧进入，透过液由中心管收集，中心管与外壳间用 O 形圈隔离密封。滤芯、支撑层、端盖、内外筒为聚丙烯、聚四氟乙烯、聚醚砜等材质，采用热熔法焊接组件，使用中无黏合剂和异物脱落，可反复清洗。褶皱式膜组件主要用于微滤中。

　　管式膜组件中，原料流经膜管中心，渗透物通过多孔支撑层流向膜组件外壳，清洗方便，特别适用于高污染的体系，装填密度一般低于 300 m^2/m^3。

　　毛细管膜组件中，毛细管膜的两端用环氧树脂（epoxy resin）、聚氨酯或硅橡胶（silicone rubber）封装。毛细管膜是自支撑的，原料液可以流经管内（lumen），由内向外渗透，也可以流经壳程，由外向内渗透，但壳程流动可能会发生沟流，即原料倾向于沿某一固定路径流动而使有效膜面积下降。采用中心管可以使原料液分布更为均匀，提高膜面积利用率。毛细管膜装填密度为 600～1200 m^2/m^3。

　　当原料比较洁净时，膜污染不严重，如反渗透、气体分离和渗透汽化，可使用中空纤维膜组件。在气体分离中，采用由外向内渗透，以防过高的压力损失。渗透汽化则采用由内向外渗透式，以利于降低渗透侧压力。中空纤维膜组件装填密度可达 30000 m^2/m^3，但流体通过纤维内腔时压降较大。

6.2 流程设计

6.2.1 流程

　　膜过程中最简单的过滤操作是死端过滤（图 6-4），即原料被强制通过膜，被截留组分的浓度随时间不断增加，并在膜表面形成污染层，使过滤阻力增加。在

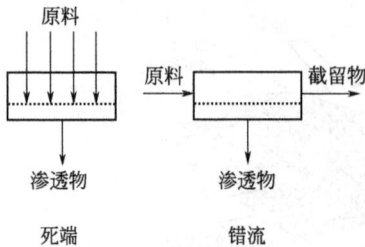

图 6-4　两种基本的过滤方式

操作压力不变的情况下，膜渗透速率不断下降[图 6-5(a)]，因此需要定期清除膜表面污染层或更换膜。该方法操作简便，常用于实验室中低浓度料液（固含量小于 0.1%）的分离。

工业上通常选择错流（cross-flow）过滤（图 6-4），即原料平行于膜表面流动，其组成沿膜组件逐渐变化，原料流被分成渗透物流（permeate）和截留物流（retentate）。料液流经膜表面时，速度梯度产生的剪切力使沉积在膜表面的颗粒返回主体流中，所以，污染层不会无限增厚，而是保持在一个较薄的稳定水平，渗透流率也将在较长时间内维持在较高水平[图 6-5(b)]，膜污染程度比死端过滤低。

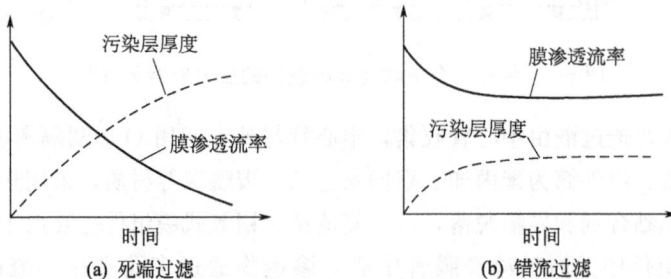

图 6-5　死端过滤和错流过滤

在实际应用中，组件可以串联和并联排列。串联的优点是效率较高，可将料液处理至较高纯度。并联的优点是处理量大。

膜过程的基本流程分为不循环操作和循环操作。在不循环操作中，原料液只通过单一或多个膜组件一次，没有循环[图 6-6(a)]。在循环操作中，一般配有循环泵[图 6-6(b)]，部分浓缩液可连续取出，过程中需要维持加料速度和出料速度相等[1]。海水脱盐等过程可采用不循环操作。在反渗透和纳滤中，为了提高回收率可以采用多段不循环操作（图 6-7），将膜组件设计成锥形以补偿原料体积的减少，使体系的错流速度基本不变，料液浓度逐渐增大，该操作的总路径长度和压降较大。例如，以脱盐为目的的纳滤系统采用 2 段或 3 段工艺较多，可实现

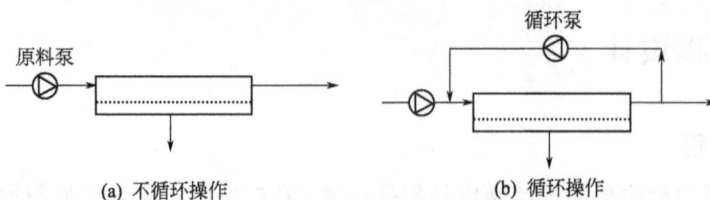

图 6-6　不循环和循环操作示意图

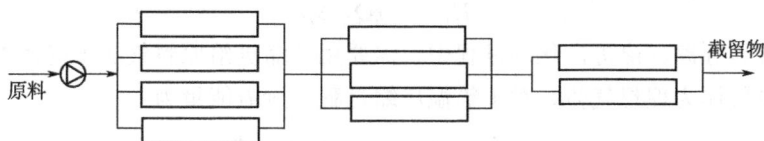

图 6-7 多段不循环操作

较高的回收率。

　　当单级操作不能获得合格产品时,可将渗透物(或截留物)进一步处理,称为多级(multi-stage)操作(图 6-8)。例如,利用多孔膜富集六氟化铀时,第一级的渗透物作为原料再进入第二级,依此类推,最终可以得到纯度非常高的产品。又如,将海水中的 NaCl 由 3500 mg/L 降至 500 mg/L,当一级脱盐率达不到要求时,可采用二级操作,第一级脱除 90% 的 NaCl,透过液进入第二级再脱除 88% 的 NaCl,即可达到要求。

　　对于微滤、超滤、纳滤和反渗透等过程,预处理很重要。渗透汽化和气体分离中,原料通常含杂质较少,只需作简单的预处理。

　　根据处理量 Q、通量 J 和回收率 y,可求得所需的膜面积 S:

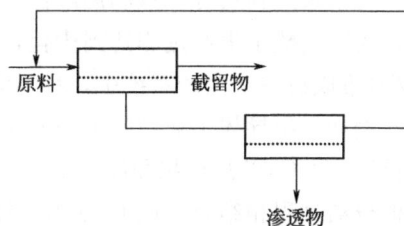

$$S = \frac{Qy}{J} \qquad (6\text{-}1)$$

图 6-8　两级膜过程

6.2.2　能量消耗

　　压力驱动膜过程中,主要设备有原料泵、循环泵、透平等(图 6-9)。在超滤和微滤中,浓度极化和污染比较严重,提高错流速度可以强化边界层的传质,通常需要原料泵和循环泵两台泵。原料泵用于原料加压,其流量较小,与滤液流量相对应;循环泵用于调节错流速度,其流量较大。超滤和微滤中所需压力较低而错流速率较高,能耗主要取决于循环泵,所需能量为:

$$E_P = \frac{Q_V \Delta p}{\eta} \qquad (6\text{-}2)$$

　　式中,η 为泵的效率。对于反渗透和纳滤等高压过程,可用透平回收液体的能量,回收能量 E_t 为:

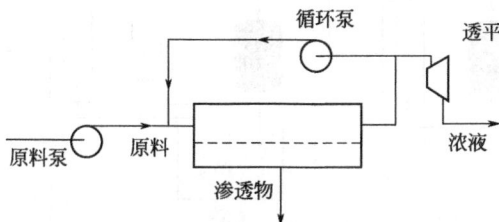

图 6-9　压力驱动膜过程中所用动力设备示意图

$$E_t = -\eta Q_V \Delta p \tag{6-3}$$

在气体分离、渗透汽化等过程中，需要用压缩机给原料气加压或在渗透侧抽真空。设气体为理想气体，对于等温压缩过程，所需能量为：

$$E = \frac{1}{\eta} \int \frac{nRT}{p} dp = \frac{nRT}{\eta} \ln \frac{p_2}{p_1} \tag{6-4}$$

式中，n 为每秒压缩的物质的量(mol)。

电渗析过程能耗为：

$$E = \int_0^t UI dt \tag{6-5}$$

式中，U 为膜堆的电压降。

6.3　集成膜过程

每个膜过程均有优点和局限性，采用单一膜过程往往不能解决复杂的生产问题，为了使整个生产过程达到优化，经常需要将不同的膜过程(也可以包括非膜过程)集成在一个生产系统中，称为集成(integrated)膜过程。

例如，半导体工业中对水的质量要求非常高，主要的技术参数为电导率、总有机碳(TOC)以及颗粒和细菌数。单一膜过程不能满足产品质量要求，必须与其他分离过程相结合。图 6-10 为超纯水生产系统示意图。在预处理步骤脱除铁，预处理后的水进入活性炭柱，然后通过反渗透单元除去盐和有机溶质，RO 单元的渗透液再经混合离子交换床处理，最后进行后处理，包括紫外灭菌、离子交换精加工和超滤(用于除去离子交换床带来的颗粒)。

海水脱盐有多种技术，如多级闪蒸(MSF)、电渗析、膜蒸馏、冷冻和反渗透。高性能 RO 膜的脱盐率大于 99%，使用单级 RO 系统可得到盐浓度约为 300 mg/L 的产品(图 6-11)。首先加入氯除去细菌和藻类，然后加入 $FeCl_3$ 絮凝剂除去悬浮固体粒子。当膜材料(如聚酰胺)不耐游离氯时，需用 $NaHSO_3$ 处理以除去氯[1]。

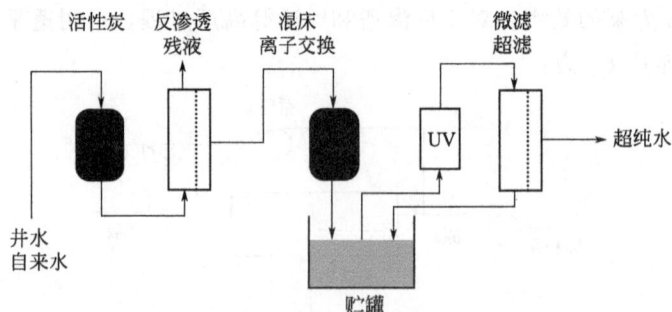

图 6-10　超纯水生产系统流程

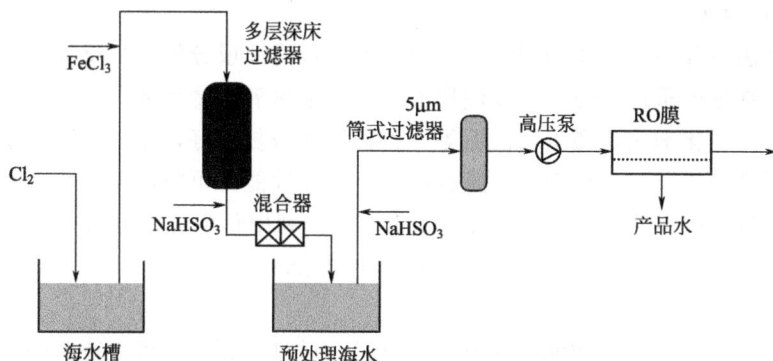

图 6-11 海水脱盐反渗透系统流程图

乙醇溶液的纯化可以采用集成过程，首先通过精馏使乙醇浓度达到 95.6％（共沸组成），然后用透水膜通过渗透汽化使乙醇浓度大于 99％。在牛奶浓缩制造奶粉的生产中，首先超滤脱除大部分水，当浓度超过超滤应用范围时，再蒸发除去少量水，最后喷雾干燥。该工艺能耗远低于传统的蒸发-喷雾干燥工艺。

将原乳分离得到干酪蛋白和乳清❶，乳清中约含 7％固形物，0.7％蛋白质，5％乳糖，少量灰分和乳酸。通常将乳清加热浓缩干燥，得到全干乳清或乳清蛋白粉，由于其中含大量乳糖和灰分，限制了其在食品工业中的应用[2]。在集成膜过程中，首先超滤浓缩乳清蛋白，同时去除乳糖和灰分，超滤透过液再经反渗透处理，得到乳糖浓缩液和低浓度废水。

6.4 废弃分离膜的再利用和处理

随着膜分离技术的广泛应用，废弃分离膜的数量也迅速增加，如果处理不当，势必造成资源浪费，还可能因膜材料中的化学物质对环境造成污染。废弃分离膜的再利用和处理方法主要包括物理法、化学法、生物法等。

（1）物理法

物理法主要通过机械或物理手段对废弃分离膜进行清洗、破碎和材料回收。例如，对于污染程度较轻的反渗透膜，可以采用高压水冲洗和气水混合冲洗的方法去除膜表面污染物和杂质，使其性能在一定程度上恢复，恢复后的膜可用于对水质要求不高的场合。另外，通过机械破碎将废弃的分离膜破碎成小块后，利用筛分等方法将不同材料分离，进行回收再利用，如分离出的聚酯纤维和聚砜材料可用于生产新的过滤材料和塑料制品。

---

❶ 酪蛋白(casein)，又称酪素或干酪素，一种含磷蛋白质，牛乳中约含 3％，以胶体悬浮的酪蛋白钙形式存在，是干酪的主要成分，溶于稀碱液和浓酸，几乎不溶于水。牛乳中的酪蛋白经凝结和压滤分出后所得的清液，称为乳清。

（2）化学法

化学法主要利用化学药剂对废弃分离膜进行清洗或分解。当反渗透膜被有机物、无机物等严重污染时，可以使用酸液去除金属氧化物沉淀，用碱液去除有机物污染，用氧化剂去除微生物污垢等，若膜性能恢复良好，则可继续使用；如果对活性层进行浅层氧化处理，使膜保留部分脱盐性能，可将其转化为 NF 膜；如果已完全氧化则去除 PA 层，可转化为 UF 膜。利用化学分解方法可以将反渗透膜的高分子材料分解为小分子物质或基本化学原料。

（3）生物法

生物法适用于可生物降解的分离膜材料。通过将废弃膜置于特定的生物反应器中，利用微生物的新陈代谢作用将膜材料分解为二氧化碳、水和其他无害的小分子物质。纤维素基分离膜在堆肥处理过程中可转化为有机肥料。

思 考 题

1. 简述膜工艺流程中级和段的区别。
2. 如何选择循环操作和不循环操作？

参 考 文 献

［1］Mulder M. 膜技术基本原理. 李琳，译. 北京；清华大学出版社，1999.
［2］杨座国. 膜科学技术过程与原理. 上海；华东理工大学出版社，2009.

第二篇
膜 过 程

7 　反渗透 纳滤 超滤 微滤
8 　气体分离 渗透汽化 液膜 渗析
9 　电渗析 膜电解 燃料电池膜 水电解制氢膜
10 膜接触器
11 膜反应器
12 其他膜过程

7 反渗透 纳滤 超滤 微滤

7.1 反渗透和正渗透

7.1.1 渗透压

20 世纪，van't Hoff 和 Gibbs 建立了完整的稀溶液理论，揭示了渗透压与其他热力学性质之间的关系。用半透膜将两种不同浓度的溶液隔开，设半透膜允许溶剂通过而不允许溶质通过，等温下浓溶液（相 1）中溶剂的化学势为：

$$\mu_{i,1} = \mu_{i,1}^{\circ} + RT\ln a_{i,1} + V_i p_1 \tag{7-1}$$

稀溶液（相 2）中溶剂的化学势为：

$$\mu_{i,2} = \mu_{i,1}^{\circ} + RT\ln a_{i,2} + V_i p_2 \tag{7-2}$$

式中，$a_{i,1}$、$a_{i,2}$ 分别为相 1 和相 2 中溶剂的活度；p_1、p_2 分别为相 1 和相 2 侧的压力；V_i 为溶剂的偏摩尔体积。在相同压力下，由于 $a_{i,2} > a_{i,1}$，$\mu_{i,2} > \mu_{i,1}$，溶剂将从稀溶液侧向浓溶液侧渗透，直至达到平衡（$\mu_{i,2} = \mu_{i,1}$）。此时：

$$RT(\ln a_{i,2} - \ln a_{i,1}) = V_i(p_1 - p_2) = \Delta \pi V_i \tag{7-3}$$

式中，$\Delta\pi$ 为渗透压差。当膜一侧为纯溶剂（相 2）时，$a_{i,2} = 1$，相 1 的渗透压 π 表示为：

$$\pi = -\frac{RT}{V_i}\ln a_{i,1} \tag{7-4}$$

当溶质浓度很低时：

$$\ln a_i = \ln \gamma_i x_i \approx \ln x_i = \ln(1 - x_j) = -x_j$$

式中，下标 j 代表溶质；x_j 为溶质的摩尔分数。则：

$$\pi = \frac{RT}{V_i} x_j \tag{7-5}$$

对于稀溶液，$x_j = n_j/(n_i + n_j) \approx n_j/n_i$，$V_i n_i = V$，则：

$$\pi = \frac{RT n_j}{V} = RT c_j \tag{7-6}$$

式中，c_j 为溶质的浓度；V 为溶液体积。此即 van't Hoff 方程。当溶质浓度增大时，溶液偏离理想溶液，常引入渗透压系数 Φ 校正偏离程度。如果溶质发生解离，一个溶质分子解离共产生 z 个阴、阳离子，此时渗透压表示为：

$$\pi = \Phi_i z R T c_j \tag{7-7}$$

如果在浓溶液(相 1)侧上方施加一压力,使膜两侧压差 Δp 大于渗透压差 $\Delta \pi$,则溶剂化学势 $\mu_{i,1} > \mu_{i,2}$,溶剂将从浓溶液侧透过膜流入稀溶液侧,该过程称为反渗透(reverse osmosis,RO)。1953 年,美国佛罗里达大学的 Reid 等提出利用反渗透进行海水淡化。

7.1.2 反渗透

反渗透膜材料主要是醋酸纤维素和芳香聚酰胺两大系列,界面聚合法已成为生产反渗透膜的最主要方法,反渗透膜脱盐率已达 99.8%～99.9%。RO 操作压差一般在 1.5～10.5 MPa(通常为溶液渗透压的几倍到几十倍),截留组分大小为 0.1～1 nm。酚和某些小分子有机物会使醋酸纤维素膜在水溶液中溶胀,使水通量下降。CA 和 CTA 膜的抗氯性能远高于自来水中的余氯含量(0.2～0.5 mg/L),而聚酰胺膜最高抗游离氯含量小于 0.1 mg/L。因此,用聚酰胺膜处理自来水时,必须将自来水用活性炭或亚硫酸氢钠脱氯,以防止膜氧化失效。美国 FDA(food and drug administration)批准用于食品加工的 RO 膜有直链芳香聚酰胺、交联全芳烃聚酰胺、聚哌嗪酰胺等。

商品聚酰胺膜的皮层,通常是由间苯二胺(MPD)与均苯三甲酰氯(TMC)反应得到的含有 N—H 键的芳香聚酰胺,其易受活性氯的进攻。聚酰胺膜的氯化机理,包括酰胺的氯化、芳香环的直接氯化和 Orton 重排导致的芳香环氯化。酰胺上的 N—H 键易受活性氯攻击,生成 N—Cl 键。芳香环电子云密度较高,对氯非常敏感。当 Cl_2 为活性氯的主要成分时,芳香环与 Cl_2 发生亲电取代反应,使芳香环直接氯化。芳香环的 Orton 重排是在酰胺氯化的基础上进行的,首先酰胺上 N—H 键发生氯化生成 N—Cl 键,为不稳定的反应中间体。在酸性条件下 N—Cl 迅速脱氯变成 N—H 和氯。然后氯与芳香环发生亲电取代,导致芳香环氯化。在碱性条件下,N—Cl 和 N—H 的转化是可逆的。

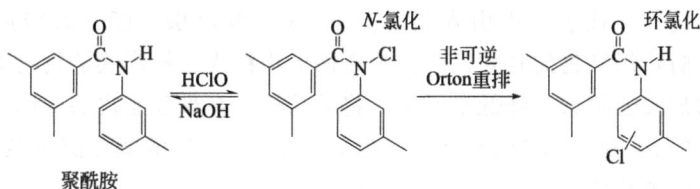

水溶液中的氯通常以 Cl_2、HClO 和 ClO^- 三种形式存在,在一定温度下活性氯在水中存在的形式随 pH 变化。当 pH 很低(如 pH 1)时,主要为 Cl_2,能直接氯化聚酰胺二胺单元上的芳环。在实际过程中,反渗透膜的使用范围为 pH 5～11,所以芳环的直接氯化不是导致膜降解的主要原因。当 pH 为 2～7 时,HClO 与酰胺键反应生成 N—Cl,然后 N—Cl 可发生可逆反应脱去氯,也可以通过 Orton 重排在芳环上发生不可逆氯化。当 pH 大于 8 时,以 ClO^- 为主,其反

应活性低，难以使 N—H 氯化。

氯化作用使聚酰胺膜表面物理化学性质发生变化，聚合物链间氢键遭到破坏，聚合物链发生变形，聚酰胺层由规整的结晶态向无定形态转变，聚合物膜的自由体积增大，膜变得疏松，截留率下降。提高聚酰胺膜耐氯性能的方法主要有：

① 选择合适的胺单体。利用仲胺制备的聚酰胺膜，其酰胺键不含易受活性氯攻击的 N—H 键，不发生氯化反应。例如，用哌嗪替换芳香族伯胺制得耐氯膜，其耐氯性能超过 5 g·h/L，但是膜的溶质截留率有所降低。利用脂环或脂肪胺制得的聚酰胺，只发生可逆的酰胺键的氯化，而不发生不可逆的芳香环的氯化。由胺类制备的聚酰胺的耐氯性顺序为：芳香族二胺＜脂环族二胺＜脂肪族二胺。该方法的不足之处，是引入脂环胺或脂肪胺会降低膜的机械强度，膜不宜在压力较高的压力下使用。

② 增大空间位阻。二元胺氨基位置不同，所得膜的耐氯性不同，顺序为对位＜间位＜邻位。在芳环二胺的邻位引入—CH_3 等功能基团，增大空间位阻，可减少活性氯对聚酰胺的攻击。然而，这些功能基团在增大空间位阻的同时，也会降低胺类的反应活性。

③ 引入保护基团。引入保护基团即吸电子基团（如—NO_2、—COOH、—SO_3H），降低芳环的活性，阻止邻位取代，避免 Orton 重排。另外，也可以引入牺牲型保护基团，其反应活性高于酰胺键中的 N—H 基团，更容易与活性氯反应。海因衍生物上 N—H 基团具有较高活性，易与活性氯反应生成卤胺（杀菌剂），卤胺经杀菌过程后又被还原为海因衍生物，使芳香聚酰胺具有了可再生的耐氯性能。例如，将 3-羟甲基-5,5-二甲基海因和 3-烯丙基-5,5-二甲基海因分别接枝到芳香聚酰胺反渗透膜表面，同时提高了反渗透膜的耐氯性能和抗微生物污染性能。

④ 引入表面涂层。利用表面涂层改善膜的耐氯性能，可避免活性氯对膜的直接攻击。例如，在膜表面引入亲水的 PVA 交联涂层，能有效增强膜的耐氯性，还可以防止污染物的黏附，降低膜表面的粗糙度，提高膜的抗污染性能，但涂层也会增加渗透阻力，降低水通量。将硅烷键合在聚酰胺皮层表面，形成界面黏结力很强的 Si—O—N 或 Si—O—C 键，在 25 g·h/L 的氯化测试条件下，膜仍能保持很高的脱盐率。

⑤ 交联。芳香聚酰胺的交联程度会影响膜的结构与性能。对芳香聚酰胺膜进行交联，去除酰胺键上的活泼氢原子，从而减少氯结合位点，提高耐氯性能。例如，用含柔性脂肪链的六亚甲基二异氰酸酯（HDI）对商品反渗透膜进行交联，使其与芳香聚酰胺的端氨基和酰胺键上的 N—H 反应，膜耐氯性能优异。

⑥ 表面改性。利用反渗透膜表面残留的酰氯基团与氨基、羟基等活性基团反应，实现膜表面的改性。例如，将亲水性的 PEG 链段接枝到膜表面，可提高

膜表面的亲水性，PEG链段还可起到分子刷的作用，抑制膜污染。在保证膜分离性能的前提下，对膜表面进行化学处理，使膜表面的酰胺键部分水解，产生更多的亲水性氨基和羧基。也有可将膜浸入异丙醇、乙醇等溶剂中，以提高膜表面的亲水性能。

⑦ 开发其他膜材料。以间氨二酚、双酚A、MPD等与TMC反应制备膜，发现加入对苯二酚的膜渗透性能与商品膜相当，而耐氯性优于商品膜。聚酯类没有N—H键，耐氯性能有所提高。对于同一类酚，单体上羟基越多，产生酯键越多，耐氯性越强。

【例7-1】 本体耐氯的聚酯型反渗透膜[1]

设计合成了间苯二酚衍生物3,5-二羟基-4-甲基苯甲酸(DHMBA)，借助共溶剂辅助界面聚合方法，提高了反应物从水相迁移至有机相的扩散速率，构建了无缺陷且具有优异水/盐选择性的三维网络聚合物膜，分离性能与Dupont公司SW30系列海水淡化膜相当。羧基与酚羟基赋予了反应物的自聚合特点，1,3,5-三取代的结构抑制了苯环的直接氯化反应路径，而甲基的引入则提供了空间位阻，增大了模型化合物的扭转势能，延缓了酯基在碱性条件下的水解。膜活性层的厚度远低于商业膜，且表面粗糙度仅为2.36 nm±0.32 nm。聚合物的高交联度及封端技术减少了膜表面的官能团数量，阻碍了硼酸分子在膜内的扩散，降低了污染物在膜面的附着概率，强化了材料的抗污染特性，在脱硼率、耐氯性、抗有机污染、抗无机结垢等方面均表现出色。

根据反渗透的操作压力可将膜分为海水膜(盐质量分数3%~5%，操作压力5.6~7.0 MPa)和苦咸水膜(盐质量浓度2000~10000 mg/L，操作压力1.5~3.0 MPa)。在反渗透的应用中，约50%用于苦咸水和海水淡化，40%用于电子工业、制造业和发电厂的纯水制备，其余的则用于废水处理和生物食品的加工分离。

(1)海水和苦咸水的淡化

地球上的水大约97%是海水，淡水仅占3%，且其中70%以冰帽和冰川的形式存在，实际可供人类使用的淡水不到总水量的0.8%。目前世界上海水淡化以多级闪蒸法(multistage flash evaporation，MSF)和反渗透法为主。当浓水中的能量可通过水力透平机、多级离心泵等回收时，反渗透法能耗远低于MSF法。苦咸水是指水中总溶解固体量(TDS)为1000~10000 mg/L的天然水，包括地表水和地下水两大类。苦咸水的渗透压低，使反渗透的回收率可以提高。

反渗透的预处理主要采用絮凝、多介质过滤(采用无烟煤、石英砂等作为滤料)和精密过滤，使料液性质(如pH、微生物、污染指数等)满足膜的使用要求，其中浊度应小于0.1°，料液污染指数应小于5，以防止粒子在膜表面的浓度极化和结垢。海水在20 ℃时的渗透压约为2.5 MPa，相当于250 m高水柱，可以制造淡水井(图7-1)。

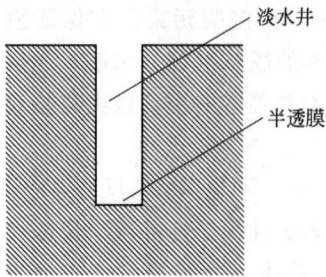

图 7-1 淡水井

淡水井

半透膜

(2)纯水的制备

在电子工业的集成电路、半导体器件的切片、研磨、外延扩散和蒸发等工艺中，需要反复用高纯水清洗。集成电路的许多电路或相邻元件之间，只有 0.002 mm 左右的距离，水中的微粒会形成针孔、小岛或缺陷，导致电路短路或电器特性改变。所以，电子工业用水对脱盐率、总有机碳(TOC)和硅(SiO₂)等要求极高。纯水在 25 ℃时的电导率为 0.055 μS/cm(电阻率 18.18 MΩ·cm)。将饮用自来水(含盐量小于 500 mg/L)纯化制备纯水时，电渗析-离子交换难以去除胶体和中性粒子，不能满足大规模集成电路的用水要求。反渗透-离子交换法可以保证高电阻率的要求。电厂锅炉用水也需要纯度 15 MΩ·cm 以上的纯水，以防止锅炉结垢和腐蚀。

(3)废水处理

在废水处理中，主要是分离无机盐和有机物，所截留物质被浓缩 20~50 倍后可回收利用或利用焚烧等方法处理，透过水则可用于冲洗、绿化等，RO 已用于电泳、电镀废水的闭路循环工艺。例如，镀铬废水约占电镀废水总量的 70%，废水偏酸性且呈氧化性，可选用芳香聚酰胺等膜材料。

(4)食品工业

反渗透浓缩茶叶提取汁，再经喷雾干燥，可得速溶茶。反渗透用于浓缩果汁，维生素 C、氨基酸和香气成分的损失比真空蒸馏浓缩低很多。在食品工业中，膜和膜组件应耐受经常性的蒸汽杀菌消毒。

在反渗透操作中出现以下情况时，需要对膜进行清洗：装置生产能力减少 10% 以上，组件压降增加 15% 以上，盐透过量显著增加。清洗操作一般分两步进行：用酸清洗剂(如 1%~2%柠檬酸水溶液)去除无机盐沉淀；用碱性清洗剂去除有机污染物。

【例 7-2】 海水中 NaCl 质量分数为 3%，采用反渗透进行脱盐，反渗透膜的水渗透系数 $L_p = 1.5 \times 10^{-13}$ m/(s·Pa)，在 298K 和 6 MPa 下操作，膜组件产水速率为 5 m³/d，求所需膜面积。

解：海水渗透压为：

$$\pi = zcRT = \frac{2 \times 3 \times 10^4 \times 8.31 \times 298}{58.45} Pa = 2.54 \times 10^6 Pa$$

水通量：

$$J = L_p(\Delta p - \Delta \pi) = 1.5 \times 10^{-13} \times (6 \times 10^6 - 2.54 \times 10^6)[m^3/(m^2 \cdot s)]$$
$$= 5.19 \times 10^{-7}[m^3/(m^2 \cdot s)] = 0.0448[m^3/(m^2 \cdot d)]$$

所需膜面积：

$$S = \frac{Q}{J} = \frac{5}{0.0448} \mathrm{m}^2 = 111.6 \ \mathrm{m}^2$$

7.1.3　正渗透

反渗透以高压为推动力，在制备纯水的同时也产生了大量高含盐量的废水。正渗透（forward osmosis，FO）依靠渗透压驱动，不需外加压力或在很低的外压下运行，膜污染相对较轻，能长时间持续运行而无需清洗[2]。

正渗透的原理，是在具有选择透过性的膜两侧分别放置不同渗透压的溶液，一侧为渗透压较低的原料液（feed solution），另一侧为渗透压较高的汲取液（draw solution），使水自发地从原料液一侧透过膜到达汲取液一侧。汲取液的选择很重要。汲取液与原料液之间要有足够的渗透压差；汲取液或渗透剂（osmotic agents）应容易浓缩或分离以获得纯水；汲取液应稳定、无毒、价廉、易溶，不能以反应、溶解、污染等方式损坏膜。渗透剂主要有 NH_4HCO_3、葡萄糖、果糖、KNO_3 等[3]。溶解度具有温敏性的渗透剂易于从产品水中分离。

例如，将氨气与二氧化碳按照一定比例混合溶解于水中，配制成一定浓度的铵盐溶液作为汲取液，其既具有较高的渗透压，又能方便地从水中分离。汲取液浓度为 6 mol/L 时，其渗透压达 2.53×10^7 Pa，以 0.5 mol/L NaCl 溶液作原料液，系统渗透压差达 2.17×10^7 Pa。对于稀释后的汲取液，将其加热到 60 ℃，其中的铵盐分解为氨气和二氧化碳，采用合适的方法（如蒸馏）就能与水分离，得到产品水，分离出的氨气和二氧化碳可以循环使用。

研究发现，由于 FO 过程存在浓度极化，正渗透的实际通量远小于预期值。正渗透过程的浓度极化分为外浓度极化和内浓度极化。

（1）外浓度极化

随着正渗透的进行，原料液侧膜表面处有溶质的积累，同时汲取液侧膜表面处水化学势却显著增大，上述讨论以膜整体为研究对象，称为外浓度极化。发生在原料液侧和汲取液侧的浓度极化分别称为浓缩的外浓度极化和稀释的外浓度极化。

（2）内浓度极化

当复合膜或不对称膜作为正渗透膜时，致密分离层和多孔支撑层的存在使浓度极化变得更为复杂。当多孔支撑层朝向原料液时，溶质会在紧靠致密层的支撑层孔内积累，称为浓缩的内浓度极化。由于其发生于膜孔内，不能通过原料液的错流得以缓解。反之，当多孔支撑层朝向汲取液时（在水纯化和脱盐中多采用该形式），膜孔内的浓度极化称为稀释的内浓度极化[4]。

研究表明，外浓度极化的作用较小，而内浓度极化是正渗透膜通量大幅下降的根本原因。所以，研究正渗透的浓度极化及其缓解措施是非常重要的。早期研究人员使用非对称反渗透复合膜研究正渗透过程，发现该结构不适用于正渗透，主要原因是多孔支撑层产生了内浓度极化现象，大大降低了渗透速率。与反渗透膜相比,复合正渗透膜的支撑层应具有较高的开孔率,以有效降低内浓度极化。正渗透膜的研究集中在制备低内浓度极化的高通量和高截留率的膜。

正渗透膜分离技术已用于紧急救援时饮用水的制备、工业废水处理、垃圾渗滤液处理、饮料浓缩、药物控制释放等领域。

(1)饮用水制备

1975 年,Kravath 用葡萄糖溶液作为汲取液,水从海水渗透到葡萄糖汲取液中,经稀释的葡萄糖汲取液可作为饮用水在海上救生船使用。利用正渗透与反渗透相结合的方法对宇航员产生的生活废水进行处理可制备饮用水。

(2)环境工程

York 等[5]采用 CTA 正渗透膜对垃圾渗滤液进行浓缩处理,中试研究表明,产水率达到 90% 以上,对垃圾渗滤液中的多种污染物去除率达到 99%,达到了国家污染物排放标准。Holloway[6]将正渗透膜用于厌氧污泥浓缩,得到了较高的水通量,并且氨氮去除率达到 85% 以上,磷酸盐去除率高达 99.9%。

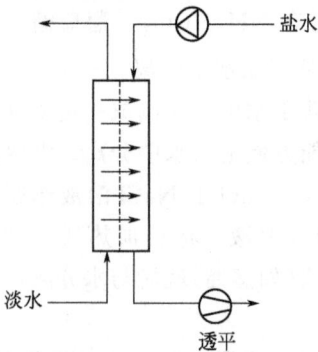

图 7-2　渗透发电

(3)发电

用半透膜将盐的浓溶液与稀溶液(或纯水)分开,水从稀溶液(或纯水)侧渗透到浓溶液侧,通过透平可以用渗透水流发电(图 7-2)[7]。假设溶质完全截留,则水流量为:

$$J_v = A(\Delta\pi - \Delta p) \tag{7-8}$$

单位膜面积产生的功率 E 为通量与压差的乘积:

$$E = J_v \Delta p = A(\Delta\pi - \Delta p)\Delta p \tag{7-9}$$

当 $\mathrm{d}E/\mathrm{d}(\Delta p) = 0$ 即 $\Delta p = 0.5\Delta\pi$ 时,功率最大

$$E_{max} = \frac{A}{4}(\Delta\pi)^2 \tag{7-10}$$

随着盐溶液浓度提高,所产生的能量大幅度提高。如果在入海口用半透膜将海水和淡水隔开,海水的渗透压约等于 250 m 高的大坝产生的压力,因此是一种新型的绿色能源技术。该过程存在的问题主要有:由于发生渗透,浓溶液的浓度和渗透压将逐渐降低;当膜不是完全理想的半透膜时($R < 100\%$),盐会从浓溶液侧流向稀溶液侧,使渗透压差下降;膜表面的浓度与主体不同,即存在浓度极化,使渗透压差减小。

7.2　纳滤

纳滤(nanofiltration)膜介于反渗透膜和超滤膜之间,对二价、多价离子和分子量大于 200 的有机物有较高的脱除率。由于截留率大于 95% 的最小分子的直径约为 1 nm,因此称为纳滤。纳滤操作压差在 0.7 MPa 左右,低于反渗透,故也称为疏松反渗透(loose RO)。

7.2.1 纳滤膜

通过调节制膜工艺,可以将反渗透膜表层疏松化或者将超滤膜表层致密化得到纳滤膜。商品化的纳滤膜材料主要有聚酰胺(PA)、聚乙烯醇(PVA)、磺化聚砜(SPS)、磺化聚醚砜(SPES)、醋酸纤维素(CA)、三聚氰胺/酚醛树脂、三聚氰胺/聚丙烯等。

L-S 法制膜操作简单,但传统的高分子膜材料较难制得小孔膜,膜的渗透通量也不具有优势,通过改进制膜工艺降低致密皮层厚度的作用也有限。例如,制备醋酸纤维素纳滤膜时,必须改变常规组成和配比,特别是致孔剂,选用 CA 和三醋酸纤维素(CTA)共混材料,二氧六环和丙酮为混合溶剂,顺丁烯二酸和甲醇作为混合添加剂,利用 L-S 法制备不对称纳滤膜,截留分子量在 $200 \sim 600$,在 1.0 MPa 下对 1000 mg/L 的 Na_2SO_4 水溶液截留率为 $85\% \sim 98\%$。

工业化的纳滤膜一般为复合膜,如采用多元胺与多元酰氯在基膜上界面聚合制得复合纳滤膜。随着待分离组分尺寸的减小,非荷电膜的孔径也应相应减小,但必然造成通量下降和操作费用增加。所以,纳滤膜大多荷电,利用大孔径荷电膜可以分离直径较小的物质,以及分子量相近而荷电不同的组分,通过荷电化还可以提高膜的耐压密性、耐酸碱性及抗污染性。例如,以聚醚砜(PES)为原料,经异相和均相磺化制得磺化聚醚砜(SPES),采用浸涂法制得荷负电的复合型SPES纳滤膜。侧链上带有亲水性酚酞基的聚芳醚砜(PES-C)经硫酸磺化制得磺化聚芳醚砜(SPES-C),再用相转化法制得荷负电纳滤膜,能有效截留荷负电染料。无机陶瓷纳滤膜材料主要有 $\gamma\text{-}Al_2O_3$、TiO_2、ZrO_2 等。例如,采用溶胶-凝胶法制备 $\gamma\text{-}Al_2O_3$ 膜,在 450 ℃下烧结后膜孔径为 0.6 nm,截留相对分子质量为 350。

【例 7-3】 图灵结构聚酰胺纳滤膜[8]

图灵在 1952 年发表《形态发生的化学基础》一文,利用反应-扩散方程解释复杂的生命形态背后的化学机理,认为任何重复的自然图案都是通过两种特征的物质(如分子、细胞等)反应产生的,两种组分由于扩散差异使得系统失稳,最终形成斑纹、条纹、斑点等图灵结构。在界面聚合中,通过添加亲水性大分子聚乙烯醇,调控水相单体哌嗪的扩散系数,增大与油相中均苯三甲酰氯单体的扩散系数之差,满足图灵的反应-扩散理论的基本要素,可制备出纳米尺度的泡囊、管状等三维图灵结构,其水传递速度是商业膜的 $3 \sim 4$ 倍,突破了现有纳滤膜的透水极限,并且采用金纳米颗粒作为标志物,可视化验证了图灵结构对膜分离性能的贡献。

在纳滤回收有机溶剂过程中,需要采用耐溶剂纳滤(solvent resistant nanofiltration，SRNF)膜，其能耐受醇类、酯类、烷烃、芳烃、酮类、卤代烃类、甲苯、乙腈、乙酸乙酯、二甲基甲酰胺等有机溶剂，在溶剂中性质稳定，不溶解，溶胀度小，表层与基膜不易剥离。目前 SRNF 膜材料主要有：

① 无机纳滤膜。无机膜耐溶剂性能优异，但成本相对较高，孔径不易精确调控。

② 耐溶剂有机纳滤膜，如聚酰亚胺、硅橡胶、聚丙烯腈、聚磷腈、聚亚胺酯等。有机纳滤膜成本较低，已商品化的耐溶剂纳滤膜材质主要有聚酰亚胺、硅橡胶等，但 PDMS 在一些非极性溶剂中会发生溶胀。SRNF 可用于制药工业的溶剂回收、食用油精炼、催化剂回收、溶剂脱蜡等领域，应用前景非常广阔。

SRNF 膜分为非对称(integrally skinned asymmetric，ISA)膜和薄层复合(thin film composite，TFC)膜两大类。非对称膜制备工艺简单，但传递阻力大。TFC 膜是在支撑材料上制备较薄分离层，通量较高，支撑层和分离层可分别优化。制备稳定的分离层是保证膜性能的关键，分离层的制备方法主要有界面聚合法、涂覆法、原位聚合法、层层自组装法、过滤法等。

(1)界面聚合法(IP 法)

在传统界面聚合膜基础上，研究者通过设计和优化单体结构提高膜性能。例如，通过设计合成具有 2,2′-联苯酚刚性结构的两种小分子，制备了超薄无缺陷且具有高微孔性的联苯酚耐溶剂纳滤膜(约 5 nm)，用于有机溶剂体系的筛分。该膜具有超高的甲醇渗透系数(13～17.5 LMH/bar)和较低的截留分子量(约233)，可实现分子量和尺寸相近的甲基橙(分子量 327)和亚甲基蓝(分子量 320)的精准筛分，分离机理为尺寸排阻与道南效应的共同作用[9]。

为了提高 TFC 膜性能，可在基膜和分离层之间增加中间层。例如，在氧化铝载体上制备氢氧化镉纳米线[10]，再通过 MPD 和 TMC 反应形成小于 10 nm 的PA 层，利用酸溶解除去氢氧化镉，经 DMF 活化后，膜对酸性品红的截留率为99.9%，甲醇渗透系数 51.84 $L/(m^2 \cdot h \cdot bar)$。在 PTFE 中空纤维微滤膜表面制备聚多巴胺涂层以提高基材的亲水性，以聚乙烯亚胺(PEI)和 TMC 为单体，采用两次 IP 法获得无缺陷聚酰胺涂层，对乙腈和 DMF 的渗透系数分别为 7.94 L/$(m^2 \cdot h \cdot bar)$和 3.70 $L/(m^2 \cdot h \cdot bar)$，酸性品红(585 Da)截留率＞90%。通过添加哌嗪单体，膜截留分子量可进一步降低至 300 Da。在 DMF 中进行 72 h 测试，膜显示出优异的稳定性和纳滤性能[11]。

为了进一步提高 TFC 膜的性能，可以在高分子中添加纳米材料，制备薄层纳米复合(thin film nanocomposite，TFN)膜。例如，利用胺或氯化物将 TiO_2 纳米粒子功能化，然后将功能化 TiO_2 纳米粒子分别分散在水溶液或有机单体溶液中，发现氨基化的二氧化钛纳米粒子在整个 PA 层中分散均匀，甲醇渗透系数达到 260 $L/(m^2 \cdot h \cdot MPa)$，对结晶紫的截留率为 90%。$TiO_2$ 纳米粒子降低了 PA基质的链移动性，减少了 TFN 膜在 DMF 中的溶胀，增加了稳定性[12]。利用无机前驱体四乙氧基硅烷和钛酸四正丁酯的水解，在高分子中原位制备 SiO_2 和 TiO_2 纳米颗粒，提高了膜的耐溶剂性(溶胀度低于 6%)，聚乙二醇截留率增加，甲苯、丁酮、乙酸乙酯和异丙醇 (IPA) 的通量略有下降[13]。已报道的 TFN 添加材料还有纳米金、UZM-5 沸石、氧化石墨烯、碳纳米管、环糊精等。TFN 膜存在的主要问题是填料和有机聚合物之间的作用较弱，容易导致界面缺陷。

【例 7-4】 网状氟化聚合物聚酰胺耐溶剂纳滤膜[14]

利用网状氟化聚合物(FPNs)调控界面聚合，制备仿沙漠甲虫不对称结构的聚酰胺耐溶剂纳滤膜(FPN-TFC)。间苯二胺、多巴胺和全氟十二烷基硫醇通过迈克尔加成和席夫碱反应生成 FPNs，其具有较低的表面自由能，有利于降低水-油两相界面张力，促进界面聚合反应和疏水链段不对称分布，形成上表面亲水疏松、下表面疏水致密、内部含有大量疏水空腔结构的不对称聚酰胺膜，对有机染料分子(尺寸大于 $1.13\ nm \times 0.42\ nm$)的截留率为 99%，甲醇渗透系数为 $40.0\ L/(m^2 \cdot h \cdot MPa)$。在长期纳滤测试中，FPN-TFC 膜表现出良好的耐溶剂稳定性、耐压性和抗污染性。

【例 7-5】 用于工业烃类混合物分离的疏水改性聚酰胺膜[15]

用于海水淡化的聚酰胺膜对于非极性溶剂几乎没有通量。在工业烃类混合物分离中，为了实现聚酰胺膜的疏水改性，合成了一种 ABA 型的两亲性多元嵌段胺(multiblock oligomer amines，MOAs)，其中疏水嵌段 B 由氟碳链或烷烃链构成，当该两亲分子在水相中的浓度高于临界聚集浓度(CAC)时，会自组装形成团聚体，氨基面向水相，而疏水嵌段则折叠向内。在界面聚合反应中，团聚体上的氨基和油相中的酰氯反应，使团聚体嵌入聚酰胺膜中，使膜表面呈现很多凸起结构，水接触角提高了 19°。该膜由连续聚酰胺分离层(厚约 30 nm)以及中空结构的 MOA 团聚体组成，界面聚合形成的高度交联的网络结构有利于抑制膜在有机溶剂中的溶胀，MOA 的嵌入实现了聚酰胺膜的疏水改性，显著提高了有机溶剂通量。通过调控疏水嵌段的化学结构和长度，可以改变膜对原油分子的选择性，调控分离效果。该膜具有与传统亲水性聚酰胺膜类似的溶剂激活效应，通过丙酮激活，使团聚体中的自由疏水嵌段大量暴露于膜表面，创造了类似于水通道蛋白的非极性溶剂传输通道，减小了传输阻力，正己烷通量比未激活 MOA 膜提高了一个数量级。该膜用于分离九种烃类分子组成的模拟原油，与商用有机纳滤分离膜(ONf-2)相比，MOA 膜对高分子量芳香烃的截留率更高，而对于低分子量成分截留率更低，呈现了更优异的选择性。在轻质原油分离中，MOA 膜能在常温(30 ℃)下达到较高的烃类混合物通量，可有效截留原油中沸点高于 300 ℃的高分子量烃类化合物。

【例 7-6】 无机纳米多孔掺碳金属氧化物纳米膜[16]

利用四氯化钛($TiCl_4$)蒸气和液态乙二醇(EG)分别作为金属反应物和有机反应物，在较高温度(150 ℃)下通过界面反应在短时间内生成致密无缺陷的有机金属杂化膜（OHF），经过热处理除碳得到纳米多孔碳掺杂金属氧化物（CDTO）。在 N$_2$ 和 O$_2$ 中进行热处理都产生了密集的孔隙，比表面积、孔体积和孔隙率与煅烧后氧化钛网络中残留碳（即碳掺杂）高度相关，碳的去除是孔隙形成和精确尺寸改变的原因。掺碳量越高，疏水性越强。在 N$_2$ 中煅烧产生的孔隙更小（碳掺杂量更高），CDTO-N$_2$ 的有机溶剂渗透速度比 CDTO-Air 低。在高温或空气中煅烧可从 OHF 中去除更多碳，从而减少碳掺杂并产生更大的孔。将空气中煅烧温度从 250 ℃ 提高到 500 ℃，CDTO 膜的截留分子量从 920 g/mol 增加到 1000 g/mol 以上。CDTO 膜在 240 g/mol 和 1400 g/mol 之间孔径可调，孔密度（假定曲折因子相同）和渗透速率比商用有机溶剂纳滤膜高 2～10 倍，可在苛刻条件下长期稳定高效分离有机物，其中 CDTO-Air 纳米膜在 140 ℃ 下仍能稳定分离 DMF 中的玫瑰红。

【例 7-7】 环糊精有序排列纳滤膜[17]

大环分子如环糊精（cyclodextrin，CD）具有固有的内在空腔，可以用作直通的膜孔。然而，将其作为单体用于界面聚合反应时，由于 CD 在中性水相里无法和油相中的酰氯反应，必须加入碱使其上下两端的羟基去质子化以增加反应活性，而在碱性条件下具有相近活性的两端会同时和酰氯反应，无序交联，无法形成直通膜孔。为了实现 CD 的有序排列，将其上端（较小开口端）的羟基改性为活性更强的氨基，通过柔性的聚氨酯长链连接在大环分子上，而其下端（较大开口端）的官能团保持不变。柔性的聚氨酯长链减少了分子内的氢键作用，使 CD 能直接溶于水中，氨基可以在中性水相中和油相中的对苯二甲酰氯反应，上端氨基朝向油相，下端羟基朝向水相，有序排列交联形成聚酰胺膜。利用原位掠入射广角 X 射线散射（GI-WAXS）对自支撑超薄膜进行分析，证明 CD 在垂直于基底的平面上有序排列。高真空原子力显微镜（UHV-AFM）分析表明，β-CD 膜孔径约 0.6 nm，与 β-CD 上端开口的理论值（0.61 nm）一致。而采用均苯三甲酰氯（TMC）时，TMC 多出的一个酰氯官能团会增加交联中的自由度，使 CD 分子倾向于无序排列。有序排列的膜呈现了更高的极性溶剂通量，将该膜用于两级膜过程提纯大麻二酚（CBD），第一级选用较大孔径膜将叶绿素与 CBD、柠檬烯分离，第二级选用较小孔径膜将 CBD 与柠檬烯分离，乙醇通量比商用膜高一个数量级，CBD 的纯度达到了商用膜的三倍。

（2）涂覆法

涂覆法包括浸涂、旋涂、喷涂等方法。例如，自具微孔聚合物（PIMs）膜具有刚性扭曲形变的结构和良好的耐溶剂性能。将聚合物 PIM-1 涂覆在 PAN 支撑层上，形成复合膜，对正庚烷的渗透系数为 180 L/(m^2·h·MPa)，对六苯基苯的截留率达到 97%[18]。采用涂覆法在聚砜（PSF）上制备了硫化钼（MoS$_2$）-聚三甲基硅丙炔（PTMSP）纳米复合膜，MoS$_2$ 用于构建层间通道，促进溶剂通过并截留小分子溶质。与 PTMSP 膜相比，改性膜的甲醇渗透系数［5.89 L/(m^2·h·

bar)]提高了 47%，而罗丹明 B(RB)截留率保持在 97.14%。

（3）原位聚合法

采用不同疏水性丙烯酸酯单体，以 Perkadox 为自由基引发剂，亲水性双丙烯酸酯封端的 PEO 为大分子交联剂，在 PAN 基膜上原位聚合成膜，可去除 IPA 中 99% 的 RB[渗透系数 0.4 L/(m²·h·bar)]、THF 中 99.3% 的 RB[渗透系数 1.3 L/(m²·h·bar)]和 DMF 中 96% 的 RB[渗透系数 2.7 L/(m²·h·bar)][19]。

【例 7-8】 富氟型的聚芳基胺膜[20]

对于尺寸差异小的液态烃类混合物的分离，设计高分离性能与耐溶剂性能的膜材料至关重要。设计合成了富氟型的聚芳基胺材料（FRPAA），具有刚性聚合物主链和隔离的全氟烷基侧链，通过将富氟侧链引入线性玻璃状聚合物的主链中，增强化学稳定性和抑制溶胀，从而提高分离效率。尽管极性基团可以抑制溶胀，但会降低烃类渗透速率，而富氟侧链可增加疏水性，提高烃的亲和力和渗透通量。通过精准控制氟含量，使其具有富氟材料的耐溶剂性能，同时保持了通用高分子材料的溶剂可加工性。与低渗透性的全氟膜材料（特氟龙）不同，通过调节 FRPAA 芳基胺骨架结构，能精准控制膜的分离通量与选择性。将 FRPAA 膜用于甲苯/三异丙基苯二元混合体系分离，分离性能超过目前的有机液态烃类分离膜的性能上限。分子结构模拟实验表明，与经典的自具微孔高分子 PIM-1 材料相比，FRPAA 在溶剂浸润的环境中保持了膜孔径的稳定性。在 C₆ 的同分异构体分离上，FRPAA 表现出较好的分离性能。对于 C₆~C₁₂ 的费-托合成烃类混合物，FRPAA 膜能高效分离短链/长链烃类，通过单级膜分离可以将含 74%（质量分数）轻质烃类的混合物在渗透相富集为 95%（质量分数），对于长链烃类（C₂₀₊）的截留率高达 90% 以上。

（4）层层自组装法

在荷电基膜上连续沉积带相反电荷的聚电解质，形成多层聚电解质复合（polyelectrolyte complexes，PEC）膜。层层自组装法通过控制电解质沉积的层数，精确调控聚电解质膜的厚度，通过静电相互作用保证分离层的稳定性。PEC 膜在有机溶剂中比较稳定，表面电荷通过 Donnan 排斥作用截留同号溶质，如 SPEEK 封端的 PEC 膜可排斥荷负电溶质。在水解 PAN 载体上制备聚二烯丙基二甲基氯化铵（PDDA）/SPEEK 膜[21]，在溶剂 IPA、THF 和 DMF 中表现出优异的稳定性，随着 IPA 溶液中氯化钠的浓度从 0 增加到 0.5 mol/L，复合膜对 IPA 的通量从 0.6 L/(m²·h·MPa) 增加到 9.8 L/(m²·h·MPa)。但该方法需要多次自组装和洗涤操作，过程较为繁琐，不易实现工业放大和应用。

（5）过滤法

过滤法主要用于制备二维纳米材料膜。将氧化石墨烯（GO）进行热致孔活化和微波辅助还原，过滤得到纳米多孔石墨烯膜，表现出超快有机溶剂渗透性，膜截留分子量可调，使用单一膜可分离多种有机溶剂混合物[22]。采用多壁碳纳米管(MWCNT)插层 La^{3+} 交联的小片状氧化石墨烯(SFGO)，形成三元纳米结构[23]，乙醇渗透系数为 138 L/($m^2 \cdot h \cdot bar$)，对有机染料的截留率大于99%，丁醇渗透系数大于 60 L/($m^2 \cdot h \cdot bar$)。理论模拟表明，La^{3+} 交联有助于形成完整膜结构，使尺寸排阻成为主要分离机制。制备 PDDA 改性 BN(PBN)纳米片膜和海藻酸钠改性的 BN(SBN)纳米片膜[24]，PBN 膜(厚度 1 μm)可截留近 100%的带负电染料，而 SBN 膜(厚度 2 μm)可截留近 100%的带正电染料。

7.2.2 应用

(1)自来水深度处理

NF 膜最大的应用领域是饮用水的软化和有机物的脱除。NF 膜可以去除自来水消毒过程中产生的微量毒副产物三氯甲烷、痕量除草剂、杀虫剂、重金属、天然有机物、水质硬度、硫酸盐等，获得更加安全的优质饮用水，并且化学药剂用量少，占地少，节能，易于管理和维护，基本上可以达到零排放。

(2)浓缩和回收

纳滤膜可以回收分子量在 200～1000 之间的有机金属配合物催化剂、杀虫剂、除草剂、抗生素、色素、染料等。例如，抗生素的分子量大多在 300～1200，其生产过程包括发酵液澄清、溶剂萃取和减压蒸馏。在改进工艺中，首先采用 NF 膜浓缩抗生素发酵液，除去水和无机盐，然后再用溶剂萃取，这样可以减少萃取剂的用量；或者在溶剂萃取后，用耐溶剂的纳滤膜浓缩萃取液，透过的萃取剂循环使用，可节省蒸发萃取剂的费用。NF 膜已成功用于红霉素、金霉素、万古霉素和青霉素等抗生素的浓缩和纯化。

纳滤可截留纸浆废水中的有色化合物如磺化木质素，使废水脱色，且荷负电膜不易被带负电的木质素污染。

7.3 超滤

超滤(ultrafiltration)介于微滤和纳滤之间，截留相对分子质量在 1000～500000 的物质，可以理解为与膜孔径相关的筛分过程。在膜两侧压力差(0.1～0.6 MPa)的作用下，溶剂、无机盐等小分子物质透过膜，而悬浮物、胶体、蛋白质、微生物等可被截留，从而达到净化、分离和浓缩等目的。超滤适用于低浓度大分子物质和热敏性物质的分离和回收、不同分子量物质的分级、反渗透装置的前处理等。超滤膜大多采用相转化法制备，为非对称结构，只能单向透过使用。超滤分离主要发生在膜表面，是机械截留、架桥截留和吸附共同作用的结果，深层截留现象比微滤少得多。选择膜时，膜的截留分子量应小于待分离溶质的分子量以保证截留率，同时还可减少膜孔的堵塞现象。料液流速过大时，将使组件压力降增大，导致组件出口部分的膜工作压力过低。

7.3.1　极限通量

超滤过程中浓度极化很严重，大分子溶质或胶体可能达到其饱和浓度（即凝胶化浓度 c_g）而形成凝胶，凝胶的形成有可逆和不可逆之分，不可逆凝胶很难去除。

假设溶质完全被膜截留，溶剂通过膜的通量随压力增加而提高（称为压力控制），直至达到凝胶化浓度 c_g。此后压力再增加时，溶质在膜表面浓度不再增加（因已达到最大浓度），凝胶层越来越厚或越紧密，使凝胶层成为决定通量的因素[25]，压力增加使凝胶层阻力增大而通量不变，该通量称为极限通量（limiting flux，J_∞），如图 7-3 所示。根据浓度极化方程，得：

$$J_\infty = \frac{\Delta p - \Delta \pi}{\mu(R_m + R_{cp} + R_g)} = k\ln\left(\frac{c_g}{c_b}\right) \tag{7-11}$$

式中，R_{cp} 为浓度极化层阻力；R_g 为凝胶层阻力。可见，增大 k 值或降低原料浓度 c_b 可使 J_∞ 提高（称为传质控制）。以 J_∞ 对 $\ln c_b$ 作图，得到一条斜率为 $-k$ 的直线（图 7-4），假设凝胶层内凝胶浓度不变，则该直线在横坐标的截距（$J_\infty = 0$）为 $k\ln c_g$。根据 c_g 值可以确定超滤浓缩的极限。

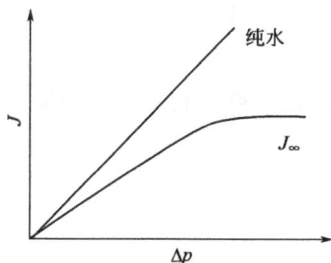

图 7-3　极限通量

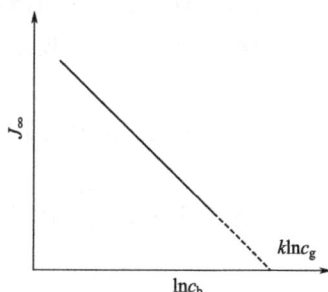

图 7-4　凝胶浓度的确定

凝胶浓度 c_g 取决于溶质大小、形状、化学结构和溶剂化程度。大分子（如蛋白质）的凝胶浓度约为 25%，而胶体的凝胶浓度在 65% 左右。凝胶层模型解释了极限通量行为，但也存在一些缺陷，如假定 k 为常数，而大分子的扩散系数经常与浓度有关。

【例 7-9】 将某料液由 $40\,\mathrm{kg/m^3}$ 超滤浓缩至 $160\,\mathrm{kg/m^3}$，膜截留率为 100%，渗透压可忽略，通量 J 可表示为 $J = k\ln(c_g/c_b)$，传质系数 k 与流速关系为 $k = 1\times10^{-5}v^{0.75}$，$c_g = 200\,\mathrm{kg/m^3}$，错流速率为 $1\,\mathrm{m/s}$，进料流量 $Q_f = 4.0\,\mathrm{m^3/h}$，计算单级循环操作时所需的膜面积。

解： 根据质量衡算方程：

$$Q_f c_f = Q_r c_r$$

$$Q_r = \frac{Q_f c_f}{c_r} = \frac{4.0\times40}{160}(\mathrm{m^3/h}) = 1.0(\mathrm{m^3/h})$$

又因为：

$$Q_f = Q_p + Q_r$$

$$Q_p = Q_f - Q_r = 4.0 - 1.0 (m^3/h) = 3.0 (m^3/h)$$

$$J = k \ln \frac{c_g}{c_b} = 1 \times 10^{-5} \times \ln \frac{200}{160} [m^3/(m^2 \cdot s)] =$$

$$2.23 \times 10^{-6} [m^3/(m^2 \cdot s)] = 8.03 \times 10^{-3} [m^3/(m^2 \cdot h)]$$

$$S = \frac{Q_p}{J} = 374 m^2$$

极限通量也可用渗透压模型描述，这是因为对于高通量、高截留率且传质系数 k 较低的情况，膜表面处大分子溶质的浓度相当高，渗透压不能忽略，通量应写为：

$$J = \frac{\Delta p - \Delta \pi}{\mu R_m} \tag{7-12}$$

式中，Δp 为压差；$\Delta \pi$ 为膜两侧渗透压差，$\Delta \pi$ 的大小取决于膜表面处浓度 c_m，而非主体浓度 c_b。随着压差增大，通量上升，膜表面处浓度 c_m 也上升，导致渗透压增加。对于低分子量溶质的稀溶液，渗透压与浓度之间存在线性关系。而大分子溶液的渗透压与浓度之间的关系一般为指数形式：

$$\pi = ac^n \tag{7-13}$$

式中，a 为常数；n 为大于 1 的指数因子。常数 a 和 n 取决于分子量和聚合物的种类。

假设溶质被完全截留，通量为：

$$J = \frac{\Delta p - ac_b^n \exp\left(\frac{nJ}{k}\right)}{\mu R_m} \tag{7-14}$$

导数 $\partial J / \partial \Delta p$ 表示了通量随压力的变化：

$$\frac{\partial J}{\partial \Delta p} = \left[\mu R_m + ac_b^n \frac{n}{k} \exp\left(\frac{nJ}{k}\right) \right]^{-1} = \left(\mu R_m + \frac{n}{k} \Delta \pi \right)^{-1} \tag{7-15}$$

式(7-15)表明，当 $\Delta \pi$ 很高时，$\partial J / \partial \Delta p$ 几乎为零，即通量不随压力增大而增加；当 $\Delta \pi \rightarrow 0$ 时，$\partial J / \partial \Delta p$ 等于 $(\mu R_m)^{-1}$。对于超滤，极限通量是很典型的，微滤中则不明显，而反渗透中通量随压力增加而增加。

7.3.2 稀释过滤

在微滤、超滤、纳滤等膜分离中，都不能将大分子和小分子完全分离。例如，超滤回收蛋白质时，蛋白质被截留在浓缩液中，而作为杂质的小分子盐类既存在于浓缩液中，也存在于滤液中。这时，可将浓缩液用水稀释后再超滤，如此反复，直至达到净化要求。这种操作称为渗滤（diafiltration）或稀释过滤。

在连续稀释过滤中（图 7-5），以与渗透速率 Q_p 相同的速率向原料罐中连续加水，使原料罐中液体体积保持不变。假设大分子溶质被完全截留，小分子溶质的截留率为 R，加水速率为 Q_w，透过液和浓缩液中小分子溶质的浓度分别为 c_p 和 c_r，时间为 τ，对水和小分子溶质分别进行质量衡算：

$$Q_w = Q_p \tag{7-16}$$

图 7-5 连续稀释过滤示意图

$$Q_p c_p = -V_0 \frac{dc_r}{d\tau} \tag{7-17}$$

$$c_p = c_r(1-R) \tag{7-18}$$

边界条件为：$\tau = 0$，$c_r = c_{r,0}$；$\tau = t$，$c_r = c_{r,t}$。

对式(7-17)积分得：

$$c_{r,t} = c_{r,0} e^{\frac{-Q_w(1-R)t}{V_0}} = c_{r,0} e^{\frac{-V_w(1-R)}{V_0}} \tag{7-19}$$

式中，V_w 为时间 t 内所加水的总体积。由该式可知，当 $R=0$、加入水量等于初始体积 V_0 时，仍有 37% 的小分子溶质留在原料罐中。为了除去 99% 以上的小分子溶质（$c_{r,t}/c_{r,0} < 0.01$），至少需要加入体积为 $5V_0$ 的水。

7.3.3 应用

超滤在水处理、酶制剂生产、食品工业、医药卫生等领域应用很广，膜清洗和污染控制是超滤操作费的主要部分。

(1)反渗透的前处理

在海水淡化和纯水制备中，超滤常用作反渗透的前处理设备，去除胶体、微粒、细菌等物质，延长反渗透膜的使用寿命。

(2)酶制剂生产

工业生产的液体酶制剂必须进行浓缩提纯，传统方法有盐析、萃取、真空蒸发、超离心分离等。常用酶制剂的分子量在 10000～100000，如葡萄糖淀粉酶约为 60000，α-淀粉酶约为 50000，碱性蛋白酶约为 27000。采用超滤浓缩酶，产品纯度高，能耗低，操作工艺简单。

(3)食品工业

酱油的灭菌澄清传统上采用巴氏消毒-板框过滤法，产品往往达不到国家规定的卫生指标，且随着时间延长常有大量沉淀产生。采用超滤澄清酱油可达到卫生标准，在长期存放中也不会有沉淀产生。酱油偏酸性，富含蛋白质，所以选用加酶 NaOH 溶液作为清洗剂。醋的发酵液也可用 UF 直接过滤，去除酵母、细菌和杂质。将脱脂牛奶超滤浓缩 3～4 倍，再将浓缩液用于发酵生产奶酪，因乳糖已从牛奶中去除，使奶酪味道更加鲜美。超滤用于食品工业的最重要问题是每

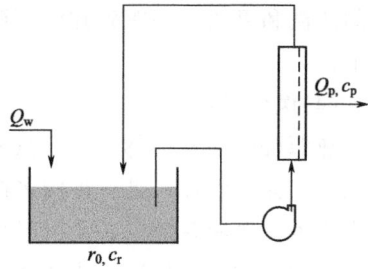

日的清洗和灭菌。一般先碱洗再酸洗，最后用 NaClO 溶液灭菌，膜寿命在 1 年以上。

(4)医药卫生

热源(pyrogen)又称内毒素(endotoxin)，产生于革兰阴性细菌的细胞外壁，即细菌尸体的碎片，是一种脂多糖，分子量几千到几万。如有微量热源混入药剂而进入人体血液系统中，会引起严重发热甚至死亡。传统上采用蒸馏法去除工艺用水中的热源，但热源可能会随蒸汽进入蒸馏水中。采用超滤可有效除去注射用药物、输液剂中的热源。中药注射剂中，有效成分的分子量多在 1000 以下，而无效成分(鞣质、蛋白质、树胶、淀粉等)分子量较大，采用超滤可去除杂质、微粒、细菌和热源，提高产品质量。

(5)废水处理

在纺织工业中，为了增加纱线强度，织布前需将纱线上浆，印染前再把上浆剂洗去，称为退浆。淀粉、水溶性聚合物(如聚乙烯醇)常用作棉布的上浆剂。超滤可浓缩回收上浆剂以重复使用。在纤维织造工序中，为了使纤维具有光泽和防止静电，常用油剂处理纤维。超滤可回收油剂废水中的油剂。

在金属制品的电泳涂漆中，金属制品作为阳极(或阴极)，浸入荷负电(或正电)的树脂涂料溶液中。在直流电场作用下，涂料在金属表面形成一层均匀的涂层，然后用水清洗金属表面得到成品。1970 年美国 PPG 公司公开了超滤回收电泳废水中涂料的技术，超滤透过液经反渗透分离可用作金属制品的洗涤水。

含重金属离子的废水可用胶束强化超滤(micellar-enhanced ultrafiltration, MEUF)处理[26]。当阴离子表面活性剂浓度高于临界胶束浓度时，形成疏水端向内、荷负电亲水端向外的胶束，废水中金属阳离子通过静电作用吸附在胶束上，被超滤膜截留。采用聚电解质(如羧甲基纤维素、聚苯乙烯磺酸钠)代替表面活性剂与金属离子作用，然后用截留分子量小于该聚合物分子量的超滤膜截留，称为聚电解质强化超滤[27]。

(6)饮用水净化

在饮用水净化中，以 UF 为核心技术的组合工艺，被称为第三代城市饮用水净化工艺，分为直接过滤、短流程过滤、中流程过滤、长流程过滤等四种工艺流程。

直接过滤：原水不经预处理或仅投加少量混凝剂，就直接超滤过滤，适于处理水质较好的微污染水源、农村小型供水水源。

短流程过滤：原水经混凝后超滤，占地面积小，适用于中小型超滤水厂、大型水厂的反冲洗水处理。

中流程过滤：原水经混凝和沉淀后超滤，用超滤代替砂滤，多用于场地受限的老旧水厂改造升级。

长流程过滤：原水经混凝-沉淀-过滤后进行超滤深度处理，工艺单元优势互补，产水规模大，多用于大规模新建水厂、旧水厂大型改造项目。

【例 7-10】　抗污染自清洁压电膜[28]

压电材料能将机械能转化为电能，而压力膜过程中固有的 0.5～100 bar 操作压力，可诱导压电材料产生伏级别的电压。设计和制备了具有水压响应的锰掺杂钛酸钡基压电分离膜(PiezoMem)，其具有与传统水处理陶瓷膜相似的孔结构及分离性能，可将周期性的脉冲水压(2 bar)原位转化为相应的电流和快速的电压振荡(峰值＋5.0/－3.2 V)，在膜表面及孔内诱导形成不均匀的高强脉冲电场和羟基自由基等活性氧物种(ROS)。ROS 可破坏膜表面污垢与膜之间的相互作用，使附着在膜表面的微生物由于氧化或者电击穿作用失活，减少在膜表面的黏附；而不均匀高强脉冲电场对膜表面的颗粒物形成介电泳力(DEP)，排斥颗粒物离开膜表面，完成膜自清洁过程。对含油废水进行死端过滤，PiezoMem 膜抗污能力提高 70 倍以上，对有机物、油类、蛋白质、微生物、正负电荷无机胶体颗粒、真实垃圾渗滤液等均具有普适的抗膜污染特性。

7.4　微滤

微滤膜的有效孔径范围在 0.1～10 μm，多为对称结构，可双向透过使用，孔径比较均匀，孔隙率高(一般高达 80% 左右)。微滤膜的分离机理包括以下几种。①筛分截留。②吸附截留。尺寸小于膜孔径的固体颗粒通过物理或化学吸附而截留。③架桥截留。固体颗粒在膜孔入口处因架桥作用而被截留。④网络截留。发生在膜的内部，往往是由于膜孔的曲折引起的，弯曲孔膜能截留比其标称孔径小得多的金溶胶，柱状孔膜对小于其孔径的金溶胶的截留则少得多，但柱状膜用于悬浮液中颗粒的分级时较弯曲孔膜更有效。⑤静电截留。为了分离悬浮液中的带电颗粒，可以采用荷相反电荷、孔径比颗粒尺寸大的微滤膜，既达到了分离效果，又可增加通量。通常很多颗粒荷负电，相应的膜应荷正电。

微滤主要用于固/液和固/气分离，也常用作超滤、纳滤、反渗透等的前处理。

(1)水处理

微滤膜能滤除水中颗粒悬浮物、细菌、原生动物孢囊虫等微生物(大于 0.1 μm)，提供优质净化水。采油废水是石油开采中油层采出液经原油脱水处理后产生的废水，含有原油、悬浮物等。原油一般以浮油、分散油和乳化油形式存在，其中乳化油分离难度最大。采油废水多采用隔油-过滤和隔油-浮选(或旋流除油)-过滤处理工艺，去除水中石油类、悬浮物等杂质。油田注水是指注入地下将原油压出的水，水中悬浮颗粒直径须小于 1 μm。采用微滤处理采油废水可除去乳化油，然后用于油田注水。

（2）食品工业

用于果汁的澄清，除去果胶、细菌及粗蛋白质等引起果汁浑浊的成分，果汁品质优于传统的过滤-巴氏灭菌法，可节省硅藻土或其他助滤剂。制糖工业采用微滤去除糖液中的浑浊物质，提高糖的色度。生物发酵工艺中，除油除水后的压缩空气再经微滤除去杂菌和噬菌体❶，达到无菌的要求。

（3）医药

制药用水的纯化，去除细菌和微粒；用气的纯化；输液的终端过滤；细菌的快速检测，细菌被截留在膜表面上，经荧光抗体染色后用荧光显微镜直接进行镜检计数和菌种鉴定。

【例 7-11】　径迹蚀刻膜的孔径为 $5.0\,\mu m$，孔密度为 4.0×10^5 个/cm²，膜厚 $100\,\mu m$，计算孔隙率和 298K、0.1 MPa 下的水通量。

解：孔隙率为：

$$\varepsilon = \frac{n\pi r^2}{S} = \frac{4.0 \times 10^5 \times 3.14 \times (2.5 \times 10^{-4})^2}{1} \times 100\% = 7.85\%$$

通量为：

$$J = \frac{\varepsilon r^2 \Delta p}{8\mu l} = \frac{0.0785 \times (2.5 \times 10^{-6})^2 \times 10^5}{8 \times 10^{-3} \times 10^{-4}} = 0.06133\,[\mathrm{m^3/(m^2 \cdot s)}]$$

思 考 题

1. 超滤时如何确定凝胶化浓度？

2. 正渗透中汲取液应具备什么特点？

3. 如何提高反渗透膜的耐氯性能？

4. 耐溶剂纳滤膜有哪些？如何提高耐溶剂性能？

参 考 文 献

[1] Yao Y J,Zhang P X,Sun F,et al. Science,2024,384:333-338.

[2] Cath T Y,Childress A E,Elimelech M. J Membr Sci,2006,281:70-87.

[3] Mecutehcon J R,McGinnis R L,Elimelech M. J Membr Sci,2006,278:114-123.

[4] Gray G T,Mccutcheon J R. Desalination,2006,197:1-8.

[5] York R J,Thiel R S,Beaudry E G. Full-scale experience of direct osmosis concentration applied to leachate management. Proceedings of the Seventh International Waste Management and Landfill Symposium,Sardinia[C]. 1999.

[6] Holloway R W. Water Research,2007,41(17):4005-4014.

[7] Loeb S. J Memb Sci,1976,(1):49.

[8] Tan Z,Chen S F,Peng X S,et al. Science,2018,360:518-521.

---

❶ 噬菌体：又称细菌病毒，能侵入细菌体内大量生长繁殖而引起细菌细胞裂解的病毒，其作用有选择性。

[9] Li S L,Chang G L,Huang Y Z,et al. Angew Chem Int Ed,2022,61:e202212816.

[10] Karan S,Jiang Z,Livingston A G. Science,2015,348:1347-1351.

[11] Francis V N,Chong J Y,Wang R. Chem Eng J,2023,452:139333.

[12] Peyravi M,Jahanshahi M,Rahimpour A,et al. Chem Eng J,2014,241:155-166.

[13] Zhang H,Mao H,Wang J,et al. J Membr Sci,2014,470:70-79.

[14] Gu B X,Liu Z Z,Zhang K,et al. J Membr Sci,2021,625:119112.

[15] Li S Y,Dong R J,Musteata V E,et al. Science,2022,377:1555-1561.

[16] Sengupta B,Dong Q B,Khadka R,et al. Science,2023,381:1098-1104.

[17] Jiang Z W,Dong R J,Evans A M,et al. Nature,2022,609:58-64.

[18] Fritsch D,Merten P,Heinrich K,et al. J Membr Sci,2012,401-402:222-231.

[19] Li X,Basko M,Prez F D,Vankelecom I F J. J Phys Chem B,2008,112:16539-16545.

[20] Ren Y,Ma H,Kim J S,et al. Science,2025,387:208-214.

[21] Li X,Goyens W,Ahmadiannamini P,et al. J Membr Sci,2010,358(1-2):150-157.

[22] Kang J,Ko Y,Kim J P,et al. Nature Comm,2023,14:901.

[23] Nie L,Goh K,Wang Y,et al. ACS Mater Lett,2023,5:357-369.

[24] Xu M,Tang Q,Liu Y C,et al. ACS Appl Mater Interf,2023,15:12524-12533.

[25] Porter M C. Ind Eng Prod Res Dev,1972,(11):234.

[26] Scamehorn J F,Christian S D,El-sayed D A. Separ Sci Technol,1994,29:809-830.

[27] Mundkur S D,Watters J C. Sepa Sci Technol,1993,28:1157-1168.

[28] Zhao Y,Gu Y,Liu B,et al. Nature,2022,608:69-73.

8 气体分离 渗透汽化 液膜 渗析

8.1 气体分离

气体膜分离是利用不同气体透过膜的速度差异而实现混合气体的分离。气体在膜中的传递过程可分为 3 个步骤：①气体在进料侧膜表面吸附溶解；②在浓度差的推动下扩散透过膜；③气体在透过侧膜表面解吸。通常，气体在膜表面的吸附溶解和解吸过程能很快达到平衡，气体在膜内的渗透扩散是气体透过膜的速率控制步骤。

8.1.1 膜材料

气体分离膜应具有较高的气体渗透通量和选择性，能在 $13 \sim 20$ MPa 的高压下工作。在很多气体分离过程中，选择性是主要问题。常用膜材料有以下几类：

(1)橡胶态聚合物

早期的气体分离膜采用硅橡胶等橡胶态聚合物材料，如聚二甲基硅氧烷（PDMS），$p_{O_2} = 600$ Barrer，$p_{O_2}/p_{N_2} = 2.2$；天然橡胶 $p_{O_2} = 23$ Barrer，$p_{O_2}/p_{N_2} = 2.3$。PDMS 透气速率高，但选择性低，超薄化困难，强度差，不能单独做膜。1979 年，美国 Monsanto 公司在聚砜膜外涂敷 PDMS 层，以堵塞基膜皮层上的微孔缺陷，提高基膜选择性。由于不要求聚砜非对称膜皮层完全无缺陷，因此膜可很薄，由此增加的通量比硅橡胶层减少的通量大得多。所得 Prism® 复合膜渗透速率和选择性均较高，已成功用于合成氨弛放气中氢的回收。

(2)玻璃态聚合物

玻璃态聚合物是具有研究价值的气体分离膜材料，包括聚酰亚胺、聚炔烃（polyacetylene）、聚噁二唑（polyoxadiazole）、聚苯并咪唑（polybenzimidazoles）等。这类刚性主链结构的聚合物可能形成了相连的网络结构，侧基的大小决定其网络孔的体积。聚合物材料的结晶性对气体透过性的影响也很大。如聚乙烯、聚丙烯、聚偏氟乙烯，虽然其玻璃化转变温度都在 0 ℃ 以下，但由于结晶度高，气体透过性能很差。

带有取代基的聚炔烃类材料具有优异的透气性能，主链上的单双键交替结构使这类聚合物非常僵硬，难以缠绕折叠，侧链基团使主链之间难以接近，基团与基团之间在聚合物内部形成高密度的自由体积，增强了气体的透过性。侧链取代基的种类对气体透过性能有很大影响，带有球形侧链取代基的聚炔烃，气体渗透系数通常大于 1000 Barrer，如三甲基锗基(TMGP)、三甲基硅基(TMSP)、叔丁基、含上述球形基团的双苯基(p-Me₃Si-DPA)等。聚三甲基硅丙炔(PTMSP)膜初始通量很大，但透气性随时间而衰减，这可能是由于长时间受热，聚合物发生松弛，使大分子排列趋向紧密，或因膜内空隙部分吸附小分子有机物而使通量迅速下降。

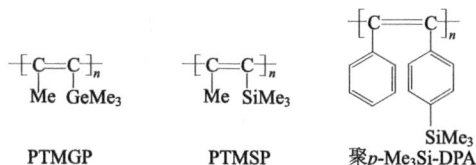

PTMGP   PTMSP   聚p-Me₃Si-DPA

（3）高分子金属络合物

高分子金属络合物(MMC)是由金属和高分子键合而成的，可以与小分子或气体分子进行特异的可逆结合，通过促进传递同时提高透过速率和选择性，克服了聚合物膜高透过率和高选择性不能同时满足的缺点。例如，含 30% 钴卟啉(CoP)络合物的膜可吸附氧气约 7 mL/g 聚合物，超出了物理溶解度的 500 倍，CoP 络合物使 O_2 在膜中易于输运，p_{O_2} 随 CoP 浓度的增加而增大。

（4）液晶复合高分子膜

高分子与低分子液晶构成的复合膜具有选择渗透性。例如，将聚碳酸酯(PC)和小分子液晶对(4-乙氧基亚苄氨基)丁苯(EBBA)按 40/60 比例混合制成复合膜，可用于气体分离。在液晶的 N-K 相变温度附近，膜的透气率有 2~3 个数量级的突变，因此通过控温可调节其透气率。将液晶 EBBA 添加于 PVC 中，外加电场使其垂直排列也能大幅度提高透气率。部分聚合物的氧、氮透过性(20 ℃)见表 8-1。

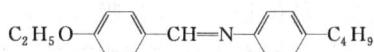

$$C_2H_5O-\!\!\!\!\bigcirc\!\!\!\!-CH\!=\!N-\!\!\!\!\bigcirc\!\!\!\!-C_4H_9$$

表 8-1　部分聚合物的氧、氮透过性(20 ℃)

聚合物	T_g/℃	p_{O_2}/Barrer	p_{N_2}/Barrer	p_{O_2}/p_{N_2}
聚三甲基硅丙炔	200	10040.0	6745.0	1.5
聚二甲基硅氧烷	−123	600.0	280.0	2.2
聚叔丁基乙炔		200.0	118.0	1.7
聚氟烷基取代磷腈		140	66	2.1
聚甲基戊烯	30	37.2	8.9	4.2
聚三甲基硅乙烷	170	36.0	8.0	4.5
聚异戊二烯	−73	23.7	8.7	2.7
聚亚苯基氧化物	220	16.8	3.8	4.4
乙基纤维素	43	11.2	3.3	3.4
聚苯乙烯	100	7.5	2.5	2.9
聚烷氧基取代磷腈		4.0	1.0	4.0
氯丁橡胶	−73	4.0	1.2	3.3
低密度聚乙烯	−73	2.9	1.0	2.9

续表

聚合物	$T_g/℃$	p_{O_2}/Barrer	p_{N_2}/Barrer	p_{O_2}/p_{N_2}
高密度聚乙烯	−23	0.4	0.14	2.9
聚丙烯	−15	1.6	0.30	5.4
聚砜	190	1.4	0.25	5.6
聚碳酸酯	150	1.4	0.30	4.7
丁基橡胶		1.3	0.30	4.3
聚三氮茂		1.1	0.13	8.4
醋酸纤维素(2.5DS)	80	0.68	0.20	3.4
聚氯乙烯(30%DOP)		0.60	0.20	3.0
聚偏氟乙烯	−40	0.24	0.055	4.4
聚酰胺(尼龙6)	50	0.093	0.025	2.8
聚对苯二甲酸乙二醇酯		0.03	0.006	5.0
聚乙烯醇	85	0.0019	0.00057	3.2
聚丙烯腈		0.0003		
聚酰亚胺(Kapton)	300	0.001	0.00012	8.0
聚(L-亮氨酸)		8.61	2.87	3.0
聚(L-谷氨酸-γ-甲酯)		0.81	0.23	3.5
聚(L-蛋氨酸)		0.41	0.09	4.6
聚(L-谷氨酸-γ-苄酯)		0.28	0.06	4.7
聚(苯氧羰基-L-赖氨酸)		0.02	0.003	6.7
聚(L-谷氨酸)		0.0006	0.0001	6.0

(5)无机膜

钯膜对氢气具有特异选择性,其机理可用质子模型解释(图 8-1)。氢气首先在钯表面解离吸附,然后电离成质子和电子在钯内扩散。在膜的低氢分压侧,质子再从金属晶格接纳电子变为吸附氢原子,缔合后作为氢分子脱附。只有解离吸附为质子的氢才能透过钯膜。纯的钯膜在反复吸氢、放氢中会变脆,因此使用钯合金膜,在丙烷脱氢、重整等领域有很好的应用前景。烯烃和烷烃混合物的传统分离方法是精馏,能耗高,膜法分离一般采用含银化合物作为特异选择性配位载

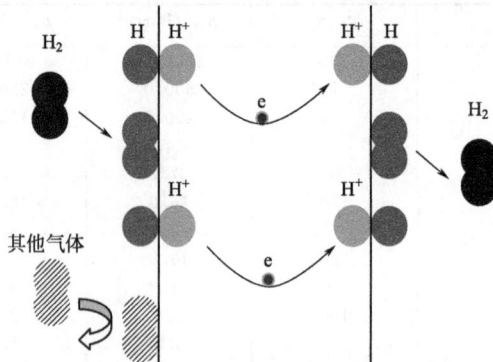

图 8-1 钯膜对氢的传递机理

体，具有良好的选择透过性，主要问题是膜的长期运行稳定性。

在炭膜中，炭微晶无序堆积的间隙构成了超微孔，而炭微晶内炭层之间的间隙构成了极微孔，具有蠕虫状的孔结构特征，孔径在 0.3~0.5 nm，构成了气体渗透扩散通道，在小分子气体分离（如 O_2/N_2、CO_2/CH_4、CO_2/N_2）和有机蒸气分离（如烯烃/烷烃）等方面比聚合物膜具有更优异的性能。Barsema 等制备炭膜时在聚酰亚胺前驱体中添加纳米银，利用银对氧的特殊吸附作用明显提高了炭膜的 O_2/N_2 分离选择性。

【例 8-1】　利用单级膜分离过程生产富氧空气（流量为 15 m^3/h，氧含量为 30%），所用复合膜的皮层为 1 μm 厚的聚二甲基硅氧烷（$p_{O_2}=600$ Barrer），原料空气含氧 21%，进料侧压力 $p_f=0.1$ MPa，透过侧压力 p_p 为 0.01 MPa。由于空气成本可忽略，该过程在低回收率下操作，可认为原料侧组成不变。

解：
$$p_{O_2}=600 \text{ Barrer}=600\times7.5\times10^{-18}\times3600 \text{ m}^2/(\text{h}\cdot\text{Pa})$$
$$=1.62\times10^{-11} \text{ m}^2/(\text{h}\cdot\text{Pa})$$

$$J_{O_2}=\frac{p_{O_2}}{l}(p_f x_f - p_p x_p)=0.292 \text{ m}^3/(\text{m}^2\cdot\text{h})$$

所需膜面积：

$$S=\frac{Q\times0.30}{J_{O_2}}=15.4 \text{ m}^2$$

如果硅橡胶皮层厚度降为 0.1 μm，则所需膜面积降为 1.54 m^2。

8.1.2　应用

气体膜分离的工业应用主要包括：从空气中富集 N_2 和 O_2，从合成气、炼厂气中回收 H_2 或调节合成气组成，从天然气中脱除酸性气体 CO_2 和 H_2S，从空气或天然气中除水，从天然气中富集回收 He 等。在气体膜分离中，原料气的各组分应是不饱和的，以防止在膜上冷凝而引起膜性能劣化。实际中原料气的温度应高于露点 20~40 ℃。

（1）H_2 的分离回收

由于清洁燃料的标准越来越高，为提高油品品质和原油利用率，在原油加工过程中大多采用加氢处理方法，如催化重整、加氢裂化、加氢精制、加氢脱硫等，这些装置的尾气中一般含有 20%~40% 的氢气需要回收利用。合成氨的弛放气中含有大约 20% 的 H_2。传统的回收方法有变压吸附法和冷凝回收法，膜法回收 H_2 简单而有效。高压的弛放气先经常规的鼓泡处理将 2% 的氨降至 2×10^{-4} 以下，以防止膜被氨溶胀破坏。然后进入膜组件的壳程，H_2 优先透过膜后在管程富集，其余气体则留在壳程。对于高压氢源，膜法回收氢气是很经济的。

【例 8-2】　多孔石墨烯气体分离膜[1]

当气体分离膜较厚时，气体分子与通道壁之间的相互作用会阻碍气体的渗透，同时混合气体分子之间在较长的渗透通道内发生大量碰撞，导致线性动量从较轻的分子转移到较重的分子，形成的集体流动会大幅降低膜的分离能力。在超薄双层石墨烯膜上通过离子束造孔制备具有不同孔径的多孔石墨烯膜，由于原子级厚度的石墨烯膜分离通道很短，分子与通道壁之间的相互作用可以忽略不计，可大幅提高气体的渗透率；当石墨烯膜孔径小于气体分子自由程时，孔内气体分子间的碰撞效应也消失，因此可以大大提高气体的选择性。气体分子在小孔径石墨烯膜中以自由分子(溢出)机制进行传输，渗透率完全取决于分子撞击孔的概率，与气体分子的平均热速度成正比，而分子的平均热速度与分子量直接相关，因而可以利用分子间的分子量差异进行选择性渗透。利用孔径 7.6 nm、孔隙率 4％的石墨烯膜对 H_2/CO_2 混合气体进行分离，H_2 的渗透系数和 H_2/CO_2 分离因子分别达到 10^{-2} mol/(m^2·s·Pa)和 10，综合性能明显优于多孔聚合物膜和无机气体分离膜。

【例 8-3】 固态溶剂法制备混合基质气体分离膜[2]

与传统的合成填料-分散填料制备混合基质膜不同，将聚合物作为固态溶剂溶解填料的前驱体(金属盐)，并将膜液涂覆在多孔载体表面形成超薄膜层，然后通过金属盐与有机配体蒸气反应形成金属有机框架，将聚合物中的前驱体原位转化成填料，填料之间形成的贯穿孔道为分子提供超快传输通道(图 8-2)。制备的混合基质膜厚度仅为 50 nm，填料掺杂量高达 80％以上，易于放大。该膜表现出类似纯填充相的优异分离性能，氢气/二氧化碳分离性能比现有聚合物膜和混合基质膜高 1～2 个数量级。

(2)O_2/N_2 分离

从空气中分离得到 N_2 和 O_2 是工业上规模最大的气体分离过程。N_2 广泛用于管线吹扫、食品加工和存储过程的保鲜和抗氧化、金属热加工和焊接等过程的保护。膜法制氮的副产品即为富氧空气，氧气浓度可从大气中的 21％提高到 25％～30％，能使燃料充分燃烧，提高燃料的利用率，甚至一些低品位的燃料在富氧空气中也能满足生产要求，从而极大降低了生产成本。例如，富氧空气助燃机动车燃油发动机，可使燃烧产物中的颗粒物质和氮氧化物大幅度降低，能量转换率提高。膜法富氧或富氮技术已经比较成熟，目前商用空气分离膜的 O_2/N_2 选择性达到 6～8，膜法生产氮气的费用约为深冷法的 50％，目前全世界大约 30％的氮气是通过膜法生产的。

(3)天然气净化

天然气中含有一定量的水汽和酸性气体(CO_2、H_2S)，在管道输送过程中，当环境温度、压力发生变化时，水汽和酸性气体会凝结下来腐蚀管道，增加管道压降，所以天然气在管道输送前需要净化，脱除 CO_2、H_2S 和 H_2O。传统的脱除 CO_2 方法是醇胺变压吸收/解吸法，设备投资大，还带来一定的环境污染。膜法分离工艺简单，能耗小，当原料天然气中 CO_2 含量超过 40％时，胺法的经济性已逊于膜法。

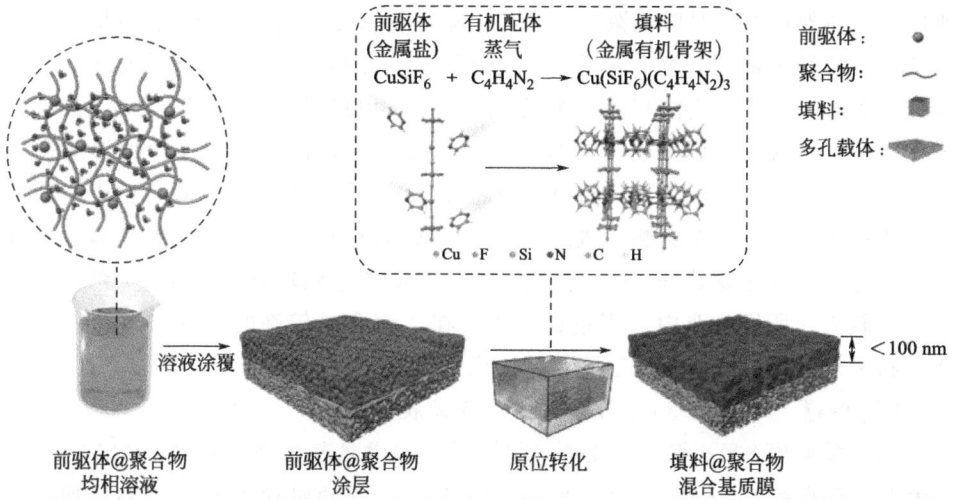

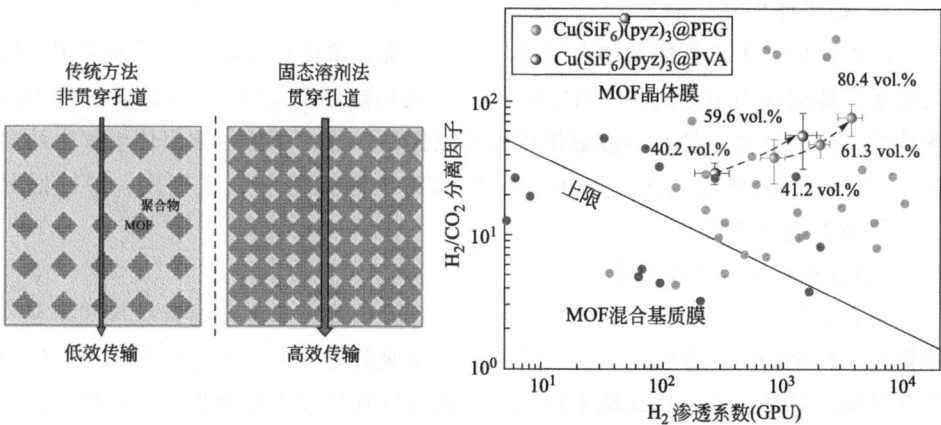

图 8-2 固态溶剂法制备混合基质气体分离膜

管道天然气中水汽露点一般应比环境最低温度低 $15\sim20$ ℃。传统的天然气脱湿工艺有甘醇脱湿法、固体(如分子筛、硅胶等)吸附法和冷却分离法。甘醇脱水时露点主要由再生甘醇的浓度决定,一般脱除 1 kg 水需甘醇约 $25\sim60$ L。吸附法脱水质量稳定,但再生能耗大,吸附剂易中毒和破碎,一般仅用于小规模处理或精处理。冷却分离法利用天然气的压力,采用膨胀降温法冷凝分离天然气中的水汽。膜法脱湿利用天然气自身压力作为推动力,使水汽选择性地渗透通过膜。由于天然气中水汽为微量组分,分压较小,而渗透侧水汽富集,降低了膜两侧渗透推动力,所以渗透侧一般采用干燥气吹扫或抽真空工艺,吹扫干燥气可选择干燥氮气或经干燥处理过的天然气。膜法脱湿要达到较低的露点,天然气中的烃损失较大,所以工业中采用集成技术,在水汽含量较高时用膜法进行一级脱水,再采用吸附法脱水,以达到管输要求。

【例 8-4】　Na-SSZ-39 混合基质气体分离膜[3]

沸石和玻璃态聚合物之间黏合力差,易导致非选择性界面缺陷。SSZ-39 沸石为片状,厚度约 150 nm,尺寸 $1.8\ \mu m\times1.8\ \mu m$,平均纵横比 12,XRD 表明是高度结晶的纯 AEI 型沸石。对于 SSZ-39 和 Na-SSZ-39,气体吸附量按 $CO_2\gg CH_4>N_2$ 的顺序降低。Na-SSZ-39 的 CO_2 最大理论吸附量在 10 ℃时达到约 7.0 mmol/g,CO_2 吸附的 3D 密度等值面显示 CO_2 优先与 Na^+ 相互作用。在商用聚酰亚胺膜中填充超高负载的 Na-SSZ-39 沸石,与未退火膜相比,260 ℃退火膜具有更好的沸石-聚合物黏附性。Na-SSZ-39 精确的分子尺寸筛分效应和较强 CO_2 亲和性,使其具有优异的扩散和溶解选择性,混合基质膜对 CO_2-CH_4 混合气体的选择性为 423,CO_2 渗透率为 8300 Barrer,分离因子在负载量 20%～30%(质量分数)时迅速增加,此时膜由准连续沸石相组成,气体主要通过沸石相透过膜。

(4)油田伴生气处理

随着油田开采年数的增加,储油层压力下降,采油难度增加,需要采用注气采油法,即向油田中注入 14 MPa 的 CO_2,利用超临界 CO_2 对原油溶解能力高的特性,将油页岩中的石油溶解挤压出来以提高产量,采集的油田伴生气中约含 80%的 CO_2,需要与天然气分离,并将 CO_2 浓缩到 95%以上回用。膜法回收 CO_2 同样具有诸多优势。

(5)有机蒸气的分离回收

在石油化工厂、胶黏剂厂、涂料厂、加油站等地,有大量的有机蒸气向空气中排放。传统的处理方法有催化燃烧、活性炭吸附等,但由于有机蒸气在空气中的含量低,处理量大,因此成本较高。有机蒸气在橡胶态聚合物膜中有很高的溶解度,与空气成分相比可以优先选择透过,所以可以采用气体膜分离法回收(图 8-3)。当有机蒸气浓度大于 5000 mg/L 时,膜法分离的经济性优于炭吸附法和冷凝法[4]。

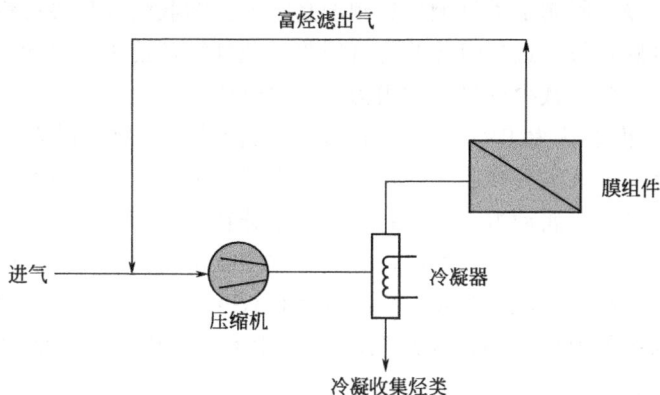

图 8-3　膜法回收有机蒸气的工艺流程

8.2　渗透汽化

8.2.1　概述

1917 年 Kober 首次报道了渗透汽化（pervaporation，PV）现象[5]："悬挂于空气中的火棉胶（collodion）袋虽然被紧紧密封，但袋内的液体还是蒸发了。"渗透汽化也称渗透蒸发，是利用液体混合物中各组分在致密膜内溶解和扩散性质的差异而实现分离。20 世纪 50 年代末期美国石油公司 Amoco 的 Binning 发表了渗透汽化法脱除异丙醇-乙醇-水三组分共沸液中水的论文。20 世纪 70 年代的能源危机，促使人们对可再生能源发酵法生产乙醇的节能分离工艺进行研究，推动了渗透汽化的发展。70 年代末，德国 GFT 公司的 Bruschke 和 Tusel 开发出优先透水的聚乙烯醇/聚丙烯腈复合膜，使渗透汽化实现了工业化。

渗透汽化是有相变的膜过程，膜的上游为料液，下游透过侧为蒸气，在操作中需要不断输入不少于透过物潜热的能量。对于常规方法分离困难或费用高的体系（如相近沸点、恒沸体系），渗透汽化具有优势。另外，对于混合体系中某些微量组分的脱除，渗透汽化具有较高的分离效率。

8.2.2　渗透汽化过程

在渗透汽化中，待分离组分在膜两侧蒸气压差的推动下，首先被膜选择性吸附溶解，然后以不同的速度在膜内扩散，最后在膜下游汽化和解吸，从而实现液体混合物的分离。根据膜两侧蒸气压差产生方法的不同，渗透汽化可以分为 3 类。①真空渗透汽化。膜透过侧用真空泵抽真空，造成膜两侧组分的蒸气压差。②热渗透汽化或温度梯度渗透汽化。该方法最早由 Aptel 提出[6]，采用料液加热和透过侧冷凝的方法在膜两侧形成组分的蒸气压差，其缺点是不能保证不凝性气体从系统中排出，同时蒸气由下游侧膜面到冷凝器表面依靠分子扩散和对流进行，传递速率慢，限制了透过侧可达到的真空度。③载气吹扫渗透汽化。用载气吹扫膜的透过侧，带走透过组分并冷凝回收，载气循环使用。实际中一般采用真空渗透汽化法。为了减少透过侧的阻力，透过侧应有较大的空间。

溶解-扩散模型认为 PV 过程分为 3 步：①液体混合物在膜表面选择性吸附溶解，该步骤与分离组分和膜材料的热力学性质有关，属于热力学过程；②溶解的组分在膜内扩散，属动力学过程；③渗透组分在膜下游汽化，膜下游的高真空度使这一过程的传质阻力可以忽略，分离过程主要由前两步控制。膜的传递性能用渗透系数(P)表征，渗透系数为溶解度系数(S)与扩散系数(D)的乘积。由于液体在聚合物中溶解度很高，因此 Henry 定律不再适用，通常采用 Flory-Huggins 理论来解释。

在渗透汽化中，渗透组分在膜内的浓度梯度分为两种情况：

① 膜未溶胀，膜内浓度梯度为线性。

② 进料侧膜部分溶胀或严重溶胀，而蒸发侧未溶胀。在溶胀层中，高分子链段伸展组分扩散速率快，溶解度系数是传质控制因素；而在未溶胀层中，扩散阻力大，扩散系数是传质控制因素。渗透汽化中，料液与膜直接接触，易导致膜溶胀或收缩，而在蒸发渗透(evapomeation)中，料液不与膜直接接触，料液蒸发产生的蒸气通过膜，可减轻膜溶胀或收缩，还可避免料液中杂质(如大分子)对膜的污染。

8.2.3 膜材料和膜组件

渗透汽化主要用于有机溶剂脱水、水中微量有机物的脱除、有机/有机混合体系的分离 3 个方面。有机物混合体系的分离又分为以下 3 类：极性/极性体系(如醇/醚)，极性/非极性体系(如醇/烷烃，环己酮/环己醇/环己烷)，非极性/非极性体系(如苯/环己烷，苯/正己烷，芳烃/脂肪烃，烯烃/烷烃，二甲苯异构体)。

渗透汽化中优先透过组分应为待分离混合物中含量较少的组分，而优先吸附的组分大多是优先透过的。根据透过组分的性质选择膜材料，分为以下 3 种情况。①有机溶液中少量水的脱除选用亲水性聚合物。②水溶液中少量有机物的脱除可选用弹性体聚合物。③对于有机液体混合物的分离，透过组分为极性化合物时选用含有极性基团的聚合物，透过组分为非极性化合物时应选用非极性聚合物，极性/极性和非极性/非极性混合物的分离比较困难，特别是组分的分子大小相近、形状相似时更难分离。在二元混合物 A 与 B 中，若希望 B 为优先渗透组分，则 B 与膜的亲和力应大于 A 与膜的亲和力，但 B 与膜的亲和力又不能过强，否则 B 对膜的溶胀作用会造成膜机械强度下降，B 在膜内吸附滞留也会使分离性能下降。

渗透汽化的料液多为有机溶剂，且大多在较高温度(60~100 ℃)下操作，以提高组分在膜内的扩散速率，弥补渗透汽化膜通量小的不足，因此，膜材料、组件和密封材料应具有耐有机溶剂和热稳定等性能。渗透汽化膜多为复合膜。膜组件一般为板框式，这是因为卷式和中空纤维式组件使用的黏结剂在有机溶剂和较高温度下大多难以保持长期稳定性，而板框式中使用的密封材料(如石墨)可满足要求。另外，板框式组件中透过侧的空间较大，有利于降低透过侧的压力降。

8.2.4 应用

(1)有机混合物的分离

① 醇/醚类体系　重点为甲醇/甲基叔丁基醚(MTBE)或乙醇/乙基叔丁基醚(ETBE)混合物的分离。MTBE(或 ETBE)用作无铅汽油的抗爆剂，由异丁烯和甲醇(或乙醇)发生烷基化反应制得，反应可逆，为保证异丁烯的高转化率，反应中需加入过量醇，因此必须对产物中未反应的醇进行分离。

纤维素衍生物膜对醇/醚混合物中的醇具有优先渗透性，乙酰度增加，对甲醇的选择吸附性和分离因子降低，通量增大。芳香聚酰亚胺膜分离甲醇/MTBE，分离性能和通量较高。聚苯醚(PPO)是一种性能稳定的热塑性材料，成膜性能优异，聚合物分子链中含有极性的醚键，可分离极性不同的有机混合物。壳聚糖/聚(N-乙烯基-2-吡咯烷酮)共混膜中，随着聚(N-乙烯基-2-吡咯烷酮)含量增加，甲醇通量显著增大。利用海藻酸钠的羧酸基团($-COO^-$)与甲壳素铵离子($-NH_3^+$)的离子反应制得复合膜，缔合程度取决于反应离子的数量，分离甲醇/MTBE 性能较好。

② 芳烃/醇类体系　主要指苯、甲苯与甲醇、乙醇组成的混合物，属于极性/非极性体系，分离既可以基于分子尺寸的不同，也可基于组分与膜之间相互作用的差异。将活性炭或沸石添加到乙烯-丙烯橡胶等膜材料中用于分离甲苯/乙醇混合物，可以改善膜的分离性能，这是因为活性炭优先吸附甲苯，而沸石优先吸附乙醇。

③ 环己酮/环己醇/环己烷体系　环己酮和环己醇是尼龙工业中的重要原料，是将环己烷用空气氧化得到的，反应混合物中含有大量环己烷。传统分离方法需要三步蒸馏，能耗大。采用 N-乙烯基吡咯烷酮和丙烯腈的共聚材料，利用 N-乙烯基吡咯烷酮的羰基与环己醇的羟基易形成氢键，与环己酮存在极性相互作用，而与环己烷相互作用弱的特点，使 3 种组分在膜中的溶解和扩散产生差异，从而实现分离。聚氧乙烯接枝尼龙，膜中的羟基有活性载体的功能，能与环己醇的羟基、环己酮的羰基形成氢键，使膜具有很好的选择分离性能。

④ 苯/环己烷体系　目前环己烷主要采用苯加氢制得，产物中未反应的苯为主要杂质，采用恒沸精馏和萃取精馏方法去除，但过程复杂且能耗大。

聚酰亚胺含有稠环结构和极性基团，主链刚性大，排列紧密，耐高温，力学性能和化学稳定性好，但对有机液体的渗透性能较差，将空间位阻较大的取代基或有扭曲结构的单元引入聚酰亚胺中，可使分子主链排列松散。例如，用三甲基或四甲基取代苯二胺和二酐制得聚酰亚胺膜，具有较高的渗透通量和分离因子，对不同组成的苯/环己烷体系的分离因子在 4～11。醋酸纤维素与聚苯乙烯二乙基膦酸酯共混膜分离苯/环己烷混合物，苯在膜中的扩散系数非常高，而环己烷很难透过膜，随着共混膜中聚膦酸酯含量的增加，渗透通量明显增加，分离因子略有减小。

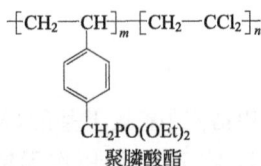
聚膦酸酯

将四氰乙烯掺杂于芳香聚酰亚胺膜中，具有一定吸电子和共轭性质的四氰乙烯与芳烃之间存在电荷转移作用，可以提高膜对芳烃的亲和力。含有 Ag^+ 络合剂的聚合物膜用于苯/环己烷混合体系的分离，苯的 π 轨道易与 Ag^+ 络合，而环己烷不具有该特点，从而提高了分离效果。

⑤ 二甲苯异构体 二甲苯是 C_8 馏分的主要成分，有对二甲苯(PX)、间二甲苯(MX)和邻二甲苯(OX)3 种异构体，由于其物理化学性质十分相似，因此二甲苯异构体的分离一直是分离领域的重要课题之一。利用单纯的溶解-扩散机理难以进行有效分离。纤维素酯膜分离 PX/OX 的分离因子在 1.61～1.43。含有环糊精的膜选择性有所提高，但通量下降。带有二硝基苯基的聚合物膜分离二甲苯异构体时，作为电子给体的二甲苯异构体与作为电子受体的二硝基基团之间形成电荷转移络合物，可使选择性提高。

⑥ 芳烃/脂肪烃 汽油中的芳香烃对公众健康有潜在影响，因此，降低汽油中的芳烃含量非常重要。采用聚酰亚胺/脂肪族聚酯共聚物膜在高温下(170～200 ℃)分离芳烃/脂肪烃混合物，聚酰亚胺的玻璃态结构($T_g > 350$ ℃)提供了良好的强度和耐溶剂性能，脂肪族聚酯的橡胶态结构提供了优良的分离性能，分离因子大于 20。

有机混合物的分离应用潜力巨大，如何提高膜和组件在操作条件下的稳定性，以及与精馏、吸附等过程组合等问题，均有待于进一步研究。

【例 8-5】 芳烃/烷烃渗透汽化分离膜[7]
UiO-66 的八面体形状和(111)取向特性使其孔几乎垂直于膜表面，有助于分子在膜中的高效传输。通过优化旋涂工艺和乙酸浓度调节颗粒特性，获得了尺寸适中的均匀规则八面体晶体(平均尺寸为 760 nm)，有效避免了颗粒团聚。在旋涂过程中，剪切力防止了颗粒堆叠，确保形成单层分布，同时颗粒在基底表面呈热力学最稳定的(111)取向，颗粒在多孔支撑体表面的覆盖率达到 85.6%。采用低黏度的超支化聚合物(HBP)填充颗粒间的间隙而不覆盖 MOF 表面，保持膜的高(111)取向和优异性能，通过 GI-WAXS、2D XRD、极图 XRD 表征技术验证单层膜的取向。在 40 ℃下，对 50% 甲苯和 50% 正庚烷的混合物，膜表现出高通量[1230 g/(m^2·h)]和高选择性($\alpha = 10.6$)。对于苯-环己烷、甲苯-甲基环己烷和甲苯-异辛烷等混合物，由于环己烷、甲基环己烷和异辛烷的分子尺寸较大，芳烃的选择性进一步提高，其中甲苯-异辛烷的分离因子达到 18.4，阐明了芳烃分子在膜通道中的优先吸附与快速传递机制。

(2)有机溶剂脱水

如乙醇脱水、异丙醇脱水等。透水膜材料含有亲水基团，可与水分子形成氢键和诱导力，有利于水分子优先吸附，如再生纤维素、醋酸纤维素、聚乙烯醇、壳聚糖和聚丙烯腈等。高分子链之间的相互作用包括偶极力、氢键和化学键。其中，偶极力和氢键作用力较小，可以被水分子破坏，造成链间通道尺寸变化，使选择性降低。而化学键的作用力较大，在水分子通过时可以保持原来通道的大小。通常有机物分子的动力学尺寸大于水分子的动力学尺寸，控制膜材料分子链间的通道尺寸在水分子与有机物分子的动力学尺寸之间，则水分子优先透过。

亲水基团和水作用会使膜发生溶胀，选择性下降，因此需要对膜进行交联，使高分子链之间的通道得以加固。聚乙烯醇所用的交联剂有反丁烯二酸、甲醛、顺丁烯二酸、磷酸、柠檬酸、草酸等，其中顺丁烯二酸交联的聚乙烯醇分离性能较好。

聚丙烯酰胺是一种脆性材料，成膜性能较差，不宜单独作为膜材料。聚乙烯醇-聚丙烯酰胺复合膜具有互穿网络结构，机械稳定性和对水的渗透汽化性能均优于交联聚乙烯醇。

壳聚糖膜在水中容易膨胀，需要进行改性。戊二醛是最常用的交联剂，戊二醛的醛基和壳聚糖分子上的氨基反应生成席夫碱(Schiff's base)。壳聚糖与聚丙烯酸(或藻沉酸)的共混膜渗透汽化性能较好。

聚丙烯酸盐比聚丙烯酸的分离性能好，这是因为聚丙烯酸对水和醇都有亲和力，而聚丙烯酸盐对水有水合作用，对醇则有盐析作用，但聚丙烯酸盐在水中易溶胀，随着时间的延长，膜中金属离子逐渐流出膜外，降低了对水的选择性。采用聚离子化合物代替金属离子作为反离子可以解决上述问题。

将亲水性的分子筛添加到膜中，可增强水在膜中的吸附。分子筛亲水性的强弱取决于结构中的硅铝比，硅含量降低将使亲水性增强。

(3)水中微量有机物脱除

含有微量有机物的水经氯气处理后产生的致癌物质，可用 PV 法除去。生物发酵法制备乙醇时，发酵液中乙醇含量达到 10%时，会严重抑制发酵过程，使用醇优先透过 PV 膜(如 PDMS、PTMSP)连续分离乙醇，可使生产过程高效进行。目前的 PV 膜对疏水性化合物具有较高选择性，而对乙醇、甲醇、乙酸等亲水性化合物选择性还较低。

利用硅沸石填充的硅橡胶平板膜对乙酸乙酯/水进行 PV 分离，得到高浓度的乙酸乙酯渗透液。ZIF-67 填充嵌段聚醚酰胺(PEBA)膜对质量分数为 6%的乙酸乙酯水溶液进行渗透汽化分离，分离因子达 122。采用碳分子筛（CMS）/PDMS 膜去除水中的苯，随着 CMS 填充量的增加，渗透通量有所降低，但选择性有一定程度提高，CMS 的加入还提高了 PDMS 膜的机械应力。

利用 γ-氨丙基三甲基硅氧烷（APTMS）对聚二甲基硅氧烷进行交联改性，交联剂 APTMS 还可提高活性层与支撑层之间的结合力。使用乙烯基改性 PDMS 对质量分数为 3% 的糠醛水溶液进行渗透汽化分离，分离因子可达 49.1。使用交联剂甲基丙烯酰氧基丙基甲基二甲氧基硅烷（KH571）对 PDMS 交联改性，通过紫外交联使铸膜液呈现超快的成膜过程，膜具有较高的机械强度、热稳定性和水接触角。

将聚 2,6-二甲基苯撑氧（PPO）进行溴代反应[8]，再用氨水交联后制得 PV 膜，用于氯仿、氯苯、二氯甲烷及乙酸乙酯等 4 种有机物/水体系的 PV 分离，其中氯苯和氯仿的分离效果最好，对氯仿水溶液通量达到 93.4 g/(m²·h)，分离因子为 216；交联 15 h 的膜对氯苯水溶液通量为 24.0 g/(m²·h)，分离因子达到 6.2×10^5。采用浸渍涂布法在聚偏氟乙烯膜上涂覆一层 1~2 μm 厚的 PDMS 薄层，对于含有多种挥发性有机组分（苯、氯仿、丙酮、乙酸乙酯和甲苯）的水溶液，膜对有机组分的回收率超过 96%。

为了提高填料的分散性，采用原位生长法制备了 COF-LZU1/PEBA 膜，即在 PEBA 铸膜液中加入均苯三甲醛溶液，干燥成膜后在膜上加入对苯二胺醇溶液，对苯二胺分子向膜内扩散并与均苯三甲醛反应，实现 COF-LZU1 在 PEBA 膜中的原位制备，得到 COF-LZU1/PEBA 混合基质膜，用于 3.7%（质量分数）正丁醇溶液的渗透汽化脱醇，具有优异的脱醇性能[9]。

【例 8-6】 PDMS/ZIF-8/PVDF 渗透汽化膜[10]

为了解决 MOF 层与聚合物基底之间的界面结合问题，将 ZIF-8 晶种共混到 PVDF 铸膜液中，采用非溶剂致相分离制备了嵌入晶种的聚偏氟乙烯膜，晶种成为 ZIF-8 纳米片与聚合物连接的"锚点"，其独特的花瓣状片结构也为纳米片生长奠定基础。以此为基底通过诱导 ZIF-8 限域生长，制备了完整蜂窝状 ZIF-8 纳米片膜。通过 X 射线衍射和蒙特卡洛分子模拟解析了纳米片的晶体结构及其内部的传质通道，其拓扑结构以厚度为 0.525 nm 的 $[Zn_2(MeIm)_4]_n$ 为网格状平面，包含 0.435 nm 的亚纳米级层间通道，ZIF-8 晶种在 NIPS 法成膜过程中发生了晶格畸变。通过调节电子显微镜观测区域的电子束轰击密度，捕捉到 ZIF-8 纳米片的可逆柔性形变（扭转、翻转和摇摆），纳米片厚度约 13 nm，纳米片在透射电镜下展现出不同于 ZIF-8 的良好晶格结构。纳米片膜经聚二甲基硅氧烷（PDMS）溶液滴涂改性，形成具有蜂窝状结构的 PDMS 涂层，修复了纳米片间的分子尺度缺陷，实现了膜表面特性从超亲水到超疏水（水接触角 158.3°）的转变，构建了兼具超疏水表面特性和膜内 ZIF-8 快速分子扩散通道的双功能膜（PDMS/MOF-NS/PVDF）。PDMS 层阻碍水分子溶解渗透而使醇分子优先溶解透过；MOF 纳米片中的 2-甲基咪唑选择性吸附透过 PDMS 的醇分子，形成二次选择提高分离因子，同时其内部的连续孔道结构成为分子传递的快速通道，降低了分子传递阻力。蜂窝状结构的膜表面增加了与料液的有效接触面积，促进了渗透通量的提高，亚纳米级通道对较大分子丁醇展现了分子筛分截留作用。PDMS-MOF 纳米片复合层强化了膜内分子传质，也有效促进膜表面流体湍动，降低了渗透汽化过程的浓差和温差极化现象，提高了复合膜的分离性能，渗透蒸发乙醇-水时通量和分离因子分别是传统方法制备的 PDMS/PVDF 膜的 13.6 倍和 1.2 倍。

8.3 液膜

8.3.1 概述

液膜分离中，萃取与反萃取同时进行并互相耦合，不受传统溶剂萃取中平衡的限制，完成一定分离所需的平衡级数和有机溶剂消耗较低。液膜内的扩散系数比固态膜大，但其厚度通常也大于固态膜。组分通过载体促进传递液膜的速率和分离因子比一般的固态膜大很多。1968 年，利用液膜技术除去人造宇宙飞船座舱中的二氧化碳被美国工业研究杂志评为 100 项最重大工业发明之一。液膜分为乳化液膜和固定化液膜两大类。

（1）乳化液膜

将两个不互溶的水相和油相充分混合形成乳状液滴，加入表面活性剂使乳液稳定，得到 W/O 乳化液。将该乳液加到水溶液中形成 W/O/W 乳化液，其中油相构成液膜（图 8-4）。通常液膜中表面活性剂占 1%～5%，流动载体占 1%～5%，其余 90% 以上为有机溶剂。乳化液膜的直径约为 0.1～0.5 mm，膜厚一般在 10 μm 左右。含表面活性剂的油膜体积与内相试剂体积之比称为油内比，该值增大时，油膜变厚，稳定性增加，但渗透速率降低。乳化液膜的主要问题是液膜破碎和溶胀。破碎是指膜相破坏，内相溶液泄漏到外相。溶胀是指外相（如水）透过膜相进入内相，使液膜体积增大。另外，乳化和破乳过程对膜的稳定性有不同的要求。

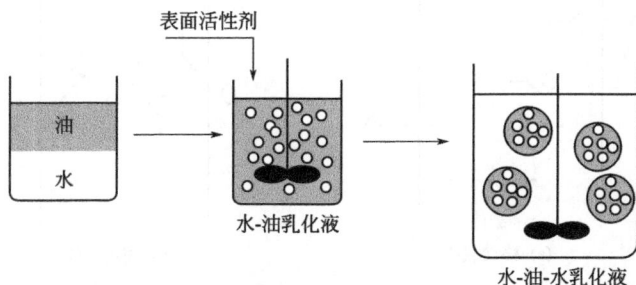

图 8-4 乳化液膜（ELM）的制备

(2)固定化液膜

将膜相固定在多孔膜之内,多孔膜作为液膜的骨架,称为固定化液膜(ILM)或支撑液膜(SLM)(图 8-5)。多孔膜材料应能被有机溶剂和载体润湿,而不易被料液和反萃取液浸润,常用的膜材料有聚乙烯、聚丙烯、聚偏二氯乙烯、聚砜、陶瓷等。为了获得高通量,多孔膜的表面孔隙率和总孔隙率应较高。支撑液膜存在的主要问题是膜相溶解和剪切力导致的乳化作用使乳化液滴离开有机相,最后有机相完全消失,因此需要定期对液膜进行更换。当体系离子强度高时,渗透压差大,液膜不稳定。

支撑液膜的稳定性一般只有几天,最长也只有几个月。为了提高支撑液膜的稳定性,可以采用如下方法:①制备双层或多层结构的支撑液膜[11],例如,上层为支撑液膜,下层为与膜液亲疏水性相反的多孔膜,可以提高液膜的耐压能力;②在支撑液膜表面通过涂敷或界面聚合形成保护层,以减少膜液流失;③将液膜凝胶化,凝胶相内的扩散系数比液相低,但比较稳定。

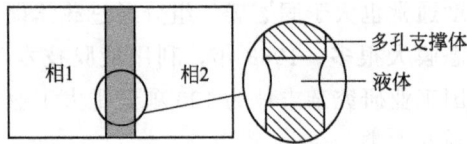

图 8-5 支撑液膜

8.3.2 促进传递液膜

在液膜中加入载体,其对相 1 中某一溶质有很高的亲和性,可以加速该溶质通过膜的传递,提高选择性,称为促进传递。载体与溶质间的亲和力强,则溶质释放过程慢,载体与溶质间亲和力弱,则促进作用有限,选择性小。可逆配合的键能在 $10\sim50$ kJ/mol,包括氢键、酸-碱作用、螯合、笼合和 π 键等作用。根据载体在膜相中的迁移性(mobility)不同,可分为移动载体(mobile carrier)和固定载体(fixed/chained carrier),载体作用机理如图 8-6 所示。

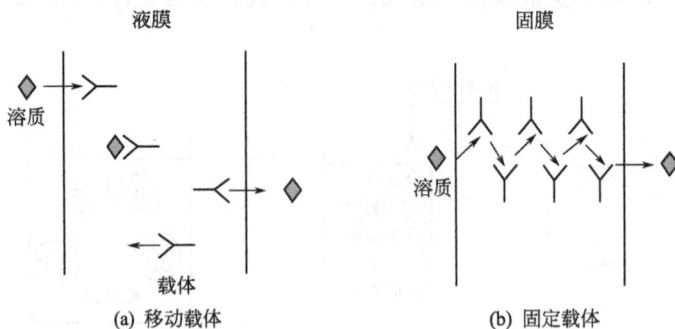

图 8-6 液膜内载体作用机理

（1）移动载体

将移动载体溶解于液膜中，载体和载体-溶质配合物可在膜内扩散。如图 8-7 所示，U 形管下部充满有机液体，如氯仿（密度大于水），并且含有与盐有高度亲和性的载体。U 形管一侧上部充满 KCl 水溶液，另一侧上部充满水。由于浓差的作用，KCl 将从浓溶液向纯水中扩散。当不存在载体时，由于 KCl 在有机相中溶解度低，传递速率非常低。当有机相中加入可与 KCl 形成可逆配合物的冠醚后，K^+ 从 U 形管的浓溶液侧传向纯水侧。经过一定时间后，纯水相也含有一定的 KCl（为保持电中性，Cl^- 也必须与配合物一起传递）。

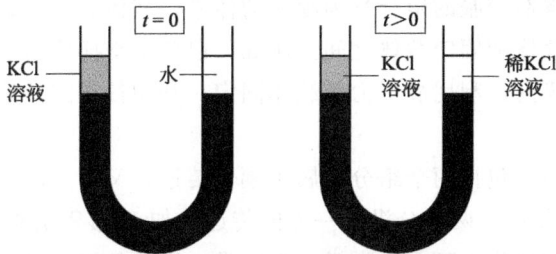

图 8-7　促进传递 U 形管实验

假设溶质 A 与载体 C 反应形成载体-溶质配合物 AC[12]：

$$A+C \rightleftharpoons AC \tag{8-1}$$

组分 A 以自由分子 A 和配合物 AC 形式扩散，则总通量为两部分之和：

$$J_A = \frac{D_A}{l}(c_{A,0}-c_{A,l}) + \frac{D_{AC}}{l}(c_{AC,0}-c_{AC,l}) \tag{8-2}$$

式中，第一项为溶质 A 的扩散速率，D_A 为 A 在液膜中的扩散系数，$c_{A,0}$ 为界面处液膜内 A 的浓度；第二项为配合物 AC 的扩散速率，D_{AC} 为 AC 的扩散系数，$c_{AC,0}$ 为界面处 AC 的浓度。配合反应的平衡常数为：

$$K = \frac{c_{AC,0}}{c_{A,0}c_C} \tag{8-3}$$

膜内载体总浓度为：

$$\bar{c} = c_C + c_{AC,0} \tag{8-4}$$

式中，c_C 为自由载体的浓度；$c_{AC,0}$ 为膜内已配合的载体浓度。假设在渗透物侧 A 和 AC 的浓度可忽略（$c_{A,l} \approx 0$，$c_{AC,l} \approx 0$），则组分 A 的总通量为：

$$J_A = \frac{D_A}{l}c_{A,0} + \frac{D_{AC}}{l}\left(\frac{K\bar{c}c_{A,0}}{1+Kc_{A,0}}\right) \tag{8-5}$$

定义分配系数 $k = c_{A,0}/c_{A,f}$，其中 $c_{A,f}$ 为组分 A 在原料液中的浓度，则：

$$J_A = \frac{D_A k}{l}c_{A,f} + \frac{D_{AC}}{l}\left(\frac{Kk\bar{c}c_{A,f}}{1+Kkc_{A,f}}\right) \tag{8-6}$$

一般用促进因子（facilitated factor）表征载体的促进作用，定义为引入载体后与引入载体前组分 A 通过膜的通量之比。每种溶质均需特定的载体。溶剂萃取中的萃取剂一般均可作为液膜的流动载体，如羧酸、三辛胺、肟类化合物、环烷酸等。移动载体膜的稳定性较差，载体和膜相容易流失，这是影响其工业应用的主要问题。

（2）固定载体

固定载体通过化学键或物理力与高分子的侧链或主链结合，其移动受到很大限制。待分离组分在固定载体上跳跃着从料液侧传递到透过液侧，固定载体的选择性是每个载体选择性的积累，因此选择性更好，但扩散速率低于移动载体系统。以凝胶或被溶剂溶胀的聚合物为膜相的体系，载体具有一定的可移动性，扩散速率介于移动载体和固定载体之间。例如，以离子交换膜为基膜，通过离子交换将载体交换到膜内，利用静电力使载体固定；利用接枝或共聚等方法将载体固定在膜内。

促进传递中通常包括两个组分，属于耦合传递，又可分成两类：

① 同向耦合传递　两组分沿同一方向传递，如 U 形管实验中的 Cl^- 和 K^+。该类传递中常用载体为大环多元醚类、叔胺类，迁移的溶质是中性盐。

② 反向耦合传递　两组分沿相反方向传递，推动力为一组分的浓度梯度，而另一组分逆其浓度梯度传递。例如，液膜法去除水中的 Cu^{2+} 时，载体以肟类化合物（以 HR 表示）为主，内相大多为酸，如 H_2SO_4、HNO_3 和 HCl。外相中的 Cu^{2+} 扩散到膜表面，与膜内载体 HR 作用放出 H^+：

$$2(HR)_O + Cu_W^{2+} \Longrightarrow R_2Cu_O + 2\,H_W^+$$

R_2Cu 扩散到膜的内相侧，与内相中的酸作用放出 Cu^{2+}：

$$R_2Cu_O + 2\,H_W^+ \Longrightarrow 2(HR)_O + Cu_W^{2+}$$

生成的 HR 在自身浓度梯度作用下再扩散到膜的外相侧表面与 Cu^{2+} 作用，如此反复，使萃取和反萃取进行，直到内相中的酸耗尽为止。结果，内相中的 Cu^{2+} 浓度不断升高，外相中的 Cu^{2+} 浓度不断降低，实现 Cu^{2+} 从外相的 Cu^{2+} 低浓度区向内相的 Cu^{2+} 高浓度区迁移，这种迁移是伴随 H^+ 从内相高酸度区向外相低酸度区迁移而进行的。该类传递中常用载体多是荷电的（如季铵盐），迁移的溶质是单一的离子。

8.3.3　液膜分离过程

乳化液膜分离过程包括制乳、萃取和破乳三个步骤：

① 制乳　在搅拌槽中加入有机溶剂、表面活性剂和载体得到膜相溶液，在搅拌下滴加一定量的内相试剂，高速搅拌制得乳化液。所选有机溶剂在水相中的溶解度应很低且挥发度低，同时必须是载体、载体-溶质配合物的良溶剂。

② 萃取　将乳化液与被分离料液充分混合，待分离组分被萃取到膜内相，

然后在混合澄清槽内将乳液与被处理料液分离。

③ 破乳　破乳是破坏乳化液滴，分出膜相和内相，膜相用于循环制乳，内相可进一步回收或后处理。破乳方法有很多，如化学破乳法、离心法、加热法、电破乳法。电破乳法操作简单，能耗低，易于连续化操作，故应用最多。电破乳是在电场作用下，使液珠极化带电，并在电场中运动，在介质阻力作用下发生变形，使膜各处受力不均而被削弱甚至破坏，特别是在交变电场中，液珠的运动方向不断变化，往复扭动，更易破坏[13]。该方法比较适用于油膜的破乳。液膜破裂所需最小电场强度称为临界场强 E_c。E 小于 E_c 时，破乳无法进行；当 $E > E_c$ 时，液膜破裂在瞬间完成，此时破乳速率主要由液滴絮凝和沉降速率控制。

支撑液膜的制备过程为：采用加压、减压或浸泡等方法使液相进入膜孔中，然后将膜悬挂移去表面多余的液体[14]。

8.3.4　应用

(1)废水处理

液膜法处理含酚废水已达到工业化水平。内相试剂为氢氧化钠溶液，酚在油膜中有较大的溶解度，选择性透过膜，渗透到膜内相与氢氧化钠反应生成酚钠，不溶于膜相，因此不能返回废水相，从而使酚在膜内相得到富集。液膜法处理含氨废水时，所用的内相试剂为硫酸水溶液。可以用液膜回收的阳离子有 Cu^{2+}、Hg^{2+}、Ni^{2+}、Cd^{2+}、Zn^{2+} 和 Pb^{2+} 等，阴离子有 NO_3^-、$Cr_2O_7^{2-}$ 和 $UO_2(SO_4)_2^{2-}$ 等。重金属离子一般不会穿过油膜，必须使用含有载体的液膜。

(2)气体分离

利用促进传递支撑液膜可以分离气体混合物，如从空气中富氧，从天然气中脱除 H_2S，从废气中脱除 NH_3、NO_2 和 SO_2 等。气体分离中，为了减少液膜溶剂的蒸发，一般选用蒸气压低的有机溶剂，且气体在与膜接触前应当用膜溶剂饱和以防膜溶剂挥发。例如，用含钴卟啉类[15]或席夫碱类氧载体的支撑液膜从空气中富氧。含 HCO_3^-/CO_3^{2-} 溶液的液膜对 CO_2 有很高的选择性，CO_2 与 O_2 的分离系数可达 4000 以上。CO_2 与载体在膜内发生下列可逆反应：

$$CO_2 + H_2O \rightleftharpoons H^+ + HCO_3^- \hspace{3cm} \text{(a)}$$

$$CO_2 + OH^- \rightleftharpoons HCO_3^- \hspace{3cm} \text{(b)}$$

$$H^+ + CO_3^{2-} \rightleftharpoons HCO_3^- \hspace{3cm} \text{(c)}$$

CO_2 分压高的膜侧，上述反应向右进行，使 CO_2 进入膜内。其中，反应 (a)、(b) 为慢反应，反应 (c) 为瞬间反应。在工业生产条件下，反应 (b) 对 CO_2 的传递起主要作用，使 CO_2 通过液膜的传递大大加强。而在 CO_2 分压低的膜侧，反应方向相反，放出 CO_2。

8.4 渗析

1861 年，Graham 利用渗析分离了胶体和低分子溶质。渗析，也称透析（dialysis），是溶质在自身浓度梯度作用下从膜的一侧传递到另一侧的过程，大分子组分的分配系数和扩散系数比小分子组分小很多，导致两者渗透系数和传递速率不同，从而实现分离。低分子量的离子和中性溶质（如尿素）很容易通过膜，分子量较高的组分传递阻力较大，而溶剂（水）则根据渗透原理通过膜（图 8-8）。为了降低扩散阻力，膜应高度溶胀。

渗析为扩散过程，设膜内组分浓度为线性分布，膜两侧分配系数相等，定态下传递速率由 Fick 定律描述：

$$J_i = \frac{D_i}{l}(c_{i,1}^{\mathrm{m}} - c_{i,2}^{\mathrm{m}}) \tag{8-7}$$

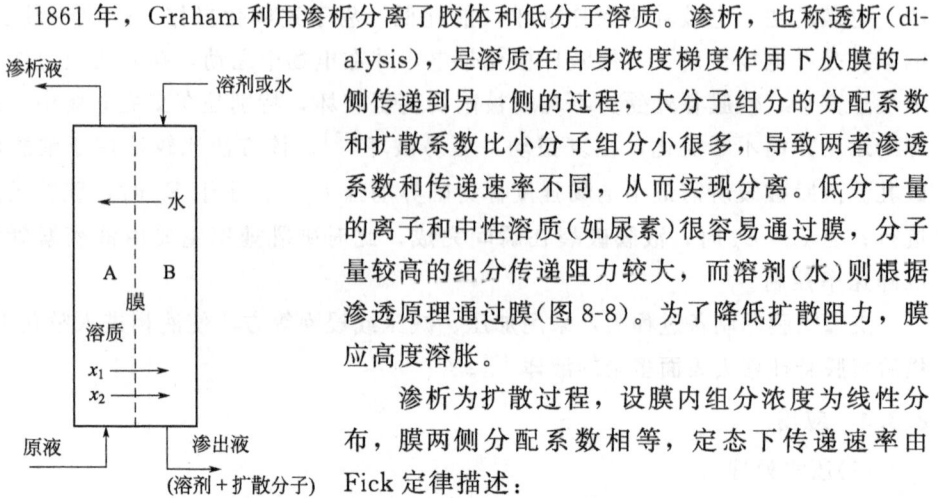

图 8-8 透析的原理示意

定义分配系数 K_i 为：

$$K_i = c_{i,1}^{\mathrm{m}}/c_{i,1}^{\mathrm{f}} = c_{i,2}^{\mathrm{m}}/c_{i,2}^{\mathrm{f}} \tag{8-8}$$

则

$$J_i = \frac{D_i K_i}{l}\Delta c_i = \frac{P_i}{l}\Delta c_i \tag{8-9}$$

式中，D_i 为溶质扩散系数；l 为膜厚；Δc_i 为原料液和渗透液的浓度差，$\Delta c_i = c_{i,1}^{\mathrm{f}} - c_{i,2}^{\mathrm{p}}$。随渗析进行，溶质传递速率不断降低。在溶质传递时，溶剂进行反向渗透，即从低浓度溶质侧渗透到高浓度溶质侧，渗透通量正比于渗透压差。溶质与溶剂传递时互相耦合。

渗析膜的选择性低，传质速率慢，主要用于从高分子量物质中分离低分子量组分，对于水溶液可采用亲水性聚合物膜，如再生纤维素、醋酸纤维素、聚乙烯醇、聚丙烯醇、聚甲基丙烯酸甲酯、乙烯和醋酸乙烯酯共聚物（EVA）、乙烯和乙烯醇共聚物（EVAL）等。

目前，渗析最主要的用途是血液透析，除去血液中有毒的低分子量组分，如尿素、肌酐和尿酸。无毒的低分子量溶质也会扩散通过膜，例如，以纯水为透析液时，钠、钾等电解质会扩散透过膜。因此，在透析液中人体必需的成分采用与血液大体相同或更高一些的浓度；需要去除的成分则采用低浓度或零浓度，并调节透析液的渗透压与正常人血液相近。对膜材料的最主要要求是血液相容性。目前使用较广泛的透析膜是再生纤维素膜，铜氨法生产的再生纤维素具有很高的湿强度，膜可薄至 0.005 mm。血液在进入膜组件前，需加入抗凝剂肝素（heparin）❶。通常进行一次透析约需 $100\sim200$ L 的透析液，透析 $3\sim6$ h 后，可使患者血液净化到正常水平。透析的其他应用还包括从啤酒中除去过量醇、生物产品的脱盐等。

利用单一的离子交换膜渗析时可以使离子在浓度差作用下传递。在电解质溶液中，离子膜荷电形成 Donnan 平衡，H^+ 和 OH^- 由于水化半径小，电荷少，不能被有效截留，从而与其他带相同电荷的离子分离，称为扩散渗析[16]。例如，碱性条件下使用阳离子交换膜，除 OH^- 以外的其他阴离子均被截留，可从盐溶液中回收烧碱[图 8-9(a)]；酸性条件下使用阴离子交换膜，可截留除 H^+ 外的所有阳离子，实现 H^+ 与其他阳离子的分离，使酸得以回收。HF 和 HNO_3 常用作不锈钢的刻蚀剂，废水中含有 H^+ 和 Fe^{3+}，由于 H^+ 可以通过膜而 Fe^{3+} 不能通过，所以利用该过程可以回收酸[图 8-9(b)]。在硫酸法钛白粉生产中产生大量废硫酸，浓度在 20% 左右，同时含有 $FeSO_4$ 等可溶性盐及 TiO_2 悬浮粒子。采用阴离子交换膜，废酸侧的 SO_4^{2-} 透过阴膜进入水侧，根据电中性要求，H^+ 也同时通过膜，而 Fe^{3+} 水合离子因半径较大被截留。这样，可回收得到 H_2SO_4，残液中的 $FeSO_4$ 经冷却结晶回收可作为净水剂原料[17]。为了提高酸或碱的渗析速率，要求膜有一定的含水量。过程中原料和渗透物逆流流动，传递速率可用 Nernst-Planck 方程描述。

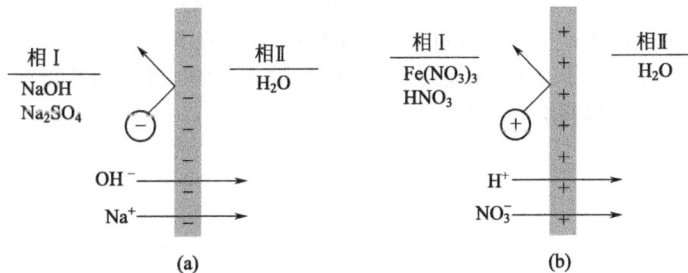

图 8-9　使用阳、阴离子交换膜的透析

又如，进料为较低浓度的 $CaCl_2$ 溶液，提取液（stripping solution）为较高浓度的 NaCl 溶液，两者被阳离子交换膜隔开。由于存在浓度差，Na^+ 扩散进入进料液而 Cl^- 不能通过膜，在两溶液间形成电势，驱动 Ca^{2+} 从进料液进入提取液。当膜对 Cl^- 完全截留时，由于电中性需求，每两个 Na^+ 进入进料液，就有一个 Ca^{2+} 进入提取液，可用于水软化、废水处理。在扩散渗析中，离子扩散速率较慢，所需膜面积大，成本高；又由于以浓度梯度作为传质推动力，故不能完全回收；由于膜选择性有限，在较高离子浓度时，少量盐也会透过膜。

---

❶ 肝素：因首先在肝脏发现而得名，天然存在于肥大细胞，可用于血栓的防治。

思 考 题

1. 渗透汽化中,利用膜材料和待分离组分的分子间相互作用可提高选择性,试举 3 例说明。
2. 化学交联可提高渗透汽化膜的耐溶胀性能,常用的交联反应有哪些类型?
3. 为什么说液膜分离中萃取和反萃取同时进行?

参 考 文 献

[1] Celebik K,Buchheim J,Wyss R M,et al. Science,2014,344:289-292.

[2] Chen G N,Chen C L,Guo Y A,et al. Science,2023:1350-1356.

[3] Tan X Y,Robijns S,Thür R,et al. Science,2022,378:1189-1194.

[4] Bernardo P,Drioli E,Golemme G. Ind Eng Chem Res,2009,48:4638-4663.

[5] Boddeker K W. J Memb Sci,1995,(100):65-68.

[6] Aptel P,Challard N,Cuny J,et al. J Membr Sci,1976,1:271-287.

[7] Sun H,Wang N X,Xu Y H,et al. Science,2024,386:1037-1042.

[8] 蒋晓钧,施艳荞,陈观文. 膜科学与技术,2000,20(5):16-20.

[9] Wu G R,Li Y L,Geng Y Z,Jia Z Q. J Membr Sci,2019,581:1-8.

[10] Xu L H,Li S H,Mao H,et al. Science,2022,378:308-313.

[11] 丁少杰,郭亚红,滕一万,等. 膜科学与技术,2010,30(6):101-105.

[12] Paul D R,Yampolskii Y. Polymeric gas separation membranes. London:CRC Press,1994.

[13] 陆九芳,李总成,包铁竹. 分离过程化学. 北京:清华大学出版社,1993.

[14] Izak P,Ruth W,Fei Z,et al. Chem Eng J,2007,139(2):318-321.

[15] Nishide H,Ohyanagi M,Okada O. Macromoleculers,1987,20:417.

[16] 徐铜文,黄川徽. 离子交换膜的制备与应用技术. 北京:化学工业出版社,2008.

[17] 张传福,张启修. 膜科学与技术,2001,21(2):37-43.

9 电渗析 膜电解
燃料电池膜 水电解制氢膜

9.1 离子交换膜

离子交换膜是具有离子选择透过性的高分子膜。阳离子交换膜(cation-exchange membrane，CEM)含磺酸基、羧酸基、硒酸基等活性基团，对阳离子具有选择透过性；阴离子交换膜(anion-exchange membrane，AEM)含季铵基、膦基($-PR_3^+$)等活性基团，对阴离子具有选择透过性。膜的颜色因其所带离子交换基团的种类而异，磺酸型膜呈淡黄色，羧酸型膜呈白色，季铵型膜呈乳黄色。离子交换膜按结构不同分为均相膜与异相膜两大类。

① 均相膜 均相膜在亚微观状态是均匀的，不存在相界面。制备方法如下。a. 将含有离子交换基团的高分子溶液用相转化法直接制成离子交换膜，如聚砜经磺化后制成磺化聚砜，溶于二甲基甲酰胺中，涂于网布上，待溶剂挥发后即成阳膜。b. 以惰性高分子膜为基体，经有机溶剂溶胀后吸入带功能基团的单体，经聚合后与膜基材料的分子链形成缠绕结构。如高压聚乙烯薄膜，溶胀后浸吸苯乙烯和二乙烯苯等单体，用过氧化苯乙酰作为引发剂聚合，聚合物与膜基形成一体，经磺化反应可制成阳膜，经氯甲基化和季铵化可制得阴膜。为减少过度溶胀，聚合物通常是交联的。c. 不带电荷的聚合物与带有荷电基团的聚合物发生交联，得到离子交换膜。例如，将 PVA 与聚磺化苯乙烯-马来酸酐共聚物交联，得到质子交换膜，化学和热稳定性较好[1]。

② 异相膜 将粉状离子交换树脂、黏结剂和其他辅料混合后通过压延和模压成膜，或者将离子交换树脂分散在黏结剂溶液中浇铸成膜(图 9-1)。黏结剂通常为天然和合成橡胶、线型聚烯烃及其衍生物(如聚乙烯、聚氯乙烯、聚乙烯醇)。异相膜电阻相对较高且机械强度较差，特别是在高度溶胀情况下。

离子交换膜按用途不同可分为电渗析膜、离子电解膜和双极膜(bipolar membrane，BPM)等。

① 电渗析膜 电渗析膜是最普通的离子交换膜，主要由高分子膜主体、增强或支撑材料构成。为防止水的电渗

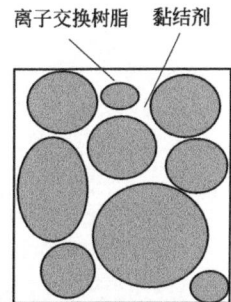

图 9-1 异相膜

透，要求膜具有较高的固定化基团浓度和较少的含水量。

② 离子电解膜 主要用于氯碱工业中，目前有全氟磺酸膜、全氟羧酸膜、全氟磺酸/全氟羧酸复合膜三大类。与一般电渗析膜的差别主要在膜的含水率上，全氟离子电解膜的含水率较低，全氟羧酸膜的含水率又远低于全氟磺酸膜。

③ 双极膜 1956 年，Frilette 首先制备了双极膜，并将其用于水解离研究[2]。双极膜由阳离子交换层、阴离子交换层和中间催化层复合而成(图 9-2)，其中的阴、阳离子交换膜既能将中间层的 OH^-、H^+ 迁移到膜外溶液中，又能及时将溶液中的水分传递到中间界面层。中间层材料包括磺化 PEK、过渡金属化合物、聚乙烯基吡啶、聚丙烯酸、磷酸锆、季铵类化合物等，上述材料可单独使用或按不同比例混合使用，具有水解离催化作用。双极膜总厚度约 0.1~0.2 mm，膜面积电阻小于 5 $\Omega \cdot cm^2$，中间层厚度一般为几纳米，界面电阻与界面层厚度、水的解离速率有关。

双极膜行为与电场方向有关[3]。如图 9-3 所示，当双极膜正向加压(forward bias)时，即正极在阳离子交换层一侧，负极在阴离子交换层一侧，在电场作用

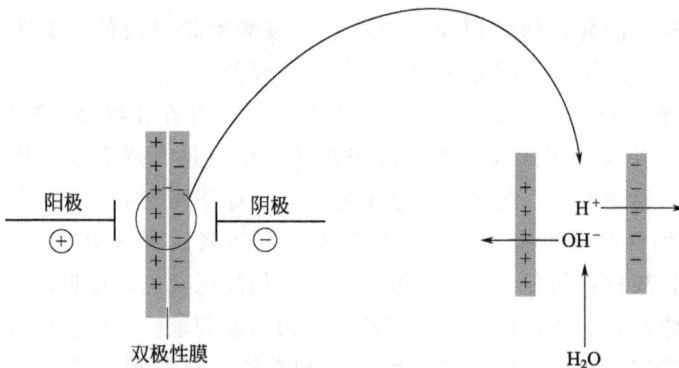

图 9-2 双极膜示意图

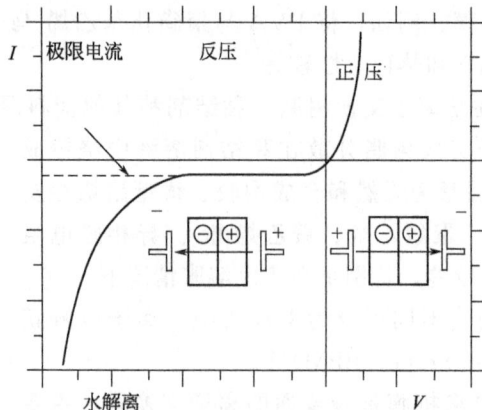

图 9-3 典型的双极膜电流-电压关系曲线(极限电流
密度的末端是水解离的开始)

下，溶液中的阳离子会透过阳膜层、阴离子会透过阴膜层而到达双极膜的界面，使界面电解质浓度增加，膜的电阻不会发生显著变化；而当双极膜反向加压时，阳离子透过阳膜层到达阴极，阴离子通过阴膜层到达阳极，使双极膜界面的电解质浓度降低，膜的电阻增大。当电压足够大时，因电迁移从界面迁出的离子比因扩散从外相溶液进入界面层的离子多，使界面层的离子耗尽，发生水的解离，使溶液 pH 发生变化。

双极膜将水解离为 H^+ 和 OH^-，膜对 H^+ 和 OH^- 的渗透选择性很高。双极膜水解离时的反应为：

$$2H_2O \longrightarrow 2H^+ + 2OH^-$$

因为 $H_2 \longrightarrow 2H^+ + 2e^-$ 的理论电位为 0 V；$2H_2O + 2e^- \longrightarrow H_2 \uparrow + 2OH^-$ 的理论电位为 0.828 V。因此，理想双极膜产生 H^+ 和 OH^- 的理论电位在 0.828 V(25 ℃)，过程中无氧化和还原反应，不会产生 O_2、H_2 等副产物[4]。

④ 镶嵌膜　镶嵌膜(mosaic membrane)属于两性膜，阳离子交换基团和阴离子交换基团交替排列，两类基团由中性区域隔开(图 9-4)。利用镶嵌膜可进行盐的富集[5]。在压力驱动下，阴离子通过阴离子交换区传递，而阳离子通过阳离子交换区传递，渗透物中盐的浓度大于其在原料中的浓度。在该过程中离子溶质通过膜进行渗透，而反渗透中溶剂通过膜进行渗透。

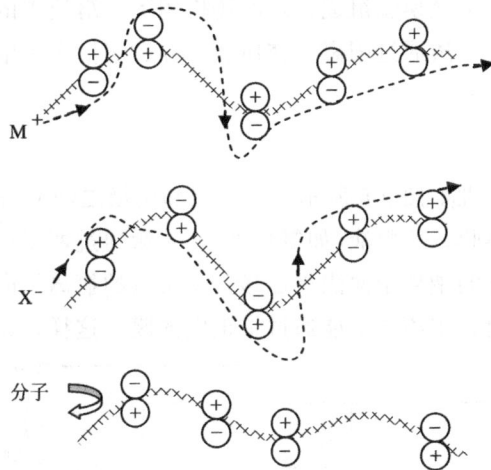

图 9-4　镶嵌膜

离子交换膜的选择透过性主要是由于膜上孔隙和离子基团的作用(图 9-5)。在水溶液中，膜上的活性基团发生解离，产生的反离子进入溶液中，膜上留下带有一定电荷的固定基团。例如，阳膜留下带负电的基团，构成强烈的负电场。在外加直流电场作用下，溶液中的阳离子被吸引、传递而通过膜孔进入膜的另一侧，而阴离子则受到排斥。因此，离子交换膜具有离子选择透过性。

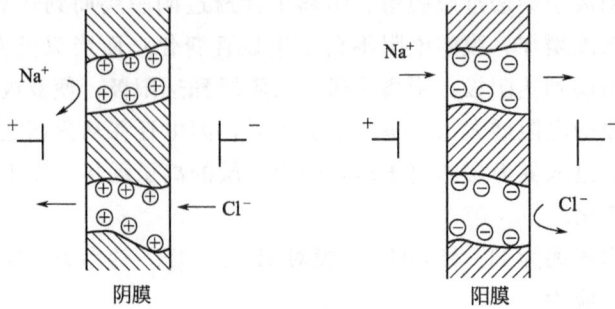

图 9-5 离子交换膜功能

9.2 电渗析

1903 年，Morse 和 Pierce 将两个电极分别置于透析袋内和外部溶液中，发现带电杂质能迅速从凝胶中去除。1940 年，Meyer 和 Strauss 提出了具有实用意义的多隔室电渗析装置的概念。1952 年美国 Ionics 公司制成第一台电渗析装置，1972 年又推出了频繁倒极电渗析装置。

在直流电场的作用下离子透过离子交换膜的现象称为电渗析。电渗析单元由交替排列的阴、阳离子交换膜组成，在电场作用下，溶液中的阴离子渗透通过阴离子交换膜，阳离子渗透通过阳离子交换膜，导致溶液中带电离子的分离，达到溶液浓缩或提纯的目的。

9.2.1 原理

电渗析过程的原理如图 9-6 所示。在阳极和阴极之间交替安置一系列阳离子交换膜和阴离子交换膜。原料液(如氯化钠)被泵激通过两张膜之间的腔室，当施加直流电时，带正电的钠离子向阴极迁移，带负电的氯离子向阳极迁移，氯离子不能通过带负电的膜，阳离子不能通过带正电的膜。这样，在一个腔室中离子浓

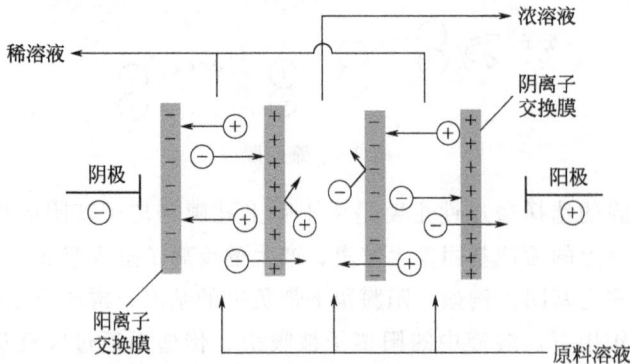

图 9-6 电渗析原理

度提高，而在与之相邻的腔室中离子浓度下降，从而形成交替排列的稀溶液腔室和浓溶液腔室。在电极处发生电解，在阴极处形成 H_2 和 OH^-，而在阳极处形成 Cl_2 和 O_2，电极反应如下：

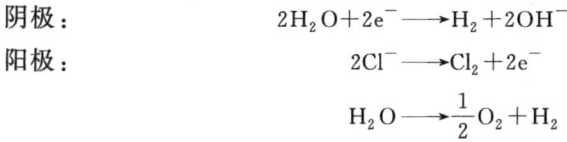

阴极：
$$2H_2O+2e^- \longrightarrow H_2+2OH^-$$

阳极：
$$2Cl^- \longrightarrow Cl_2+2e^-$$
$$H_2O \longrightarrow \frac{1}{2}O_2+H_2$$

离子通过膜传递的量正比于电流强度 I（A）或电流密度 i（A/cm^2），传递所需的电流为：

$$I=\frac{zFQ\Delta c_i}{\eta} \tag{9-1}$$

式中，z 为价态；F 为 Faraday 常数；Q 为体积流量；Δc_i 为原料与渗透物之间的浓度差；η 为电流效率。在工业应用中把几百对腔室串联在一起构成膜堆，膜堆总电阻 R 等于每个腔室对的电阻乘以腔室对的数目 N。每个腔室对的电阻 R_{cp} 为：

$$R_{cp}=R_{am}+R_{pc}+R_{cm}+R_{fc} \tag{9-2}$$

式中，R_{am} 为阴离子交换膜电阻；R_{pc} 为稀液室电阻；R_{cm} 为阳离子交换膜电阻；R_{fc} 为浓液室电阻（图 9-7）。膜堆组装时，应使膜间距最小（0.45～1.0 mm）以最大程度降低电阻。同时，应提高膜表面流速（5～20 cm/s）以抑制浓度极化。另外，避免不同室之间的泄漏。

电流密度取决于电位差和膜堆总电阻。提高电流密度可以提高传递离子的数目，但电流密度不能无限提高。如图 9-8 所示，电流-电压特性曲线可分成 3 个区域：1 区为欧姆区，电流密度与电位差关系满足欧姆定律；2 区电流达到一个定值即极限电流密度 i_m，i_m 为传递全部离子所需的电流；当电

图 9-7 腔室对示意图

压继续增加时进入过极限电流区（3）时，水将解离产生离子，所有非平衡过程均发生在此区。极限电流密度的存在与浓度极化有关。

电渗析中存在的主要问题如下。①水的渗透。渗透压差使水从稀溶液腔室渗透到浓溶液腔室。②水的电渗析。水合状态的电解质离子透过膜时所带来的水迁移。水的渗透和水的电渗析降低了产水率。③电解质的扩散。由于膜两侧溶液浓度不同，电解质由浓水室向淡水室扩散。④Donnan 排斥效果不理想。离子浓度较高时，Donnan 排斥效果变差，加之高浓度时能耗较高，故电渗析在低浓度下

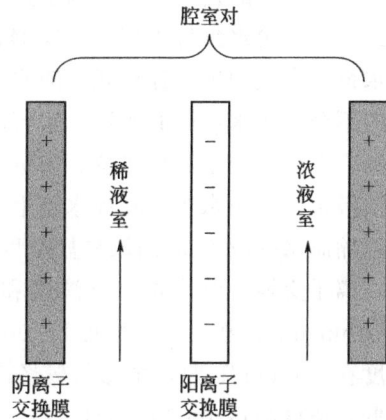

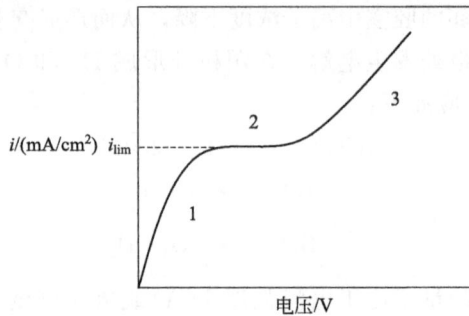

图 9-8　电流-电压特性曲线

更具竞争力。

电渗析中经常采用频繁倒极技术(electrodialysis reversal，EDR)，即每隔一定时间(一般 15～30 min)正负电极极性相互倒换，以自动清洗离子交换膜和电极表面的污垢，使离子交换膜和电极的工作效率能长期稳定。

9.2.2　应用

(1)苦咸水和海水脱盐

苦咸水脱盐是电渗析最重要的应用领域。将苦咸水电渗析脱盐制备饮用水被认为是最经济的技术方案，制水成本可与反渗透竞争。其工艺流程如下：经预处理的原水由给水泵打入精密过滤器，再分配给浓水系统、淡水系统和极水系统。淡水系统水流为串联连续式，浓水系统水流为循环式，一部分水被排放，倒极期间的不合格淡水返回原水池。运行时，电渗析阳极出水和阴极出水混合排放到极水箱，在极水箱中和后排放。阳极过程产生的氯气和氧气及阴极过程产生的氢气也被极水带入极水箱，在极水箱上安装小型脱气机，将这些气体排出室外。电渗析浓缩海水-蒸发结晶制取食盐是目前电渗析处于第二位的应用。

离子交换、电渗析、反渗透和蒸馏等脱盐过程的成本是进水浓度的函数。Strathmann 认为，对浓度低于 400～500 mg/L 的溶液脱盐，离子交换最经济；浓度在 500 mg/L 时，电渗析较经济；浓度达到 5000 mg/L 左右时，反渗透费用较低；浓度高达 10000 mg/L 时，蒸馏较经济。

(2)纯水制备

制备不同等级的纯水必须将几种脱盐和净化工艺进行组合，以满足锅炉、医药、电子等行业用水的需要。电渗析-离子交换组合脱盐是国内通常采用的工艺流程，电渗析起前级脱盐作用，离子交换起保证水质的作用。

1983 年，Kedem 提出将混合离子交换树脂填充到电渗析器淡水室中构成连续电去离子系统(electro deionization，EDI)，也称填充电渗析。被离子交换树脂吸附的离子在电场作用下不断迁移进入浓水室，原料液中的离子几乎可被完全去除，离子交换膜与溶液界面处发生浓度极化，导致水解离产生 H^+ 和 OH^- 而使树脂再生。目前 EDI 已成为纯水制备的主导技术。

（3）废水处理

用于废水处理的离子交换膜为耐酸、耐碱或耐氧化的特殊离子交换膜。

（4）食品、医药工业中的应用

脱除有机物（在电场中不离解为离子）中的盐分。例如，医药生产中葡萄糖、甘露醇、氨基酸、维生素 C 等溶液的脱盐，食品工业中牛乳、乳清的脱盐，酒类产品中酒石酸钾的脱除等。

氨基酸的纯化和分离。在不同 pH 下氨基酸存在的形式不同，pH 值等于等电点（I. P）时不带电荷，pH 值大于等电点时带负电荷，pH 值小于等电点时带正电荷。去除氨基酸中的电解质时，可将溶液 pH 值调至氨基酸的等电点，电渗析后杂质离子迁移到浓缩水流，氨基酸仍留在原料液中，从而得到净化。例如，味精生产中，发酵母液约含 1.8% α-谷氨酸钠和 2.5% 氯化铵，调节 pH 值至 3.2~3.4 后电渗析，可去除氯化铵。利用三室电渗析可以分离氨基酸的混合物。例如，将等电点为 6.1 的 L-丙氨酸与等电点为 2.98 的 L-天冬氨酸置于三室电渗析器的中间腔室中，把 pH 值调至 4，L-天冬氨酸因带负电荷而向阳极侧腔室迁移，L-丙氨酸因带正电荷而向阴极侧腔室迁移。利用该方法可分离等电点显著不同的多种氨基酸。

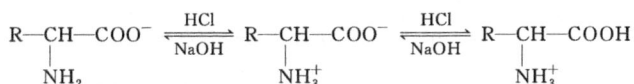

$$
\underset{\overset{|}{NH_2}}{R-CH-COO^-} \underset{NaOH}{\overset{HCl}{\rightleftharpoons}} \underset{\overset{|}{NH_3^+}}{R-CH-COO^-} \underset{NaOH}{\overset{HCl}{\rightleftharpoons}} \underset{\overset{|}{NH_3^+}}{R-CH-COOH}
$$

有机物中酸的脱除或中和。例如，除去果汁中引起酸味的过量柠檬酸，可将其通入两侧均为阴膜的脱酸室中，使柠檬酸根从一侧渗出，而从另一侧渗入 OH^- 中和 H^+。

利用有机酸盐制备有机酸。在两侧均为阳膜的转化室中，柠檬酸盐中的 Na^+ 从一侧渗出，而从另一侧渗入 H^+，得到柠檬酸。利用这种方法可以将氨基酸盐转化为游离氨基酸。双极性膜在直流电场作用下使水解离成 H^+ 和 OH^-，将盐转化为相应的酸和碱。

（5）无机产品制备

在 $AlCl_3$ 水解制备聚合氯化铝中，日本旭化成公司利用离子交换膜选择性地移出 $AlCl_3$ 水解产生的 H^+，使反应向右移动，最终得到产品。如图 9-9(a)所示，阴离子交换膜和只允许一价阳离子通过的阳离子交换膜构成中间的 B 室，两侧是 A 室。B 室中通入三氯化铝或低碱化度聚合氯化铝溶液，A 室通入电解质溶液。通入电流后，Cl^- 透过阴离子交换膜进入 A 室，H^+ 透过阳离子交换膜进入 A 室，与 Cl^- 生成盐酸；Al^{3+} 因离子较大，不能透过阳离子交换膜。这样，B 室的 OH^- 与 Al^{3+} 结合，最后得到聚合氯化铝产品和盐酸，产品碱化度（OH/Al）可达 1.8 以上。

采用石墨惰性电极为阳极，铁板为阴极[6]，利用两张普通的阴离子交换膜分别构成阳极室、反应室和阴极室，在反应室中通入 $AlCl_3$ 溶液，阴极室通入 NaOH 溶液，阳极室通入 Na_2SO_4 溶液。在电场作用下，OH^- 通过阴离子交换

(a)

(b)

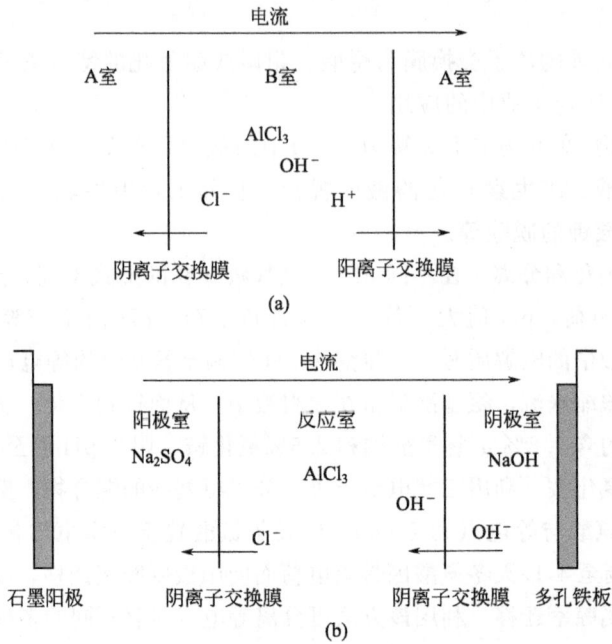

图 9-9 电渗析法合成聚合氯化铝

膜进入反应室，与 AlCl$_3$ 反应生成聚合氯化铝，相当于缓慢加碱过程[图 9-9(b)]。电极反应为：

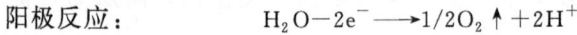

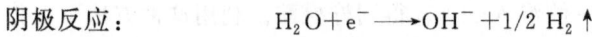

阳极反应：
$$H_2O - 2e^- \longrightarrow 1/2 O_2 \uparrow + 2H^+$$

或：
$$Cl^- - e^- \longrightarrow \frac{1}{2} Cl_2 \uparrow$$

阴极反应：
$$H_2O + e^- \longrightarrow OH^- + 1/2 H_2 \uparrow$$

该方法工作方式为高电压和低电流，可合成含铝 $0.1 \sim 1.56$ mol/L、碱化度 $1.63 \sim 1.81$ 的聚合氯化铝，中等聚合形态 Al$_b$ 含量可达 $55\% \sim 60\%$。

双极膜电渗析系统由双极性膜与阴、阳离子交换膜组合而成，如图 9-10 所

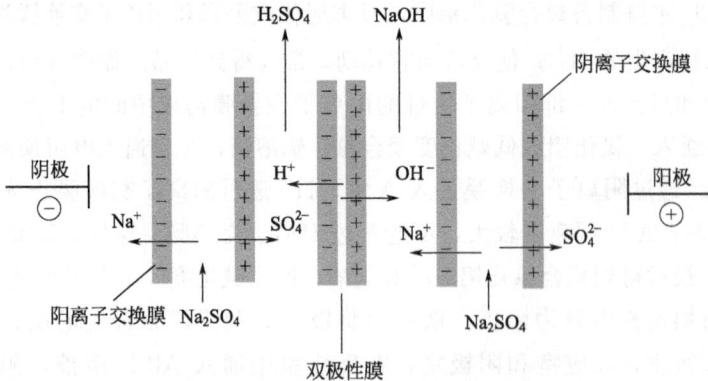

图 9-10 双极膜电渗析系统制备硫酸和氢氧化钠

示，双极膜位于阳离子交换膜和阴离子交换膜之间，将硫酸钠溶液加到阳离子交换膜和阴离子交换膜之间的膜池内，硫酸根离子通过阴离子交换膜向阳极方向移动，与双极膜提供的氢离子结合形成硫酸，钠离子通过阳离子交换膜向阴极方向移动，与来自双极膜的氢氧根形成氢氧化钠，从而实现由硫酸钠制备硫酸和氢氧化钠。

9.3 膜电解

膜电解是将电解和膜分离结合起来的过程。例如，氯碱（chlor-alkali）过程生成氯气和苛性钠，只使用阳离子交换膜把两个腔室分开[图 9-11(a)]，氯化钠溶液被泵激进入左侧腔室，在阳极处氯离子电解生成氯气，同时钠离子移向阴极。右侧腔室中，水在阴极电解产生氢气（H_2）和氢氧根离子（OH^-），带负电的氢氧根离子向阳极迁移，但不能通过带负电的阳离子交换膜。因此在左侧腔室获得氯气，右侧腔室得到氢氧化钠溶液和氢气。与电渗析不同，膜电解使用单一的离子交换膜，每个腔室均需要两个电极[7][图 9-11(b)]。

Nafion 膜中磺酸侧基的强极性使膜中含水量较高，膜的电导率较大，但膜的离子选择性不太理想，电解时离子膜不能有效阻挡阴极室的 OH^- 随水的渗

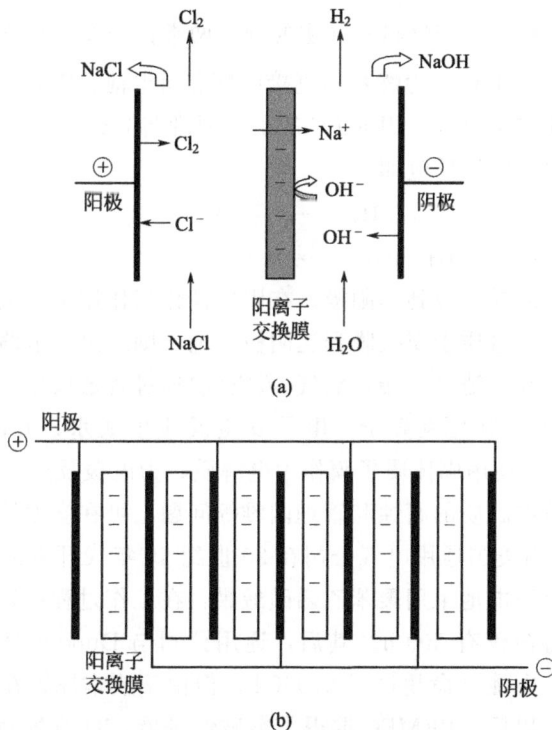

(a)

(b)

图 9-11 氯碱过程示意图

透,造成电流效率下降和阳极室次氯酸盐等杂质的生成而损害设备。1975年,日本Asahi公司开发了Flemion全氟羧酸离子交换树脂和离子交换膜。羧酸基团酸性弱,亲水性小,能有效阻止OH^-的迁移。而采用全氟磺酸离子交换树脂和全氟羧酸离子交换树脂制备的复合膜,同时具有较低的膜电阻和较高的电流效率[8]。

9.4 燃料电池膜

燃料电池(fuel cell,FC)是一种直接将燃料和氧化剂的化学能通过电极反应转化为电能的装置,已用于电动汽车、固定电站、便携式电子装置等。1839年Grove建立了世界上第一个以氢气为燃料的燃料电池模型,但直到20世纪60年代特别是1973年的能源危机后,这项技术才受到重视。根据电解质的不同,燃料电池分为碱性燃料电池(通常用氢氧化钾作为电解质)、酸性燃料电池(主要用磷酸作为电解质)、熔融碳酸盐(molten carbonate)燃料电池(碳酸锂和碳酸钾的混合物作为电解质)、固体氧化物燃料电池(如氧化锆)和质子交换膜(proton-exchange membranes,PEM)燃料电池[9]。

9.4.1 质子交换膜

质子交换膜燃料电池按燃料不同主要分为两类:一类是以H_2为燃料的燃料电池;另一类是以CH_3OH为燃料的直接甲醇燃料电池(DMFC),该类电池的燃料来源丰富,电池结构简单。PEMFC的工作原理与其他燃料电池相同,其实质是电解水的逆过程,电极反应如下:

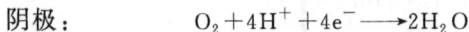

阳极: $$H_2 \longrightarrow 2H^+ + 2e^-$$

阴极: $$O_2 + 4H^+ + 4e^- \longrightarrow 2H_2O$$

氢气通过管道或导气板到达阳极,在阳极催化剂作用下,氢分子解离为氢离子和电子,氢离子穿过质子交换膜到达阴极,电子则通过外电路到达阴极,并在外电路形成电流。在电池另一端,氧气(或空气)通过管道或导气板到达阴极,在阴极催化剂作用下,氧与氢离子、电子发生反应生成水,并随反应尾气排出(图9-12)。PEMFC使用固体质子膜作为电解质,为电极反应产生的氢离子提供通道,避免了液体电解质的腐蚀和管理困难等问题,可在室温快速启动。

PEMFC最早由美国通用电气公司在20世纪60年代开发成功,并用于双子星座飞船飞行,但该电池采用聚苯乙烯磺酸膜,在工作过程中该膜发生了热氧化降解,导致电池寿命仅有500 h。其后,通用公司与Dupont公司合作改造Nafion全氟磺酸膜,电池寿命超过了57000 h,但由于成本原因在美国航天飞机的电源竞标中失败。以后,PEMFC取得了突破性进展,目前各种以PEMFC为动力的试验样车已在运行,其性能完全可与内燃机汽车相媲美,而且具有更少的移

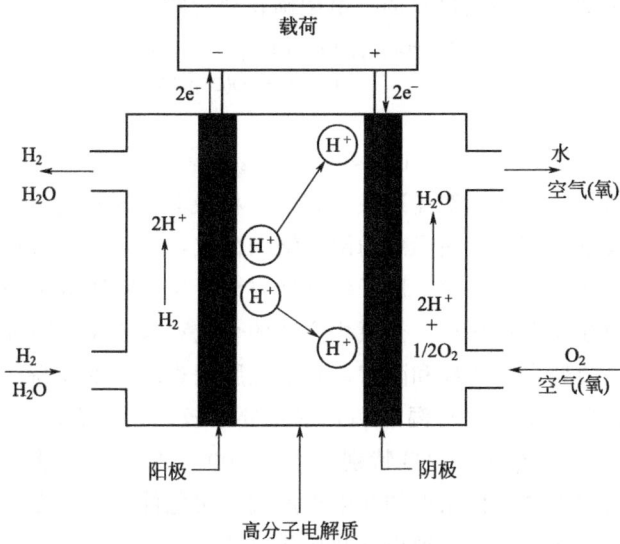

图 9-12　质子交换膜燃料电池

动部件。

一般的燃料电池单体只能产生 1.2 V 的电压，要得到实用的电压，必须将多个单体串联，形成燃料电池组或电池堆。PEMFC 的关键部件是质子交换膜、电极和催化剂。催化剂是铂/碳或铂-钌/碳，目前主要研究在保证催化效率的前提下，进一步降低贵金属铂的含量以降低成本。

质子交换膜在很大程度上决定了燃料电池的输出功率、电池效率和成本。质子交换膜由功能高分子材料制备，应满足以下条件。①在较宽的温度范围内具有良好的质子传导性，而对电子绝缘，对反应气体的渗透性低，以防止直接发生反应；表面性质适于与催化剂结合，原材料价格低廉。②具有较高的化学稳定性，在活性物质作用下不易发生氧化、还原和酸性条件下的降解等反应。③具有较高的分子量和交联度，在水中溶胀度较低，以抑制水在 PEM 中的电渗迁移。④具有足够的机械强度和结构强度，使用寿命达到 10 年以上。质子交换膜材料主要是磺化聚合物（sulfonated polymer），可以分为含氟型、非含氟型和酸碱络合型三大类。

(1)含氟型磺化聚合物

该类聚合物具有较高的质子传导率、良好的力学强度、优异的化学和电化学稳定性以及足够长的使用寿命，是目前获得实际应用的材料。聚合物主链由高度疏水的饱和—C—F 键组成，侧基形成相互连接的亲水相（hydrophilic domain），构成有利于质子传输的亲水通道。氟原子的强电负性和磺酸基的强酸性是其在水中具有很高质子传导率的重要原因。美国 Dupont 公司、Dow 公司和日本 Asahi 公司先后开发了全氟型磺化聚合物，其主要差异在于侧基长短和磺酸基含量。其中，Nafion 是最典型且使用最多的全氟型磺化聚合物。

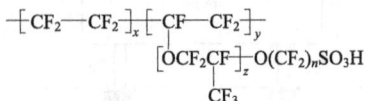

$$\begin{array}{c} \left[\text{CF}_2\!-\!\text{CF}_2\right]_x\!\!\left[\text{CF}\!-\!\text{CF}_2\right]_y \\ \left[\text{OCF}_2\text{CF}\right]_z\!-\!\text{O(CF}_2)_n\text{SO}_3\text{H} \\ \text{CF}_3 \end{array}$$

$$x=3\sim10,\ y=1,\ z=0\sim2,\ n=2\sim5$$

一般采用离子簇网络模型描述该类膜的结构及其传递行为，认为 PEM 由疏水主链、离子簇以及离子簇间形成的网络结构构成，离子簇中的磺酸根离子水合层提供了质子迁移的唯一通道，质子传导性与离子交换基团数量和含水量有关。

全氟磺酸膜存在下列缺点：全氟化合物的合成和磺化非常困难，成膜过程中的水解和磺化易使聚合物变性和降解，致使成膜困难，成本较高；膜的离子电导强烈依赖于水含量，工作时对温度和含水量要求较高，Nafion 系列膜的最佳工作温度为 $70\sim90\,℃$，超过此温度特别是大于 $100\,℃$ 时，含水量降低，导电性下降，因此难以通过提高工作温度加快电极反应和避免催化剂中毒，使用时必须保证膜充分湿润，防止失水，电池设计和操作复杂；由于过度溶胀，某些碳氢化合物(如甲醇)在该类膜中的渗透率较高，将 Nafion 117 用于 DMFC 时，即使甲醇浓度低至 $1\,mol/L$，仍有近 40% 的醇穿过膜到达阴极，与氧气直接发生反应，造成燃料的浪费，影响阴极的正常反应，所以不适用于直接甲醇燃料电池，而只适用于 H_2/O_2 燃料电池；难降解的废弃物对环境造成污染。

(2)非含氟型磺化聚合物

热稳定性和抗氧化性好、机械强度高的非氟化聚合物，如聚苯醚、聚苯并咪唑、聚醚醚酮、聚醚砜(PES)、聚醚酰亚胺、聚磷腈、聚苯胺(PAn)、聚环氧乙烷(PEO)、聚丙二醇(PPG)、四氢呋喃聚醚(PTMO)，是 PEM 的候选材料。非含氟型聚合物具有以下优点：成本低于全氟型聚合物；含有极性基团，在相当宽的温度范围内具有较高的亲水能力，吸收的水分聚集在聚合物主链上的极性基团周围，膜保水能力较强；通过适当的分子设计，其稳定性可以得到大幅度改善；废弃的非含氟型聚合物易降解，环境污染小。根据磺酸基团在磺化聚合物结构中的位置，可分为主链磺化型和侧链磺化型两大类[10]，其中侧链磺化型聚合物的分子结构与 Nafion 相似，具有憎水性的主链和亲水性的侧链，易于在疏水性聚合物骨架中形成微相分离的离子簇，从而兼具良好的质子传导性和抗溶胀性。非含氟型磺化聚合物的合成主要有两种方法：

① 对母体聚合物进行后磺化处理。母体聚合物大多已实现大规模工业生产，使用的磺化剂通常为浓硫酸、发烟硫酸、氯磺酸、硫酸乙酰酯等。发烟硫酸、氯磺酸、浓硫酸作为磺化剂时容易造成聚合物的降解，磺化度难以精确控制。硫酸乙酰酯是比较温和的磺化剂，适用于反应活性高的聚合物，如聚苯乙烯等。采用后磺化法已合成了磺化聚苯乙烯及其衍生物(SPS)、磺化聚醚醚酮(SPEEK)、磺化聚膦腈(sulfonated polyphosphazene，SPPz)、磺化聚苯(SPPBP)、磺化聚醚

砜(SPSU)、磺化聚苯醚(SPPE)等，磺化过程的关键是控制质子传导性与机械强度之间的平衡。

② 由磺化单体直接聚合，具有可精确控制磺化度和聚合物形态结构等优点。McGrath 等用对氯二苯砜、磺化对氯二苯砜和二元酚在碳酸钾存在下聚合，得到了一系列不同磺化度的 SPSU。

含氟和非含氟型质子交换膜在较高温度(大于 100 ℃)时，质子传导性、亲水性、机械强度等降低，而燃料渗透性增加，因此，需要对聚合物进行改性。改性方法如下。a. 加入无机氧化物 MO_2(M＝Ti、Si、Zr)填料，以提高电池操作温度、CO 耐受性和反应速率。例如，向 Nafion 中添加具有保水能力的氧化物(如 SiO_2、TiO_2)、利于质子传导的杂多酸(如 PWA、PMoA、SiWA)或无机固体酸(如层状磷酸锆)，可得中温燃料电池，在 145 ℃仍能保持较高的质子传导率。制备含 MO_2 杂化膜时可采用原位 sol-gel 法，膜含水量大小与酸强度顺序($SiO_2＜TiO_2＜ZrO_2$)一致[11]。b. 添加沸石。沸石中含有可交换阳离子以保持电中性，阳离子可在骨架结构中移动。但沸石膜常存在裂纹等缺陷，机械强度低，生产成本高。沸石-聚合物膜可以将沸石的质子传导性和高分子的柔韧性结合起来[12]。

(3)酸碱络合型磺化聚合物

指碱性聚合物与酸性组分(或酸性聚合物与碱性组分)形成的络合物。例如，将含碱性位(如胺)的高分子和强酸(硫酸、磷酸等)混合，得到给体-受体相互作用的质子交换膜，质子可从质子化的碱性位向未质子化的碱性位以及沿含氧酸阴离子之间的氢键传导。1995 年美国的 Litt 和 Savinell 首次报道了磷酸掺杂聚苯并咪唑膜(PBI/H_3PO_4)，其突出优点是在很低的相对湿度(＜10%)甚至完全无水的情况下仍能保持很高的质子传导率，而且质子传导率随温度升高而增大，因此非常适用于中温(120~200 ℃)燃料电池。但膜中掺杂的磷酸会逐渐渗漏(阴极反应产生的水蒸气冷凝后变成液态水)，导致膜的质子传导率逐渐下降，所以未能获得实际应用。

Tezuka 等[13] 将 3-氨基丙基三乙氧基硅烷(3-aminopropyl triethoxysilane，APTES)和水按摩尔比 1：100 混合在室温搅拌 1 天，然后在冰浴下滴加浓硫酸(硫酸与 APTES 摩尔比为 0~1.0)，室温搅拌一天后倒入盘中，室温敞口放置直至凝胶化，再在 50 ℃干燥 1 天，在 100 ℃、150 ℃和 200 ℃热处理 3 h，在 200 ℃和干燥条件下电导率为 $2×10^{-3}$ S/cm，认为在其结构中棒状聚硅氧链(polysiloxane backbone)呈六方堆积，周围是 NH_4^+ 和 HSO_4^- 络合物，HSO_4^- 之间的氢键链作为质子传导通道，离子络合物的有序排列有利于质子快速传导，而聚硅氧链的存在使膜热稳定性较好(图 9-13)。磺化聚苯醚(SPPO)与 APTES 共混通过 sol-gel 过程形成酸碱杂化膜，酸碱相互作用提高了膜的均一性、热稳定性和机械强度[14]。酸碱络合膜的质子传导性与湿度无关，而与掺杂量和温度有关。掺杂量

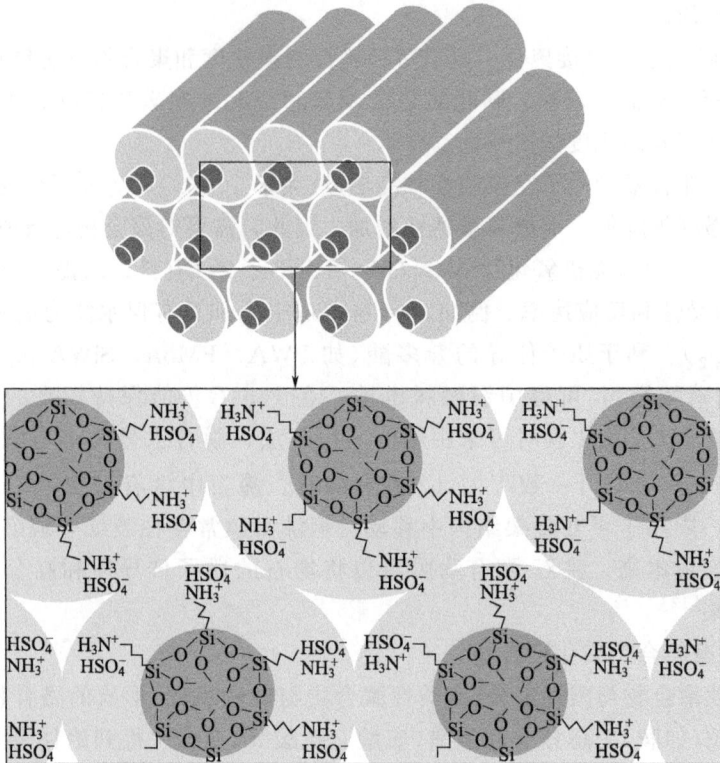

图 9-13　质子交换膜的结构

增加，酸性位之间的距离减小，有利于质子跳跃传递(即属于 Grotthus 质子传递机理)[15]。SPEEK/PBI 膜的质子传导性高，热稳定性好(温度大于 270 ℃)，在 H_2 燃料电池中性能良好[16]。

9.4.2　阴离子交换膜

阴离子交换膜燃料电池(AEMFC)可使用非贵金属催化剂，并且在碱性条件下氧气还原反应动力学更快，腐蚀问题较轻。由于 OH^- 的迁移率远低于 H^+ (约为 H^+ 的 50%)，阴离子交换膜离子传导率通常较低，另外还存在稳定性差等问题[17]。阴离子交换膜(AEM)分为主链型、侧链型、超支化型、交联型、互穿聚合物网络型、混合基质型等类型。

① 主链型。阴离子交换基团位于聚合物主链，聚合物包括聚砜、聚醚醚酮(PEEK)、聚苯醚和聚酰亚胺等，具有较为优异的耐热性能和力学性能，但主链易受氢氧根进攻而降解，耐碱性相对较差。

② 侧链型。离子交换基团位于侧链，可采用惰性聚烯烃为主链，结构更易调控，可改善膜的耐碱性。例如，对于季铵化聚砜，随着疏水侧基链长度的增加，膜的微相尺寸越大，微相分离越显著，疏水侧链含有八个碳原子时电导率最

高(80 ℃，110 mS/cm)，溶胀率最低(80 ℃，20%)，表现出优异的导电性能和力学性能。

③ 超支化型。高分子具有树枝状的拓扑结构，制备过程比较复杂。

④ 交联型。例如，研究者制备了自交联型降冰片烯开环聚合物，结构中含有两种嵌段：咪唑离子取代的降冰片烯，环氧功能化的降冰片烯。该聚合物热稳定性较强，分解温度可达 300 ℃，两种嵌段形成的微相分离促进了离子传导通道的形成。

⑤ 互穿聚合物网络(IPN)型。由两种或多种各自交联而又互穿的聚合物网络组成，相互间没有形成共价键，疏水聚合物网络起支撑作用，而亲水聚合物传导离子，在保证力学性能的同时，不影响离子电导率，可在内部形成一定的离子通道，提高电导率。例如，利用氯甲基化聚砜(CMPSF)与二甲基亚砜中的 N,N,N',N'-四甲基乙二胺反应转化为阳离子基团，然后与聚乙烯醇(PVA)溶液混合，在三甲胺溶液中进行交联和处理。与季铵化聚砜膜相比，60% CMPSF 和 40% PVA 的 IPN AEM 显示出更好的电化学性能。对于半互穿聚合物网络，仅有一种聚合物网络是交联的，另一种聚合物是线性的。

⑥ 混合基质型。例如，层状双金属氢氧化物(LDH)具有正电荷和表面羟基，表面吸附的水分子沿二维表面提供了有效的氢键网络，通过快速的氢键断裂与重构，促进了 OH^- 的传导。基于季铵化聚砜(QPSF)和剥离 LDH 片的纳米复合 QPSF/LDH 膜，在吸水率、溶胀率、力学性能和离子电导率等方面均有明显提高。大多数 AEM 具有各向同性的阴离子电导率，而电池性能受膜透过方向电导率的影响较大，而与膜平行方向电导率的关系较小。利用稳态强磁场大科学实验装置制备取向的二茂铁盐阴离子交换膜，在膜的透过方向具有取向排列的离子传输通道，极大提高了燃料电池的功率输出，同时具有优异的热稳定性、碱稳定性和氧化还原稳定性。

【例 9-1】 轻度支化聚芳基哌啶型(PAP)AEMs[18]

设计制备了轻度支化的聚芳基哌啶型(PAP)AEMs，其特性黏度比未支化的 AEMs 显著提高，表明聚合物具有较高的分子量和链段缠结程度。随着支化度的进一步增加，更多的支化单元使聚合物网络中自由体积增大，特性黏度和密度下降。支化单元为 0.5%(摩尔分数)的聚(三联苯哌啶)(PTP)/1,3,5-三苯基苯(TPB)-0.5% 在液态水和水蒸气环境下均表现出合理的吸水率以及良好的耐溶胀性能，同时具有对湿度变化更好的响应性和更快的水扩散系数。在 80 ℃水中离子电导率最高可达 126.4 mS/cm。提高操作温度到 100 ℃同时施加 100 kPa 背压，燃料电池的极限功率密度达到约 2 W/cm^2，195 h 稳定性测试后电压衰减约 4%，衰减速率 140 mV/h，同时在大电流区域没有出现电压波动等现象，表明高温燃料电池达到了优异水平。提高燃料电池的操作温度有助于简化水管理，解决燃料电池的水平衡问题。

9.5　水电解制氢膜

制氢技术分为灰氢、蓝氢和绿氢三类。灰氢是指利用化石燃料制氢，碳排放较高；蓝氢是指利用化石燃料制氢并辅以二氧化碳捕集；绿氢是指利用太阳能、风能等可再生能源发电，再电解水制氢，可实现零碳排放，是未来能源产业的发展方向之一。

9.5.1　水电解制氢原理

水电解制氢是在催化剂作用下，电能驱动水在阳极发生析氧反应（OER）、阴极发生析氢反应（HER），两个半反应在酸性、中性、碱性溶液中的反应方程式如下：

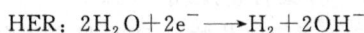

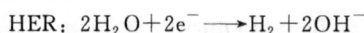

酸性条件　　OER：$2H_2O \longrightarrow O_2 + 4H^+ + 4e^-$

HER：$2H^+ + 2e^- \longrightarrow H_2$

中性条件　　OER：$2H_2O \longrightarrow O_2 + 4H^+ + 4e^-$

HER：$2H_2O + 2e^- \longrightarrow H_2 + 2OH^-$

碱性条件　　OER：$4OH^- \longrightarrow O_2 + 2H_2O + 4e^-$

HER：$2H_2O + 2e^- \longrightarrow H_2 + 2OH^-$

标准条件下，水电解需要 1.23 V 的理论电压，而 HER 和 OER 为缓慢的动力学过程，需要施加额外的过电位以达到一定的电流密度。电极一般由离子交换膜、阴阳极催化层（CL）和阴阳极多孔传输层（PTL）组成。催化层主要由催化剂、质子传导离聚物组成。多孔传输层位于催化层和双极板之间，作为水的供给、生成气体的排放以及电子的传输通道，具有丰富的连续孔道结构和良好的导电性能，影响水电解反应的浓差极化和欧姆极化。膜电极的制备工艺主要有两种：一是将催化层直接涂布于电解质膜上的 CCM(catalyst coated membrane) 工艺，二是将催化层涂布于多孔扩散电极上的 PTE(porous transport electrode) 工艺。PTE工艺可避免催化剂浆料涂布时对电解质膜的溶胀，且在大电流密度下电极具有更好的传质性能，但需要对 PTL 孔隙进行优化，因为孔太小时传质阻力大，孔太大时催化剂会渗入 PTL 中导致利用率降低甚至造成催化层不连续。

电解槽的实际工作电压由开路电压、阳极和阴极的活化过电势、扩散过电势、欧姆过电势构成。开路电压又称最小理论电压；活化过电势受催化剂性能、电解槽温度、电极形态等影响；扩散过电势由多孔电极内部的质量传输而产生，在高电流密度下反应产生的气泡会阻塞活性区域、破坏电极和电解质溶液之间的接触并降低催化剂利用率；欧姆过电势主要由双极板电阻、电极电阻、膜电阻和不同层间的界面电阻组成，以膜电阻为主，保持合适的电解质溶液流速有利于降低欧姆电阻。

电解水制氢分为碱性电解水(alkaline water electrolysis，AWE)、固体氧化物电解(solid oxide electrolysis cell，SOEC)水、质子交换膜电解水(proton exchange membrane water electrolysis，PEMWE)和阴离子交换膜电解水(anion exchange membrane water electrolysis，AEMWE)四类。

① 碱性电解水。使用 20%～30%(质量分数)的 KOH/NaOH 水溶液作为电解质，通常在 30～80 ℃的较低温度下工作，技术成熟度高，可利用廉价的非贵金属(Fe、Co、Ni 等)为催化剂，电解槽成本低，但电极的催化活性较低，隔膜的欧姆损耗高，运行电流密度和电解效率较低(约 60%，阳极产生的少量氧气会扩散到阴极，被重新还原成水)，电解槽启动较慢，在波动工况下操作安全性差，通常在稳定的电源输入下使用，不适于风、光等间歇性电能。

② 固体氧化物电解水。通常需要在 700～1000 ℃的高温高压下工作，常用的电解质材料是高温氧离子导体氧化钇-氧化锆，蒸汽替代液态水直接电离为 H_2 和 O_2，电解效率高(90%以上)，环境友好，不需要考虑电解液腐蚀装置问题，但较高的工作温度导致陶瓷材料耐久性不足，系统设计复杂，目前仍处于实验室研究阶段。

③ 质子交换膜电解水。使用质子交换膜(PEM)作为固体电解质，气体渗透率低，质子跨膜传输对功率输入反应迅速，阴阳极间的距离可降至几百微米甚至几十微米，显著降低了离子迁移引起的能耗，电解槽具有动态响应速度快、负荷范围大、运行电流密度大($500～2000$ mA/cm^2)、输出氢气压力高、系统结构紧凑等优点，适合与可再生能源发电系统耦合制氢。由于阳极侧高电位、富氧和强酸性环境，多采用价格昂贵的钛基多孔传输层和极板(如粉末烧结钛片、纤维烧结钛毡及钛网等)，极板表面可进行贵金属涂层处理，以降低接触电阻。OER 催化剂主要是 Ru 和 Ir 基，其活性为 $IrO_2 \ll RuO_2 \approx Ir \ll Ru$，而稳定性顺序相反($IrO_2 \gg RuO_2 > Ir \gg Ru$)，铱用量为几毫克/厘米^2。阴极传输层可选择质子交换膜燃料电池中常用的碳基材料，如多孔碳纸。阴极 HER 主要是 Pt 基催化剂，如 Pt 质量分数为 20%～60%的 Pt/C 催化剂，载量为 0.1～0.5 mgPt/cm^2。阳极析氧反应活化过电位远高于阴极析氢反应，一般需要 200～500 mV 的过电位驱动 10 mA/cm^2 的电流密度。因此，开发高活性的阳极电催化剂很重要。

④ 阴离子交换膜电解水。在弱碱性条件下工作，有效避免了强腐蚀问题，可使用价廉的非贵金属催化剂，阳极 PTL 也可采用价格低廉的泡沫镍，阴极可采用泡沫镍或碳布，极大降低了成本。聚合物 AEM 膜具备良好的动态响应特性，适用于可再生能源。NiFe 基催化剂具有较高 OER 活性。PtNi 和 Pt/C 铂基催化剂 HER 性能最好，非铂基主要是 NiMo、NiCo 基催化剂，氮、磷、硫等杂原子掺杂可提升 HER 活性。双功能催化剂可以同时满足 HER 和 OER 催化活性，阳极和阴极可使用相同的材料，可简化系统，降低电解槽的制造成本。Pt/C 和 RuO_2/IrO_2 未呈现双功能性能，而过渡金属基催化剂则表现出这种特

性。Ni 基 OER 在碱性条件下具有较高活性与稳定性，Fe 具有高亲氧性和吸附 OH⁻ 的倾向，常作为 OER 动力学的促进剂，NiFe 基催化剂具有较高本征活性和较低的中间吸附能垒。Co 在氧化反应区域具有抗氧化性，CoFe 基催化剂也表现出良好的 OER 活性。NiFe 催化剂（层状双氢氧化物/氧化物）、Ni 基或 Cu/Co 混合的尖晶石型、钙钛矿型氧化物是 AEMWE 中具有潜力的非贵金属基催化剂。

9.5.2 隔膜

隔膜是水电解制氢装置的核心组件和关键材料，具有两方面作用：传导离子，隔绝两极产生的 H_2 和 O_2。隔膜直接影响水电解装置的能耗、气体纯度、电解稳定性及安全性，其主要技术指标包括水浸润性、膜电阻、气体阻隔性、耐碱性、耐温性、力学性能和孔隙率等。

（1）碱性电解水膜

碱性电解水制氢在行业中占主导地位（图 9-14）。石棉布、聚苯硫醚（PPS）布隔膜具备良好耐碱性，但石棉布或 PPS 布孔径大，泡点压力低（<2000 Pa），氢气渗透严重，为了避免氢气、氧气混合导致危险，对阴极、阳极腔室间的压强差有严格限定，不适用于加压型碱性水溶液电解，也难以和电力输出波动性强的风电、光伏直接相连。另外，石棉布具有致癌性，高温不稳定，膜厚重，内阻高。

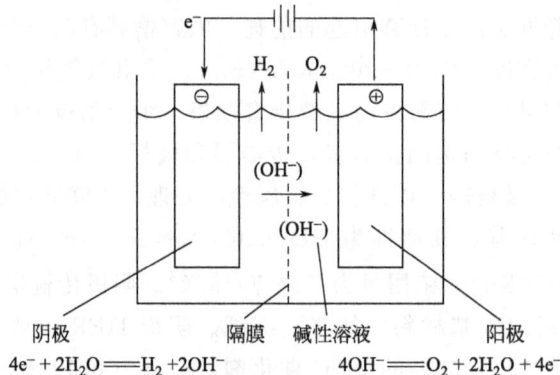

图 9-14 碱性电解水制氢示意图

Zirfon PERL 复合隔膜由纳米 ZrO_2（质量分数 85%）和聚砜组成，平均孔径 150 nm，由于表面含有一层致密聚砜层（厚度约 1 μm），不利于氢氧根的传递。另外，聚砜不耐高温和浓碱，容易发生涂层开裂脱落，难以长期稳定服役，稳定性低于 PPS 隔膜。利用相转化法制备二氧化锆/聚砜的多孔复合隔膜，二氧化锆纳米颗粒与聚砜相容性良好，分布均匀，在多孔膜表面未形成致密聚砜层，具有较低面电阻（0.10 $\Omega \cdot cm^2$）和氢气渗透率[0.2×10⁻¹² mol/(cm·s·bar)]，在 80℃、30% 的 KOH 溶液中 1.83 V 时电流密度可达 1000 mA/cm²，可稳定运行 300 h。通过控制凝固浴温度、聚乙烯吡咯烷酮含量、隔膜厚度等，可调控膜形貌结构及电化学性能。

聚四氟乙烯/层状双金属氢氧化物(LDH)复合膜[19]中,LDH 具有较高氢氧根离子传导率、高耐碱性及良好亲水性,膜截面致密,可有效防止 H_2 渗透。复合膜具有较低面电阻(约 0.05 $\Omega \cdot cm^2$)和优异耐碱性,在 60 ℃的 1 mol/L KOH 溶液中浸泡 2000 h,其面电阻没有显著变化,在 1.8 V 电压时可获得 1000 mA/cm^2 电流密度,在 500 mA/cm^2 电流密度下可稳定电解 180 h 没有明显衰减。另外,纤维素纳米晶体富含羟基,具有高机械性能、热稳定性及高亲水性,可显著提高膜的氢氧根传导率。

离子溶剂化膜结构致密,具有优异的气体阻隔性能,其分子结构主要是聚苯并咪唑类,在强碱性电解液中发生溶胀,实现氢氧根的传导。聚乙烯醇和聚苯并咪唑共混膜用于碱性水溶液电解,聚乙烯醇具有良好的氢氧根传导能力,共混膜在 90 ℃的 30% KOH 溶液中表现出 90 mS/cm 的氢氧根传导率,在 70 ℃、15% KOH 电解液和 1.9 V 电压下电流密度可达 360 mA/cm^2。PBI 类膜在高温高浓度 KOH 溶液中长期使用时,氢氧根可亲核进攻苯并咪唑基 C2 位置,导致 PBI 骨架结构降解。在苯并咪唑 C2 位置引入甲基,利用空间位阻效应可提高碱稳定性。然而,PBI 类膜在低浓度碱性电解液中电解性能低,且无法在纯水条件下电解。

(2)质子交换膜

为了降低产物气体尤其是氢气的渗透并保证足够的机械强度,PEMWE 一般使用较厚的质子交换膜。在阴阳极间或电解质膜中使用含 Pt 等贵金属催化剂的夹层,可以使从阴极侧渗透到阳极侧的氢气与氧发生再结合反应,显著降低氢气渗透和阳极气体中的氢气浓度。该中间层越靠近阳极越有效,因为靠近阳极一侧氧气浓度高,利于与氢气结合,增加阳极侧压力有利于夹层更好地发挥作用。

(3)阴离子交换膜

AEM 具有阳离子基团,可在低碱性电解液或纯水中操作。AEM 主要以聚芳醚、聚烯烃和聚芳烃等结构为基础,阳离子基团主要是季铵阳离子、哌啶阳离子、咪唑阳离子等。聚芳醚类 AEM 包括季铵化的聚砜(PSF)、聚苯醚(PPO)和聚芳醚酮(PAEK)等。FAA3 是一种主链含有醚键的芳香族聚合物,季铵基团接枝在主链上。可溶的线性 FAA3 可作离聚物,增加催化剂层和 AEM 的亲和度。FAA3 交联后韧性会提高。将季铵功能化的聚苯醚(qPPO)与 PVA 共混制备阴离子膜,PVA 中的羟基提供了 Grotthuss 机制传导位点,促进 OH⁻ 的传导,PVA 与 qPPO 形成半互穿网络有助于提高拉伸强度。然而,聚芳醚类 AEM 主链结构包含杂原子(O、S 等),在 OH⁻ 的攻击下易发生断裂,导致 AEM 韧性下降。由碳氢键构成的聚合物主链,具有更好的耐碱稳定性。与聚烯烃骨架结构相比,聚芳基主链聚合物玻璃化转变温度高,结构刚性大,尺寸稳定性更优。

在高 pH 环境下,传统的烷基链季铵盐可通过 Hofmann 消除(E_2)和亲核取代(SN_2)反应发生降解。耐碱季铵盐型阳离子基团,如 1,4-二氮杂二环辛烷阳离子、哌啶盐以及螺环盐等稳定性较高。聚芳基哌啶阴离子交换膜的性能较优异。采用单体溶液填充 PTFE 基底、光照原位聚合的方法制备交联聚二烯丙基二甲基氯化铵(PDDA)，受限于惰性的 PTFE 多孔骨架，PDDA 吸水后在垂直孔道的方向发生溶胀，而平行于膜表面方向尺寸近乎不变，具有良好的机械性能。

与 PEM 相比，AEM 的 OH^- 传导率较低，在碱性条件、60～80 ℃ 温度下，聚合物主链和阳离子基团易受 OH^- 进攻而发生化学降解，导致膜机械性能和离子传导性下降。另外，非贵金属基催化剂活性不足，在高温长时间反应中，膜电极催化剂易溶解脱落，导致电解性能降低。

思 考 题

1. 为什么电渗析在低浓度下更具竞争力?
2. 在电渗析中，影响极限电流密度的因素有哪些?
3. 如何提高阴离子交换膜和阳离子交换膜的稳定性?
4. 在不同应用中所选离子交换膜有何差别?

参 考 文 献

[1] Kim D S,Guiver M D,Nam S Y,et al. J Membr Sci,2006,281:156-162.

[2] Frilette V J. J Phys Chem,1956,60:435-439.

[3] 徐铜文,黄川徽.离子交换膜的制备与应用技术.北京:化学工业出版社,2008.

[4] 徐铜文,杨伟华,何炳林.中国科学(B辑),1999,29(6):481-488.

[5] Weinstein J N,Caplan R S. Science,1968,(16):71.

[6] 路光杰.高效聚合絮凝剂聚合氯化铝的电化学合成.中国科学院生态环境研究中心博士论文,1998.

[7] Mulder M. 膜技术基本原理.李琳,译.北京:清华大学出版社,1999.

[8] 张永明,李虹,张恒.含氟功能材料.北京:化学工业出版社,2008.

[9] Peigham S J,Rowshanza S,Amjadi M. International J Hydrogen Energy,2010,(35):9349-9384.

[10] Hickner M A,Ghassemi H,McGrath J E. Chem Rev,2004,104(10):4587-4611.

[11] Jalani N H,Dunn K,Datta R. Electrochimica Acta,2005,51:553-560.

[12] Libby B,Smyrl W H,Cassler E L. AIChE J,2003,49:991-1001.

[13] Tezuka T,Tadanaga K,Hayashi A,Tatsumisago M. J Am Chem Soc,2006,128:16470-16471.

[14] Wu D,Xu T,Wu L,et al. J Power Sourc,2009,186:286-292.

[15] Bouchet R,Miller S,Deulot M,et al. SolidState Ionics,2001,145:69-78.

[16] Kerres J,Ullrich A,Meier F,et al. Solid State Ionics,1999,125:243-249.

[17] 曾玲平,王建川,魏子栋.化工学报,2019,70(10):3764-3775.

[18] Xue J D,Dounlin J C,Yassin K,et al. Joule,2024,8:1457-1477.

[19] 万磊,徐子昂,王培灿,等.化工进展,2022,41(3):1556-1568.

10 膜接触器

气液和液液接触操作分为分散式接触和非分散式接触两大类。分散式接触指将一相分散于另一相中以促进相际传质，如传统的填料塔、喷射塔、文丘里反应器(Venturi-type reactor)和鼓泡反应釜等，已在工业上应用几十年，但界面面积随操作条件而变化，装置体积较大，容易出现雾沫夹带、液泛(flooding)、漏液等问题。

非分散式接触(non-dispersive contact)以膜接触器为代表，包括膜吸收、膜萃取、膜蒸馏等，两相以微孔膜为接触介质，在膜孔口处形成界面，并通过界面扩散传质，不互相分散。膜接触器的分离性能取决于组分在两相中的分配系数(partition coefficient)，膜对各组分不具有选择性，仅起界面作用，对分配系数没有影响，分离推动力为浓度梯度(concentration gradient)，而非压力差。图 10-1 为膜萃取和膜吸收示意图。

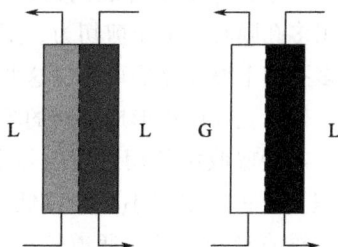

图 10-1　膜萃取和膜吸收示意图

10.1　膜吸收

气液接触过程包括气体吸收和气液反应，广泛应用于石油、化工、轻工、医药等工业领域。传统的气液接触器通常需要在较大气速下操作，但在高流速下填料塔易发生液泛，而在低流速下填料可能未完全润湿，气泡或液滴尺度取决于操作条件和流体性质，界面面积难以确定，所以在传质计算中，传质系数和界面面积常以乘积形式($k_G a$ 或 $k_L a$)出现。

膜气液接触过程(又称膜吸收)中，气液以微孔膜等作为接触介质，两相不互相分散，气液传质界面稳定，接触面积大，能耗低，设备体积小，可避免液泛、雾沫夹带、沟流等现象[1]。膜吸收最早用于血液充氧，1985 年 Zhang 等[2]开始研究气体在中空纤维膜接触器中的吸收，随后膜吸收以其独特优势得到了广泛关注[3,4]。

10.1.1　膜吸收器的结构

根据吸收剂与膜材料的界面张力和操作条件的不同，膜吸收可分为湿膜操作

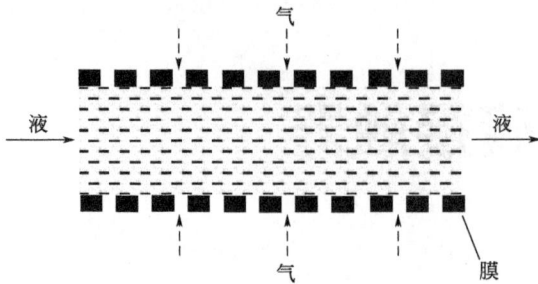

图 10-2　非湿膜操作膜吸收器示意图[5]

(wetted mode)和非湿膜操作。当液相对膜不润湿、膜孔充满气相时，为非湿膜操作(图 10-2)；反之，当液相对膜材料润湿、膜孔内充满液体时，为湿膜操作。在操作时，气液两相之间应保持适当的压差，以在膜口处形成稳定的两相传质界面。对于非湿膜操作，液相压力应略高于气相，以防气体鼓泡进入，但液相压力又不能过高，以防液相进入膜孔。使液体进入膜孔的最小压力为穿透压(breakthrough pressure，Δp)，可由 Laplace 方程进行估算：

$$\Delta p = \frac{4\sigma_{\mathrm{L}}\cos\theta}{d_{\max}} \tag{10-1}$$

式中，σ_{L} 为液体表面张力；θ 为液相和膜之间的接触角；$d_{\max}$ 为膜最大孔径。使用多孔膜时，由于剪切力、压力梯度等原因造成过程不太稳定。使用非多孔膜或在多孔膜上增加涂层可解决这些问题，如血液充氧器中使用硅橡胶膜，操作比较稳定，但无孔膜层也形成了新的阻力，通过溶胀或减少有效厚度可使该阻力降低。

在膜吸收中使用最多的是中空纤维膜组件，这是因为其结构紧凑，气液接触面积大，占用空间小，能耗低，通过增加膜组件即可实现稳定的线性放大。但中空纤维直径和纤维间通道较小，流体通常为层流，传质系数较低，膜的存在也使传质阻力增大。然而，中空纤维膜组件提供了足够大的传质比表面积，因此其总传质能力比传统吸收器有较大提高。

具有工业应用价值的中空纤维膜组件分为平行流(parallel-flow)和错流两种类型。平行流组件的特征是管程与壳程的流体以并流或逆流形式平行于纤维流动，制造工艺简单，造价较低，因此在工业上最常用。但平行流组件中纤维装填通常不太均匀，从而影响了壳程传质效果。错流组件中引入了多孔的中心分配管(central tube feeder)和折流板(shell side baffle)[6,7]。中空纤维膜以某种特定的编织结构(woven fabric)分布在分配管周围，可最大限度地保证纤维的均匀分布(uniform fibers spacing)，改善流体在壳程的分布。折流板可以降低壳程发生短路(bypassing)的可能性，同时产生一个垂直于纤维表面的分速度(component of velocity)，提高传质系数，但错流组件封装困难，造价较高，使其工业应用受到限制。其他更复杂的组件形式还有螺旋式、多密封圈式和编织拉网式等[8]，这些组件对传质过程有一定的促进作用，但由于结构和制造过于复杂，不易得到高的装填密度，目前还仅限于实验室研究。

10.1.2　传质过程

非湿膜模式的膜吸收过程主要包括三步：①气体组分从气相主体传递到膜外

壁；②气相扩散通过膜微孔；③气体在界面溶解，在液相扩散或反应[9,10]。利用传质理论模型可计算气液传质速率，如双膜理论、Higbie 渗透理论、Danckwerts 表面更新理论和湍流理论等，其中双膜理论最简单，且处理结果通常与其他模型相近，因而在膜吸收中被广泛应用[11]。根据双膜理论，假设两相在界面上达到气液平衡，气、液主体不存在传质阻力，且忽略气液界面曲率（curvature）对传质和界面面积的影响，对于连续定态的物理吸收过程，传质速率方程为：

$$dN = \left(\frac{1}{k_g} + \frac{1}{k_m} + \frac{1}{Hk_1} \right)(c^* - c)dA = K(c^* - c)dA \tag{10-2}$$

式中，N 为传质速率，mol/s；k_g 为气相分传质系数，m/s；k_m 为膜相分传质系数，m/s；k_1 为液相分传质系数，mol/($m^2 \cdot s \cdot Pa$)；H 为亨利常数，Pa/(mol·m^3)；c 为吸收质的液相主体浓度，mol/m^3；c^* 为与气相分压 p 平衡的液相浓度，mol/m^3；A 为气液传质面积，m^2；K 为总传质系数，m/s。在化学吸收中，化学反应将加快传质过程，降低液相传质阻力，使吸收速率较纯物理吸收大为增加，可以采用增强因子（enhancement factor，E）表示化学反应的影响，E 定义为在相同推动力下化学吸收与纯物理吸收的吸收速率之比[12]。因此，化学吸收时传质总阻力为[13]：

$$\frac{1}{K} = \frac{1}{k_g} + \frac{1}{k_m} + \frac{1}{HEk_1} \tag{10-3}$$

可见，膜吸收的总传质阻力由气膜阻力、膜阻力和液膜阻力三部分串联组成，下面分别加以讨论。

(1)气膜阻力

对于纯气体，气膜阻力为零。当气相为混合气体时，对于难溶吸收质，液膜阻力较大，气膜阻力和膜阻可以忽略，增大液相流速使总传质系数显著增大；对于易溶的吸收质或有快化学反应存在的吸收过程，液膜阻力可以忽略，改变液相流速对总传质系数影响不大。当气液两相的流速都很大时，气膜和液膜阻力可以忽略，选择合适的膜结构才能获得较高的总传质系数。当气相在壳程流动时，传质系数关联式为：

$$Sh = aRe^b Sc^{0.33} \tag{10-4}$$

式中，a、b 为常数；Re 为雷诺数；Sc 为 Schmidt 数。

(2)膜阻力

假设膜结构（包括膜厚、孔结构等）均一，气体通过膜孔时不发生对流，膜相传质系数可表示为[14]：

$$k_m = \frac{D_{A,e}}{l} = D_{A,m} \frac{\varepsilon}{l\tau} \tag{10-5}$$

式中，$D_{A,e}$ 为有效扩散系数，m^2/s；l 为膜厚，m；$D_{A,m}$ 为气体在膜中的扩散系数，m^2/s；ε 为孔隙率（porosity）；τ 为膜孔曲折因子（tortuosity）。对于

多孔膜，孔隙率一般在 $0.2\sim0.9$，曲折因子为 $2\sim3$[15]。气体分子在膜孔中的扩散包括分子扩散和 Knudsen 扩散两种模式。$D_{A,m}$ 可以表示为[12]：

$$\frac{1}{D_{A,m}}=\frac{1}{D_{A,b}}+\frac{1}{D_{A,k}}$$ (10-6)

式中，$D_{A,b}$ 为分子扩散系数，m^2/s；$D_{A,k}$ 为 Knudsen 扩散系数，m^2/s。当膜孔径 $d_p>10~\mu m$ 时，以分子扩散为主；当 $d_p<0.1~\mu m$ 时，以 Knudsen 扩散为主；$0.1~\mu m<d_p<10~\mu m$ 时，两种扩散均应考虑[15]。可见，膜厚度、膜孔隙率、孔形态、膜孔径和曲折因子等对膜阻力均有一定影响。

膜厚度：采用柱状孔膜和拉伸膜吸收纯气体时，膜厚度对传质系数影响不大。这是因为膜相阻力主要是气体流动的黏性阻力，当吸收量不大时，膜相阻力在总传质阻力中所占比例很小[16]。

膜孔隙率：膜孔隙率是影响膜吸收实际传质面积的关键因素，研究孔隙率对膜吸收的影响，有助于正确描述实际传质面积和准确计算膜吸收的真实传质系数。孔隙率不同，吸收速率不同，这主要是由于传质面积不同引起的。孔隙率对膜吸收影响较复杂，对于慢传质体系，孔隙率几乎不影响传质性能；对于快传质体系（如化学吸收或吸收剂流速较大时），孔隙率对膜传质性能有较大影响，通常孔隙率大的膜吸收速率较大。但对于大孔径膜，孔隙率对吸收速率的影响较小，这是由于膜孔径较大时，气相透过膜后很快在液相边界层扩散，孔面积的差别被弱化了。

孔形态：对于拉伸膜（孔为网状交错结构）和柱状孔膜，溶质从气液界面处向非孔区的扩散很相似，孔形态不改变孔隙率对传质的影响结果。Simons 等[17]采用聚丙烯拉伸膜和非对称聚苯醚（PPO）膜以乙醇胺（MEA）为吸收液从 CH_4 中分离 CO_2，发现聚丙烯膜的主要传质阻力在液相边界层，而非对称 PPO 膜的传质阻力主要为膜阻。另外，聚丙烯膜对压力变化非常敏感，气体易鼓泡通过吸收液，在温度较高时吸收液蒸发现象明显，而对于 PPO 膜，这些现象明显减少，从而提高了其性能。

膜孔径：气体通过膜孔的传质机理，主要取决于膜孔的尺寸和扩散分子的平均自由程。通常多孔膜的孔径并不一致，因而，气体通过多孔膜的机理也不是单一的。当孔径分布较宽时，采用上述公式预测膜阻力误差较大，此时应考虑孔径分布的影响。F Lagana 等人[18]采用 Dusty-Gas 模型研究了孔径分布对气体传质的影响，认为对数正态分布更接近其实验结果。由于大多数实验所用膜孔径大于 $100~nm$，故气体在膜孔内传质形式为黏性流动，孔径大小对膜阻力影响不大。

曲折因子：曲折因子越大，膜阻力越大，液膜阻力相对减小。

由于膜结构和传递机理的复杂性，根据式(10-5)和式(10-6)计算膜阻常存在较大误差，所以一般采用实验方法测定膜阻。

(3)液膜阻力

类比于壁温恒定的 Graetz 传热问题，对于充分发展的管内液相层流，当气液界面条件恒定时，液相分传质系数 k_1 可用 Leveque 解进行估算[12]：

$$Sh = \sqrt[3]{3.67^3 + 1.62^3 Gz} \tag{10-7}$$

式中，Sh 为 Sherwood 数($Sh = k_1 d / D_A$)；Gz 表示气相组分渗透到达纤维中心所需时间与液相在纤维内平均停留时间之比$[Gz = vd^2/(D_A L)]$；d 为纤维膜内径，m；v 为液相平均流速，m/s；L 为纤维膜长度，m；D_A 为吸收质 A 的扩散系数，m/s。上述公式假设纤维内为均一流(uniform flow)，但实际上由于纤维直径的多分散性造成了非均匀性流动，在低流速时常高估了传质系数。Wickramasinghe 等[19]假设纤维内径呈 Gaussian 分布，得到了管程平均传质系数。

关于增强因子 E 的估算，当气液接触时间短时，远离气液接触面的液体未受影响，与传质模型中液相主体相似，在液相主体混合均匀的前提下，可以用 Ha 数(表示液膜中反应速率与传质速率之比)和渐近(asymptotic)增强因子 E_∞ 估算 E 值[17]：

$$E = -\frac{Ha^2}{2(E_\infty - 1)} + \sqrt{\frac{Ha^4}{4(E_\infty - 1)^2} + \frac{E_\infty Ha^2}{E_\infty - 1} + 1} \tag{10-8}$$

该式为 Decoursey 根据 Danckwerts 表面更新理论提出的显式近似解，误差在 12% 以内[12]。数值模拟显示，该式适用于 $Gz > 120$。当 Gz 较小以及中速和快速反应，液相主体中气相组分浓度不可忽略，需进行校正[20]。增强因子也可以根据双膜理论、Higbie 渗透理论等进行计算，通常情况下这几种传质理论的估算结果非常相近。

采用传统模型估算增强因子时，需假设主体混合均匀，传质区无速度梯度，但由于中空纤维膜直径小，流动为层流，该假设常不能满足。为此，可建立纤维内微分质量守恒方程，根据数值解预测 E 值。对于充分发展的流动，忽略轴向扩散，液相中 i 组分微分传质方程为[21]：

$$v_i = \frac{\partial c_i}{\partial z} = D_i \left[\frac{1}{r} \frac{\partial}{\partial r} \left(r \frac{\partial c_i}{\partial r} \right) \right] - R_i \tag{10-9}$$

式中，R_i 为 i 组分反应速率，mol/s；v_i 为速率分布，m/s。根据边界条件求解该方程，得到浓度分布，进而可求得通量和总传质系数。

10.1.3 应用

(1)CO_2、SO_2、CH_4 和 N_2 等气体的分离

气体混合物的分离可以利用膜技术，如溶解渗透机理膜分离、促进传递膜分离、膜吸收等[22-24]。溶解渗透膜分离的研究开展最早也最为充分，并已用于工业生产，但不能同时实现高选择性和高通量。促进传递膜具有高选择性，但其主要缺点是载体的稳定性不足。膜吸收通量较高，通过选择合适的吸收液可以实现高选择性，因此具备较好的应用前景[23]。

2001 年，挪威 Kvaemer 公司利用 PTFE 微孔中空纤维膜吸收器脱除天然气

中的酸性气体,并将膜吸收与能量循环单元结合起来。结果表明,膜吸收器的运行情况与理论吻合很好,但膜解吸存在一定难度[23]。Lu 等[25]分别将 2-氨基-2-甲基-1-丙醇(AMP)和哌嗪(PZ)作为活化剂加到甲基二乙醇胺(MDEA)溶液中,得到两种活性的 MDEA 水溶液,用于 CO_2 和 N_2 的混合气体中 CO_2 的吸收。结果表明,CO_2 在 MDEA、MDEA-AMP、MDEA-PZ 水溶液中的吸收率分别达88.9%、91.8%和93.1%。Jansen 等[26]采用疏水性微孔中空纤维从 SO_2 与 N_2 混合气及实际的锅炉烟道气中吸收 SO_2,吸收液为 Na_2SO_3 溶液。对于模拟气体,SO_2 回收率可达99%。实际气体在 500 h 内能保持同样的吸收率,而且不受灰尘、微粒或其他气体(如 NO_x、CO_2、HCl)的影响,已在荷兰建立了中试工厂。

　　Jansen 等[26]利用膜吸收从空气中分离对环境有害的香烟烟雾,可以在家庭或办公室使用,分离的效果取决于气体和吸收液的性质。在锅炉给水处理中,膜解吸已用于离子交换床进水中 CO_2 的脱除,可延长离子交换床寿命。在半导体工业生产中,膜解吸用于制备超纯水[27]。在啤酒生产中,用于脱除水中的氯气以保持产品口味。Portugal 等[28]采用聚二甲基硅氧烷中空纤维复合膜以甘氨酸钾为吸收液从循环的麻醉气(anaesthetic gas circuit)中去除 CO_2 气体,吸收液流经纤维管程,麻醉气流经壳程,发现气体与 3 mol/L 甘氨酸钾溶液逆流操作时效果最佳。膜吸收通常用于低浓度气体的吸收,并且气体压力受到一定限制,需要选择与膜相容性好、活性高、易再生的吸收剂;用于高浓度气体的吸收时,常与传统气体分离技术结合,发挥各自优势,以降低处理成本。

　　(2)无泡充气

　　在血液充氧器❶中,氧气或空气流过膜一侧,血液流过膜另一侧,由于存在分压梯度,氧气扩散进入血液中,血液中 CO_2 扩散进入气相。采用非多孔的硅橡胶膜时,膜阻力比多孔膜有所增加,但操作比较稳定。Yang 等[29]研究了两种聚丙烯中空纤维膜组件(平行流组件和错流组件)作为人工肺时的性能,实验表明,通过合理设计可以用膜吸收器作为人工肺保证动物的呼吸,也有望作为一种潜水设备,但设计的难度较大。

　　美国西弗吉尼亚州的百事可乐集团采用无泡碳酸化技术生产饮料,可以减少

---

　　❶血液充氧器:根据医学知识,心脏一旦停止跳动,血液循环也就停止,如果血液循环停止 6 min,大脑会缺氧,人的生命就无可挽回。然而,6 min 内即使最简单的心脏手术也无法完成。因此,心脏手术曾一直被视为医学禁区。吉伯思提出制造一种能代替心脏跳动、肺呼吸的机器,其人工心肺机模型由四个部分组成:一是膜式血液充氧器,用于给血液充氧并消除二氧化碳;二是热交换器,用来调节血液的温度;三是消泡室,用消泡剂除去血液中的气泡;四是沉淀室,作为将血液泵入动脉前的储存器。吉伯思用了 23 年时间终于在 1953 年制成了实用的心肺机,可连续工作几天,使医生们可以自如地进行各种复杂的心脏手术。

泡沫生成，降低乙醇的挥发，使产量提高[30]。无泡充气也可用于军事装备，如潜水艇潜航时可采用该技术将舱内废气排入海水中。

在发酵和废水处理中，传统曝气池中的氧利用率（oxygen use effect，OUE）一般只有10%～20%，挥发性有机物还会随气泡一起进入大气，造成大气污染。无泡曝气时，气体从纤维一端通入，另一端则封口，纤维束在反应器中呈流态化运动，氧的利用率可接近100%，这是因为气体分压可控制在鼓泡点以下，使氧气被充分利用而不进入大气。巨大的膜表面为氧的传质和生物膜的增长创造了有利条件，曝气器效率非常高，曝气时不会因表面活性剂的存在而产生泡沫，可以对挥发性有机物如二甲苯、苯酚、氯酚、甲苯等进行生物降解。丙酮-丁醇-乙醇厌氧发酵时，可以通过纤维无泡通入 N_2，同时脱除 H_2 和 CO_2。

（3）饱和烃/不饱和烃分离

烯烃/烷烃分离通常采用低温精馏法，但由于烯烃和烷烃沸点相差很小，分离不完全，并且投资大。利用膜吸收技术，以 $AgNO_3$ 溶液为吸收剂从乙烷中分离乙烯（图10-3），在吸收单元用 $AgNO_3$ 溶液吸收不饱和组分，在解吸单元用吹扫气吹扫得到富乙烯组分，效果良好[31,32]。

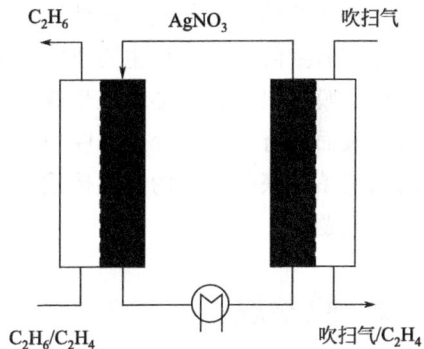

图 10-3 烯烃/烷烃分离

（4）废气中 VOCs 的脱除

挥发性有机物（VOCs）的传统净化方法有燃烧法、化学洗涤法、催化氧化法和吸附法等，这些方法处理成本较高，而且容易产生二次污染。Poddar 等[33]在多孔膜上涂了一层对 VOCs 有很强渗透性的硅树脂，用于从氮气/空气混合气中吸收有机废气，具有流程简单、回收率高、能耗低、无二次污染等特点，可替代活性炭吸附技术。Jansen 等[26]用涂有交联聚二甲基硅氧烷的疏水膜从空气中吸收 VOCs，进口气中 VOCs 含量为 0.6% 时较为成功。

（5）水脱气

水中不同程度地溶解有 O_2、CO_2 等气体，在输送和使用过程中会造成管路和设备腐蚀。锅炉用水一般采用化学药剂（如肼）除氧，但会带来水体污染。在半导体制造中，通常采用真空脱气塔脱除 CO_2，能耗较高。将水与疏水微孔膜接触，在膜的另一侧抽真空，使溶解的气体解吸，操作方便，成本低。脱气水用于生产果汁、果酱、啤酒等，可减少氧化变质，保持产品的色、香、味。

（6）纳米材料制备

气液反应广泛用于纳米材料的制备中，如纳米 $CaCO_3$、$SrCO_3$、$BaCO_3$、ZnO、ZrO_2、ZnS、CdS、SnO_2 和 Pt 等。在气液两相反应中，气相反应物由气相向液相的传质往往决定了吸收速率。传统的气液反应装置（如鼓泡反应釜）中，气液界面面积有限且随操作条件而变化，气体不易完全吸收，造成原料气浪费和环境污染等问题。Jia 等[34,35]采用聚丙烯中空纤维膜吸收器合成了粒度分布均匀的纳米 $CaCO_3$、$SrCO_3$、Al_2O_3 和 Pd 等粒子，反应气体可被完全吸收，中空纤维膜内反应物浓度和过饱和度呈径向对称分布，有利于均匀粒子的形成。根据气液反应理论，预测了液相浓度、气体分压、液相流速等对吸收速率的影响规律，与实验结果吻合较好。反应结束后，采用化学方法清洗膜内表面可使膜恢复，重复使用 8 次膜传质系数未见降低。

膜吸收提供了一个高效、稳定、节能的气液传递和反应形式。目前，对膜吸收的研究主要集中在三个方面：确定膜吸收过程的传质系数，为膜吸收的设计提供理论依据，这是膜吸收工业化的关键之一；优化膜组件，提高传质系数和传质面积；探索新的应用领域。虽然国内外对膜吸收过程展开了很多研究，但大多还停留在实验室阶段。今后主要研究方向包括：改进膜材料，提高与吸收液的相容性，防止膜润湿和膜孔形态发生改变，采用表面接枝、界面聚合、原位聚合等方法对膜表面进行疏水化处理；膜组件、膜装置、膜过程的优化，例如，中空纤维的均匀装填以获得稳定的气液传质；降低膜污染，延长膜寿命，解决膜长期稳定运行的问题。

10.2 膜萃取

10.2.1 原理

在传统萃取过程中，原料液和萃取剂相互分散，萃取结束后再将两相分离。在混合、分离操作过程中，容易发生乳化现象造成溶剂夹带和溶剂损失，同时对萃取剂的物性如溶解度、黏度、表面张力等要求严格。

在膜萃取中，原料液和萃取剂分别在膜的两侧，待分离溶质从原料液通过界面转移到萃取剂中，避免了原料液与萃取剂的直接分散接触，其优点主要包括：膜萃取中没有相的分散和聚结过程，可以减少萃取剂在料液中的夹带损失，有机溶剂用量少，可以使用某些价格稍高的有机溶剂，简化了操作手续，节省了庞大的澄清设备；膜萃取时料液和萃取剂各自在膜两侧流动，对萃取剂物性要求大大放宽，两相间不需存在密度差（density difference）；过程不受返混的影响和液泛条件的限制；可以实现同级萃取-反萃、萃合物载体促进传递等，单位体积传质速率高。

膜萃取所用的微孔膜分为疏水性微孔膜、亲水性微孔膜和疏水亲水复合膜。对于有机相和水相间的萃取，当采用疏水膜时，有机相优先浸润膜表面，并进入膜孔，当水相的压力等于或略大于有机相压力时，在膜的水相侧形成界面（图10-4)，在该界面上溶质从水相传递到有机相，再通过膜孔扩散进入有机相，实

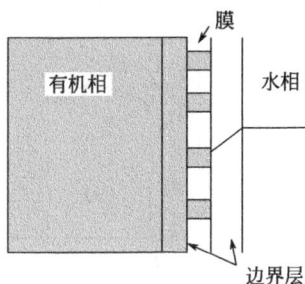

图 10-4　疏水膜萃取过程

现膜萃取；当采用亲水膜时，物料水相通过膜孔，并在有机萃取相侧形成界面，溶质通过该界面从物料水相进入萃取相；若为疏水亲水复合膜，则有机相和水相分别浸润疏水膜表面和亲水膜表面，并在复合膜的疏-亲水界面处形成液-液界面，在此完成溶质传递过程。膜萃取除用于水相-有机相体系外，也可用于非极性有机溶剂-极性有机溶剂体系、双水相溶液体系，通常均使用疏水微孔膜，并保持一相压力稍高于另一相。

这里的双水相萃取（two-aqueous phase extraction），是指亲水性聚合物水溶液在一定条件下可以形成双水相，如果被分离物在两相中分配系数不同，则可实现分离。1896 年，Beijerinck 发现，当明胶与琼脂（或可溶性淀粉）溶液相混时，得到一个浑浊不透明的溶液，随之分为两相，上相富含明胶，下相富含琼脂（或淀粉）。双水相体系的形成主要是由于高聚物之间的不相容性（incompatibility），即高聚物分子的空间阻碍作用，相互无法渗透，不能形成均一相，具有分离倾向，在一定条件下即可分为两相。一般认为只要两聚合物水溶液的憎水程度有所差异，混合时就可发生相分离，且憎水程度相差越大，相分离的倾向也就越大。典型的聚合物双水相体系有聚乙二醇（polyethylene glycol，PEG）/葡聚糖（dextran），聚丙二醇（polypropylene glycol）/聚乙二醇和甲基纤维素（methylcellulose）/葡聚糖等。另一类双水相体系由聚合物/盐构成，如聚乙二醇/硫酸盐或磷酸盐。能与水互溶的有机溶剂在无机盐的存在下也可生成双水相体系。双水相萃取用于生物物质、天然产物、抗生素等的提取和纯化，目前用该法提纯的酶已达数十种，其分离过程也达到相当规模。生物分子在双水相体系中的分配是生物分子与双水相体系间静电作用、疏水作用、生物亲和作用等共同作用的结果。双水相萃取具有以下优点：含水量高（70%～90%），接近生理环境，不会引起生物活性物质失活或变性；可以直接从含有菌体的发酵液和培养液中提取所需的蛋白质或酶，或不经过破碎直接提取细胞内酶，省略了破碎或过滤等步骤；分相时间短，一般为 5～15 min；界面张力小（10^{-7}～10^{-4} mN/m），有助于两相之间的质量传递；不存在有机溶剂残留问题，高聚物一般是不挥发物质，对人体无害；易于工艺放大和连续操作，与后续提纯工序可直接相连接，无需进行特殊处理；操作过程在常温常压下进行；亲和双水相萃取技术可以提高分配系数和萃取的选择性。其缺点主要有：水溶性聚合物难以挥发，使反萃取必不可少，且盐进入反萃取剂中，对后续的分析测定带来很大影响；水溶性高聚物大多黏度较大，不易定量操作，也给后续研究带来不便。

10.2.2　传质过程

假设平板疏水膜的微孔被有机相充满，整个膜的润湿性均一，微孔膜由一定弯曲度、等直径的均匀孔道构成，溶质在水相和有机相边界层内的传质可用分子扩散描述，忽略水相中溶质分子的缔合以及界面处液膜曲率对传质速率的影响，在整个浓度范围内溶质在有机相和水相的分配系数不变，传质达到定态，根据双膜理论可建立包括膜阻在内的膜萃取与反萃取传质模型。溶质 i 从水相主体传递到有机相主体，浓度分布如图 10-5 所示，传质速率方程用分传质系数表示为：

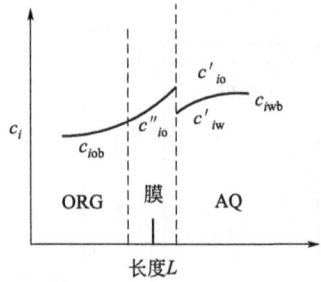

图 10-5 浓度分布示意图

$$N_i = k_{iw}(c_{iwb} - c'_{iw}) = k_{mo}(c'_{io} - c''_{io}) = k_{io}(c''_{io} - c_{iob}) \tag{10-10}$$

以有机相为基准的总传质系数表示为：

$$N_i = K_o(c^*_{io} - c_{iob}) \tag{10-11}$$

式中，c^*_{io} 为与水相主体浓度 c_{iwb} 平衡的有机相的浓度。这两个浓度间的关系可用溶质分配系数 m_i 表示：

$$m_i = \frac{c^*_{io}}{c_{iwb}} = \frac{c'_{io}}{c'_{iw}} = \frac{c_{iob}}{c^*_{iw}} \tag{10-12}$$

式中，c^*_{iw} 为与有机主体浓度相平衡的水相浓度。则可得到总传质系数 K_o 与分传质系数的关系：

$$\frac{1}{K_o} = \frac{m_i}{k_{iw}} + \frac{1}{k_{imo}} + \frac{1}{k_{io}} \tag{10-13}$$

同样可得到以水相为基准的总传质系数 K_w 与分传质系数的关系：

$$\frac{1}{K_w} = \frac{1}{k_{iw}} + \frac{1}{m_i k_{imo}} + \frac{1}{m_i k_{io}} \tag{10-14}$$

溶质通过膜孔内的有机溶剂（或水溶液）的扩散传质系数 k_{imo}（或 k_{imw}）可由下式计算：

$$k_{imo} = \frac{D_{io}\varepsilon}{\tau l} \tag{10-15}$$

$$k_{imw} = \frac{D_{iw}\varepsilon}{\tau l} \tag{10-16}$$

式中，D_{io} 和 D_{iw} 分别为溶质 i 在有机溶剂和水溶液中的分子扩散系数；ε 为膜的孔隙率；τ 为膜孔曲折率；l 为膜厚。

当 $m_i \gg 1$ 或 $m_i \ll 1$ 时，总传质系数与分传质系数间的关系式可进一步简化（表 10-1）。对 $m_i \gg 1$ 的体系，应使用疏水膜，此时膜的阻力可忽略，传质系数高。另外，要求膜材料 pH 适用范围大、膜孔大时，可使用疏水膜。对 $m_i \ll 1$ 的体系，应使用亲水膜，此时膜的阻力可忽略。由于大多数用于溶剂萃取的亲水膜孔径小，因此亲水膜适用于大分子组分不需透过膜的体系。通过合理选择膜材料，可以忽略膜阻力的影响[36]。

表 10-1 总传质系数与分传质系数

膜	$m_i \ll 1$	$m_i \gg 1$
疏水膜	$1/K_o \approx m_i/k_{iw}$ $1/K_w \approx 1/k_{iw}$	$1/K_o \approx 1/k_{imo} + 1/k_{io}$ $1/K_w \approx 1/m_i k_{imo} + 1/m_i k_{io}$
亲水膜	$1/K_o \approx m_i/k_{imw} + m_i/k_{iw}$ $1/K_w \approx 1/k_{iw} + 1/k_{imw}$	$1/K_o \approx 1/k_{io}$ $1/K_w \approx 1/m_i k_{io}$

膜萃取过程一般采用中空纤维膜组件或槽式膜萃取器，其中中空纤维膜组件最适于工业应用，其传质过程包括壳程传质、膜内传质和管内传质。

① 壳程传质 在轴流式中空纤维膜壳程中，纤维装填不均匀，流体不断从一个流道转向另一流道，使壳程流动由平推流转变为存在返混和沟流的复杂流动。

② 膜内传质 溶质在膜内的传质模型可分为两类，一类是以传质机理为基础建立的溶解-扩散模型，另一类是以不可逆热力学为基础建立的数学模型。目前主要采用溶解-扩散模型。

③ 管内传质 中空纤维膜纤维直径很小，管内流动大多为层流。在建立传质模型时，常假设中空纤维壁外的浓度一定和浓度边界层未完全发展，实际上这个假设是有条件的，更为准确的方法是采用质量连续方程与边界条件联合求解。

影响传质的因素有两相浓度及其流量、相平衡分配系数、膜材料浸润性能、体系界面张力和穿透压等。膜材料溶胀直接影响微孔膜孔径、孔径分布、孔隙率和膜厚，甚至会造成膜的破裂和溶解。使用疏水膜时，如果水相流速过快，会出现有机相向水相渗漏现象，所以水相压力应大于有机相压力。膜萃取中宜使用小孔径、大孔隙率的膜，孔径小则穿透压大，有利于膜萃取的正常操作，大孔隙率可以降低膜阻，有利于扩散传质。采用错流操作方式可以减小边界层厚度，强化传质。在传统溶剂萃取中，两相界面张力的影响很大。界面张力小，分散相液滴小，体积传质系数高；界面张力大，分散相液滴大，不利于传质。而在膜萃取中，界面张力一般不影响传质系数，只影响临界突破压差。

10.2.3 应用

与传统萃取过程相比，膜萃取虽然存在膜阻，使总传质系数减小，但由于中空纤维膜传质表面积很大，可使总体积传质系数呈数量级的增加，所以几乎所有采用传统萃取的体系都可用膜萃取取代。

① 多组分萃取 在很多废水处理和金属矿的处理中，金属离子的分离十分重要。乳化液膜在金属离子分离中的应用研究开展较早，但不能循环操作，成本较高，而膜萃取能克服这些缺点。例如，含 Cu(Ⅱ)和 Cr(Ⅵ)的废液在中空纤维壳程流动，两束中空纤维管内分别是萃取相 1 和萃取相 2，分别萃取 Cu(Ⅱ)和 Cr(Ⅵ)，达到废物回收的目的。对于同时含有 Cu(Ⅱ)、Cr(Ⅵ)和 Zn(Ⅱ)的废液，可采用图 10-6 所示装置。废液经萃取相 1 和萃取相 2 萃取后，流入膜组件使剩余的 Zn(Ⅱ)被萃取相 3 回收。

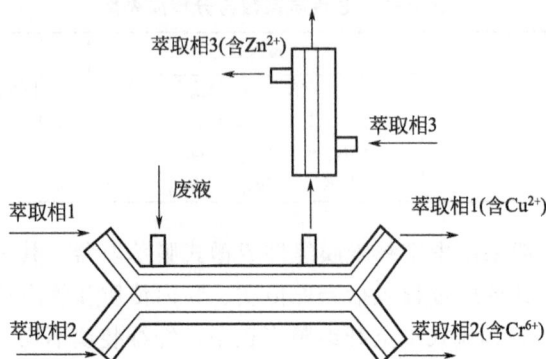

图 10-6 多组分萃取

② 同级萃取-反萃取　如图 10-7 所示，两束中空纤维膜相互交错封于玻璃管内，两束中空纤维管内分别流过料液相和反萃相，在壳程充满有机萃取相，在料液相和有机萃取相的膜界面进行萃取，然后在有机萃取相和反萃相膜界面进行反萃取。

③ 膜萃取反应器　葡萄糖发酵(fermentation)法制备乙醇是平衡限制反应(equilibrium-limited chemical reaction)。在中空纤维膜的外侧固定发酵粉，葡萄糖等营养物在膜管外流动，膜管内为邻苯二甲酸二丁酯，用以循环萃取管外的反应产物乙醇，从而降低产物抑制(product inhibition)作用，促进了发酵反应的不断进行。随着萃取液流速的提高，乙醇的产率也随之提高。在发酵法制备丙酮、丁醇、乳酸、柠檬酸、琥珀酸等过程中，也可采用类似的膜萃取反应器。

采用 O_3 氧化处理难降解有机废水时，由于 O_3 气体浓度低，加之其在水中溶解度也较低，因此氧化效果不甚理想。在废水中加入不溶于水而能溶解 O_3 的第二液相如氟碳烃(CF)，可将氧化速率提高一个数量级以上，但在搅拌混合反应器中，存在 CF 难以有效分散和挥发逸失等问题。A Sim 等[37]将两束疏水性中空纤维微滤膜组成膜萃取器，第一束纤维膜内通废水，第二束内通含 O_3 的空气，两束之间的壳侧为静止的 CF 液体，其压力低于纤维束内的压力。两束纤维膜微孔均为 CF 润湿，废水中有机污染物被膜孔内 CF 萃入壳侧 CF 液膜中，然后被进入 CF 液膜内的 O_3 氧化，不挥发性低分子降解产物反萃回废水中。为防止 CF 蒸气进入气流中造成损失，第二束膜材料可采用无孔、高 O_3 渗透性的硅橡胶毛细管。当废水中污染物分别为苯酚(150 mg/L)、硝基苯(120 mg/L)、甲苯(120 mg/L)和丙烯腈(150 mg/L)时，降解率均可达到 40%～80%。

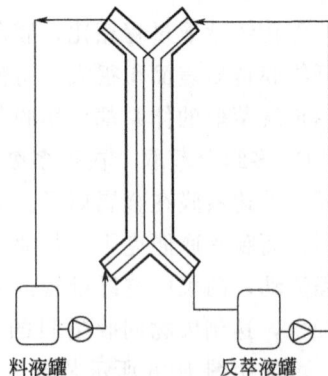

图 10-7 同级萃取-反萃取

在有机电化学合成中，经常采用 Ce^{4+}、Co^{3+} 等作为氧化剂。由于有机物在电解液中溶解度很小，因此容易造成电极污染和氧化剂再生效率低等问题。K Scott[38]采用萃取膜将甲基苯甲醚（有机相）与电解液隔开，甲基苯甲醚被膜萃入电解液中进行反应：

$$CH_3O(C_6H_4)CH_3 + 4Ce^{4+} + H_2O \longrightarrow CH_3O(C_6H_4)CHO + 4Ce^{3+} + 4H^+$$

反应产物对甲氧基苯甲醛再被膜萃回有机相，以防止进一步氧化。反应在膜界面进行，可避免电极钝化。

在废水生物处理中，当废水中酸度、碱度、盐浓度较高或含有毒、生物难降解有机物时，应尽量避免废水与微生物直接接触。采用选择透过性萃取膜将废水与生物反应器隔开，膜只允许目标污染物通过，进入生物反应器中被降解，可使细菌不受废水中离子强度和 pH 值的影响。污染物透过膜后被降解，浓度降低，在废水和反应器间形成浓度差，构成污染物进入生物反应器的传质推动力。英国 Andrew Livingston 等采用该方法在盐浓度很高的工业废水中成功降解了氯苯、甲苯等挥发性有机污染物。

【例 10-1】 利用相转移催化功能多孔膜接触器强化液/液反应[39]

液/液反应是指基本上不互溶的两个液相之间的反应过程，很多有机化学反应（如亲核取代、水解、氧化、还原等）均属此类反应。由于反应物互溶性差，即使强烈搅拌，反应也不易进行。均相相转移催化剂可使液/液反应快速进行，但反应时容易形成乳状液，反应后分离困难。在中空纤维微孔膜表面接枝相转移催化基团，用于溴辛烷与 KI 水溶液的亲核取代反应，油相反应物和水相反应物分别在膜两侧流动，两相在膜口处接触并发生相转移催化反应。随着膜离子交换容量、反应温度、反应物浓度和溶液流速的增大，表观反应速率常数增大，转化频率约为传统催化剂的 3 倍。

10.3 膜蒸馏

10.3.1 原理

20 世纪 60 年代，Findly 提出了膜蒸馏（membrane distillation，MD）的概念[40]。膜蒸馏是一种以疏水微孔膜两侧蒸气压力差为传质驱动力的膜分离过程。例如，当不同温度的水溶液被疏水微孔膜隔开时，由于膜疏水，两侧的水溶液均不能透过膜孔进入到另一侧，但由于热侧水溶液与膜界面的蒸气压 p_{1m} 高于冷侧界面的蒸气压 p_{2m}，水蒸气会从热侧通过膜孔进入冷侧冷凝，其他组分则被疏水膜阻挡在热侧，从而实现混合物分离或提纯（图 10-8）。膜蒸馏是

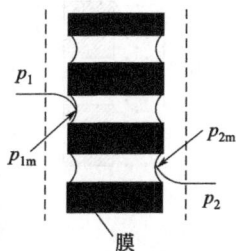

图 10-8 膜蒸馏原理

热量和质量同时传递的过程[41]。

膜蒸馏具有以下特征：所用膜为微孔膜，且不能被所处理的液体润湿；膜孔内没有毛细管冷凝现象发生，只有蒸气通过膜孔传质；膜不能改变液体中组分的气液平衡；膜至少有一面与所处理液体接触；膜两侧有一定的温度差或两侧溶液浓度不同，使膜两侧易挥发组分的分压不同，以提供传质推动力。

膜蒸馏的优点主要有：过程中无需把溶液加热到沸点，只要膜两侧维持适当的温差，过程就可进行，因此可以利用太阳能、地热、温泉、工厂余热等廉价能源；设备简单、操作方便；在非挥发性溶质水溶液的膜蒸馏中，只有水蒸气透过膜孔，蒸馏液十分纯净，可望成为大规模、低成本制备超纯水的有效手段；可以处理高浓度的水溶液，如果溶质容易结晶，则可以把溶液浓缩到过饱和状态而实现膜蒸馏结晶，从溶液中直接分离出结晶产物；组件很容易设计成潜热回收形式。

膜蒸馏的缺点主要包括：过程有相变，汽化潜热降低了热能的利用率，在组件设计上必须考虑潜热的回收以减少热能的损耗，因此在有廉价能源的情况下才更有实用意义；采用疏水微孔膜，与亲水膜相比，在膜材料和制备工艺的选择方面受限；与制备纯水的其他膜过程相比，通量较小。

在水溶液体系中，经常采用的疏水性膜材料有聚四氟乙烯（PTFE）、聚丙烯（PP）、聚乙烯（PE）、聚偏氟乙烯（PVDF）等。采用表面接枝聚合、表面等离子体聚合、表面涂覆等方法对亲水微孔膜进行表面疏水化处理，可用于膜蒸馏过程。当膜表面与水的接触角大于 150°时，称为超疏水表面。常用的超疏水化处理方法有两种：在疏水材料表面构建纳米级和微米级粗糙结构；在表面修饰低表面能物质。为了提高通量，微孔膜孔径应尽可能大，但两侧液体又不能进入膜孔。液体进入膜孔的最低压力可由下式计算：

$$p = \frac{-2\sigma\cos\theta}{r} \qquad (10-17)$$

式中，σ 是液体的表面张力；θ 是液体与膜的接触角；r 是膜孔半径。试验表明，当膜疏水性较好时，膜孔隙率在 60%～80%、孔径在 0.1～0.5 μm 较为合适。

在膜蒸馏组件中，料液流经进料侧与膜直接接触，而透过侧可采用以下结构和操作方式[42]。①直接接触式（DCMD）。透过侧为冷却的纯水，透过的水蒸气直接进入冷侧的纯水中冷凝。②气隙式（AGMP）。如图 10-9 所示，透过侧的冷却介质与膜之间有一冷却板相隔，膜与冷却板之间存在气隙，从膜孔透过进入气隙中的水蒸气在冷却板上冷凝而不进入冷却介质。③减压式（VMD）。在透过侧施加负压（小于液体进入膜孔的压力）以增大膜两侧的水蒸气压力差，得到较高的通量，透过的水蒸气被抽出组件外冷凝。

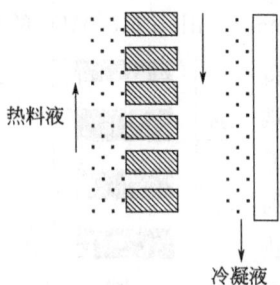

图 10-9 气隙式膜蒸馏

④气流吹扫式（SGMD）。在透过侧通入干燥气体吹扫，把透过的水蒸气带出组件
外冷凝。⑤恒温气流吹扫式（TSGMD）。实际上是气隙式和气流吹扫式相结合，
在气隙中通过吹扫气流，由于有冷却板，吹扫气流处于恒定的低温，提高了透过
通量。⑥高浓度盐水式。也称渗透蒸馏（osmotic distillation），透过侧为高浓度
盐水，料液侧的水蒸气透过膜孔进入浓盐水，即使没有温差过程也能进行，使膜
蒸馏可以在较低温度下运行，特别适用于牛奶、果汁等热敏性物质的脱水浓缩。

高温侧发生蒸发，所以其温度会下降；在低温侧由于发生冷凝，温度会上升。
工业装置中采用逆流方式操作，以维持膜两侧温差基本恒定（蒸气压差并不固定）。

10.3.2　传质和传热

膜通量 J 与膜两侧蒸气压力差 $(p_{w1}-p_{w2})$ 成正比：

$$J=K(p_{w1}-p_{w2}) \tag{10-18}$$

式中，K 为膜传质系数，取决于组分透过膜的传质机理。气态分子通过膜
的机理包括分子扩散、Knudsen 扩散和 Poiseuille 流动，与气体分子运动的平均
自由程 (λ) 和膜孔径 (d_p) 有关。在实际膜蒸馏中，往往同时存在几种传质过程，
K 大多由实验测定。

膜蒸馏中的传热机理有两种：①组分的气化和冷凝，这是过程进行所必需
的；②膜本身的热传导，造成膜两侧的温差降低，对膜蒸馏不利，所以应降低膜
的热导率。膜的热导率 λ_m 为：

$$\lambda_m=\varepsilon\lambda_g+(1-\varepsilon)\lambda_s \tag{10-19}$$

式中，λ_g 和 λ_s 分别为气体和膜材料的热导率，通常 λ_s 比 λ_g 大 $10\sim100$ 倍。
大多数商品微滤膜的热导率 λ_m 为 $0.04\sim0.06$ W/(m·K)，并且随孔隙率 ε 增大
而降低。

对稀溶液，当膜两侧温差 $(T_{fm}-T_{pm})$ 较小时，J 可表示为：

$$J=K\left(\frac{dp}{dT}\right)_{T_m}(T_{fm}-T_{pm}) \tag{10-20}$$

式中，T_m 为膜的平均温度；$(dp/dT)_{T_m}$ 可用 Clausius-Clapeyron 方程
表示。

膜蒸馏中的质量传递导致膜表面溶质浓度高于料液本体浓度，在膜表面和料
液本体之间形成浓度梯度，即浓度极化。同样，由
于热量传递，膜上游侧表面的温度 T_{fm} 会低于料液
本体温度 T_f，而膜下游侧表面温度 T_{pm} 高于渗透
液主体的温度 T_p，出现温度极化（图 10-10）。与浓
度极化系数相似，料液侧膜表面温度极化系数 T_{PC}
表示为[43]：$T_{PC}=T_{fm}/T_f$。浓度极化和温度极化
会使蒸馏通量降低。

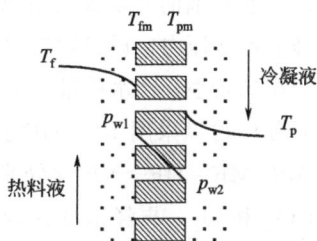

图 10-10　温度极化

10.3.3　膜润湿和膜污染

膜润湿和膜污染是制约膜蒸馏实际应用的两大问题。例如，页岩气废水中的表面活性剂会造成膜孔疏水性降低并导致膜润湿，食品和饮料工业中的蛋白质、含油废水中的油倾向于在膜表面和膜孔吸附造成膜污染，高盐废水中的某些离子易在膜上结垢。在长期 MD 过程中，毛细管冷凝、膜的化学和机械降解也会导致膜润湿，造成膜通量和截盐率下降，甚至过程失效。

全疏膜，也称双疏(疏水疏油)膜，是通过在膜表面构造微纳米结构，并引入低表面能物质，维持膜表面的 Cassie-Baxter 非润湿状态，防止污染物黏附和液体浸润，从而避免膜润湿和膜污染。低表面能的超疏水表面，能增加矿物在膜上结垢的成核能垒，膜表面凹处滞留的空气能产生负的拉普拉斯压差，阻止料液润湿膜孔。制备全疏膜时，通常是在膜表面沉积纳米粒子(如 SiO_2、ZnO、TiO_2)构建微纳米结构，并通过表面氟化改性进一步降低表面能。例如，将二氧化硅纳米粒子附着在亲水性的玻璃纤维膜上，然后用氟化烷基硅烷(FAS)对膜进行修饰获得全疏膜。在 PVDF-HFP 静电纺丝液中，添加氟化多面体低聚倍半硅氧烷(F-POSS)，然后采用一步静电纺丝法制备 F-POSS/PVDF-HFP 全疏膜。

常规 Janus 膜利用亲水膜表面的亲水官能团与水形成氢键，产生水合层阻碍油类物质接近疏水膜，防止膜污染和膜润湿。由致密亲水层-疏水基膜组成的致密 Janus 膜，其亲水层相对致密(纳米尺度孔径)，具有显著的抗润湿性，尤其适用于高盐废水处理。例如，将聚乙烯醇溶液喷涂到疏水 PVDF 表面制得致密 Janus 膜，在处理分别含有 SDS、矿物油和经表面活性剂稳定的油水乳液等料液时，表现出抗润湿和抗污染性能。但是，相对于基膜，致密 Janus 膜通量通常会降低。膜润湿、膜污染和膜结垢问题，还可通过料液预处理(如离子交换、混凝、浮选等)和操作条件优化等方式缓解。

10.3.4　应用

膜蒸馏主要用于海水淡化、超纯水制备、溶液浓缩与提纯、废水处理、共沸混合物及有机溶液的分离、膜结晶等领域。

(1)海水和苦咸水脱盐制备饮用水

膜蒸馏的开发最初是以海水淡化为目的。反渗透法淡化海水和苦咸水需要较高的操作压力，设备比较复杂，并且难以处理盐分过高的水溶液。而渗透压对膜蒸馏影响较小，产水质量也是其他膜过程不能比拟的，产水电导率可达到 $0.8\ \mu S/cm$。实际中可以采用 RO/MD 集成膜过程(Integrated membrane process)进行脱盐，先用 MF、UF、NF 预处理除去胶体和高价离子，然后用膜接触器除去溶解的 CO_2 和 O_2，再经 RO 脱盐，浓缩盐水采用膜蒸馏处理，产水质量高，海水回收率可提高到 87%。但膜蒸馏能耗较高，在有廉价能源的情况下才具有实用意义，在系统设计上应考虑热能的回收。

光热膜蒸馏(photothermal membrane distillation，PMD)是将光热转化材料吸收的太阳能转化为热能并用于膜蒸馏过程。根据光热转化发生的位置，PMD可分为三种形式：

① 膜型PMD。通过对膜进行改性，使其具有光热性和疏水性，将太阳能转换为热能，使进料液汽化。另外，还可耦合电加热进一步提高进料液温度和产水量。PMD的加热过程局限在膜表面，可减少输送热进料液时的热损失，有效解决传统MD的温差极化问题。光热层通常具有微/纳米结构，以增加光在膜表层的散射，减少光反射率，提高光吸收和光热效率。例如，PDMS/CNT/PVDF复合膜具有光热转化和焦耳热效应，可以单独或同时利用光热和焦耳热加热进料液。将银纳米粒子掺杂在聚偏氟乙烯膜中，通过Ag粒子的等离子体共振光热效应提高边界层的温度和界面处膜蒸馏驱动力。

② 进料型PMD。将光热材料分散在进料液中，光热材料吸收太阳能转化为热能而加热进料液。

③ 外置型PMD。通过真空太阳能管、太阳能集热器、太阳能蒸馏器等将太阳能转化为热能，储存在储能罐中，再利用换热器加热进料液。例如，将太阳能蒸馏器与MD系统耦合，可实现同时脱盐，在室外 $0.25\,\mathrm{kW/m^2}$ 的光照下，通量高达 $1.2\,\mathrm{kg/(m^2 \cdot h)}$。但外置型PMD光热转化与MD过程分离，传热过程中存在热量损失，仍存在温差极化现象，热效率较低。

【例10-2】　**石墨烯阵列PMD系统**[44]

以泡沫镍为骨架生长石墨烯阵列，并在表面修饰亲水涂层，形成高吸光率、超亲水性和水下超疏油性的光热材料，通过毛细作用将盐水吸收到吸光材料表面，15 s内吸水速率为0.48 mm/s，光吸收范围覆盖可见光、紫外和红外波段，1 s内温升12.7℃，20 s后温度稳定在63.2℃。光热材料仅加热吸收到其表面的少量水分，底部大量盐水的温升仅约0.6℃。在吸光材料和膜之间设置间隙，避免膜与盐水的直接接触，蒸汽通过膜后冷凝，实现盐水淡化，光-淡水转换效率达73.4%，热损耗低于10%，显著优于传统太阳能膜蒸馏系统。

【例10-3】　**hBN纳米涂层焦耳加热MD系统**[45]

在不锈钢丝布(SSWC)表面生长hBN纳米涂层(hBN-SSWC)，用作焦耳加热器，其具有优良的透气性、导热性、电绝缘性和防腐性能。将hBN-SSWC负载到商业PVDF滤膜上，通过频率50 Hz交流电实现盐水的高性能脱盐，具有较高水通量和热利用效率，在长期运行中表现出极佳的稳定性，没有观察到电化学降解。

(2)浓缩和回收

膜蒸馏可用于高浓度水溶液(如蔗糖糖浆、甘醇、硫酸、柠檬酸、氟硅酸等)的浓缩，尤其适用于生物活性物质和温度敏感物质的浓缩和回收。浓溶液极高的渗透压使反渗透无法运行，而膜蒸馏甚至可以将水溶液浓缩至过饱和状态，这是反渗透无法相比的。例如，透明质酸是一种重要的医药、食品和精细化工原料，可以采用发酵法生产，但透明质酸属于热敏性物质，在温度大于 40 ℃时会自然分解，发酵液的分离浓缩主要采用冷冻干燥法，设备投资大，能耗高，产品收率低。采用气隙式膜蒸馏浓缩透明质酸水溶液，原料液浓度可提高 1.6 倍以上，透明质酸截留率达到 80%。膜蒸馏可以将放射性废水浓缩到很小的体积，并且截留率很高。膜蒸馏用于果汁、果酱和液体食品的浓缩，可以保持食品的原有风味。

(3)水溶液中挥发性溶质的脱除和回收

疏水微孔膜的一侧为挥发性物质（H_2S、NH_3、SO_2、HCN、CO_2、Cl_2、Br_2 等）的水溶液，另一侧为吸收剂的水溶液，挥发性物质不断透过膜孔并被吸收剂吸收，从而将微量挥发物质从水溶液中回收或去除。

溴是制备阻燃剂、感光剂、医药中间体等的重要原料。目前，我国 85% 的溴来源于山东地下卤水，海水含溴质量分数为 6.5×10^{-6}，海水中溴含量占地球溴含量的 99%。从海水中提取溴的方法有多种，如空气吹出法、水蒸气蒸馏法、溶剂萃取法、树脂吸附交换法等。在空气吹出法中，将氯气通入 383 K、pH 3.5 的海水中得到单质溴，然后用空气吹出，并用碳酸钠溶液吸收使溴发生歧化反应，最后用硫酸酸化使溴从溶液中析出，主要反应方程式为：

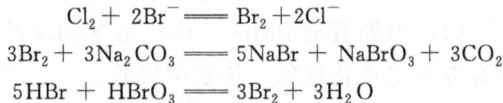

$$Cl_2 + 2Br^- \Longrightarrow Br_2 + 2Cl^-$$
$$3Br_2 + 3Na_2CO_3 \Longrightarrow 5NaBr + NaBrO_3 + 3CO_2$$
$$5HBr + HBrO_3 \Longrightarrow 3Br_2 + 3H_2O$$

然而，这些方法能耗高，资源利用率低，对原料液中溴含量要求高。1985 年，Cussler 等首先采用膜蒸馏从海水中提取溴，我国国家海洋局也开展了相关技术研究。

在电镀、冶金、医药、化工等工业中，氰化物是常见污染物之一。含氰废水处理方法主要有酸化法、离子交换法、氧化法等。酸化法处理时，含氰量达不到排放要求，需进行二次处理，成本和投资较大；离子交换法所用树脂较贵，操作较复杂；过氧化氢、臭氧氧化法成本高；离子交换-膜蒸馏法工艺比较经济实用。废水经离子交换进入膜蒸馏单元，含 HCN 的溶液在膜一侧流动，含 NaOH 的吸收液在膜另一侧，HCN 挥发扩散到 NaOH 侧，反应生成不挥发性氰化钠。经富集的氰化钠纯度和浓度高，可用来重新配制电镀液。吸收液侧发生的化学反应是快速和不可逆的，所以吸收液侧阻力可忽略。

合成氨生产中产生大量稀氨水，采用膜蒸馏可以回收其中的氨制取硝酸铵等产品；采用膜蒸馏从含苯酚废水中回收苯酚，得到苯酚钠，当苯酚钠达到一定浓度后，向其中通入 CO_2 得到苯酚晶体；采用直接接触式膜蒸馏从金属酸浸液中回收 HCl；从水溶液中脱除甲醇、乙醇、异丙醇、丙酮、氯仿、甲基异丁基酮、卤代烃等。回收挥发性溶质时，在料液中加入盐类可降低水的蒸气压，提高挥发组分的透过通量。例如，用气隙式膜蒸馏处理乙醇水溶液时，在料液中加 NaCl 可使气相中乙醇浓度提高；在回收水溶液中的 HCl 时，加入 $FeCl_3$ 或 $AlCl_3$，可抑制水蒸气透过而得到较纯的 HCl。

(4)膜结晶

膜结晶是指通过膜蒸馏脱除溶液中的溶剂，使溶液达到过饱和而析出结晶[46]。2001年，意大利的Curcio等首先将直接接触式膜蒸馏浓缩NaCl溶液，使其达到过饱和，得到了NaCl晶体。以后，膜结晶的应用领域从无机盐溶液逐步扩展到有机物(如酞菁、苯酚等)和生物大分子溶液。例如，利用膜蒸馏使水蒸气通过膜孔进入另一侧的酞菁氧钛的98%浓硫酸溶液中，酞菁氧钛遇水后形成晶体析出。控制水蒸气的透过速率，使酞菁氧钛缓慢结晶，可得到晶型较好的晶体。完美的大尺寸蛋白质晶体可用于衍射分析测定蛋白质分子的结构和空间构型。然而，生物大分子的结晶过程非常复杂，对结晶条件要求比较苛刻。pH值、沉淀剂浓度与类型、反离子、杂质、化学添加剂、溶液过饱和方法和速率等对生物大分子的结晶均有影响。蛋白质分子在等电点时具有很强的疏水性。在膜结晶中，膜材料提供了一个非均相成核的表面，蛋白质分子在疏水性膜表面吸附形成晶核，使结晶诱导时间和初始蛋白质浓度降低。

典型的膜结晶过程如图10-11所示。在疏水性微孔膜两侧，料液和透过液逆流流动，料液中的溶剂通过膜孔汽化到达透过液侧，使料液浓缩，结晶出现在贮槽2内。然后，母液与新加入的料液混合，由循环泵5送入膜组件的料液侧。为了防止在膜组件内结晶，在膜组件进口端设加热器4以提高料液温度，使膜组件内部料液浓度处于饱和浓度之下。此外，在进口端设置一过滤器，防止微小晶体被料液带入阻塞膜孔而引起膜组件效率降低。料液进入膜组件后，由于

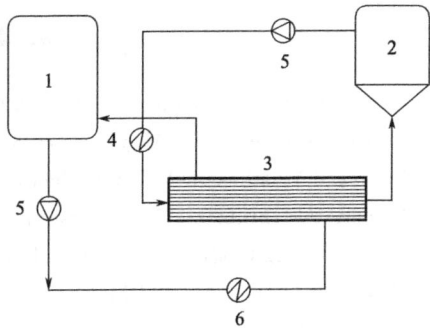

图10-11 膜结晶过程
1—纯水贮槽；2—料液贮槽；3—膜组件；
4—加热器；5—循环泵；6—冷凝器

料液的溶剂汽化吸热，以及料液与冷的透过液之间的热传递，在沿料液流动方向上，料液温度不断降低，所以在选择加热器的加热强度时，必须考虑组件内的这种温度变化。透过液不断带走微孔蒸发出来的水蒸气和热量，由冷凝器6移走多余热量，贮槽1作为透过液循环中的缓冲容器。

在盐溶液浓度接近饱和时，膜蒸馏行为比稀溶液复杂很多，主要原因包括以下几点。①溶液蒸气压下降，黏度增加以及溶液渗透压等因素，使组件蒸馏效率降低。②膜表面的温差极化使膜表面温度降低，减小了传质的推动力。同时，在主体未达到饱和时，料液侧膜表面已达到饱和或过饱和，形成结晶，阻塞膜孔，使膜效率降低。③浓差极化使料液侧的水蒸气分压变小，当料液主体浓度还没有达到饱和时，膜表面浓度已达到饱和或过饱和，溶质在膜表面结晶，阻塞膜孔，降低了膜通量。因此，应设法降低温差极化和浓差极化。例如，适当增大料液和

透过液的流速；在加热料液时，应使料液温度足够高，不在膜表面形成结晶。

在普通结晶过程中，溶剂蒸发与溶质结晶均发生在结晶器内，由于料液表面与料液主体温度存在差别，得到的晶体不均一。而在膜结晶中，溶剂蒸发发生在膜组件内，溶质结晶发生在容器内，所得晶体具有更好的尺寸分布和质量。此外，膜结晶器内冷热流体相接触的传质面积远高于普通结晶中的热交换器。

思 考 题

1. 膜吸收中确定最大气相压力和最大液相压力的原则是什么？
2. 简述膜蒸馏中温度极化和浓度极化的异同。
3. 使用平板疏水膜进行溶剂萃取时，溶质 i 从水相主体向有机相主体传递，以有机相为基准的总传质系数 K_o 与分传质系数的关系为 $1/K_o = m_i/k_{iw} + 1/k_{imo} + 1/k_{io}$，$m_i$ 值对膜阻力有何影响？
4. 膜吸收过程的传质阻力可用阻力串联模型表示，膜孔内充满气体时可表示为 $1/K_g = 1/k_{ig} + 1/k_{im} + 1/k_{il}H_i$，何时膜阻力可忽略？
5. 如何提高膜蒸馏过程的稳定性？

参 考 文 献

[1] Lina S H,Tungb K L,Chenb W J,et al. J Membr Sci,2009,(333):30-37.

[2] Zhang Q,Cussler E L. J Membr Sci,1985,23:321-345.

[3] Dindore V Y,Brilman D W F,Geuzebroek F H,et al. Sep Purif Technol,2004,40:133-145.

[4] Dindore V Y,Brilman D W F,Versteeg G F. Chem Eng Sci,2005,60:467-479.

[5] Jia Z Q,Chang Q,Qin J,et al. J Membr Sci,2009,342:1-5.

[6] Gabelman A,Hwang S-T. J Membr Sci,1999,159,61-106.

[7] Sengupta A,Peterson P A,Miller B D,et al. Sep Purif Technol,1998,14.189-200.

[8] Wickramasinghe S R,Semmens M J,Cussler E L. J Membr Sci,1993,69:235-250.

[9] Faiz R,Marzouqi M. J Membr Sci,2009,342:269-278.

[10] Shirazian S,Moghadassi A,Moradi S. Simulation Modelling Practice and Theory. 2009,(17):708-718.

[11] 张成芳.气液反应与反应器.北京:化学工业出版社,1985.

[12] Li J L,Chen B H. Sep Purif Technol,2005,41:109-122.

[13] Kreulen H,Smolders C A,Versteeg G F,Vanswaaij W P M. J Membr Sci,1993,(78):217-238.

[14] Qi Z,Cussler E L. J Membr Sci,1985,23:333-345.

[15] Gabelman A,Hwang S T. J Membr Sci,1999,159:61.

[16] Gao J,Zhang W,Zhang Z,el al. The influence of membrane micro-structure on membrane absorption process. Asian International Conference Oil Advanced Materials. Beijing,2005:167-173.

[17] Simons K,Nijmeijer K,Wessling M. J Membr Sci,2009,340:214-220.

[18] Lagana F,Barbieri G,Drioli E. J Membr Sci,2000,166:1-11.

[19] Wickramasinghe S R,Semmens M J,Cussler E L. J Membr Sci,1993,84:1-14.

[20] Danckwerts P V,F R S. Gas-Liquid Reactions. New York:McGraw-Hill,1970.

[21] Bird R B, Stewart W E, Lightfoot E N. Transport Phenomena. New York: JohnWiley & Sons, 1960.

[22] Hagg M B. Sep Purif Methods, 1998, 27: 51-168.

[23] Abduireza T M. Sep Sci Technolo, 1999, 34(10): 2095-2111.

[24] Watanabe H. J Membr Sci, 1999, 154: 121-126.

[25] Lu J G, Zheng Y F, Cheng M D. et al. J Membr Sci, 2007, 289: 138-149.

[26] Jansen A E, Klaassen K, Feron P H M, et al. Membrane gas absorption processes in environmental applications. //Crespo J G, Boddeker K W (Eds.). Membrane proeesses in separation and purification. Dordrecht: Springer, 1994.

[27] Sengupta A, Sodaro R A, Reed B W. Oxygen removal from water using process-scale extraflow membrane contactors and systems. Seventh Annual Meeting of the North American Membrane Society. Portland, 1995.

[28] Portugal A F, Magalhs F D, Mendes A. J Membr Sci, 2009, 339: 275-286.

[29] Yang M C, Cussler E L. J Membr Sci, 1989, 42: 273-284.

[30] Sirkar K K. Membrane separation: newer concepts and applications for the food industry. // Singh R K, Rizvi S S H(Eds.). Bioseparation Processes in Foods. New York: Marcel Dckker, 1995: 353-356.

[31] Kreulen H, Smolders C A, Versteeg G F, et al. J Membr Sci, 1993, 78: 197-216.

[32] Tsou D T, Blachman M W, Davis J C. Ind Eng Chem Res, 1994, 33: 3209-3216.

[33] Poddar T K, Majumdar S, Sirkar K K. AIChE Journal, 1996, 42: 327-3282.

[34] Jia Z Q, Chang Q, Qin J, Hong X M. J Mem Sci, 2009, 342: 1-5.

[35] Jia Z Q, Chang Q, Qin J, Sun H J. J Mem Sci, 2010, 352: 50-54.

[36] 时钧, 袁权, 高从堦. 膜技术手册. 北京: 化学工业出版社, 2001.

[37] Sim A, Guha K. A IChE Journal, 1995, 41(8): 1998-2012.

[38] Scott K. J Memb Sci, 1994, 90: 161-172.

[39] Jia Z Q, Zhen T L. J Membr Sci, 2014, 454: 316-321.

[40] Findly M E. Ind Eng Chem Process Dev, 1967, 6: 225.

[41] Drioli E, Criscuoli A, Curcio E. 膜接触器——原理、应用与发展前景. 李娜, 贾原媛, 苏学素, 译. 北京: 化学工业出版社, 2009.

[42] 吴庸烈. 膜科学与技术, 2003, 23(4): 68-79.

[43] Li B, Sivkar K K. J Membr Sci, 2005, 257: 60-75.

[44] Gong B T, Yang H C, Wu S H, et al. Nano-Micro Lett, 2019, 11: 51.

[45] Zuo K C, Wang W P, Deshmukh A, et al. Nature Nanotechnol, 2020, 15: 1025-1032.

[46] 马润宇, 王艳辉, 涂感良. 膜科学与技术, 2003, 23(4): 145-150.

11 膜反应器

11.1 膜化学反应器

11.1.1 概述

　　膜与化学反应过程相结合构成的反应设备或系统，称为膜化学反应器。利用膜化学反应器可以实现产物的原位分离、反应物的控制输入、反应与反应的耦合、相间传递的强化、反应分离过程集成等功能，达到提高反应转化率、改善反应选择性、提高反应速率、延长催化剂使用寿命、降低设备投资等目的。

　　膜化学反应器种类很多，根据膜有无选择渗透性能，可分为选择渗透性膜反应器和非选择渗透性膜反应器；在催化反应中，根据膜材料有无催化性能，可分为催化膜反应器和惰性膜反应器，具体形式如下：

　　① 催化膜反应器(catalytic membrane reactor，CMR)。膜不仅具有渗透选择性，还具有催化活性，反应在膜表面或孔内的催化活性中心上进行。膜的催化功能可以通过两种方式获得。a. 膜本身具有催化性能。例如，聚苯乙烯磺酸膜可催化酯化反应，钯膜可催化脱氢反应。b. 采用吸附、浸渍、复合包埋、化学键合等技术制成催化活性膜。例如，用喷雾沉淀法在大孔不锈钢支撑体上喷涂含 $Pt(C_5H_7O_2)_2$ 的丙酮溶液，然后在 500 ℃、氢气流中热解 2 h，制得含 Pt 5 mg/cm^2 的纳米 Pt/C 催化膜，可用于丙烯、1-丁烯、异丁烯加氢反应的择形催化。与常规催化剂相比，催化膜扩散阻力小，活性高，反应物和产物在膜孔中的停留时间短，反应选择性高。另外，还可以在催化膜反应器内装填催化剂，以进一步提高催化剂表面积。

　　② 惰性膜填料床反应器(inert membrane packed bed reactor，IMPBR)。膜具有渗透选择性，但无催化活性，催化剂装填在膜反应器中，适用于反应速率较慢、膜渗透速率较快的反应分离过程，其优点是制作简单，催化剂易于更换，目前已用于乙苯脱氢、环己烷脱氢、丙烷氧化脱氢等反应。

　　根据膜化学反应器中膜的功能，可分为膜选择分离式反应器、膜控制输入式反应器和膜介观孔道式反应器等[1]，下面分别予以介绍。

11.1.2 膜选择分离式反应器

　　该类反应器利用膜的选择分离功能，将反应产物或副产物从反应区连续移出

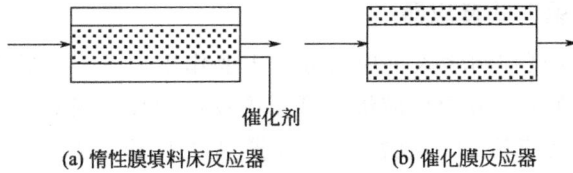

(a) 惰性膜填料床反应器　　　　(b) 催化膜反应器

图 11-1　膜化学反应器

(图 11-1)，主要作用如下[2]。①提高可逆反应转化率。该设想由 Michaels A S 在 1968 年首先提出[3]。可逆反应存在平衡转化率，通常需要将未反应的原料分离、回收和循环利用，因此在高温催化反应中需要对反应物进行反复冷却和加热，能源消耗很大。利用膜将产物或副产物从反应区移出，促使平衡右移，可以提高转化率，或在同样转化率下降低反应温度和压力。②提高复合反应选择性。对于连串反应，将目标中间产物不断移出，降低其转化为副产物的速率，可提高反应选择性。③对于易受产物抑制或毒害的催化反应，及时分离产物，可提高催化剂表观活性，延长使用寿命。

在气相反应中，该反应器主要用于脱氢、甲醇制氢、分解(如 HI、NH_3、H_2S)等催化反应。膜材料包括致密膜和多孔膜两种。致密膜主要为金属膜，如钯及其合金、铂、银等，渗透机理为活化扩散、溶解扩散等，选择性高，但渗透速率低；多孔膜膜材料主要有玻璃、氧化铝、氧化锆、氧化钛等，气体透过方式主要有 Knudsen 扩散、表面扩散、毛细管凝聚、分子筛分等，渗透速率约为致密膜的 100 倍，但选择性差，反应转化率受到限制。例如，Gobina 等[4]采用多孔玻璃复合膜在 390 ℃下进行乙烷脱氢反应，原料气和吹扫气在膜两侧同向流动时，乙烷转化率比平衡转化率高 7 倍，逆流操作时则高 8 倍。在 H_2S 分解为 H_2 和 S 的反应中，采用 $Pt\text{-}SiO_2\text{-}V\text{-}SiO_2\text{-}Pd$ 复合膜，反应温度大于 700 ℃时转化率达 99.4%，远高于 13%的平衡转化率。

在缩合、缩聚、酯化等液相反应中，通过膜渗透汽化除去反应副产物水，可提高反应转化率[5]，反应单元和膜渗透蒸发单元通常采用分置式组合(图 11-2)，该类反应的通式可写为：

$$A + B \Longrightarrow C + H_2O$$

反应中，水生成速率为：

$$\frac{dc_w}{dt} = k_1 c_A c_B - k_{-1} c_c c_w \tag{11-1}$$

假设水浓度较低时，水渗透汽化速率正比于其摩尔浓度，比例常数为 E，则水的变化速率为：

$$\frac{dc_w}{dt} = k_1 c_A c_B - k_{-1} c_c c_w - E c_w \tag{11-2}$$

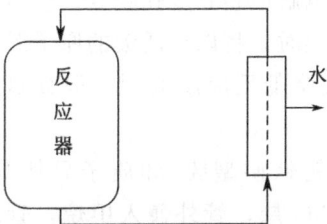

图 11-2　渗透汽化与反应器
分置式装置

11.1.3 膜控制输入式反应器

利用膜向反应区控制输入反应组分，主要作用如下。①提高平行反应选择性。当反应物B在主反应中反应级数低于副反应中反应级数时，依靠膜控制输入B，维持其在反应区的适宜浓度，可提高主反应选择性，见图 11-3（a）。②提高反应安全性。对于反应物预混容易导致爆炸、燃烧的体系，通过膜控制输入以维持反应物的最佳浓度，可提高系统的安全性。③强化气液反应相间传质。膜作为反应气体B的分布器，可以减小气泡直径，增大气液传质面积，见图 11-3（b）。④控制复杂液相反应（如聚合反应、沉淀反应）的产物分布和性能。目前，膜控制输入式反应器已用于气相、液相、气液和气液固等反应中。

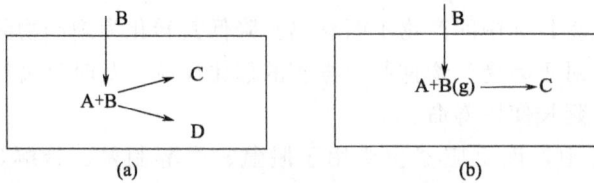

图 11-3 膜控制输入式反应器

(1)气相反应

甲烷氧化偶联反应制备乙烯、甲烷选择氧化制备甲醇和甲醛、甲烷部分氧化制备合成气等反应，是将天然气加工成高附加值产品的有效途径。在反应过程中避免产物进一步深度氧化，提高目标产物选择性，是实现工业化的关键。美国能源部提出将天然气转化为液体产品，与石油竞争。对于烃类部分氧化反应，在固定床反应器中，氧气入口处的分压较高，容易造成彻底氧化；流化床中氧气的分压虽较低，但也存在深度氧化等问题；而在膜反应器中，利用膜微孔沿反应器轴向均布或非均布氧气进行反应[6]，使反应始终在氧气浓度较低的条件下进行，选择性高，而且轴向温度和浓度分布平缓，热点温度低，也有利于维持催化剂还原和再氧化之间的平衡，减少结炭现象，提高催化剂活性和寿命。另外，烃类浓度高于爆炸上限，操作安全，易于控制。

气相反应中，反应器膜材料包括金属膜、固体电解质膜和多孔膜等。金属膜主要有钯膜、银膜等，当氢和氧分别透过钯膜和银膜时，将以更活泼的原子形式出现，使加氢或氧化反应速率极大提高，并可相应降低反应温度[7]。但金属膜的透过速率较低。

固体电解质膜主要有氧导体膜（如 YSZ 膜、钙钛矿型膜）和质子导体膜。Omata[8] 在多孔氧化铝膜外壁涂以致密的 MgO/PbO 层，管外通入甲烷，管内通入氧气，并通过加入惰性组分控制氧气的供给速率，MgO/PbO 层既是氧离子导体，又是甲烷偶联催化剂，C_2 烃类选择性可高达 97%。采用电阻加热式真空蒸镀法，制成金属氧化物催化剂/阴极（Au）/YSZ/阳极（Ag）膜，在电位差作用下，氧从阳极透过 YSZ 膜传向阴极，在催化膜表面生成活性氧，可催化以原子态氧为活性中心的反应，又称为氧泵型膜反应器。通过改变外电压，可调节输氧速度，进而控制反应选择性。YSZ 固体电解质传递氧离子的速率较慢，往往是甲烷部分氧化的速控步骤。Ishihara 等[9]采用 Co 或 Fe 掺杂的 $LaGaO_3$ 作为固体电解质，将 CH_4 部分氧化生产合成气，发现 $LaGaO_3$ 可提高氧离子传递速率、电流密度和 CH_4 转化率。Julbe 等在 γ-Al_2O_3 支撑膜孔中通过分解法载上 V_2O_5/$AlPO_4$ 晶体，利用 V_2O_5 的氧化还原性（V_2O_5/V_2O_3），根据氧气过量与否自动调节膜的孔径分布，控制膜的透氧量，称为化学阀膜（chemical valve membrane）。沿膜反应器的轴向，随着反应物的减少，透过膜的氧气量也减少，从而实现氧与反应物的合理配比，防止发生过度氧化。

Tagawa 等[10]利用阴极（$La_{0.85}Sr_{0.15}MnO_3$）/YSZ/阳极（$La_{1.8}Al_{0.2}O_3$）燃料电池，使气相氧分子在阴极上活化为晶格氧 O^{2-}，然后通过 YSZ 膜（Y_2O_3 含量 8%，厚度 1.5 mm）传递到阳极上与甲烷反应，同时化学能转化为电能。燃料电池反应方程式为：

阴极：
$$O_2 + 4e^- \longrightarrow 2O^{2-}$$

阳极：
$$2CH_4 + 2O^{2-} \longrightarrow C_2H_4 + 2H_2O + 4e^-$$

电池反应：
$$2CH_4 + O_2 \longrightarrow C_2H_4 + 2H_2O$$

与传统镍阳极相比，$La_{1.8}Al_{0.2}O_3$ 可避免甲烷完全氧化。降低 YSZ 膜厚度，有利于提高反应转化率。

（2）气液反应

在气液反应中，膜作为气体分布器，可以降低气泡直径，增大气液传质面积。在鼓泡反应器中[11]，分别采用筛网、筛板和镍膜作为气体分布器，结果表明，镍膜分布器可使氧体积传递系数 $K_L a$ 提高一倍以上；在以 Co^{2+} 为催化剂的亚硫酸钠氧化体系中，与普通喷嘴分布器相比，镍膜分布器可使氧消耗速率提高一个数量级。

（3）液相反应

聚合氯化铝中存在多种水解和聚合形态，通常认为中等聚合形态（Al_b）为最佳絮凝形态。研究表明[12]，$AlCl_3$ 加碱水解制备聚合氯化铝时，降低加碱速度和液滴大小，可以提高产品中 Al_b 含量。例如，$AlCl_3$ 初始浓度为 0.20 mol/L，NaOH 浓度为 0.50 mol/L，终点碱化度为 2.5，微量滴碱（0.04~0.05 mL/min）时，Al_b 含量可达 80% 以上；缓慢滴碱（0.1~0.2 mL/min）时，Al_b 含量为 75% 左右；快速滴碱（0.4~0.5 mL/min）时，Al_b 含量降至 67%。但是，微量滴碱的生产效率很低，难以直接工业应用。Liu 等[13]利用膜微孔作为液体微量分布器，在压力差驱动作用下，将膜一侧的碱液均匀缓慢地加入到膜另一侧的 $AlCl_3$ 溶液中进行反应，可有效降低 NaOH 的液滴尺度，Al_b 含量可达 80% 以上。

以制备纳米粒子为目标的反应沉淀过程，包括反应、成核、表面生长和聚结等主要步骤，同时还伴随着熟化等二次过程。其中，成核通常为均相成核机理所控制，以使体系过饱和度主要用于瞬间大量成核。但是，如果饱和度过高，较高的均相成核速率，将使聚结成为主要生长机理，一般只能得到无定形粒子[14]；同时，过高的饱和度将降低特征成核时间，使反应组分难以在大量成核前达到分子尺度的均匀混合，导致微观混合成为过程控制因素，造成粒度不均。因此，为了制得粒度均匀的纳米粒子，必须控制适宜的过饱和度和成核速率[15,16]；同时，改变成核过程的控制因素，将微观混合控制转化为成核动力学控制。Jia 等[17,18]利用膜微孔作为液体微量分布器，将膜一侧的反应物均匀加入到膜另一侧的反应物中进行反应，可以调控过饱和度及其分布，制得了均匀的纳米 $BaSO_4$、$CaCO_3$、吡唑啉等粒子。

在化学反应中，通常需要将两种反应物溶液混合，以使分子之间互相碰撞而发生反应。对于简单的快速反应，强化混合将提高表观反应速率；对于快速复合反应，混合状况将影响产物产率和反应选择性，从而影响产品的纯化、分离和生产成本。据估计，不良混合导致产率下降 5% 很普遍。通常利用机械能、流体流动、声能、电能等强化混合，但传统混合器存在一些不足。例如，Tee 混合器的直管和支管直径一般在毫米级，且须高速操作；静态混合器、Couette 混合器、超声混合器等强化了主体溶液的湍动，但注入另一溶液所用毛细管内径在毫米级，混合效率有待进一步提高。Jia 等[19]利用中空纤维膜微孔作为液体微分布器用于强化混合，利用 I^-、IO_3^- 和 $H_2BO_3^-$ 平行反应体系研究了膜反应器内分隔指数和微观混合状况。结果显示，由于溶液的渗透液滴尺度在纳米级，混合时间显著降低，分隔指数可降至 0.01 以下，在相同实验条件下明显优于静态混合器、Couette 混合器、超声混合器等的实验结果。

Al_2O_3 负载的铜催化剂通常采用浸渍法制备，其关键是促进活性中心的形成。Balint 等[20]在透析膜袋（MWCO 12000～14000，孔径 2.5 nm）内装入球形 $\gamma\text{-}Al_2O_3$（粒径 13 nm）和 0.1 mol/L K_2SO_4 溶液，膜外为 0.1 mol/L K_2SO_4 溶液，缓慢向膜外加入少量 $CuSO_4$ 溶液，并用 KOH 溶液调节膜外溶液 pH 值为 9，240 h 后发现膜外铜化物沉淀中 Cu 与 Al 摩尔比为 80.8，膜内 Al_2O_3 粒子上 Cu 的质量分数为 0.1%，认为碱性铜化物扩散进入透析膜内，吸附在 Al_2O_3 表面，导致 Al_2O_3 溶解和渗出，该过程可诱导晶格缺陷，并可能促进活性中心的形成。

11.1.4 膜介观孔道式反应器

多孔膜中含有大量介观尺度的孔道，可以作为特殊的介观尺度反应器。例如，对于扩散控制的快速反应，反应物分别从膜两侧向膜孔内扩散，在膜孔内形成一定的化学计量反应面。如果一种反应物透过量发生波动，反应面会自动调节到另一新位置，直至满足化学计量反应为止。因此，该反应器特别适于反应物浓度较低、要求严格计量进料和高转化率的快速反应过程，如气体脱硫的 Claus 反应：

$$SO_2 + 2H_2S \Longrightarrow 3/8\ S_8 + 2H_2O$$

由于气相中 SO_2 浓度的波动，该反应在常规反应器中很难控制。Sloot 等[21]采用微米级多孔 α-Al_2O_3 膜（平均孔径 350 nm，膜厚 4.5 mm，孔隙率 41%）浸渍 γ-Al_2O_3 催化剂，将 SO_2 和 H_2S 分别从膜两侧引入，在膜孔内形成反应面，反应温度大于 150 ℃时，产物水和硫以蒸气形式扩散到膜的任何一侧冷凝收集（图 11-4）。该反应器可避免出现反应物未经反应就从膜一侧渗透到另一侧的现象，也可用于废气脱除氧化氮的还原反应。

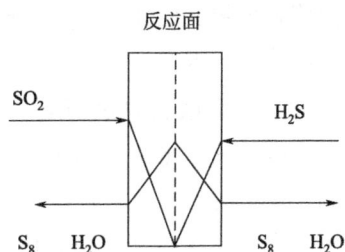

图 11-4 Claus 反应中各组分浓度分布

膜化学反应器中，反应的耦合可分为热力学耦合、能量耦合和动力学耦合 3 种形式。①热力学耦合。指一个反应的某一产物是另一反应的反应物，通过膜对该组分的选择性透过使反应达到高转化率。②能量耦合。指吸热反应与放热反应相耦合，使能量得以综合利用。③动力学耦合。指膜中被传递的元素以非常活泼的单原子形态存在，到达膜的另一侧参加反应时，可极大增加反应速率。例如，利用钯膜将反应室分为脱氢和加氢两个室，脱氢室由于氢的不断减少，化学平衡移动，产率提高，加氢室由于催化剂表层下大量活性氢的存在，使反应较快进行，从而构成热力学耦合和动力学耦合。如果脱氢室产生的氢气透过钯膜后在另一室被空气氧化为水，氧化反应可减少氢的反向渗透，提高脱氢产率，同时氧化产生的热量经钯膜传导，成为脱氢反应的能量来源[22]，从而构成能量耦合。如在钯膜反应器一侧进行 i C_4H_8 脱氢制备 C_4H_6 的反应，另一侧为 H_2 燃烧生成水的反应，在 447 ℃ 时转化率是平衡转化率的 1.8 倍，

膜化学反应器的研究方向主要包括：①分子筛膜的制备，研究大面积、无缺陷、皮层薄的分子筛膜的制备技术，满足分离有机物同分异构体等的需要；②膜材料，合成和开发成膜性能好、耐高温的有机膜材料，例如，聚酰亚胺气体分离膜 T_g 为 230～250 ℃，可耐受 220 ℃的温度，同时耐溶剂性和选择透过性良好；③膜组件，高温下无机陶瓷膜与金属外壳的密封连接技术，因为两种材料的热膨胀系数不同，在操作中产生热应力，易造成膜损坏。聚合物密封圈只能用于 300 ℃以下，石墨密封圈在氧化气氛中能耐 450 ℃高温，但有一定泄漏；④膜反应器中流体流动、质量传递、热量传递过程的数学描述与模拟研究，为膜反应器开发、放大和优化提供指导。

11.2 膜生物反应器

生物反应器是指以酶、微生物或动植物细胞为催化剂进行化学反应或生物转

化的装置。膜生物反应器利用膜固定或回收生物催化剂❶，提高其浓度，分离具有抑制作用的产物，使反应连续进行，同时提高转化率和产率。膜生物反应器分为酶膜生物反应器(enzyme-membrane bioreactor)、膜微生物反应器和膜组织细胞培养器三大类。

11.2.1 酶膜生物反应器

酶作为一类重要的生物催化剂，具有催化效率高、专一性强、反应条件温和、无污染等特点，广泛用于制药、环保、食品、酿造等领域。但酶在实际应用中也存在很多问题，如对热、强酸、强碱、有机溶剂等不够稳定，难以从反应体系中回收，造成产物污染和产物提纯困难。1968年，Michaels首次提出了酶膜反应器的概念，即以分离膜作为酶的载体实现酶的固定化，并将酶的催化特性与膜的分离性能相结合，使化学反应和产品分离同时进行，有效加速反应，提高转化率。以膜作为酶的固定化载体，可以使酶在类似生物膜的环境中高效发挥作用，避免了乳化和破乳等问题。

11.2.1.1 酶的固定化方法[23]

(1)吸附法

吸附法(adsorption)是最早的酶固定化方法，酶和载体间的作用力可以是氢键、疏水键、电子亲和力、离子键等，操作简便，固定化过程温和，酶活力❷回收率高，载体易得且可再生，但酶和载体的结合力较弱，酶易受外界因素的影响而脱落。Arica等将脂肪酶吸附固定在甲基丙烯酸-2-羟乙酯(HEMA)和甲基丙烯酰胺苯丙氨酸(MAPA)的共聚物膜上，发现酶的吸附量随膜材料中 MAPA 比例的增加而增加，最高可达 $135 \mu g/cm^2$。

(2)凝胶化法

凝胶化法(gelification)是指将酶的溶液超滤，由于酶分子不能透过膜而在膜表面沉积，当酶的浓度达到凝胶化浓度时，便以凝胶层的形式固定在膜表面。Pronk将脂肪酶溶液超滤，在纤维素膜表面形成了脂肪酶凝胶层。该法固定的酶稳定性、活性和浓度高，因而催化反应的转化率较高。

(3)包埋法

包埋法(entrapment)是指通过物理作用将酶限定在载体的一定空间内而实现酶的固定化。例如，在膜制备过程中，将酶以一定比例混入铸膜液中，利用相转化法制成多孔膜，从而将酶包埋于聚合物基质中，但酶需耐受铸膜温度和有机溶剂的影响。也可以通过过滤将酶包埋于不对称膜的多孔层内，或者将酶固定在中

---

❶生物催化剂：在生物细胞中形成的可加速机体内化学反应速率的物质，包括从生物体(主要是微生物细胞)提取的酶和称为活细胞催化剂的以整体微生物为主的活细胞。

❷酶活力：也称酶活性，指酶催化某一化学反应的能力，其大小用在一定条件下催化的某一化学反应的速率表示，单位为U。

空纤维膜组件的壳程内。包埋法制备简单，条件温和，一般不涉及酶分子的化学变化，酶活力回收率高，但酶容易漏失，催化反应受传质阻力的限制，不易催化大分子底物的反应。在包埋法和吸附法中，酶易从载体漏失或脱附，因而常和交联法结合使用以增强酶的稳定性。包埋-交联法和吸附-交联法都是常用的联用固定化方法。

（4）交联法

交联法（cross-linking）是指利用双官能团或多官能团试剂作为交联剂，使吸附在膜表面或包埋于膜多孔层内的酶分子之间发生交联，实现的酶固定化。常用的交联剂有戊二醛、亚己基二异氰酸酯、双重氮联苯胺、顺丁烯二酸酐等。该方法固定的酶不易漏失，但在交联过程中涉及酶分子的化学反应，酶失活较为严重。Jancsik 分别将 β-半乳糖苷酶、醛缩酶、青霉素酰化酶包埋于聚乙烯醇膜内，用戊二醛作为交联剂，有效减少了酶的漏失。

（5）共价结合法

共价结合法（covalent binding）是指借助共价键将酶的侧链基团和载体的功能基团偶联而固定酶的方法，目前研究和应用较多。酶分子上用于偶联的官能团有氨基、羧基、酚基、咪唑基、吲哚基等；载体上的官能团有芳香氨基、羟基、羧基、羟甲基和氨基等。通常，载体上的官能团和酶分子的侧链基团之间不能直接发生反应，需要先利用接枝共聚等手段对膜表面进行活化，引入反应活性基团，再使之与酶分子作用。膜表面接枝活化时，常引入己二胺等作为间隔臂，以延长酶分子与膜材料间的距离，减少膜表面对酶分子构象和微环境的影响，降低底物接近酶分子时的空间位阻，提高催化活性。根据载体的反应活性基团与酶的侧链基团共价结合反应的性质，可将共价结合法分为以下几类。

重氮法：适用于表面带有芳香氨基的膜材料。膜表面经稀盐酸和亚硝酸钠处理，成为重氮盐化合物，再与酶分子中的酚基、咪唑基等发生偶联反应，得到固定化酶膜。Ei-Masry 利用甲基丙烯酸缩水甘油酯在尼龙膜表面接枝共聚，然后与对苯二胺作用引入芳氨基，再用重氮化法将 β-半乳糖苷酶固定。

叠氮法：适用于表面带羧基或羧甲基的膜材料。如羧甲基纤维素经酯化后，用水合肼处理得到酰基肼，再用亚硝酸处理得到叠氮衍生物，可与酶分子上的氨基、羟基等基团反应制成固定化酶膜。

戊二醛法：戊二醛与膜材料上的氨基反应，生成具有醛功能团的膜，再与酶蛋白上的氨基作用实现酶的固定化。El-Masry 等分别用苯乙烯和甲基丙烯酸甲酯对尼龙膜表面进行两次接枝共聚，再引入己二胺结构作为间隔臂，最后用戊二醛实现了 β-半乳糖苷酶的固定化。

另外，还有利用载体上的缩醛结构与酶分子上的氨基缩合，利用载体活化后形成的异氰酸或异硫氰酸衍生物与酶分子共价结合，利用溴化氰法、烷化法、碳二亚胺活化法等固定酶。共价结合法固定的酶稳定性高，但由于固定化过程反应激烈，酶失活较严重，且载体不易再生。

(6)定点固定化法

传统的随机固定化方法(random immobilization)经常导致酶活力下降，这主要是因为酶蛋白常通过赖氨酸残基上的 ε-氨基与载体活性基团偶合，酶表面分布有多个赖氨酸残基，与载体作用时可采取多种空间取向，酶蛋白多点附着在载体上时结构变异，增加了底物接近酶活性中心时的空间位阻，使酶活力下降，同时酶固定量受到限制。定点固定化技术(site-specific immobilization)借助分子生物学方法，通过酶蛋白上的特定位点与膜载体作用，在膜表面形成一种高度有序的酶分子二维阵列，酶蛋白上的作用位点远离催化活性中心，使底物能充分接近活性中心，酶活力和固定量比随机固定化法均有显著提高(图 11-5)。

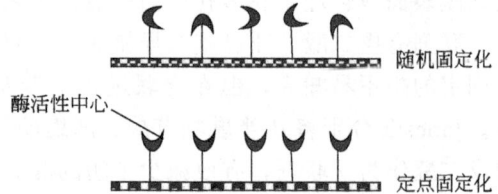

图 11-5 随机固定化和定点固定化的比较

定点固定化方法主要有三种：①抗体偶联法，如 Spitznagel 等用碘乙酸活化多孔玻璃珠，定点固定抗体酶 48G7-4A1 的 Fab 片段；②生物素-亲和素亲和法❶，即将生物素融合在酶的 N-末端或 C-末端，利用生物素-亲和素的亲和性，在固定有亲和素的膜材料上实现定点固定。Vishwanath 等利用该法将 β-半乳糖苷酶定点固定在聚醚砜膜上，酶活力比随机固定化提高近 20 倍；③氨基酸置换法，即借助基因突变技术将半胱氨酸引入酶分子，利用半胱氨酸残基上的巯基在膜材料表面实现定点固定化。Vishwanath 等用该方法将枯草杆菌蛋白酶固定在 PVC-硅膜上，与随机固定化相比，酶的相对活性从 48% 提高到 83%。

(7)多酶共固定化法

将多种酶同时固定在膜材料上，利用各自的功能协同催化复杂的生物转化过程。如 Lin 等在辅酶 NADH 的存在下，将丙氨酸脱氢酶(ALDH)和葡萄糖脱氢酶(GDH)同时固定于纳滤膜反应器内，用于连续生产 L-丙氨酸。其中，ALDH 在辅酶 NADH 的协同下，催化由丙酮酸酯转化为 L-丙氨酸的立体专一性反应，而 GDH 则用于催化辅酶 NADH 的再生过程。多酶共固定技术用于膜生物传感器的研究十分活跃。Spohn 等将微生物过氧化物酶与相应的氧化酶固定在传感器的膜材料上，分别用来检测谷氨酸、赖氨酸和黄嘌呤。Conrath 等将麦芽糖磷酸化酶、磷酸酶、葡萄糖氧化酶和变旋酶同时固定在再生纤维素膜上，制成电极用于检测无机磷酸盐。

11.2.1.2 酶膜反应器的分类

酶膜反应器的构型可分为两类。①分置式。由酶反应器和膜分离两个单元组

---

❶生物素，又称维生素 H。亲和素是一种糖蛋白，可和 4 个生物素分子结合，特异性强，亲和力大。

成，酶分子悬浮在反应溶液中，膜截留酶、底物等大分子，而允许产物小分子等通过，如图 11-6(a)所示。由于底物与酶分子充分接触，转化率较高，但酶易剪切失活，适于对催化剂的均相分散性要求较高的反应。②一体式。将酶固定在膜材料上，置于反应溶液内，反应和分离合为一体，如图 11-6(b)所示。固定化酶能提高反应器的稳定性和产率，但酶往往分布不均，传质阻力也较大，适用于在剪切应力下易失活的酶。

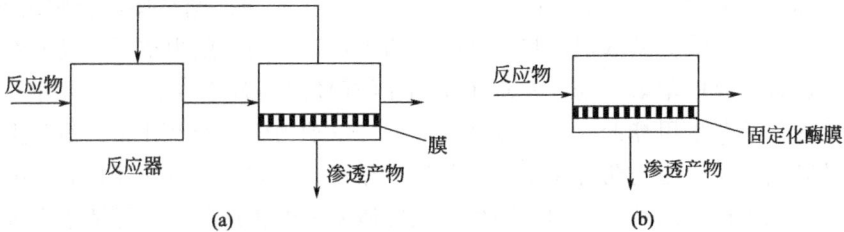

图 11-6　酶膜反应器的构型

　　根据反应介质的不同，酶膜反应器可分为单相酶膜反应器和两相酶膜反应器(图 11-7)。①单相酶膜反应器。当底物分子量大于产物，且两者能溶于同一溶剂时，可采用单相膜反应器。通过选择适当的膜孔径，使底物在膜表面反应但不透过膜，小分子产物则透过膜，达到纯化的目的。②两相酶膜反应器。如果涉及两种或两种以上的底物，且底物之间或底物与产物之间的溶解行为差别较大，则可以使用两相酶膜反应器(也称萃取酶膜反应器或多相酶膜反应器)，如脂肪酶(lipase)❶的催化反应。脂肪酶属于界面活性酶，特别适于在酶膜反应器中使用。在两相酶膜反应器内，固定有脂肪酶的膜置于互不相溶的两液相(有机相和水相)之间，底物甘油三酸酯溶解于有机相，通过扩散到达膜表面，在有机相一侧固定化酶的催化下发生水解反应，产物脂肪酸和丙三醇透过膜，溶解于另一侧的水相中。反应过程中，酶膜起着两相界面的作用。脂肪酶大多通过吸附固定在膜上，

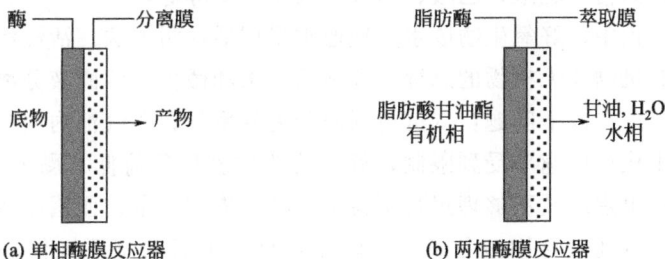

图 11-7　酶膜反应器

---

　　❶脂肪酶：又称甘油三酸酯水解酶，来源于动物、植物和微生物体内，能催化酯的水解、醇解、酯合成、酯交换、内酯合成、酰胺合成等一系列反应，具有良好的底物专一性、立体选择性，可用于外消旋化合物的拆分。

有效保留了其催化活性和选择性。该装置特别适用于制备纯的对映异构体,在制药领域具有良好的应用前景。

11.2.1.3 应用

酶膜反应器主要用于有机相酶催化、手性拆分与手性合成、反胶团中的酶催化、辅酶或辅助因子的再生、生物大分子的分解等领域。

① 有机相酶催化、手性拆分与手性合成 有机相酶催化研究最多的是脂肪酶。例如,以溶解于正辛醇中的 N-乙酰-D,L-苯丙氨酸乙酯消旋混合物为底物,以磷酸盐缓冲溶液为萃取剂,将氨基酰化酶固定于聚丙烯腈中空纤维膜上作为催化剂,通过膜反应萃取过程,实现了 L-苯丙氨酸的高效手性合成。另外,利用脂肪酶催化萘普生甲酯的立体选择性反应,可以动力学拆分❶制备 S-萘普生。与传统的乳液体系中脂肪酶催化手性拆分反应相比,两相酶膜反应器提高了酶的稳定性,简化了产物的纯化过程,降低了反应体系中的传质阻力,更适于大规模的动力学拆分。

② 生物大分子的分解 主要是淀粉、纤维素、蛋白质等的水解。利用膜的筛分作用将生物大分子与分子量较小的水解产物原位分离,以消除产物抑制,控制反应的深度。例如,通过果胶水解降低果汁黏度,通过乳糖转化降低牛奶和乳清中乳糖的含量,通过多酚化合物和花色素的转化处理白酒等。由于膜污染和产品附加值低,酶膜反应器还没有得到充分利用。

另外,利用具有分子识别功能的酶膜还可以制成膜生物传感器、药物控制释放膜等。

11.2.2 膜微生物反应器

发酵过程中普遍存在着代谢产物抑制微生物生长的现象,利用膜固定微生物和及时分离产物,可促进高密度生长,提高代谢产物的产率,实现连续发酵。例如,发酵罐中的微生物被泵送入膜组件后再循环返回发酵罐,代谢产物透过膜取出,用于生产酒精、乳酸、乙酸、丙酸、丙酮、丁醇等。

在环境工程中,好氧生物废水处理通常采用活性污泥法。活性污泥是微生物及其吸附的有机物和无机物的总称。处理后的水和微生物的固液分离一般采用重力式沉淀池,存在以下问题:二沉池固液分离效率低;曝气池内的污泥难以维持较高浓度,生化反应速率受到限制,处理装置的容积负荷低;剩余污泥产量大,处置费用高;出水水质不够理想且不稳定;管理操作复杂。而用膜微生物反应器取代传统的二沉池进行固液分离,可以在好氧或厌氧状态下操作,具有以下优点:固液分离效率高,泥水得到很好的分离,悬浮固体(SS)和有机物去除率高,还可以去除细菌、病毒等,出水水质好,可直接回用;膜分离可使微生物完全截

---

❶动力学拆分:利用不足量的手性试剂与外消旋体作用,由于活化能不同,反应速率快的对映体优先完成反应,而剩下反应速率慢的对映体,从而达到拆分的目的。

留在生物反应器内,有利于增殖缓慢的微生物(如硝化细菌)和难降解有机物分解菌的生长,使系统硝化效率和难降解有机物的降解效率提高;生物反应器内的微生物浓度高,处理装置的容积负荷高,剩余活性污泥量减少;耐冲击负荷,在负荷波动较大的情况下,系统的去除效果变化不大;易于实现自动控制,操作管理方便。一体式或称浸没式(submerged)膜生物反应器,是将膜组件置于生物反应器内的曝气器上方,曝气形成的剪切力和紊动使固体难以沉积在膜表面,控制了膜表面固体厚度,减少了膜堵塞(图11-8)。反应器设备简单、占地空间少,可降低能耗和操作费用,管理方便,但对膜丝强度要求较高。在膜制备时,通过提高制膜液中聚合物浓度或在纤维膜内加入增强纤维,可提高膜丝强度。

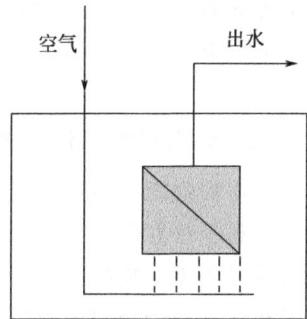

图 11-8 浸没式 MBR 示意图

热致相分离法制膜时,由于在较高温度下溶解聚合物(接近其熔点),制膜液中聚合物质量分数可提高到 30%～60%,使膜丝强度大幅度提高。例如,NIPS 法纺丝制备的聚偏氟乙烯中空纤维膜,单根膜丝的强度通常低于 3 N,而 TIPS 法纺丝生产的 PVDF 膜丝强度可达到 10 N。然而,由于 TIPS 法膜表面孔径较大,属于微滤膜,使用过程中污染物易造成深度污染,增加了运行成本。

为了增加 NIPS 法中空纤维膜强度,研制了连续纤维增强型、编织管增强型、多孔基膜增强型等中空纤维膜。连续纤维增强型是将连续纤维束与聚合物溶液同时挤出,进入凝固浴后聚合物溶液固化,将连续纤维束固定在中空纤维膜内部。编织管增强型是将预先编织好的编织管在卷绕辊牵引下经过喷丝头,铸膜液与编织管在喷丝头处复合后进入凝固浴,铸膜液固化的同时与编织管成为一体。多孔基膜增强型是将铸膜液均匀涂覆于热致相分离法制备的多孔基膜表面,经 NIPS 法制得增强型膜,兼具良好力学性能和较高的截留精度。例如,同质增强型 PVDF 中空纤维膜,兼具 TIPS 法的力学性能和 NIPS 法的分离精度。

工业废水中有机物浓度高,有些还含有毒性物质,通常认为厌氧法[1](anaerobic biological treatment)处理在经济上优于好氧法。但厌氧工艺要求保持较高的生物量、较长的泥龄和较短的水力停留时间,产甲烷菌世代长,增殖慢,造成启动周期长,COD 去除率低,因此厌氧工艺的应用受到限制。在厌氧处理中采用膜生物反应器可防止产甲烷菌的流失,加快增殖,缩短启动时间,提高 COD 去除率。

在城镇污水处理中,MBR 可满足出水水质日益提高的要求。工业废水含高

---

[1] 厌氧法:在无氧的情况下利用兼性菌和厌氧菌分解废水中的有机物,可使 90% 以上的有机物转化为可降解物,进而转化为甲烷,无需供氧设备,节省能源,污泥少。

浓度有机物、毒性物质等，MBR 在出水水质、废水再生利用、占地面积等方面具有优势，应用潜力巨大。然而，高能耗是 MBR 的短板，其运行能耗源自为了延缓膜污染而进行的高强度曝气。世界大型 MBR 工程能耗在 $0.3 \sim 3.0\ kW \cdot h/m^3$，高于传统活性污泥法。因此，降低能耗是提高 MBR 竞争力的关键，研制高通量、抗污染、长寿命的膜，研发可回收能量的厌氧 MBR，是其未来发展的重要方向。

11.2.3　膜组织细胞培养器

动物细胞能在体内高密度生长，是由于体内半透性微细血管交错分布于组织间，有利于营养物、气体和代谢产物的交换。1972 年，Knazek 首先将中空纤维膜培养器用于动物细胞的培养。在膜细胞培养器中，细胞和营养物被膜分隔，膜的多孔性有利于物料的交换，避免了搅拌式培养器产生的剪切效应，为动物细胞提供了一种接近于体内的生长环境。例如，在径向流动中空纤维培养器中，中心是不锈钢网卷成的培养液分配管，分配管周围是中空纤维。空气和 CO_2 混合气从中空纤维内通过，扩散透过管壁供给在壳侧纤维壁上生长的细胞。代谢产物扩散进入纤维管，随气流排出。中空纤维膜培养器用于杂交瘤细胞培养生产单克隆抗体(monoclonal antibody, McAb)已取得了较大成功。

思 考 题

1. 膜选择分离反应器、膜控制输入反应器和膜介观孔道反应器分别适用于哪些反应？
2. 酶固定化中的共价键合法主要利用了哪些反应？

参 考 文 献

[1] 贾志谦,刘忠洲.化工进展,2002,8:548-551.

[2] 时钧,汪家鼎,余国琮,陈敏恒.化学工程手册.第 2 版.北京:化学工业出版社,1996.

[3] Michaels A S. Chem Eng Progr,1968,64(12):31.

[4] Gobina E,et al. J Memb Sci,1994,90:11.

[5] Mulder M. Basic principles of membrane technology. 2ed. Kluwer Academic Publishers, 1996.

[6] 葛善海,等.惰性多孔无机膜反应器用于低碳烃类选择氧化.膜科学与技术,1999,19(2): 6-9.

[7] 时钧,袁权,高从堦.膜技术手册.北京:化学工业出版社,2001.

[8] Omata K,et al. Appl Catal,1989(L1):52.

[9] Ishihara T,et al. Chem Eng Sci,1999(54):1535-1540.

[10] Tagawa T,et al. Chem Eng Sci,1999(54):1553-1557.

[11] 丁富新,等.新型膜反应器研究.第一届全国膜和膜过程学术报告会论文集.大连,1991.

[12] 栾兆坤,等.环境科学学报,1995(1):39-47.

[13] Jia Z Q,He F,Liu Z Z. Ind Eng Chem Res,2004,43:12-17.

[14] Dirksen J A. Chem Eng Sci,1991(46):2389.

[15] Sugimoto T. Adv Colloid Interface Sci,1987(28):65.

[16] 贾志谦,刘忠洲. 化学工程,2002,1:38-41.

[17] Jia Z Q,Liu Z Z. J Memb Sci,2002,209:153-161.

[18] Jia Z Q,Ma Y,Yang W S,Zhou Z H,Yao J N,Liu Z Z. Colloids Surfaces A,2006,276:22-27.

[19] Jia Z Q,Zhao Y Q,Liu L Q,He F,Liu Z Z. J Memb Sci,2006,249:364.

[20] Balint I,et al. Chem Mater,1999(11):378-383.

[21] Sloot H J,et al. Chem Eng Sci,1990,45(8):2415-2421.

[22] Itoh N,Govind R. AIChE Symposium Series,1989(85):10.

[23] 邓红涛,吴健,徐志康,徐又一,Patrick S. 膜科学与技术,2004,24(3):48-53.

12 其他膜过程

12.1 亲和膜分离

生物体可以合成纯化学法难以制备的化合物，但产物浓度往往很低（质量分数一般小于 0.01%），且成分复杂，需要经过多个提取与纯化步骤才能分离，成本高，产物损失率大，已成为生物技术产品开发的一个瓶颈。

亲和膜分离的原理与亲和色谱基本相同，是基于待分离物质与膜上亲和配位基之间的生物特异性相互作用而实现分离的。与亲和色谱相比，亲和膜厚度小，液体通过时压降小，使用低压蠕动泵即可满足要求，设备成本低，且处理量大，易于实现大规模连续分离和自动操作，是生物分子分离和纯化的一种有效方法。

亲和分离对象一般是分子量很大（10000 以上）的生物大分子，若将亲和配基直接与基质材料结合，生物大分子的立体构型将使其很难接近配位基（对于小分子配位基尤为明显）。所以，一般在膜基质材料和配位基之间共价键合一定长度的间隔臂（space arm）。间隔臂分子含双官能反应基团，不带电荷，疏水性也不能太强，不带任何附加的活性中心，以避免与分离物质的非特异性相互作用。常用的有二胺类化合物（如乙二胺、丙二胺、己二胺、对苯二胺等）、氨基酸、肽类化合物、聚胺类和聚醚类化合物等。将膜材料活化后首先与间隔臂分子化学结合，再与亲和配基共价结合，得到亲和膜。

亲和分离过程包括以下步骤：①生物大分子混合物通过亲和膜时，待分离物质与膜上配位基发生特异性作用，生成络合物而被膜吸附，其他没有特异性相互作用的物质则通过膜；②选用能与膜上亲和配基产生相互作用的试剂清洗，使原来膜上的络合物解离洗脱，得到纯化产物；③选用一种试剂清洗亲和膜使其再生。

大多数生物活性物质与不锈钢等金属材料接触时，会发生不同程度的失活和变性，因此，亲和膜分离设备应避免使用不锈钢等金属材料。另外，很多分离操作需要在低温（0～4 ℃）和酸碱条件下进行，要求设备和材料耐低温、耐酸碱以及高浓度盐。

12.1.1 亲和膜材料

亲和膜材料应满足下列要求：分子结构中含有与间隔臂和配位基发生化学反

应的活性基团，如羟基、氨基、巯基、羧基等；在膜活化、与间隔臂和配位基化学键合、洗脱、洗涤、膜再生等过程中，经常需要在酸性、碱性或有机试剂等条件下进行，膜应耐酸、耐碱、耐高浓度盐和有机溶剂；能经受生物样品的作用，同时耐受化学除菌或高温灭菌等苛刻条件；与生物活性物质，如蛋白质、酶、多肽等相容性好，不引起失活、变性或构型变化。纤维素、化学改性聚砜、聚酰胺、聚乙烯等在亲和膜制备中得到了应用，但都需化学改性，并有一定的局限性和应用范围[1]。

(1) 纤维素

通常利用纤维素的羟甲基(—CH₂OH)共价连接间隔臂和配位基。在碱性条件下，纤维素与含活泼氯的化合物如氯乙酸反应，然后在酸性条件下将羧基转化为酯基，再采用酰肼法使其结合氨基，经重氮化反应后与蛋白质偶联，最后选用合适的封尾和去活试剂对分子上残余的活性基团去活，使其成为无离子性相互作用、不产生非特异性吸附的介质。例如，纤维素固载大豆胰蛋白酶抑制剂后，可用于胰蛋白酶的纯化。与琼脂糖相比，纤维素分子上可利用的活泼反应基团数量和比例较少，固载化配位基的密度较低，大约只有琼脂糖的 1%。另外，纤维素在碱性溶液中会溶解破坏，使其应用范围受到限制。

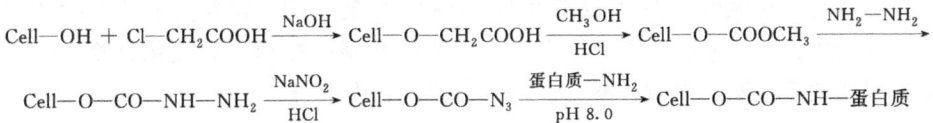

$$Cell—OH + Cl—CH_2COOH \xrightarrow{NaOH} Cell—O—CH_2COOH \xrightarrow[HCl]{CH_3OH} Cell—O—COOCH_3 \xrightarrow{NH_2—NH_2}$$

$$Cell—O—CO—NH—NH_2 \xrightarrow[HCl]{NaNO_2} Cell—O—CO—N_3 \xrightarrow[pH 8.0]{蛋白质—NH_2} Cell—O—CO—NH—蛋白质$$

(2) 多糖类

多糖类(葡聚糖、琼脂糖、壳聚糖等)分子上含有丰富的可反应羟基，生物兼容性极好，且易于灭菌消毒，是目前应用最广泛的亲和介质。多糖介质不能制成力学性能好的膜，通常将其键合或沉积到其他膜材料上制成复合膜。琼脂糖是由 D-半乳糖残基和 3,6-脱水-L-半乳糖单元交替组成的一种线型多糖。在强碱溶液中琼脂糖与 2,3-二溴丙醇交联，再在还原条件下用碱水解，以增强其机械强度，改善反应性能，适于与各种亲和配基偶联，几乎能满足亲和分离的所有要求，因此在亲和分离中应用最广泛。葡聚糖凝胶的孔隙度低，渗透性较差，使其应用受到很大限制。

(3) 聚酰胺及其衍生物

聚酰胺具有良好的机械强度、化学稳定性和成膜性能。将尼龙膜水解，生成的伯胺基团(—NH₂)用于连接间隔臂和配位基，也可共价结合含多羟基的物质(如多糖类)，再进一步与配位基结合。膜上残留的未封端的—COOH 是潜在的离子交换中心，应尽量去除，以消除非特异性吸附。水解条件非常重要，应尽可能使分子上的酰胺键转化为氨基，又不损害膜孔结构和孔分布。

(4) 其他聚合物

聚砜通过化学改性，引入可反应的基团，成为亲水介质，可用于亲和分离。聚乙烯、聚丙烯等一般采用紫外光辐射接枝共聚法接上带氨基或羟基等基团的化合物，再用双官能团试剂与间隔臂和配位基偶联，制成亲和介质。

(5)无机材料

氧化铝表面羟基较少，可将一些多糖类介质吸附并交联在其表面，再进一步化学改性。硅胶在碱性溶液中会溶解，硅胶表面的大量硅醇基会导致生物大分子的非特异性吸附和失活变性，因此必须对硅醇基进行衍生化，或在表面浸渍一层可用于制备亲和介质的材料。玻璃膜具有良好的稳定性，可用各种方法消毒灭菌。玻璃表面羟基与γ-氨丙基三乙氧基硅烷反应，可制成性能良好的亲和分离介质。无机亲和分离介质易使一些生物活性物质丧失或部分丧失生物活性，有时会改变生物大分子的结构，使其应用受到很大限制。

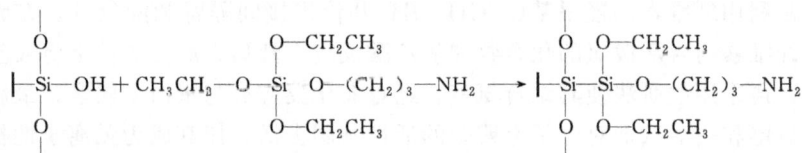

12.1.2 亲和介质的活化方法

(1)溴化氰法

溴化氰法是制备亲和介质最早使用的方法。纤维素、琼脂糖等含邻位羟基的介质与溴化腈在碱性条件下反应生成高活性的氰酸酯，氰酸酯在温和条件下(4 ℃)与含氨基的配基分子等结合，生成亚氨基碳酸盐和异脲类化合物。CNBr是极强的致癌性剧毒物质，整个过程应在通风橱中进行。

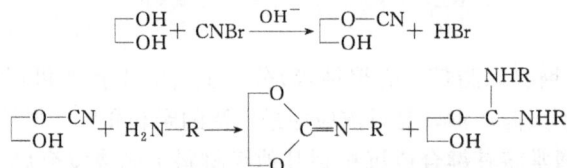

(2)环氧法

利用含双环氧的化合物、环氧溴丙烷、环氧氯丙烷作为活化试剂。环氧基、活泼溴或氯与亲和介质上的羟基或氨基结合，另一个环氧基与配位基上的氨基或巯基偶联。该方法毒性小，活化效率较高，应用较广。例如，1,4-二羟基正丁烷双缩水甘油醚先与含羟基的亲和介质反应，然后在碱性条件下与蛋白质偶联，生成带配位基的亲和分离介质。该反应可在弱碱性(pH 8～9.7)条件下进行，常温下反应很慢，一般在升温(40～80 ℃)条件下进行。

(3)三嗪活化法

均三氯三嗪作为活化试剂，可活化带羟基或氨基的介质，反应通常在室温和碱性溶液中进行。生成的分子中仍含有一个氯原子，需用封尾试剂如乙醇胺去除，以减少非特异性吸附。

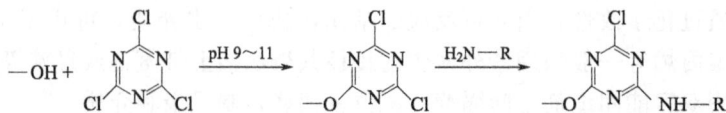

12.1.3 配基

20世纪70年代初，主要使用通用型配基，如活性染料、外源凝集素等。之后发展了更具特异性的亲和配基，如酶或底物、单克隆抗体或抗原、细胞给予体或接收体等，称为特异性配基。

(1)通用型配基

通用型配基的靶目标不是针对分离物的构型或序列，而是针对分离物分子上的官能团，也称为基团特异性配基，如生物模拟染料、外源凝集素、氨基酸、苯甲醚、A蛋白、G蛋白、硼酸、辅酶、金属螯合物等。

活性染料使用最早，至今仍在广泛使用，包括蓝A、红A、绿A、蓝B等十多种生物模拟染料。90%左右的酶都可用此类配基得到纯化分离。活性染料分子含有—Cl、—NH_2、—SO_3等活性基团，易固载化到含—OH或—NH_2的聚合物上，制成亲和介质，其中应用最广、最具代表性的是三嗪染料蓝A(Cibacron Blue F_3CA)。分子的三嗪部位含有较活泼的氯原子，可固载化到含羟基聚合物上，通过其分子上的萘磺基与目标分离物产生亲和相互作用。

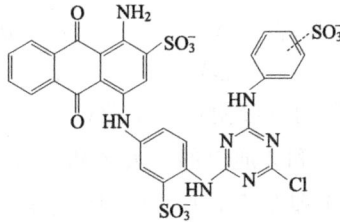

外源凝集素(lectins)是一类糖蛋白(glycoprotein)[1]，几乎可与末端含有糖基的所有物质产生亲和相互作用。例如，应用最广泛的伴刀豆球蛋白(concanovalin A，Con A)能和末端带有α-D-吡喃葡糖的糖蛋白和糖脂结合，用含单糖的冲洗剂可使络合物解离，解离的糖蛋白不会变性，构型也不会改变，是糖蛋白纯化分离的理想配基。扁豆植物外源凝集素、麦胚外源凝集素也是常用的通用型配基，可用于各种糖蛋白的分离。

氨基酸分子上含有氨基(—NH_2)和羧基(—COOH)，半胱氨酸还含有巯基(—SH)，这些官能团使氨基酸易于和亲和介质连接。同时，氨基酸与蛋白质和酶具有很好的生物相容性。

A蛋白是从金黄色葡萄球菌的细胞壁中提取的一种蛋白，对多种免疫球蛋白及其亚类有较高的结合能力，这种结合大部分发生在IgG的Fc区，有时也发生在尾部。多糖介质、纤维素、玻璃球等都可与A蛋白结合。G蛋白是从链球菌中提取得到的一种表面蛋白，能与免疫球蛋白(IgG)的Fc区结合。与A蛋白

---

[1]糖蛋白：由蛋白质的肽链和糖链通过共价键结合而形成的复合蛋白质，普遍存在于动植物体内，包括许多酶、膜蛋白、大分子激素、血浆蛋白、全部抗体、血型物质和黏液组分。

相比，G 蛋白能与种类更多的单克隆抗体和多克隆抗体结合，而且与 IgG 的结合程度更牢固，有利于从稀溶液中回收和浓缩 IgG。

(2)特异性配基

特异性配基选择性极高，但制备复杂，价格昂贵，容易失活变性而丧失亲和能力。例如，每种酶都有其特定的底物或抑制剂，纯化酶可选用其抑制剂作为亲和配基，纯化抑制剂则可选择相应酶作为配基。典型的单克隆抗体是免疫球蛋白 G、M、A 等。

亲和配基的含量直接影响亲和分离的效果。测定亲和配基含量可采用元素分析、分子光谱、比色、高效液相色谱、放射免疫、酶标等方法。

12.1.4 亲和膜分离理论

(1)吸附平衡理论

假设平衡时溶液中配体浓度为[A]，介质上配基浓度为[L]，所形成的络合物浓度为[AL]，则：

$$A + L \rightleftharpoons AL$$

亲和系统的表观脱附平衡常数 K_d 为：

$$K_d = \frac{k_{-1}}{k_1} = \frac{[A][L]}{[AL]} = \frac{c^*(q_m - q^*)}{q^*} \tag{12-1}$$

式中，k_1 为形成络合物时的吸附速率常数；k_{-1} 为络合物的脱附速率常数；q_m 为实验测得的单位质量亲和介质上的最大亲和容量；c^* 为溶液中所剩配体浓度；q^* 为平衡时单位质量亲和介质上所结合的配体含量。

(2)吸附-扩散理论

设待分离配体由溶液扩散到亲和介质上的时间为 t_D，配体和配基相互作用形成络合物的时间为 t_R，t_D 表示为：

$$t_D = \frac{L^2}{D} \tag{12-2}$$

式中，L 为配体扩散路径长度，cm；D 为扩散系数，cm^2/s。配体在柱亲和介质中扩散路径 L 一般为 25～300 μm，配体和配基间的相互作用由扩散过程控制。而在亲和膜中 L 一般为 0.1～3 μm，在高流速下操作时，膜亲和的 t_D 值甚至可以忽略不计，$t_D \ll t_R$，亲和过程受配体和配基之间反应过程控制，整个亲和过程比常规亲和柱中快很多。

12.1.5 应用

(1)医药制剂的纯化

采用环氧法对纤维素微孔膜进行交联和活化，再用重氮化或戊二醛法固载 F3GA 活性染料配基，对大肠杆菌细胞培养液中的 α-干扰素(interferon)[1]进行分

---

[1] α-干扰素：病毒诱导白细胞产生的免疫蛋白，在同种细胞上具有广谱抗病毒活性。

离，再用乙二醇的盐溶液对络合物进行解离，获得纯 α-干扰素。大肠杆菌细胞培养液中含有浓度很低的重组白细胞介素-2(interleukin-2，IL-2)，采用固载有白细胞介素-2 受体的中空纤维膜可回收得到白细胞介素-2。

(2)生物大分子的分离

羧肽酶在人体和自然界存在量极少，很难直接获得。以三嗪活性染料为配基，可从绿脓杆菌培养液中提取和浓缩羧肽酶。

(3)临床诊断和治疗

人脑脊液中 IgG 浓度极低，只有血清中的 1‰，无法直接测定，利用亲和介质上共价键合的伴刀豆球蛋白(Con A)配基，从脑脊液中分离获得一定数量的 IgG，用于动物模拟试验，对精神病的研究治疗有重要价值。

12.2 分子印迹膜

利用分子印迹技术(molecular imprinting technique，MIT)可制备具有分子记忆与识别特性的高效分离材料。在聚合反应后，洗涤除去预先加入聚合体系中的模板分子(template molecule)，从而在聚合物内部留下对模板分子具有记忆识别能力的空腔。现有的分子印迹聚合物材料，大都是在块状印迹聚合物生成后，经干燥、研磨、破碎、筛分，得到一定粒度的印迹聚合物粒子，再以树脂、固定相形式用于色谱分离和固相萃取中。研磨、破碎等过程很容易破坏聚合物的结合位点，且操作费时费力，聚合物粒度分布宽，粒子形态不规整。

20 世纪 90 年代开始将分子印迹技术用于膜分离领域，制成的分子印迹膜(MIM)兼具分子印迹与膜技术的特点，不需要研磨、破碎等过程，扩散阻力小，可连续操作，易于放大，可实现将目标分子从其结构类似的混合物中分离的目的，在传感器、生物活性材料、分离等领域具有广阔的应用前景[2]。

12.2.1 制备方法

分子印迹膜包括分子印迹填充膜、分子印迹整体膜和分子印迹复合膜 3 种类型[3]。

① 分子印迹填充膜　将纳米级的 MIPs 填充在两张多孔膜之间形成三明治结构，中间的分子印迹聚合物起到选择分离作用，上下两张多孔膜起支撑层作用。由于块状 MIPs 在粉碎、研磨过程中，形态和结构会发生改变，影响分子印迹聚合物的性能，因此应用较少。

② 分子印迹整体膜　将模板分子、功能单体、引发剂和致孔剂制成铸膜液，成膜后将模板分子洗脱即可。整体膜的稳定性较好，应用比较方便，但是一般较脆，聚合时需加入交联剂，以改变其柔韧性和力学性能。一般包括以下 3 个步骤：在溶剂中，模板分子与功能单体通过官能团之间的共价或非共价作用形成主客体配合物(host-guest complex)；加入引发剂、交联剂，通过光或热引发聚合，

使主客体配合物与交联剂通过自由基共聚在模板分子周围形成高交联的刚性聚合物；成膜后将印迹分子洗脱（extraction）或解离（dissociation）。

③ 分子印迹复合膜（MICM）　将基膜浸入含有模板分子、功能单体、交联剂和引发剂的溶液中，通过光或热引发进行表面接枝，最后洗脱印迹分子。分子印迹复合膜具有超滤或微滤支撑层，通过优化分子印迹皮层的形态和结构可改善膜的功能，获得大通量和高选择性。

12.2.2　分离机理

模板分子在膜内的传递通道可以是聚合物链间的自由空间，或是聚合物凝胶溶胀部分，或是聚合物中的孔隙。传递过程可分为两种机理：

① 优先渗透机理　在浓度梯度推动下，与印迹位点结合的模板分子优先吸附渗透，而其他溶质则缓慢扩散传递。

② 吸附滞留机理　模板分子与印迹位点紧密结合而被吸附滞留，其他溶质则快速透过膜，直到结合位点饱和。

由于特异吸附产生了选择性，分离能力主要取决于 MIM 的结合能力。

12.2.3　应用

（1）药物分析

具有光学活性的异构体其生物活性往往差别很大，所以手性分离是药物分析中的一个重要内容。分子印迹膜的分离涉及很多 DNA 和 RNA 物质，如黄嘌呤、色氨酸、咖啡因、谷氨酰胺、尿嘧啶等。例如，Izumi 等以 Boc-L-色氨酸为印迹分子，将其引入四肽衍生物中，制成手性分子印迹膜，对 Boc-L-色氨酸具有较高的吸附选择性。

（2）传感器

分子印迹膜对模板分子的识别具有专一性，稳定性好，可作为灵敏度较高的传感器识别元件，用于识别氨基酸、除草剂、有机溶剂、神经毒剂、金属离子等。例如，以抗菌药物甲氧苄氨嘧啶为模板分子制备分子印迹膜传感器，对甲氧苄氨嘧啶具有高选择性和亲和性。

（3）固相萃取

固相萃取的作用是分离、提纯或浓缩样品。Tatiana 等以 terbumeton 为模板制备聚偏氟乙烯分子印迹复合膜，对三嗪除草剂具有高选择性。

（4）环境保护

二苯并呋喃等二噁烷类物质是激素类有毒化合物，对环境造成极大危害，目前多采用活性炭吸附法处理。以二苯并呋喃为模板分子制成分子印迹膜，对二苯并呋喃有较高的选择性。

12.3　控制释放膜

控制释放膜，是利用天然或合成的高分子化合物作为载体或介质，控制活性化学物质的释放速度，具有长效、高效、靶向、低副作用等特点。控制释放技术最早用于农业中的缓释化肥。与常规释放药物相比，控制释放药物具有以下优点。①药物释放到环境中的浓度比较稳定。常规药物投药后，药物浓度迅速上升至最大值，然后由于代谢、排泄及降解作用迅速降低，将药物浓度控制在最小有效浓度和最大安全浓度之间很困难。②能有效利用药物。控制释放能较长时间控制药物浓度恒定在有效范围内，药物利用率可达 $80\% \sim 90\%$。③可让药物的释放部位尽可能接近病源，提高了药效，避免发生全身性的副作用。④可以减少用药次数，不存在由于多次服药而产生的药物浓度高峰，对患者更安全。

12.3.1 分类

按降解方式不同，控制释放膜分为生物降解型和非生物降解型。①生物降解型。天然可生物降解高分子主要有壳聚糖、海藻酸、琼脂、纤维蛋白和胶原蛋白等；合成高分子主要有聚磷酸酯类、聚氨酯类和聚酸酐类。上述材料含有亲水基—OH、—COOH、—CONH$_2$、—SO$_3$H 等，在生理条件下凝胶可吸水膨胀 $10\% \sim 98\%$，并在骨架中保留相当部分水分，因此具有优良的理化性质和生物学性质。②非生物降解型。高分子材料有硅橡胶、乙烯与醋酸乙烯共聚物、聚氨酯弹性体等。

按释放速率不同可分为三类：零级释放、一级释放和 $t^{1/2}$ 级释放。①零级释放。释放速率方程为：$\mathrm{d}M_t/\mathrm{d}t = k$。即释放速率为常数，在药物控制释放中通常最理想。②一级释放。速率方程为：$\mathrm{d}M_t/\mathrm{d}t = k_1 M_0 \exp(-k_1 t)$。释放速率正比于活性组分的质量，随时间呈指数衰减。③$t^{1/2}$ 级释放。速率方程为：$\mathrm{d}M_t/\mathrm{d}t = k_d/t^{1/2}$，释放速率反比于时间的平方根。上述速率方程中，$k$、$k_1$、$k_d$ 为速率常数，M_0 为 $t=0$ 时活性组分的质量，M_t 为 t 时刻活性组分的质量，t 为释放时间。

根据药物控制释放的机理可分为四类：扩散控制释放体系、化学控制释放体系、溶剂活化控制释放体系和磁控制释放体系[1]。

① 扩散控制释放体系　该体系是目前采用最广的一种形式，一般分为储库型（reservoir）和基质型（matrix）两种。a. 在储库型中，药物被聚合物包埋，通过在聚合物中的扩散释放到环境中。高分子材料通常被制成平面、球形、圆筒等形状，药物位于其中，随时间恒速释放。储库型又可以细分为微孔膜型和致密膜型。前者是经过膜中的微孔进行扩散并释放到环境中，其扩散符合 Fick 第一定律；后者的释放包括药物在分散相/膜内侧的分配、在膜中的扩散和膜外侧/环境界面的分配。储库型的主要问题是膜的意外破裂会引起药物过量而造成危险。b. 在基质型中，药物以溶解或分散的形式和聚合物结合在一起。在药物分散体系中，药物浓度远大于其在聚合物中的溶解度，药物分散在聚合物基质中，释放过程包括：药物在基质中溶解，再扩散到基质外表面，然后在基质和环境介质界

面分配，最后扩散通过边界层。

② 化学控制释放体系 化学控制释放体系可分为两种：降解体系和侧链体系。在降解体系中，药物分散在可降解聚合物中，药物在聚合物中难以扩散，在外层聚合物降解后才能释放，所以，释放受聚合物降解的控制。在侧链体系中，药物通过化学键与聚合物相连，或药物分子之间以化学键相连，药物的释放必须通过水解或酶解进行。

③ 溶剂活化控制释放体系 在溶剂活化体系中，聚合物通过渗透和溶胀机理控制药物释放。a. 渗透机理。在中空的半透膜中间为药学活性成分，膜上开有小孔，当与液体接触时，水通过半透膜渗透到中间药物中，药物在压力作用下经膜上的小孔释放。药物释放受到药物溶解度的影响，而与药物的其他性质无关。b. 溶胀机理。药物通常被溶解或分散在聚合物中，溶剂扩散进入聚合物后，聚合物溶胀，高分子链松弛，使药物扩散出去。可溶胀的高分子材料有乙烯-醋酸乙烯酯共聚物(EVA)、PVA、甲基丙烯酸-2-羟基己酯(HAMA)等。

④ 磁控制释放体系 磁控制释放体系由分散于高分子载体中的药物和磁粒组成。在振荡磁场的作用下，磁粒在高分子载体骨架内移动，同时带动磁粒附近的药物移动，使药物得到释放。通过调节磁场强度可以调节聚合物链段运动性，控制药物的释放速率。高分子载体骨架和外磁场是影响药物释放的主要因素。

按控制方式分类不同，可分为时间控制型、部位控制型和应答式释药系统三种类型。

① 时间控制型释放系统，又分为恒速释放和脉冲释放。

② 部位控制型释放系统，使药物集中在病患部位、特定器官、特定受体甚至细胞膜的特定部位，一般由药物、载体、特定部位识别分子即制导部分构成，其控制可以依靠生理活性物质的专一性导向(如酶、抗体、抗原、激素等)或依靠物理导向(如磁导向)。

③ 应答式释药系统包括外调式释药系统和自调式释药系统。

a. 外调式释药系统 利用外界因素(如磁场、电场、温度、光以及特定的化学物质等)的变化调节药物的释放。例如，将癌症治疗药物包入温度感应型微胶囊中，然后注射到体内，在需要治疗的肿瘤部位用超声波等方法进行局部加热，使药物在该部位释放，对其他正常组织部位不产生毒副作用，达到靶向治疗的目的。例如，含有羟丙基纤维素(HPC)的膜层，在环境温度低于其低临界溶解温度(LCST，约为 $41\sim45\,℃$)时在水中呈可溶状态，而当环境温度高于其 LCST 时则变为不可溶状态，从而使药物分子透过该膜层的扩散释放速度受到环境温度的控制。表面接枝的聚异丙基丙烯酰胺(PNIPAM)，在温度 T 小于 LCST(约为 $32\,℃$)时膨胀且亲水，而在温度 T 大于 LCST 时收缩疏水。溶质分子在膨胀亲水的表层中扩散比在收缩疏水的表层中快，从而达到温度感应控制释放的目的。

目前外调式释药系统存在的主要问题是：微胶囊内药物分子的释放以微胶囊内外的浓度差作为扩散推动力，其感应释放速度(载体系统对环境的感知速度和应答释放速度的总称)受限于溶质扩散速度。受体内血液流动性等因素的影响，如果载体感应释放速度不够快，就难以准确实现药物的定点、定时和定量释放。

b. 自调式释药系统　利用体内的信息(如 pH)反馈控制药物的释放，不需外界的干预。pH 响应型自调式释药系统的机理是：在不同 pH 环境下，聚电解质的构象发生变化，从而影响膜的扩散透过率。例如，在半透性微囊膜表面上接枝聚羧酸，当环境 pH>pK_a 时，聚羧酸离解而带负电，荷负电官能团之间的静电斥力使接枝链处于伸展状态，渗透率增大；当环境 pH<pK_a 时，官能团不荷电，链段处于收缩构象，聚电解质层变得致密，扩散透过率变小。通常胃液的 pH 值为 0.9~1.5，小肠内为 6.0~6.8，结肠内为 6.5~7.5，采用上述微囊膜可以避免在胃中释药而在结肠区靶向给药。

12.3.2　应用

(1)控制释放药物

按施用方式不同可分为口服给药、黏膜给药、透皮给药和皮下植入四种类型[1]。

① 口服给药系统　例如，典型的口服渗透泵给药系统(OROS)属于储库型，活性物质的释放过程为：水通过半透膜渗入体系，速率由渗透压决定；活性物质被水溶解，溶液达到饱和；饱和药物溶液在不断增加的流体静力学压力(由水流入半透膜所致)作用下不断由释药口释放，只要贮囊中有未溶解的药物，就可以进行零级释放；固体药物全部溶解后，饱和溶液不断被渗入的水稀释，药物释放速率以类似一级释放的形式下降。OROS 体系具有以下优点：可以恒速释放；适用于半衰期过短的药物；固态药物不直接接触胃肠道；半透膜可以阻止胃液破坏酸敏感药物。该体系已用于高血压、风湿病和青光眼等疾病的治疗、研究与应用，可以使药物在血液中的浓度几乎稳定 24 h 以上。

② 黏膜给药系统　通常用于眼睛、口腔、鼻腔、肺部等，能释放局部作用的药物。例如，用于治疗青光眼的黏膜给药系统是以乙烯和醋酸乙烯酯共聚物(EVA)为载体，将毛果芸香碱夹在两层透明的 EVA 微孔膜中，当药膜放在眼球下部时，泪液透过微孔溶解包裹的毛果芸香碱，使之缓慢释放，有效期为一周。

③ 透皮给药系统　属于储库型，使用时贴在皮肤上，利用体系和皮肤之间的浓度梯度通过分子扩散发挥作用，适用于对皮肤有高渗透性且所需剂量不大的药物，如硝酸甘油(治疗心绞痛)、可乐定(治疗高血压)等，不适用于急性病的治疗。

④ 皮下植入系统　主要用于不适于口服的药物，如胰岛素、干扰素和生长激素等，包括渗透泵式和蒸气压式两种类型。渗透泵式系统如 Rase-Nelson 泵(图 12-1)，由两层介质围成内外两个腔室，由惰性、无渗透、有弹性的材料构

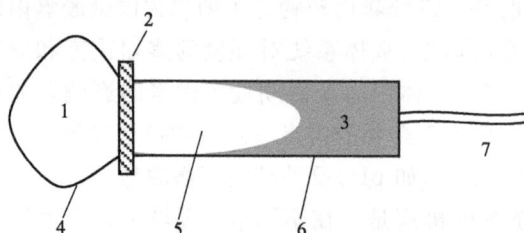

图 12-1　Rase-Nelson 泵结构示意图

1—水室；2—膜；3—药室；4—乳胶袋；5—盐室；
6—玻璃管；7—药物释放口

成药物贮室壁，贮室内有一导管将药物引流出来；由贮室壁和外层半渗透膜组成了渗透腔，内装渗透试剂，通常为高浓度 NaCl 溶液。蒸气压式系统由内外两个室组成，内室装有药物溶液，外室是氟碳化合物的气液混合物，具有恒定的蒸气压，推动药物从内室经流量可调的出口单元流出。

（2）农业

主要用于杀虫剂、除草剂、化肥的释放。杀菌剂和除草剂以扩散机理为主；杀虫剂以物理破裂（如咀嚼）为主，可使急性毒性、鱼毒性和植物毒性下降。

（3）生物微胶囊

生物微胶囊是将多肽、酶、蛋白质或活细胞等生物质包封在亲水的半透膜中形成球状微胶囊，高于某一分子量的生物大分子和细胞不能出入半透膜，而小于某一分子量的生物大分子、小分子物质或培养基的营养物质可以自由出入，从而实现生物催化、培养或免疫隔离的目的。

生物微胶囊材料应有良好的生物相容性。微胶囊制备方法多采用液中硬化覆膜法，如海藻酸钠遇多价金属离子迅速生成凝胶，琼脂在不同温度下由溶胶变成凝胶，荷相反电荷的聚电解质通过静电作用形成高分子络合物膜等。壳聚糖结构单元为氨基葡萄糖，含有大量伯氨基，在水溶液中与海藻酸钠等阴离子聚电解质络合形成聚电解质络合物。壳聚糖分子与海藻酸钠作用时存在一定空间位阻效应，因此需要对壳聚糖进行表面改性，如化学修饰引入活性基团、水化降解、氧化降解等。通过提高脱乙酰度，降低黏均分子量，可制备出高强度、具有良好生物相容性的壳聚糖/海藻酸钠微胶囊。1980 年，Lim 和 Sun 首次制备了海藻酸钠/聚赖氨酸微胶囊，并以微胶囊化胰岛细胞作为人工胰脏用于内分泌疾病的治疗。近年来，微胶囊细胞扩展到肝细胞、甲状腺细胞、肾细胞、肾上腺髓质细胞、垂体、基因重组细胞、神经因子等，可作为人工器官用于治疗，也可作为基因运载工具。

12.4　环境响应膜

环境响应膜（environmental-stimulus responsive membranes）能对外界刺激产生响应并可逆改变自身结构（如孔径），从而控制膜的通量和选择性。按照膜结构不同，环境响应膜可分为整体型和复合型两大类；按照环境刺激的种类不同，环境响应膜可分为物理刺激(如温度、光、电、磁)响应膜和化学刺激(如 pH、分子、浓度)响应膜。

12.4.1 制备方法

(1)共混或共聚法

共混或共聚法是制备整体型环境响应膜的主要方法。例如，Gudeman 等[4]利用共混交联法制备了具有互穿网络结构的聚乙烯醇/聚丙烯酸 pH 响应膜。

(2)表面接枝法

表面接枝法是制备复合型环境响应膜的主要方法。首先利用化学(如自由基引发剂、臭氧)或物理(如紫外光、等离子体、高能辐照)手段在膜表面产生反应活性中心，然后引发单体在膜表面接枝聚合生成聚合物刷。聚合物刷可以接枝在多孔基膜的表面和孔内，称为填孔型接枝膜(pore filling grafted membrane)；也可以只接枝在多孔基膜的表面，称为覆孔型接枝膜(pore covering grafted membrane)。接枝位置与膜上活性点位置(取决于接枝方法)有关。

填孔型和覆孔型接枝膜的环境响应机理如图 12-2 所示[5]。对于填孔型接枝膜[图 12-2(a)]，当接枝在膜孔内的聚合物链伸展时，膜孔径减小甚至关闭；当环境条件改变时，聚合物链收缩使孔径变大。对于覆孔型接枝膜[图 12-2(b)]，接枝在膜表面的聚合物链伸展时，对膜孔产生填充和覆盖作用，使膜孔径减小甚至关闭；当聚合物链响应外界刺激而收缩时，覆盖作用减弱，膜孔径变大。

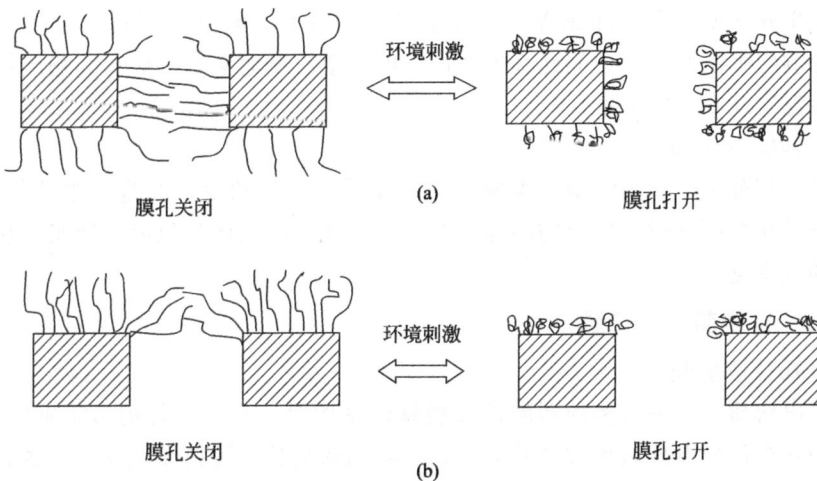

图 12-2 环境响应膜的响应机理

12.4.2 物理刺激响应膜

(1)温度响应膜

温敏型聚合物包括酰胺类、聚醚、醇类和羧酸类等，具有低临界共溶温度。聚(N-异丙基丙烯酰胺)(PNIPAm)对温度响应速度快，并且其 LCST 与人体温度接近,作为生物智能材料具有较大的应用前景,近年来成为研究的热点。当环境温度 T 小于 LCST 时,膜孔中的 PNIPAm 与水形成氢键,亲水性增强,分子链伸展使膜孔变小甚至关闭,溶质的渗透系数较小;当 T 大于 LCST 时,膜孔中的 PNIPAm 与水的氢键作用破坏,分子链收缩,孔径变大,溶质的渗透系数增大。PNIPAm 的 LCST 在 32 ℃附近,作为药物控制释放体系进入人体后,由于体温始终高于 LCST 值,PNIPAm 不再具有温度响应特性,从而限制了其应用。向单体溶液中引入亲水或疏水单体可获得不同开关温度的温度响应膜。随着共聚单体溶液中亲水单体(如丙烯酰胺,AAM)比例的增加,P(NIPAm-*co*-AAM)接枝膜的开关温度升高;相反,共聚单体溶液中疏水单体(如甲基丙烯酸丁酯,BMA)含量增加时,P(NIPAm-*co*-BMA)接枝膜的开关温度降低。

(2)光响应膜

光敏感分子中含有光敏基团,当紫外光辐照时,光敏基团发生光异构化或光离解,使构象和偶极矩发生变化。光敏感分子通常为偶氮苯及其衍生物、三苯基甲烷衍生物、螺环吡喃及其衍生物和多肽等。偶氮苯及其衍生物在紫外光照射下发生由反式构象(*trans*-form)向顺式构象(*cis*-form)的光致异构化转换,而在可见光照射或加热下,又会自动恢复到原来的反式构象。随着偶氮苯的顺反异构体转变,分子长度由反式异构体的 90 nm 变为顺式异构体的 55 nm,偶极距也由反式的 0.5D 变为顺式的 3.1D。无色的三苯基甲烷衍生物经紫外光照射后解离成有色的阳离子和阴离子,加热离子对可使其恢复到初始态。螺环吡喃在紫外光作用下发生开环反应生成部花青,在可见光或加热下又能可逆回复到螺环吡喃形式。光响应膜主要通过功能性基团和链段的构象改变而实现响应,其响应特性不如一些温度或 pH 响应膜。

(3)电场响应膜

导电高分子,如聚噻吩、聚吡咯、聚苯胺、聚乙炔等,在进行电化学掺杂-去掺杂或化学掺杂时,聚合物的构象会发生变化,使其体积收缩或膨胀,从而影响膜的致密度。

12.4.3 化学刺激响应膜

(1)pH 响应膜

聚电解质含有可电离的弱酸性或弱碱性基团时,具有较好的 pH 响应特性。常用的聚电解质有聚丙烯酸及其衍生物、聚乙烯吡啶、蛋白质或肽类。弱碱性聚电解质(如聚乙烯吡啶)在 pH 值较低($pH < pK_a$)时发生质子化,而弱酸性聚电解质(如聚丙烯酸)在 pH 值较高($pH > pK_a$)时解离,聚合物链段上的电荷互相排斥,使聚合物链段呈伸展构型,膜孔径变小;当弱碱性聚电解质在 pH 值较高($pH > pK_a$)或弱酸性聚电解质在 pH 值较低($pH < pK_a$)时,聚合物链段不带电荷而呈卷曲构型,膜孔径变大。pH 响应膜在药物释放、酶固定、物料分离、化学阀以及人工肌肉等领域具有广阔的应用前景。

（2）分子识别响应膜

在 pH 响应膜上固定酶，当溶液中存在某特定分子时，特定分子和酶反应生成酸性物质，使聚合物链构型发生变化。能够反应生成酸性产物的分子及其相应酶都可用于该系统，如葡萄糖和葡萄糖氧化酶、乙酰胆碱和乙酰胆碱酯酶、谷氨酸酯和谷氨酸酯酶、天冬素和天冬素酶等。例如，在多孔基膜孔内接枝的 PAA 链上固定葡萄糖氧化酶，在无葡萄糖和中性条件下，羧基离解带负电，PAA 接枝链伸展，膜孔关闭，药物（如胰岛素）无法释放；当葡萄糖浓度较高时，葡萄糖在葡萄糖氧化酶的催化作用下氧化生成葡萄糖酸，溶液 pH 值下降，PAA 不带电荷，接枝链呈收缩构型，膜孔打开，胰岛素被释放出来。

Ito 等[6]利用温度响应高分子聚（N-异丙基丙烯酰胺）作为执行器，分子识别主体分子 18-冠醚-6 作为传感器，制备了具有离子识别功能的智能膜。当冠醚传感器捕捉到某特殊离子时，带有主客体复合物的聚合物链段像离子化聚合物链段一样，LCST 向更高的温度偏移。当外界温度在这两个 LCST 之间且无特殊离子存在时，聚合物膜呈收缩状态，允许渗透物质通过；当加入某特殊离子时，聚合物膜的 LCST 升高，膜呈伸展状态，使渗透物质无法通过。由于特殊离子容易洗脱，因此该过程具有可逆性。

环境响应膜是基于仿生材料而发展起来的一类新型功能膜，在生化物质的分离提纯、人工器官、药物控制释放、水处理、化学传感器、化学阀和仿生科学等领域具有潜在的应用前景。其主要研究方向包括：构筑新概念的环境响应膜，提高膜的响应特性，开发多重响应膜，开发具有仿生功能的膜，探索环境响应膜的大规模制备等。

12.5 无机致密透氧膜

无机致密透氧膜可用于膜催化反应器，在需要连续供应纯氧的工业过程（如甲烷部分氧化反应、氧化偶联反应）和需要氧分离的工业过程（如 CO_2 的分解反应）中具有广阔的应用前景。同时，透氧膜在高温下具有一定的催化活性，可用作固体氧化物燃料电池的电极材料。另外，透氧膜材料还可作为氧传感器的电极材料。无机致密透氧膜经历了从快离子导体到混合导体的发展过程[7]。

12.5.1 快离子导体

固体电解质氧化物，如氧化钇稳定的氧化锆（YSZ）、氧化钙稳定的氧化锆（CSZ）、氧化镁稳定的氧化锆（MSZ）以及氧化铋（Bi_2O_3）的固溶体等，均具有萤石结构，在高温下是氧的快离子导体（fast ion conductor），对氧具有绝对选择性，已被广泛用于固体燃料电池、电化学氧泵、氧传感器以及各种催化反应，但其电子电导率非常低。为保证氧传递过程的连续进行，必须加电极并外接电路，这就造成了膜组件结构复杂化，可靠性下降，以及电能的损耗。为克服该类材料电子电导率低的缺点，近年来开发了双相复合和单相混合导体透氧膜材料。

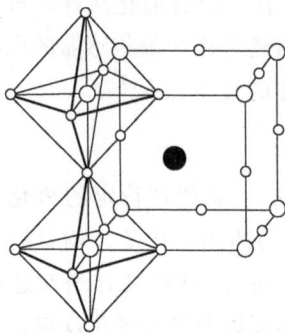

12.5.2   双相复合混合导体

以萤石型快离子导体材料为主体，通过添加一定量的贵金属

图 12-3   双相复合和单相混合导体透氧膜

(如 Ag、Pd)及电子导体氧化物(如 MnO_2、MoO_2)使其在材料中形成连续的第二相，电子与氧离子分别经电子导体相和离子导体相传递[图 12-3(a)]。该类材料要求电子导体相和离子导体相均为连续的，彼此为化学惰性，具有低的扭曲度以缩短氧离子的迁移路径。制备该类材料时需消耗大量的贵金属，成本较高，因此限制了其发展。

12.5.3   单相混合导体

某些氧化物同时具有很好的离子导电性能和电子导电性能，称为混合离子-电子导体。在高温，特别是在温度大于 700 ℃条件下，当材料两侧存在一定氧浓度梯度时，氧将以离子形式通过晶格中动态形成的氧离子缺陷(氧空位)以跳跃的形式从高氧分压端向低氧分压端传导，同时电子通过在可变价金属离子之间的跳跃反向传导[图 12-3(b)]。由于氧的传输是以晶格振动的形式进行的，理论上透氧膜对氧的选择性为 100%。

具有混合导体性能的单相材料主要为钙钛矿(perovskites)结构和类钙钛矿结构[8]，包括掺杂的具有钙钛矿结构的 ABO_3 型、K_2NiF_4 型等。理想的钙钛矿型晶体结构具有立方对称性(图 12-4)，分子式可表示为 ABO_3，空间群符号为 Pm3m。A 位由碱金属、碱土金属、稀土金属等一些离子半径较大的金属离子占据，B 位由离子半径较小的过渡金属离子占据。BO_6 八面体通过共顶相连接构成了钙钛矿结构的骨架，是钙钛矿结构稳定存在的关键。A 位离子位于 8 个 BO_6 八面体所构成的空穴中心，配位数为 12。A 位离子的过大或过小将使 BO_6 八面体扭曲，使理想钙钛矿结构的对称性降低。当扭曲的程度足够大时，立方钙钛矿结构将变为正交、三方等结构。立方钙钛矿结构内部有比较开阔的空间，为氧离子在其内部传导提供了较大的通道，并且立方结构氧的等效位置数最多，有利于氧离子的迁移。因此，同一材料体系中立方的钙钛矿结构常有最高的氧离子电导率。对氧离子迁移有贡献的只有无序排列的可移动的氧

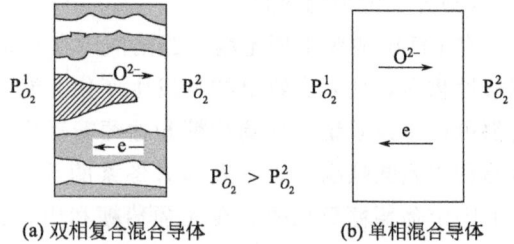

图 12-4   钙钛矿型晶体结构

空位，因此，从提高离子电导率的角度看，应尽可能减少氧空位的有序排列。氧空位的有序排列和氧空位的浓度密切相关，氧空位浓度越高，有序排列的可能性越大。因此，氧空位的浓度并不是越高越好。

钙钛矿结构的电子电导特性是通过 B 位离子的变价实现的，即所谓的 Zerner 双交换机制：

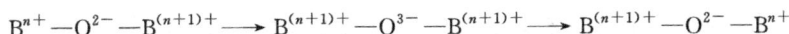

$$B^{n+}-O^{2-}-B^{(n+1)+} \longrightarrow B^{(n+1)+}-O^{3-}-B^{(n+1)+} \longrightarrow B^{(n+1)+}-O^{2-}-B^{n+}$$

价电子的转移是通过 B 位离子的价轨道与 O^{2-} 的价轨道发生强烈相互重叠而实现的。当材料为立方结构时，B—O—B 的键角为 $180°$，重叠程度最大，材料具有最大的电子电导率。因此，立方钙钛矿结构是最理想的混合导体材料应具有的结构。透氧材料的透氧量一般由氧离子电导率和电子电导率共同决定。一般情况下，钙钛矿结构中电子电导率比氧离子电导率高 2~3 个数量级，电子电导率对透氧量的影响很小，提高氧离子电导率是提高透氧量的关键。

对于透氧膜材料，掺杂元素的选择应遵循以下策略：①在 A 位选择低价金属进行掺杂并尽可能提高其掺杂浓度，在 B 位选择变价能力适中的元素，在保持一定电子电导率的同时减少离子升价的电荷补偿形式，从而使钙钛矿结构中有较高的氧空位浓度；②选择大离子半径的元素进行掺杂，使晶胞自由体积增大，有利于氧离子的迁移；③选择金属-氧的平均键能较低的金属元素，减小晶胞对氧的束缚力，使氧的迁移活化能降低；④容差因子尽可能接近于 1，使材料保持钙钛矿结构，在使用中有较好的结构稳定性。

氧通过透氧膜的传递过程由以下步骤组成[9]：①在高氧压端氧从气相扩散到透氧膜表面，为外扩散过程；②气相氧吸附在透氧膜表面形成吸附氧，为物理吸附过程；③吸附氧在膜表面解离产生化学吸附氧，为化学吸附过程；④化学吸附氧并入透氧膜表面层氧空位形成晶格氧物种 O^{2-}；⑤晶格氧物种 O^{2-} 在体相扩散而电子向相反方向运动，为体相扩散过程；⑥晶格氧 O^{2-} 到达透氧膜的低氧分压端表面；⑦在低氧分压端，晶格氧物种与膜表面的电子空穴重新结合成化学吸附氧；⑧氧在膜表面上脱附；⑨在低氧分压端氧从透氧膜表面扩散到气相中。上述步骤中①和⑨是氧的气相扩散过程，与膜的性质无关，活化能低，通常只有 20~30 kJ/mol；步骤②、③、⑦、⑧在室温下可能发生；步骤⑤、⑥涉及 O^{2-} 与电子空穴的转移，通常只能在高温下进行。步骤⑤、⑥过慢会导致体相扩散成为透氧的速控步骤；步骤②~④、⑦、⑧较慢时可使表面交换动力学过程成为透氧的速控步骤。在高温渗透过程中，氧渗透速率与膜两侧的氧分压、膜厚度、温度、表面形貌及材料的组成等因素有关，在某些情况下，表面交换动力学过程与体相扩散过程共同成为透氧速率控制步骤。

目前，一般认为 $La_{0.6}Sr_{0.4}Co_{0.8}Fe_{0.2}O_{3-\delta}$ 和 $SrCo_{0.8}Fe_{0.2}O_{3-\delta}$ 具有较高的氧渗透通量，但这类膜材料通常在 700 ℃ 以上才具有透氧性能，必须解决一系列高温下操作使用的问题，如材料的热稳定性、与封接材料的匹配、材料本身的老化等。

12.6 膜乳化

乳化过程广泛用于食品、化妆品、制药、染料、石油工业等领域。常见乳化方法有机械搅拌法、定子-转子法(rotor stator)、高压剪切法、超声波法等，分散相液滴的大小取决于所输入机械能产生的涡流剪切力对分散相的破碎程度。然而，这些方法不易控制分散相液滴大小，难以制得单分散型乳液，并且能耗较大。

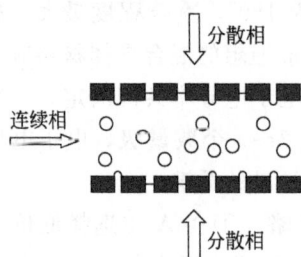

图 12-5 膜乳化示意图

Nakashima[10,11]首先报道了膜乳化(membrane emulsification)的方法。多孔膜两侧分别为分散相和连续相，分散相在压力作用下通过微孔，在另一侧膜表面形成液滴并生长，长到一定大小时由于受到高速流动的连续相剪切力作用而剥离膜表面，形成水包油(或油包水)型乳液(图 12-5)[12]。膜的孔径越小，所需乳化压力越高，分散相透过膜的最小乳化压力为：

$$\Delta p = \frac{4\sigma_L \cos\theta}{d} \tag{12-3}$$

式中，σ_L 为液体表面张力；θ 为液相和膜之间的接触角；d 为膜孔径。

12.6.1 影响因素

分散相液滴大小及其分布、分散相渗透速率是膜乳化过程的主要技术指标。分散相液滴的形成过程分为液滴生长和液滴剥离两个阶段。分散相首先在膜孔口处形成半球形液滴，随着分散相的流入，液滴不断长大，随后由于液滴的受力平衡被破坏而剥离膜孔。建立液滴大小模型的基础是力矩平衡。单个液滴形成过程中所受力主要有分散相与膜孔处的界面张力、膜表面分散相与连续相的静压差力、平行于膜面流动的连续相对液滴产生的曳力、膜表面液滴附近的连续相流动速度不均匀而产生的运动提升力等。液滴形成过程中各种力的大小随液滴的长大而改变，当液滴为微米级时，惯性力、重力和浮力在力平衡模型中可忽略不计，否则不能忽略。

膜乳化采用的膜大多为管式膜。无机膜孔径一般在 $0.1\sim15\ \mu m$，乳液大小 d_d 与膜孔径 d_p 呈线性关系：

$$d_d = z d_p \tag{12-4}$$

式中，z 为系数。对于 SPG(shirasu porous glass)膜，z 值一般在 $2\sim10$，而对于其他无机膜，z 值一般在 $3\sim50$。z 值与膜参数、相性质、操作工艺条件等有关。在膜孔径尺寸分布很窄的情况下，可以制得单分散乳液。

膜表面的亲/疏水性是膜乳化过程的重要参数。亲水性膜适于制备 O/W 型乳液，疏水性膜适于制备 W/O 型乳液，即膜表面不能被分散相润湿，否则需要进行预处理。例如，SPG 膜不适于制备含有亲水性单体(如甲基丙烯酸甲酯

MMA)的 O/W 型单体乳液。这是因为 SPG 膜表面由亲水的 Al_2O_3-SiO_2 组成，孔壁易被亲水性单体浸湿，容易引起分散相喷射流而得不到单分散的乳液液滴。选择乳化剂时，其功能基团所带电荷不能与膜表面电荷相反以保证膜表面的亲水性。例如，SPG 膜在 pH 2～8 时表面电位在-15～-35 mV，故在制备 O/W 乳液时不能使用阳离子乳化剂。

膜的孔隙率影响膜乳化效果，孔隙率大，膜表面液滴在脱离之前相互聚合的可能性就大。乳化剂的吸附速度越快，乳液液滴越小。随着连续相流速增加，乳液液滴的尺寸将减小，直至达到一恒定值。

12.6.2　应用

利用膜乳化法可以制备单分散稳定乳液，也可制备单分散微球和微囊。

(1)乳液的制备

利用膜乳化法可制得分散相液滴尺寸小且均匀的单分散乳液，乳液稳定性好，乳化剂用量低于传统方法，剪切力较小，有利于保护对剪切力敏感的成分，操作简单，能耗低。将 W/O 或 O/W 两相乳液二次乳化到第三相，可得 O/W/O 或 W/O/W 三相乳液。

(2)制备高分子微球和微囊

高分子微球和微囊是微尺度的球形聚合物颗粒，通常将实心多孔基质(matrix)型的颗粒称为微球，将中空储库(hollow reservoir)型的颗粒称为微囊。高分子微球和微囊可作为色谱柱填料、药物载体、酶固定载体等[13]。

Hatate 等[14]以苯乙烯、二乙烯苯和 2,2′-偶氮二异丁腈分别作为单体、交联剂和引发剂，与十二烷、异辛烷和甲苯的一种或几种溶剂混合后作为分散相，以含有表面活性剂十二烷基苯磺酸钠(或十二烷基硫酸钠)的聚乙烯醇水溶液作为连续相，利用 SPG 膜通过膜乳化和原位聚合制得了大小均匀的多孔苯乙烯与二乙烯苯共聚物小球。作为凝胶渗透色谱(gel permeation chromatography，GPC)填料，能有效分离的相对分子质量范围为 10^2～10^6。

Muramatsu 等[15]采用 SPG 膜乳化法制备了尺寸均一的白朊乳液，加热该乳液得到单分散的白朊微球，另外还利用膜乳化法制备了可生物降解的含有药物的聚(D,L-丙交酯)和共聚(丙交酯-乙交酯)微球。

Muramatsu 等[16]利用表面疏水化处理的多孔玻璃膜将单体哌嗪的水溶液加到有机相中，再加入溶解在有机溶剂中的另一单体(对苯二甲酰氯)，通过界面聚合制得了核壳型微囊。

12.7　膜吸附

膜吸附是近年来出现的一种吸附技术，通过将吸附基团或吸附剂固定或负载于多孔膜上制成吸附功能膜，操作时通常采用溶液流经膜微孔的模式，目标物被吸附功能基团或吸附剂颗粒吸附，而其余料液通过膜孔流出，处理结束后用洗脱剂将目标物洗脱，实现膜再生。膜吸附将膜过滤与吸附相结合，用于溶液中微量物质的富集，具有吸附/脱附速率快、处理效率高、能耗低、易于放大等优点。

12.7.1 吸附膜

根据吸附功能膜的结构，可分为均相吸附膜、混合基质吸附膜和复合吸附膜[17]。

(1)均相吸附膜

均相吸附膜采用一种或多种具有一定吸附功能的膜材料制成，膜内结构均一，不存在明显相界面。例如，在聚合物中加入壳聚糖及其衍生物，引入羟基和氨基，制成吸附功能膜，同时提高了材料的亲水性。又如，乙烯基四唑与丙烯腈在较低温度下(40 ℃)反应制得聚乙烯基四唑和聚丙烯腈共聚物(PVT-co-PAN)，该聚合物膜既具有聚丙烯腈的低成本、高机械强度以及优良的稳定性，又具有四唑基团较强吸附金属离子的能力。在 PVDF 溶液中，采用 UV 光预活化/加热引发两步法在 PVDF 分子上接枝咖啡酸(CA)，将所得 PVDF-g-CA 洗涤干燥后再溶解制膜，咖啡酸中的酚羟基对 Cs^+ 具有吸附作用。

(2)混合基质吸附膜

在膜材料基质中加入一定量的吸附剂，可制得混合基质膜(MMMs)。所用吸附剂分为无机、有机、生物和无机-有机等四大类。

① 无机吸附剂。包括金属氧化物、金属单质、炭材料、碳纳米管、矿物材料等。例如，多孔中空碳质微球/PAN MMMs 用于除去水中的 2,4-二氯苯酚。氧化石墨烯(GO)含有丰富的含氧官能团，具有性质稳定、比表面积高、表面易于功能化等优点。将 GO 分散在聚砜的 DMF 溶液中，制得 MMMs 用于水溶液中铜离子、铅离子的吸附，GO 的加入也显著增加了膜的亲水性和渗透性。通过 GO 的功能化改性，可以进一步提高吸附容量。

② 有机吸附剂。包括环糊精、聚苯乙烯微球(PS-PDVB)、壳聚糖微球、聚吡咯、共价有机骨架材料等。例如，PS-PDVB 与芳香烃分子存在较强的 π-π 作用，同时多孔结构及大的比表面积可以提供较多的吸附活性点，可作为性能优良的芳香系有机物吸附材料。通过静电纺丝制备聚(2-氨基噻唑)(PAT)/醋酸纤维素(CA)膜，用于去除 Hg^{2+}，吸附容量达到 177 mg/g，吸附机理是基于 Hg^{2+} 离子与 PATs 的络合。

③ 生物吸附剂。包括木质素、淀粉、卵清蛋白、水通道蛋白、单宁凝胶、枯草杆菌、聚乙烯醇固化生物等。生物吸附过程分为被动吸附和主动吸附两种模式，被动吸附主要是通过细胞壁官能团和重金属离子之间的范德华力、静电作用力等作用，而主动吸附是依赖于活体的新陈代谢过程，通过细胞壁官能团和重金属离子之间化学吸附或细胞内的酶促作用进行生物转运、生物沉淀和生物积累。

④ 无机-有机吸附剂。如金属有机骨架化合物(MOFs)。将 ZIF-8 纳米吸附

剂混合在壳聚糖(CS)/聚乙烯醇(PVA)中成膜，对孔雀石绿色(MG)染料具有良好的吸附能力(62.11 mg/g)。ZIF-8通过疏水作用以及与染料芳香环相互作用达到吸附效果。

在制备混合基质膜时，吸附剂在基质中的分散往往比较困难；吸附剂被膜材料基质包覆，不易与溶液充分接触，也会影响吸附容量和吸附速率。此外，在吸附/解吸的过程中，少量吸附剂容易脱落，会导致二次污染和重复使用性降低等问题。

(3)复合吸附膜

为了提高吸附容量，在膜材料中引入吸附剂层，得到复合吸附膜。根据吸附剂层的位置不同，可分为表面复合膜、三明治结构复合膜等。

① 表面复合膜。吸收层位于膜表面，可以直接与溶液接触，提高了吸附效率。例如，将聚丙烯腈膜浸入$[Fe(CN)_6]^{4-}$溶液中，膜表面吸附的$[Fe(CN)_6]^{4-}$缓慢解离并生成Fe^{2+}，Fe^{2+}氧化后与$[Fe(CN)_6]^{4-}$反应，得到普鲁士蓝纳米层，可以吸附Cs^+(0.714 mmol/g)，并且具有较高的选择因子[18]。通过真空过滤将β-环糊精(β-CD)改性氧化石墨烯(CDGO)纳米片堆叠在多孔基材上，得到CDGO膜，该膜比较稳定，能从水溶液中去除双酚A(25.5 mg/g)。

② 三明治结构复合膜。以微滤膜为基膜，将吸附剂颗粒过滤形成吸附剂层，然后在表面刮涂高分子膜液，通过相转化法制得三明治结构吸附膜。表面多孔层具有固定保护吸附剂层和均匀分布液体的双重作用，可避免微粒进入膜层造成堵塞。由于吸附剂被基膜及表面层包裹，避免了吸附剂脱落对水体的二次污染，提高了膜的重复使用性及安全性。例如，以PTFE为基膜，以多孔聚合物微球(PS-PDVB)作为吸附剂，以亲水性的PES/磺化聚醚砜(PES-SPES)作为膜表层高分子材料，采用过滤/浸没沉淀法制备PES-SPES/PS-PDVB/PTFE吸附膜，用于吸附水中的4-硝基甲苯。三明治结构膜中吸附剂含量可达到40%(质量分数)以上，明显高于混合基质膜(质量分数一般小于10%)，且去除率及吸附容量均高于相同PS-PDVB含量的混合基质膜，重复使用多次，吸附性能未见明显降低[19]。将十八烷基甲硅烷基键合硅胶夹心结构膜用于从水中提取苯酚，苯酚回收率可达到100%，加标回收率达到97.7%～99.4%，标准偏差为1.2%～1.4%[20]。

12.7.2 吸附过程

吸附过程通常分为主体传质、外扩散、内扩散、吸附质在吸附膜上吸附等步骤。主体传质一般较快；外扩散是吸附质在吸附膜表面液膜中的扩散；内扩散是吸附质在吸附膜内部孔道内的扩散；吸附是吸附质在吸附膜活性位点发生吸附的过程，通常较快。吸附动力学模型主要有以下几种：

(1)拟一级吸附动力学

$$\lg(Q_e - Q_t) = \lg Q_e - \frac{k_1 t}{2.303} \tag{12-5}$$

式中，Q_e 为平衡时吸附膜的吸附量，mg/g；Q_t 为时间 t 时的吸附量，mg/g；k_1 为一级吸附速率常数，min^{-1}。该模型一般适用于吸附初始阶段而非整个过程。

(2)拟二级吸附动力学

$$Q_t = \frac{Q_e^2 k_2 t}{1 + k_2 Q_e t} \tag{12-6}$$

$$\frac{t}{Q_t} = \frac{1}{k_2 Q_e^2} + \frac{t}{Q_e} \tag{12-7}$$

式中，k_2 为二级吸附速率常数，g/(mg·min)。符合拟二级吸附动力学并不表明一定是化学吸附，吸附机理还需要通过多种分析技术、吸附热力学数据等确定，化学吸附的吸附活化能一般在 40~400 kJ/mol。

(3)Elovich 方程

该方程由苏联科学家 A. D. Elovich 于 1939 年提出，最初用于解释纤维素对水分的吸附行为，后来发现 Elovich 方程可适用于多种吸附体系，包括气体-固体吸附、液体-固体吸附和化学吸附等。Elovich 方程的推导基于两个假设：吸附速率与未吸附的表面积成正比；吸附速率常数随表面覆盖度增加呈指数下降。

$$Q_t = \frac{1}{\beta}\ln t + \frac{1}{\beta}\ln(\alpha\beta) \tag{12-8}$$

式中，α 为初始吸附速率常数，mg/(g·min)；β 为解吸常数，mg/g。

(4)颗粒内扩散模型

也称 Weber-Morris 模型，认为吸附质由水相通过液膜向吸附膜外表面扩散传递，然后在微孔中发生内扩散，其中吸附质在吸附膜外表面的传递较快，公式为：

$$Q_t = k_i t^{1/2} + C \tag{12-9}$$

式中，k_i 为颗粒内扩散速率常数，mg/(g·min$^{1/2}$)；C 为与边界层厚度有关的常数，mg/g。将 Q_t 对 $t^{1/2}$ 线性拟合，如果直线穿过原点，则颗粒内扩散为速率控制步骤；如果拟合为多个线性区，则表明为多步机理控制。

吸附等温线的测定，是在恒定温度、恒定 pH 值下进行的，得到 Q_e-c_e 关系图。为了保持吸附过程中溶液 pH 恒定，可在吸附过程中不断监测和调节 pH 值，或者利用缓冲溶液体系。Langmuir 吸附模型假设所有活性位能量相等，单分子层可逆吸附，吸附质分子之间无相互作用，公式为：

$$Q_e = \frac{Q_m b c_e}{1 + b c_e} \tag{12-10}$$

$$\frac{1}{Q_e} = \frac{1}{Q_m} + \frac{1}{bQ_m} \times \frac{1}{c_e} \tag{12-11}$$

式中，Q_m 为吸附膜的最大饱和吸附量，mg/g；b 为 Langmuir 常数，与吸附膜和吸附质作用有关；c_e 为平衡浓度，mol/L。Freundlich 吸附等温线模型用于描述非均相吸附及多层吸附过程，公式为：

$$Q_e = K_F c_e^n \tag{12-12}$$

$$\lg Q_e = n\lg c_e + \lg K_F \tag{12-13}$$

式中，K_F 为 Freundlich 常数，$mg^{1-n} \cdot L^n/g$；n 为 Freundlich 强度参数，无因次，代表吸附推动力或表面不均匀性。在一定温度下达到吸附平衡后，吸附质在吸附膜和溶液中的浓度之比，称为分配系数 K_d(L/g)：

$$K_d = \frac{(c_0 - c_e)v_0}{c_e w_0} \tag{12-14}$$

吸附热力学参数包括 Gibbs 自由能（ΔG，J/mol）、焓变（ΔH，J/mol）、熵变[ΔS，J/(mol·K)]，计算公式为：

$$\Delta G = -RT\ln K_c \tag{12-15}$$

$$\ln K_c = \frac{\Delta S}{R} - \frac{\Delta H}{RT} \tag{12-16}$$

式中，R 为理想气体常数；K_c 为平衡常数，应注意其无因次。

在动态吸附过程中，溶液透过膜或通过膜组件，如图 12-6 所示，上部为饱和层，由于吸附而达到饱和；中部为吸附带，对水中吸附质进行吸附，是真正处于工作状态的区域；下部为未工作层，该区域的吸附膜还未被利用。在整个吸附过程中，随着运行时间的增加，吸附带逐渐下降，饱和层的高度不断增加，未工作层的高度不断减少。当吸附带达到底部时，出水溶质就会发生穿透。穿透曲线（breakthrough curve）是指溶液通过吸附膜时滤液浓度的变化曲线，横坐标可以为时间 t、滤液体积或

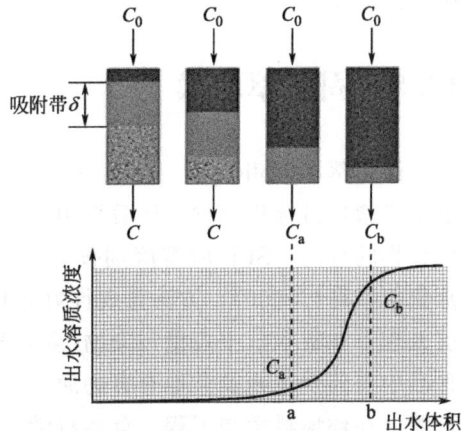

图 12-6 穿透曲线示意图

滤液体积/膜体积，纵坐标为 t 时刻的出口浓度 C_t 或 C_t/C_0。如果定义 $C_t/C_0 = 0.1$ 为穿透点，$C_t/C_0 = 0.8$ 为饱和吸附点（即滤液浓度为初始浓度的 80%），则其相应体积分别定义为穿透体积和饱和体积。动态吸附容量 DC（dynamic adsorption capacity）为：

$$DC = \frac{\int_0^v (c_0 - c)\mathrm{d}v}{w_0} \tag{12-17}$$

在吸附研究中应注意以下问题[21]：利用吸附量表示吸附性能，尽量不用去

除率；吸附等温线应当完整；在模型拟合时，应拟合所有实验点；计算热力学参数时，K_c 应无因次，应使用不同温度、不同浓度下吸附平衡实验数据，当吸附质浓度较低时建议使用分配系数，浓度较高时使用 Langmuir 模型常数(b)或 Freundlich 模型常数(K_F)，而不能只在同一初始浓度、不同温度下测定；计算吸附动力学和等温线模型参数时，建议使用非线性拟合代替线性拟合。

膜吸附兼具膜过滤和吸附的优势，尤其适用于以下领域：

① 溶液中微量、痕量物质的吸附；

② 易凝胶化物质(如蛋白质)在膜表面吸附。与传统吸附床相比，吸附膜表面的被吸附物质易于错流清洗。

目前，吸附膜仍面临以下挑战：

① 吸附膜中吸附剂的含量有限，吸附能力相对较低。该问题可以通过提高吸附剂含量、降低基材的质量比、增加膜组件的面积/体积比来解决。

② 在动态吸附操作中停留时间较短，造成一次通过的吸附率较低。该问题可通过降低传质阻力和过滤速率、循环吸附操作等来解决。

③ 吸附膜成本较高，重复使用性有限，吸附膜的污染影响吸附性能等，均应予以关注。

12.8 固相萃取膜

固相萃取(solid phase extraction，SPE)，是指利用固体吸附剂吸附液体中痕量或微量目标化合物，然后采用洗脱液洗脱或加热解吸，达到富集和分离目标化合物的目的。SPE 所需溶剂仅为液液萃取的 1/10 左右，成本低，环境友好，富集倍数高($>$500)，方法重现性好，可避免乳化等问题，主要用于样品分析的前处理，如富集水中痕量污染物(多环芳烃、酚类、染料、重金属离子等)、动物食品中兽药残留物及其他有害物质、果蔬中农药残留物、血液中药物及其代谢产物等，在环境科学与工程、食品科学、生物医学、制药工程、精细化工、有机合成等领域应用非常广泛。固相萃取技术可分为固相萃取柱、固相微萃取、磁性固相萃取和固相萃取膜等四大类。

(1)固相萃取柱

固相萃取柱主要由柱管、烧结垫、吸附剂三个部分组成。吸附剂分为正相吸附剂(硅胶、氧化铝、硅藻土、硅酸镁等强极性化合物)、反相吸附剂(C_{18}、C_8 等键合硅胶，PS-DVB、PVP-DVB 等高分子吸附剂)和离子吸附剂(聚苯乙烯-二乙烯苯类树脂为主的离子交换吸附剂)。C_{18} 键合硅胶主要用于芳香化合物、多氯联苯、有机氯农药、二噁英、呋喃等的富集，C_8 键合硅胶多用于邻苯二甲酸酯、己二酸酯、有机氯农药、除草剂等富集，PS-DVB 主要用于中等极性芳香化合物的分析。常用的键合硅胶吸附剂的粒径一般在 50 μm 左右，孔径约为 60 nm，比表面积 500 m^2/g 左右。固相萃取柱操作分为柱预处理（润湿吸附剂表面）、样品过柱、柱干燥、目标物洗脱等步骤。目前，固相萃取柱仍存在以下缺点：为了降低流动阻力，吸附剂粒径较大，但这样也使内扩散阻力增加，吸附和脱附速率降低，导致所需床层较厚，过滤速率低（<10 mL/min），萃取耗时长，且容易出现沟流和壁效应；吸附剂孔径较大，容易被样品中的微粒堵塞，样品需要预过滤或预先调节溶液 pH 值以使不溶盐溶解。

（2）固相微萃取（SPME）

固相微萃取分为纤维微萃取、搅拌子吸附微萃取、固相微萃取吸嘴、微孔膜袋微萃取等方法。

① 纤维微萃取。利用石英纤维表面或石英毛细管内表面的高分子涂层对样品进行萃取，也可将若干根聚合物细丝装入聚醚醚酮（PEEK）或聚四氟乙烯（PTFE）毛细管中用于萃取，可与毛细管液相色谱（μ-HPLC）等微分离分析系统在线联用。然而，石英纤维等易碎，成本较高，可选涂层种类少，容量有限，多次使用时吸附剂容易损失。

② 搅拌子吸附微萃取。将搅拌子表面涂覆聚二甲基硅烷，置于水样中搅拌吸附，适用于非极性化合物的萃取。

③ 固相微萃取吸嘴。将 15 μm 左右的球形吸附剂用聚合物黏合在一起，固定于微量移液器吸嘴处，其中的聚合物构成网络骨架，多用于蛋白质组学分析。

④ 微孔膜袋微萃取。将聚乙烯微孔膜片（孔径 0.2 μm）折叠成膜袋，将微量吸附剂加入膜袋中热封，在甲醇中超声洗涤后置于水样中搅拌萃取，最后用滤纸擦干外壁，置于洗脱剂中洗脱，该方法可减少水样中颗粒和腐殖酸等在吸附剂上的吸附，消除基体干扰，但操作步骤较多，用时较长。

（3）磁性固相萃取（MSPE）

将磁性粒子（如 Fe$_3$O$_4$）表面改性或制成核/壳结构吸附剂，分散于样品中萃取，然后利用磁铁收集磁性粒子，再分散于洗脱液中脱附，最后用磁铁收集吸附剂，但该方法操作比较繁琐。

（4）固相萃取膜

固相萃取膜（solid phase extraction disk，SPED）分为两类：

① 吸附剂颗粒/纤维复合膜。以 PTFE 纤维或玻璃纤维为骨架（质量约占膜片的 10%，比表面积约占膜片的 1%），纤维之间载有 SPE 吸附剂颗粒（质量占90%），膜片厚度小于 1 mm，比表面积在 500 m^2/g 左右，膜片平均孔径 0.5～1.5 μm，膜片直径有 90 mm、47 mm、11 mm、7 mm、0.7 mm 等规格，可装在过滤器、注射器针筒、96 孔过滤盘上使用，具有以下优点：吸附剂粒度相对较小，如键合硅胶粒径约为 8 μm（约为 SPE 柱吸附剂的 1/6），比表面积和吸附容量大，传质速率快；膜片薄且填充均匀，表面积大，过滤阻力小，避免了沟流，过滤速率可达 SPE 柱的 10 倍以上（约 100 mL/min），用时较短，适用于大体积

水样的快速萃取；洗脱液用量少(约 10 μL/mg 吸附剂)，可省去后续的蒸发浓缩步骤；膜片容易再生。

② 吸附剂颗粒/高分子混合基质膜。将吸附剂颗粒分散于高分子膜液中，制得混合基质膜，用于固相萃取。固相萃取膜传质速率高，过滤速率快，洗脱液用量少，尤其适用于大体积水样的快速萃取。

12.9 电池隔膜

12.9.1 锂离子电池隔膜

锂离子电池一般由正极、负极、隔膜、电解质等组成，其结构如图 12-7 所示。充电时，Li^+ 从正极脱出在电解液中穿过隔膜到达负极并嵌入负极晶格中；放电时，Li^+ 从富锂态的负极脱出，在电解液中穿过隔膜到达贫锂态的正极并插入正极晶格中。为保持电荷的平衡，充、放电过程中 Li^+ 在正负极间迁移的同时，有相同数量的电子在外电路中来回定向移动形成电流。隔膜可阻止正、负极直接接触，其多孔结构可允许电解液中锂离子自由通过。在发生事故、刺穿、电池滥用等特殊情况下，隔膜局部可能破损造成正负极的直接接触，从而引发剧烈的电池反应，造成电池起火爆炸。因此，为了提高锂离子电池的安全性能、容量及循环使用寿命，隔膜需满足以下要求：具有较高的孔隙率，满足锂离子选择透过性；具有较好的热稳定性、电化学稳定性、绝缘性能及力学性能；良好的电解液浸润性及亲和性；具有合适的热闭孔温度。

锂离子电池隔膜主要为聚烯烃微孔膜，包括 PP 或 PE 单层微孔膜、PP/PE

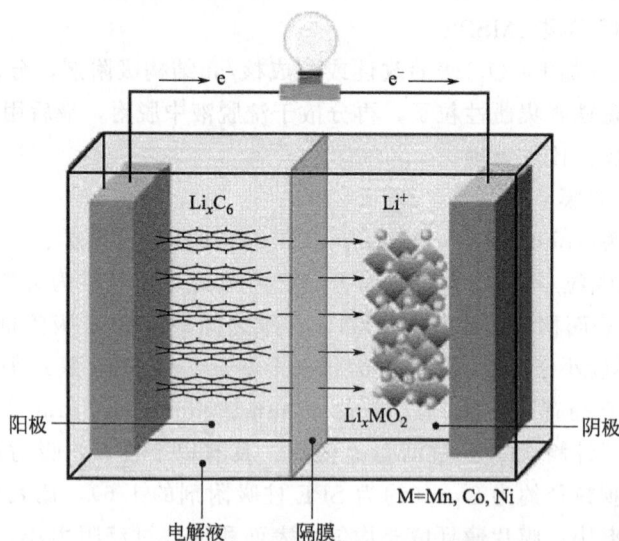

图 12-7 锂离子电池放电过程示意图

两层复合隔膜、PP/PE/PP 多层复合隔膜、涂布膜等。聚烯烃隔膜制备工艺分为干法和湿法两种。干法又称熔融挤出拉伸法，包括单向拉伸和双向拉伸；湿法又称为相分离法、热致相分离法。多层复合隔膜具有较低的闭孔温度和较高的熔断温度，增强了电池的安全性能。

然而，聚合物隔膜的破膜温度较低，如 PE 膜为 140 ℃，PP 膜为 160 ℃，PET 膜为 240 ℃，在电池使用不当时极易造成隔膜收缩甚至熔化，导致电池短路而引起严重事故。涂覆改性可使聚烯烃隔膜的耐热性和电解液润湿性得到极大提升。以聚偏氟乙烯（PVDF）、偏氟乙烯-六氟丙烯共聚物（PVDF-HFP）、聚氧化乙烯（PEO）、硅溶胶等为黏结剂，在聚烯烃隔膜表面涂覆三氧化二铝、二氧化硅、二氧化锆等陶瓷颗粒，由于陶瓷材料热稳定性高，可防止隔膜在热失控条件下发生收缩熔融，同时热传导率低，可防止电池整体热失控，提高了安全性；另外，陶瓷粒子表面含有大量的羟基等亲液性基团，可提高隔膜对电解液的亲和性，从而提升电池的高温安全性和循环性能。例如，以硅溶胶为黏合剂，与一定量的 Al_2O_3、SiO_2 等粒子混合成浆料，涂覆在无纺布基膜上，隔膜在 200 ℃下不会发生明显收缩，已用于动力锂离子电池。采用热辊压工艺制备三明治结构复合隔膜，陶瓷粒子层被限制在双层聚丙烯腈无纺布之间，避免了陶瓷粒子脱落。另外，在聚烯烃隔膜表面还可以涂覆聚多巴胺、PVDF、PVDF-HFP、PEO、聚酰亚胺、聚醚酰亚胺、聚丙烯腈纤维等亲液、耐高温、强度高的聚合物材料。

近年来出现的纤维素纸基隔膜，具有较高的电解液吸收率，同时造纸技术也可使其具有较高的孔隙率和离子电导率；纤维素隔膜还具有极高的热稳定性，可提高电池的安全性，避免因收缩而导致的短路或爆炸等安全问题。

12.9.2 全钒液流电池隔膜

全钒液流电池由电解液循环罐、电极、集流体、电解液隔膜等构成，其结构如图 12-8 所示。在循环罐中，不同价态的钒离子通过循环系统进入电堆，在电极表面发生氧化还原反应。正极以四价钒（VO^{2+}）和五价钒（VO_2^+）为反应活性物质，负极以三价钒（V^{3+}）和二价钒（V^{2+}）为反应活性物质。在电池充电过程中，四价钒（VO^{2+}）转化为正极活性物质五价钒（VO_2^+），三价钒（V^{3+}）转化为负极活性物质二价钒（V^{2+}），电池正负极电势差升高，电能转化为化学能。放电时电池正负极电势差降低，化学能转化为电能。正负半电池反应及整个电池反应如下：

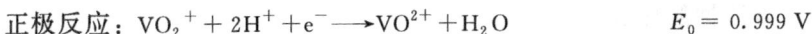

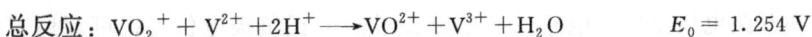

正极反应：$VO_2^+ + 2H^+ + e^- \longrightarrow VO^{2+} + H_2O$ $E_0 = 0.999\ V$

负极反应：$V^{2+} - e^- \longrightarrow V^{3+}$ $E_0 = -0.255\ V$

总反应：$VO_2^+ + V^{2+} + 2H^+ \longrightarrow VO^{2+} + V^{3+} + H_2O$ $E_0 = 1.254\ V$

隔膜在电池中的作用主要是将阴、阳极的电解质溶液隔开，传输离子以使电路形成回路。隔膜应满足以下要求：

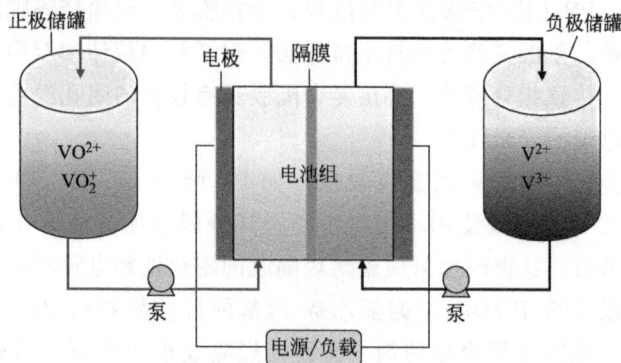

图 12-8 全钒液流电池示意图

① 离子电导率高，膜面电阻小，电池电压效率高；

② 钒离子的渗透率低；

③ 稳定性好，耐强酸腐蚀性和耐电化学氧化性好，满足电池的循环寿命要求；

④ 水迁移量低。

隔膜主要包括离子交换膜和中性膜两大类。阳离子交换膜选择性地透过阳离子 H^+，而阴离子交换膜选择性地透过阴离子 SO_4^{2-}，并且在选择性透过阴阳离子时阻隔钒离子透过。Nafion 膜电池的电压效率高（可达 90% 以上），导电率好，但离子传递引发的水迁移会导致正负极电解液失衡，并且连续传输通道的形成以及固定基团磺酸基的吸引作用，会导致钒离子的渗透速率增大，电池自放电严重，库仑效率较低。通过对膜的改性处理可以在一定程度上降低钒离子的渗透速率，但不能从根本上阻止钒离子渗透，即高离子电导率和低钒离子渗透率难以同时实现，在制备时通常需要平衡多种因素，电池性能难以达到最优。阴离子交换膜的固定基团为带正电荷的季铵盐基，由于 Donnan 排斥效应，能有效阻隔钒离子的渗透。当隔膜中季铵盐基的含量升高时，不仅可以提高膜的导电率，也能够进一步降低钒离子的渗透速率。然而，与阳离子交换膜相比，阴离子交换膜的电阻通常较高。为了获得综合性能满足要求的阴离子交换膜，应进一步提高膜的导电率、降低电阻、增强稳定性等。

中性膜通常为多孔膜，膜内不含任何带电基团，是利用载流子（H^+）与其他离子的体积差异，通过控制膜的孔径大小实现离子的选择性传输。

12.9.3 电池性能分析

（1）电压

电池开路电压是指外电路没有电流通过时的正负极电位差，可利用万用表（精确度不低于 0.1 mV）或电池测试系统测定。工作电压是指外电路有电流通过时正负极电位差，工作电压

$$U = E^0 - IR_i$$

式中，E^0 为热力学平衡电压；R_i 为电池内部或接触存在的电阻，如欧姆电阻、电荷转移阻抗、扩散阻抗；I 为测试电流。

工作电压与电流大小有关。放电平均电压需要对曲线进行数学处理计算：

$$E = \int_0^{Q_{max}} E \, dQ / Q_{max} \tag{12-18}$$

式中，Q_{max} 为曲线中的放电容量；E 为放电曲线纵坐标电压。

(2)容量

电池容量表示在一定条件下电池储存的电量，以 A·h 或 mA·h 为单位，1 mA·h 等于3.6 C。将电池在恒定电流下放电，直至电池电压降至设定的截止电压(通常为电池额定电压的 80% 左右)，记录放电时间，可计算出电池的容量：

$$Q = \int_0^t I \, dt \tag{12-19}$$

式中，Q 为电池容量，A·h；I 为电流，A；t 为测试时间，h。

放电电流的选择需适中，过大可能损害电池，过小则测量时间较长。荷电状态(state of charge，SOC)指电池剩余容量与其完全充满状态容量之比，取值范围为 0~1。DOD(depth of discharge)是放电深度。

电池材料容量分析一般包括首次充电容量、首次放电容量和可逆容量。首次充电容量为电池首次充电结束时的充电容量；首次放电容量为电池首次放电结束时的放电容量；可逆容量为电池循环稳定后的容量(常温下的测定值又称为额定容量)，一般选取第 3~5 周的放电容量。

材料或电极片的克容量、面容量及体积容量，分别表示单位质量活性物质、单位面积极片、单位体积极片的放电容量，单位分别为 mA·h/g、mA·h/cm^2 或 mA·h/cm^3。克容量可用于比较材料的性能，而面容量和体积容量对于材料的实际应用(当正负极容量匹配时)更具有参考价值。

能量密度(W)指单位质量的活性材料所能存储和释放的能量，常称为比能量，$W = EQ/m$，单位为 W·h/kg，也可以用体积能量密度 W·h/L 表示。锂离子电池电芯中正极活性物质占比(质量分数)一般为 30%~50%(取决于正极材料的压实密度和真实密度)，根据正极活性物质的能量密度，可以估算全电池的能量密度。

(3)充放电曲线

对于锂离子电池，充放电曲线的平台或斜坡区域(以及循环伏安曲线和微分差容曲线中的氧化还原峰)对应正负极材料内锂离子的脱嵌。平台起点对应相变的开始，平台终点对应相变的结束，平台表示材料的电化学势与离子在材料中的占有率无关。充放电曲线中的斜坡一般对应于固溶体反应或者电容行为，表示材料电化学势与离子在材料中的占有率有关。通过充放电曲线可以初步判断材料在充放电过程中有几次相变反应，是两相转变反应还是固溶体吸脱附电容行为，可以辅助指导 X 射线衍射等结构研究。通常充电和放电的电位平台或斜坡的数量相同，若充电和放电的总容量相同，但对应的每个平台/斜坡的容量有差异，说明材料脱嵌锂的热力学反应路径或动力学特性有显著差异。在同一 SOC 下小电流充放电时，充电电位平台与放电电位平台电压的中间值近似等于热力学平衡电位，而采用循环伏安曲线或微分差容曲线对应的氧化峰与还原峰的中间电位值则更准确。

能量效率指同一循环周次的放电能量与充电能量之比（$E_D Q_D / E_C Q_C$）。在充放电曲线中，近似于充放电曲线的积分面积之比。典型的锂离子电池的能量效率在 92%～95%，锂硫电池和锂空气电池的能量效率分别在 80% 和 70% 左右。库仑效率即充放电效率，指同一循环过程中电池放电容量与充电容量之比（Q_D/Q_C）。充放电倍率是指储能系统在规定的时间内充放电电流与额定容量的比值。例如，电池的容量为 2200 mA·h，电流为 2200 mA 时倍率是 1C，电流为 1100 mA 时是 0.5 C。

(4) 极化

在施加外电场后，电池或电极逐渐偏离平衡电势的状态，称为极化。极化电势与平衡电势的差值为过电势。电池充放电过程中极化不可避免，尤其在高倍率充放电过程中。在较低充放电倍率下，通常可忽略极化引起的容量变化。某倍率下测得的容量与低倍率下测得的容量之差，可视为极化引起的容量变化。充放电曲线中充放电平台电压差值的增加，也可反映电极极化的增加。

(5) 电化学阻抗谱

电化学阻抗谱（EIS）是通过对电化学系统施加小幅度的正弦波电位（或电流）扰动信号，测量系统产生的相应电流（或电位）响应，反映了电化学系统的阻抗随频率的变化关系，提供了界面结构和动力学信息。

将电化学系统视为由电阻（R）、电容（C）、电感（L）等基本元件串联或并联构成的等效电路，通过 EIS 定量测定这些元件的大小，分析电化学系统的结构和电极过程的性质。Randles 模型广泛用于描述具有显著电化学活性的电极系统，该模型由串联的溶液电阻（R_s）、并联的双电层电容（C_{dl}）以及法拉第阻抗元件（即电荷转移电阻 R_{ct}）组成，通常以符号 $R_s\text{-}(R_{ct}//C_{dl})$ 表示，在分析电荷传递步骤主导的电化学反应（如电池、燃料电池、腐蚀现象等）中占据重要地位。当电化学系统中扩散过程显著时，引入 Warburg 元件（Warburg 阻抗 Z_w）以描述反应物或产物在电极表面扩散受限所引起的阻抗，模型可表示为 $R_s\text{-}(R_{ct}//C_{dl}//Z_w)$，用于模拟扩散控制步骤的影响，特别适用于分析低频下扩散过程主导的电化学反应。

阻抗是复数，$Z_W = Z_{Re} + Z_{Im} i$，包含实部 Z_{Re} 和虚部 Z_{Im}，分别对应电化学系统的电阻和电容（或电感）特性。常用的电化学阻抗谱有奈奎斯特图（Nyquist plot)和波特图(Bode plot)。电极过程控制步骤为电化学反应步骤时，Nyquist 图为半圆(图 12-9)，半圆的直径通常反映了电荷转移阻抗的大小，从 Nyquist 图上可以直接求出内阻 R_Ω 和 R_{ct}，由半圆顶点的 w 可求得 C_{dl}。

电极过程由电荷传递和扩散过程共同控制时，在整个频率域内，其 Nyquist 图是由高频区的一个半圆和低频区的一条 45°的直线构成。高频区为电极反应动力学(电荷传递过程)控制，低频区由电极反应的反应物或产物的扩散控制。扩散阻抗的直线可能偏离 45°，其斜率可反映扩散过程的快慢，较小的倾斜角度通常意味着较快的扩散过程。

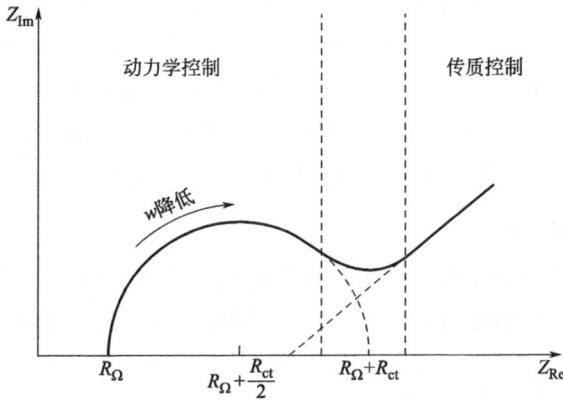

图 12-9　电化学阻抗谱

12.10　膜电极过程

12.10.1　电容去离子

电容去离子(capacitive deionization，CDI)在 20 世纪 60 年代就已经出现，过程不涉及电子的得失，为非法拉第过程。其主要工作原理是通过对吸附电极施加外电压(一般≤1.2 V)使电极表面荷电，在电极表面与溶液界面处形成双电层，溶液中带电离子或粒子在电场力作用下向相反电性的电极表面迁移，并吸附富集于双电层结构中，从而去除溶液中的带电离子或粒子。然后，撤去电位或者施加反向电势，吸附电极可实现离子解吸和电极再生。电极材料应具有高比表面积、高导电率、化学性质稳定等特点，主要包括以下几类[22]：

(1)碳材料吸附电极

包括活性炭、炭气凝胶、石墨等。例如，将活性炭纤维覆盖在石墨电极表面做成复合电极，在搅拌下吸附电镀废水中的镍离子，在吸附电压为 1.0 V、电极板间距为 30 mm、溶液初始质量浓度为 20 mg/L 时，镍离子的去除率可达到 88.15%。采用液相还原法制备石墨烯气凝胶三维材料电极，具有三维交错孔隙结构，电化学性能稳定，该电极可用于 NaCl 溶液电吸附。利用氨肟基团修饰改性导电碳毡，对铀酰离子具有高选择性，可实现铀酰离子的高效吸附分离。在电极制备过程中，一般需要使用黏结剂等物质，对吸附电极表面的活性位点有屏蔽作用，对成型后吸附电极的导电性也有负面影响。

（2）层状双金属氢氧化物

层状双金属氢氧化物（LDH）中，部分二价金属离子被三价金属离子取代而表面带正电荷，通过阴离子插入层间以实现电荷平衡。经煅烧去除层间的阴离子后，获得层状金属氧化物电极（LMO），在水体溶液中吸附阴离子并重构原有的二维层状结构。例如，采用溶胶-凝胶法基于泡沫镍制备 NiAl 层状双氢氧化物膜，煅烧制成吸附电极，用于饮用水中氟离子的选择性吸附分离。通过水热法在泡沫镍表面原位沉积制备 Pd-NiAl-LDH 复合膜，高温煅烧并还原形成 Pd/NiAl-LMO 膜电极，用于水体中 NO_3^- 的吸附。在电极再生过程中，通过钯纳米粒子的催化，将 NO_3^- 降解转化为无害 N_2 气体，实现电解吸过程。

12.10.2 电化学吸附

电化学吸附涉及电子得失，为法拉第过程，已用于电化学提锂中。其原理是根据锂离子电池在充放电过程中 Li^+ 在正极材料和电解液之间转移的原理，利用正极材料离子变价实现锂离子的吸附与脱附[23]。在充电过程中，正极材料被氧化，Li^+ 从正极材料脱出到溶液中：

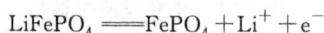

$$LiFePO_4 \Longrightarrow FePO_4 + Li^+ + e^-$$

放电过程中，正极材料被还原，Li^+ 从溶液中嵌入到正极材料：

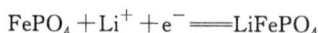

$$FePO_4 + Li^+ + e^- \Longrightarrow LiFePO_4$$

正极材料主要有橄榄石结构 $LiFePO_4$、锰系氧化物等。橄榄石结构 $LiFePO_4$ 由 FeO_6 八面体和 PO_4 四面体构成晶体骨架，Li^+ 具有一维可移动性，在铁氧化与还原过程中实现 Li^+ 的脱出与嵌入，其缺点是电导率较低，提锂过程中所需的平衡时间较长。锰系氧化物利用锰离子变价实现锂离子的吸附与脱附，$[Mn_2O_4]$ 骨架中锰和氧交替排列，构成了有利于锂离子脱嵌的三维网络。

与常规吸附过程相比，电化学提锂中液相离子传质速率高，平衡吸附时间短，避免了再生过程中酸性或强氧化性洗脱剂的使用以及洗脱剂对离子筛结构的破坏，环境友好。电化学提锂过程中，锂离子嵌入工作电极的同时，为了保持体系电中性，对电极发生捕获阴离子的反应、释放阳离子的反应或其他反应，根据这些反应的不同可将电化学提锂体系分为三类[24]：

（1）捕获阴离子的对电极

当 Li^+ 插入工作电极时，溶液中的 Cl^- 或其他阴离子被对电极捕获。对电极主要有银电极、活性炭电极和电活性聚合物电极等。

① Ag 电极。Ag 能与卤水中的主要成分 Cl^- 反应并生成 AgCl。第一步是将

FePO$_4$ 电极和 Ag 电极放入原料液中，将两电极短接，FePO$_4$ 发生还原（嵌锂），Ag 电极发生氧化（嵌氯），是产生能量的放电过程：

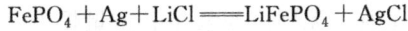

$$FePO_4 + Ag + LiCl \Longrightarrow LiFePO_4 + AgCl$$

第二步是以 LiFePO$_4$ 为阳极、AgCl 为阴极，在两电极间施加正向直流电场。LiFePO$_4$ 发生氧化（脱锂），AgCl 发生还原（脱氯），是消耗能量的充电过程。

$$LiFePO_4 + AgCl \Longrightarrow FePO_4 + Ag + LiCl$$

通过上述循环过程可将 Li：Na＝1：100 的卤水中 Li$^+$ 选择性提取，得到 Li：Na＝5：1 的溶液，其能耗为 144 W·h/kg Li。该电极的缺点是贵金属成本较高，且 Ag 电极在高卤化物的溶液中会发生少许的溶解。

② 活性炭电极。放电过程中，锂离子进入氧化锰晶格，活性炭表面吸附阴离子。充电过程中，锂离子由锰氧化物脱出，阴离子由活性炭表面释放。在活性炭阴极表面负载阴离子交换膜，以避免充电过程中 Li$^+$ 的嵌入。50 次循环后，对锂离子的选择性不变。相对于 Ag 电极，活性炭电极捕获 Cl$^-$ 的比容量较小。

③ 电活性聚合物电极。电活性聚合物电极主要有聚吡咯（PPy）、聚苯胺（PANI）等，具有成本低、导电性好、环境友好、易于处理等优点。PPy 是一种导电聚合物，在还原过程中会释放 Cl$^-$，在氧化过程中会吸附阴离子。该体系在电压低于 1 V 的条件下，循环 200 次后提锂效率为 50％：

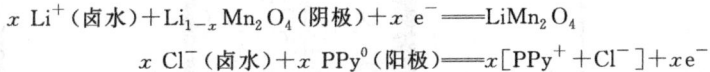

$$x\,Li^+（卤水）+ Li_{1-x}Mn_2O_4（阴极）+ x\,e^- \Longrightarrow LiMn_2O_4$$
$$x\,Cl^-（卤水）+ x\,PPy^0（阳极）\Longrightarrow x[PPy^+ + Cl^-] + xe^-$$

(2)释放阳离子的对电极

当 Li$^+$ 插入工作电极时，对电极会释放等量电荷的阳离子来维持溶液的电中性。

① 普鲁士蓝类配合物电极。Trócoli 等在 2015 年提出了替代高成本 Ag 电极的普鲁士蓝类化合物 KNiFe^{III}(CN)$_6$ 电极。普鲁士蓝类化合物对 Na$^+$、K$^+$ 的亲和力要比 Li$^+$ 大得多。在含锂混合溶液中，该化合物首先吸附除 Li$^+$ 之外的 Na$^+$、K$^+$。锂离子在嵌入工作电极的同时，对电极 K$_2$NiFe^{II}(CN)$_6$ 脱出阳离子 K$^+$ 来保持电化学体系的电中性。

$$FePO_4 + K_2NiFe^{\text{II}}(CN)_6 + LiCl \Longrightarrow LiFePO_4 + KNiFe^{\text{III}}(CN)_6 + KCl$$

充电脱锂时，Li$^+$ 释放到回收溶液中，阴极则捕获溶液中的 K$^+$。

$$LiFePO_4 + KNiFe^{\text{III}}(CN)_6 + KCl \Longrightarrow FePO_4 + K_2NiFe^{\text{II}}(CN)_6 + LiCl$$

② Zn 电极。由阴离子交换膜分隔为两个室，λ-MnO$_2$ 电极置于原料液中，Zn 电极置于 ZnCl$_2$ 溶液中。在锂提取过程中，将两电极进行短接，λ-MnO$_2$ 进行嵌锂过程，同时 Cl$^-$ 从原料液中向右迁移至右侧，Zn 被氧化为 Zn^{2+}。

$$2\lambda\text{-}MnO_2 + Li^+ + Zn \Longrightarrow LiMn_2O_4 + Zn^{2+} + e^-$$

在 LiMn$_2$O$_4$ 和 Zn 电极间施加正向直流电场，LiMn$_2$O$_4$ 发生氧化反应，

Li^+ 从电极上脱出到溶液里；右侧溶液中 Zn^{2+} 被还原为 Zn。

$$LiMn_2O_4 + Zn^{2+} + e^- \Longrightarrow 2\,\lambda\text{-}MnO_2 + Li^+ + Zn$$

锌被可逆地氧化和还原，无副反应发生和质量损失，阴离子交换膜的使用阻止了锌离子进入含锂溶液中。通过对 LMO/Zn 电极体系进行 100 次充放电的稳定性测试，在不损失锌的情况下保留了初始容量的 73%，能耗为 6.3 W·h/mol。

（3）摇椅式电极体系

将富锂态电极和贫锂态电极组成电极体系，两电极分别置于由阴离子交换膜分隔的回收室和原料室内。例如，在 $LiFePO_4/FePO_4$ 体系中（图 12-10），将 $LiFePO_4$ 电极置于回收溶液（0.5 mol/L NaCl）中，$FePO_4$ 置于原料液（含锂卤水）中。在电场下，$LiFePO_4$ 阳极发生氧化（脱锂）反应，阴极发生还原（嵌锂）反应。

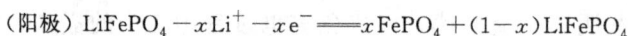

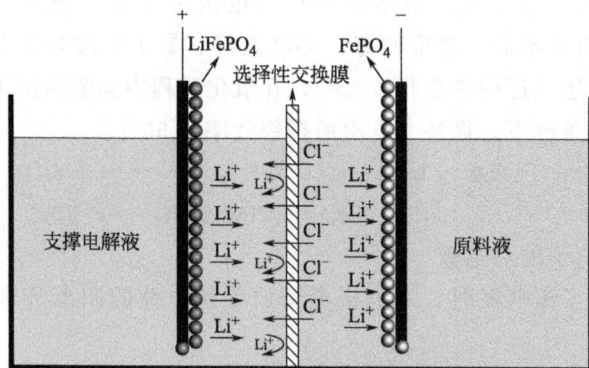

（阳极）$LiFePO_4 - xLi^+ - xe^- \Longrightarrow xFePO_4 + (1-x)LiFePO_4$

（阴极）$FePO_4 + xLi^+ + xe^- \Longrightarrow xLiFePO_4 + (1-x)FePO_4$

图 12-10 摇椅式电极体系

然后，将阴阳极交换，重复以上过程，可将盐湖卤水 Mg/Li 比从 60 降到 0.45。

摇椅式电极体系避免了对电极的使用，降低了设备成本，提高了提锂效率，但其能耗相较对电极体系偏高。

电化学提锂的发展方向包括：通过电极改性（如掺杂或包覆），防止活性物质流失，提高电极的锂交换容量、选择性和循环性；解决电极在高的操作电流/电压条件下选择性下降的问题。

12.11 油水分离膜

含油废水按油水的形态不同，分为油水混合物和油水乳液两大类，按油滴粒径大小不同可分为浮油（>150 μm）、分散油（20～150 μm）、乳化油（< 20 μm）

和溶解油(小于几微米)。工业上分离油水混合物的方法主要有气浮、重力分离、吸附分离、凝聚和絮凝等方法,但是这些方法不能有效分离油水乳液,当乳化油滴粒径小于 20 μm 时,需要施加电场或者添加化学物质破乳。因此,乳化油和溶解油的分离最具挑战性。

微孔膜分离技术通过油或水的选择性渗透实现分离,与传统油水分离技术相比,具有操作简单、分离效率高、运行成本低等优点。在膜法油水分离过程中,分离效果主要取决于膜表面润湿性和微孔结构。

① 膜表面润湿性。膜表面润湿性通常以水在空气中的静态接触角(water contact angle,WCA)和水下油滴的接触角(oil contact angle,OCA)表示。当 WCA<90°时为亲水性膜;当 WCA<10°且 OCA>150°时,为超亲水/超疏油膜;当 WCA>90°时为疏水性膜;当 WCA≥150°时,为超疏水膜。膜表面润湿性主要取决于膜表面化学组成以及膜表面的微观结构,尤其是膜表面粗糙度。

② 膜的微孔结构。膜的微孔结构决定了膜的筛分尺寸。例如,对于亲水微孔膜,如果油滴尺寸小于微孔尺寸,油滴可以随渗流的水相进入分离孔道中,如果油滴尺寸大于微孔尺寸,受微孔边界的排斥,油滴难以进入分离孔道中。

普通的亲水性和疏水性油水分离膜,存在抗污染能力差、通量衰减快、油水分离效果不佳等缺点,超亲水/超疏油和超疏水/超亲油油水分离膜对含油污水具有优异的处理效果,已成为油水分离膜的重点研究方向。超亲水/超疏油膜主要用于水包油乳液的分离,超疏水/超亲油膜主要用于油包水乳液的分离。采用上述两种超浸润膜分离乳化油时,主要通过两种作用实现乳液分离:一是通过调控膜表面孔径,使其小于乳液尺寸,利用膜孔的筛分效应实现乳液分离;二是通过调控膜表面的润湿性,使油水乳液在超浸润表面发生破乳现象,增强膜表面的油水选择透过性,实现油水乳液的高效连续分离。

(1)超亲水/超疏油油水分离膜

超亲水/超疏油油水分离膜表面通常由亲水性物质组成,当油水混合物接触膜时,由于膜表面具有超强的亲水性,水能迅速润湿膜表面,在膜表面形成一层稳定的水合层。膜的亲水性越强,在膜表面形成的水化层越致密和稳定,油在膜材料表面的黏附力越低,抗污染效果越好。在分离油水混合物时,水可以迅速通过膜,而油被阻挡在膜表面,从而达到油水分离的目的。

提高微孔膜表面水润湿性能的方法,是利用共混、涂覆、气相沉积等手段在膜表面构筑含有亲水官能团的涂层,提高水通量,减少油分子在膜表面的沉积,避免膜孔的堵塞,提高膜的抗污染能力。例如,通过共混添加的亲水性聚合物,在相转化过程中能迁移到膜表面提高膜的亲水性和抗污染性能,并加快液液交换速率,促进指状孔的形成,提高膜通量。由亲水链和疏水链组成的两亲共聚物也常用作添加剂与聚合物主体共混,亲水链可以提高膜的亲水性,而疏水链可以提高与聚合物主体的相容性。例如,将梳形共聚物(聚甲基丙烯酸甲酯为主链-聚环氧乙烷为侧链)用作添加剂,可使膜的耐污染性大大提高,而膜的结构几乎没有受到影响。用壳聚糖与 PVA 通过氢键相互作用形成共混溶液,并通过戊二醛(GA)交联,将交联后的溶液涂覆在铜网表面,形成亲水疏油膜。向涂层溶液中加入亲水 TiO_2 纳米颗粒,可使膜表面润湿性进一步增大。在基材(PVDF)表面接枝聚丙烯酸(PAA),在碱性条件下使 PAA 离子化,生成聚丙烯酸钠(PAAS)。由于 PAAS 比 PAA 结合水的能力更强,使得 PAAS-g-PVDF 膜在水下具有超疏油性。实验结果表明,在该膜表面高黏度原油的滚动角为 $2.3°$,分离油水混合物时水通量可达到 $50000 \text{ L}/(\text{m}^2 \cdot \text{h})$,收集的原油纯度达到 98.7%。

(2)超疏水/超亲油油水分离膜

增加膜表面粗糙度,可以使固液接触面积减小,水接触角增大,膜疏水性提高。提高表面粗糙度的方法主要有添加固体颗粒、表面刻蚀、静电纺丝等。例如,将疏水性的聚四氟乙烯分散在聚乙烯醇溶液中(黏合剂为聚乙酸乙烯酯),然后喷涂在不锈钢网表面,在高温($350 ℃$)烧结后制得超疏水/超亲油不锈钢网膜。当油水混合物接触到不锈钢网膜表面时,油可在不锈钢网膜表面迅速润湿铺展并渗透,水因无法润湿而不能渗透,从而可对油水混合物进行高效分离。将聚二乙烯基苯生长在不同基底上,当基底为孔径较大的不锈钢网时,可实现油水混合物的有效分离;而当基底为孔径较小的聚偏氟乙烯(PVDF)微滤膜时,可实现纳米级油包水乳液的分离。

【例 12-1】 Janus 通道膜用于油水分离[25]

Janus 通道膜(JCM)是由一对亲水膜和疏水膜构成的受限结构,用于同时从表面活性剂稳定的乳液中回收油和水。随着通道宽度从 125 mm 减小到 4 mm,石油采收率从 5% 增加到 97%,水采收率从 19% 增加到 75%,回收油和水的纯度均大于 99.9%,其机制包括局部乳液的快速富集和由于狭窄通道的限制效应而增强的碰撞。传统的膜分离只能从体系中去除一个相,由于浓度极化而使分离效率降低。而在 JCM 中,水渗透促进了油滴的浓缩和聚结,从而能够持续去除油,而油的去除减轻了浓度极化导致的对水渗透的不利影响。

12.12 阻隔膜

阻隔膜在食品、药品、工业、军事等产品包装领域具有广泛应用。大气中的氧气对食品营养成分具有一定破坏作用,能使油脂氧化,产生异味的过氧化物,危害人类健康,还会使维生素和氨基酸失去营养价值,色素褪色,并能造成微生物繁殖,使食品腐败变质,因此,很多食品都要求包装材料具有良好的氧气阻隔性。有机薄膜电池、有机发光二极管、柔性电子器件等对封装阻隔膜的水氧阻隔率提出了较高的要求,一般要求水蒸气透过率(WVTR)小于 $10^{-2} \text{g}/(\text{m}^2 \cdot \text{d})$,量子点膜用阻隔膜要求水蒸气透过率达到 $10^{-2} \sim 10^{-3} \text{ g}/(\text{m}^2 \cdot \text{d})$,透光率 90% 以上，黄度值小于1。

12. 12. 1 影响气体阻隔性的主要因素

影响气体阻隔性的主要因素有：

① 结晶度。聚合物结晶度越高，晶粒排列越规则，气体越难在其中扩散。例如，经过定向处理的聚苯乙烯，其透气性比未经定向处理的降低。但是，随着结晶度升高，T_g 上升，使加工变得困难，同时材料变硬变脆，透明度降低。

② 分子极性。结晶度一定时，极性大分子比非极性或弱极性大分子的内聚能密度高，分子结合紧密，气体在其内部扩散困难。聚对苯二甲酸乙二醇酯（PET）、聚乙烯醇（PVA）为强极性大分子，其透气系数比聚乙烯低两个数量级。但是，亲水性树脂由于吸水而溶胀，分子间距增大导致阻隔性下降。

③ 分子取向。成型加工中的拉伸能使聚合物分子链规则排列而趋紧密，阻隔性提高。分子取向程度越高，阻隔性越好。

低密度聚乙烯（LDPE）、双向拉伸聚丙烯（BOPP）等非极性聚烯烃是高氧气透过性薄膜，具有良好的加工性能，成本低，在其表面涂覆阻隔性能好的涂层，可提高氧气阻隔性。聚氯乙烯（PVC）、聚丙烯腈（PAN）因残留单体具有毒性，限制了其在食品包装中的应用。PET 机械性能优越，化学性能稳定，吸水率低，含有极性基团，易于进行表面涂覆和复合，热变形温度高达 200 ℃，可在 120 ℃ 下长时间使用，在蒸镀 SiO_x、Al_2O_3 时不会发生热变形，附着牢度高，是良好的镀膜基材。聚 2,6-萘二甲酸乙二醇酯（PEN）阻水率比 PET 高 3～4 倍，热变形温度比 PET 高约 30 ℃，受环境湿气等影响较小，具有较高的拉伸强度、弯曲强度、弹性模量等，但其成本高，限制了其大量使用。乙烯-乙烯醇共聚物分子中含有亲水基团，易于吸收水分造成阻气性下降，常用于复合膜的中间层。聚偏二氯乙烯（PVDC）成本较高，一般将其溶液涂覆在双向拉伸薄膜基材上，形成阻隔层。

12. 12. 2 高阻隔膜的种类

高阻隔膜可分为不透明膜和透明膜两大类。

(1)不透明高阻隔膜

不透明性高阻隔膜主要包括铝箔和镀铝膜，用于需要遮光保存、高阻隔性的食品或药品包装。铝箔采用纯度 99.5％ 以上的高纯电解铝经过多次压延而成，具有高阻水阻氧性，可达 $0.01\ cm^3/(m^2 \cdot d)$，加工性能优异，但易撕裂，较易出现针孔，耐折性差，存在金属污染，不能微波加热。镀铝膜采用物理沉积法在塑料基材上镀铝而成，阻水阻氧，对红外线、紫外线有良好的反射能力，但不耐蒸煮，阻隔性相对较差。

(2)透明高阻隔膜

透明高阻隔材料主要有涂布膜、蒸镀膜、多层共挤膜、纳米复合膜等。

① 涂布膜。将阻隔性聚合物溶液涂布在基膜表面，干燥后形成复合膜。常用的阻隔材料有 PVDC、EVOH、PEN、PA、PVA 等。在 PP、PE、CPP（流延聚丙烯）、PET 薄膜上涂布 2～4 mm PVDC 或 PVA，其透气性和透湿性将显著降低。

PVDC 具有高对称性、高结晶性（结晶度一般在 $50\%～80\%$），分子间作用力较强，小分子在半结晶聚合物中扩散时必须绕开结晶部分导致扩散路径延长，降低了小分子的扩散速率，具有良好的气体阻隔性能，但其价格较贵，大多采用在普通塑料薄膜上涂布 PVDC 乳液的方法生产高阻隔膜。为了使 PVDC 涂层和基膜间具有足够的黏合力，需要对基膜进行处理。PVDC 含有氯，燃烧处理后会产生 HCl 和二噁英等有毒物质，对环境造成污染。

PVA 玻璃化温度 75～85 ℃，分子链上含有大量强极性羟基，容易形成分子内和分子间氢键，使 PVA 分子链堆积规整，结晶度高，具有优异的阻隔性能。但未改性的 PVA 薄膜在潮湿环境中容易吸水，发生溶胀，自由水进入分子链间，使其对氧气的阻隔性能大幅降低。一般将 PVA 改性后制成水性涂布液，使其耐水性能提高。氨基树脂是由含有氨基的化合物如尿素、三聚氰胺等与甲醛和醇类缩聚而成，如脲醛树脂、三聚氰胺甲醛树脂等。经过氨基树脂交联改性的 PVA 涂布液具有较好的光泽度、硬度、耐化学性、耐候性以及优良的耐水性。加入密胺树脂改性的 PVA 涂布液，由于亲水的羟基被适度封闭与交联，耐水性得到改善，提高了其水蒸气阻隔性能。为了保持最佳的阻隔效果，一般在改性PVA 涂布膜上再复合一层或多层热封性好、水分阻隔性强的聚烯烃薄膜，以有效保护 PVA 涂层，使其处于干燥状态，保持对氧气等非极性气体的高阻隔性。明胶含有大量的氨基和羟基，能形成氢键，具有较高分子取向性、成膜性能和黏合性，有利于层与层之间的粘接复合，是理想的氧阻隔材料。

② 蒸镀膜。利用透明氧化物（ZnO、ZrO_2、MgO、TiO_2 等）、氮化物等无机薄膜材料作为阻隔层，通过物理气相沉积、化学气相沉积等方法制备镀膜，通过改变沉积方式或者增加阻隔层厚度来改善阻隔性能。无机氧化物镀膜多为 12 mm 基膜/无机阻隔层结构，其阻隔性多在 $0.1～1\ cm^3/(m^2 \cdot d)$，透明性好，高温湿下阻隔性稳定，可用于需要高温蒸煮灭菌的包装材料，以及对耐候性有较高要求的太阳能电池盒、液晶显示等领域。LDPE、BOPP 等聚烯烃类薄膜表面不含极性基团，直接蒸镀无机物时基材与镀层的黏合性差，需要采用等离子等技术预处理基材。无机镀膜较脆，不耐弯折，成本较高，阻隔能力有限。在无机镀层上增加柔韧的高分子涂层，提高阻隔膜的平坦度，弥补表面微观缺陷，可获得更低的水蒸气透过率。

③ 多层共挤膜。使用多台挤出机分别将具有阻隔性能的树脂和其他树脂的熔体，通过一个共用模头挤出而制得。多层共挤膜由阻隔层、黏结层及支撑层三种功能层组成，结构可分为对称结构（如 A/B/A）和非对称结构（如 A/B/C）。阻

隔层具有阻氧、阻湿、阻油渗透等作用；支撑层具有良好的机械、热封等性能，对称结构膜一般有两个支撑层，内层用于热封，外层可用于印刷；黏结层的作用是黏合阻隔层和支撑层，以保证层间剥离力。

④ 纳米复合膜。纳米复合膜是利用不渗透的大长径比的片状纳米粒子(如石墨烯、纳米黏土)通过插层复合、原位聚合、溶胶-凝胶等方法制得。片状纳米粒子能延长渗透分子的渗透路径，降低渗透分子的扩散速率，限制聚合物链段的运动，增强分子链之间的相互作用，从而改善阻隔性能。然而，纳米粒子难以均匀分散和高度取向，可能会影响膜的光学性能和机械性能。

思 考 题

1. 亲和介质活化的方法有哪些？
2. 如何实现膜对环境刺激的多重响应？试举 3 例说明。
3. 高分子链构型发生变化的机理有哪些？
4. 电池隔膜还有哪些？其性能指标有何不同？
5. 膜吸附适用于哪些场合？
6. 固相萃取膜材料有哪些特点？
7. 阻隔膜材料在结构上有哪些共性？

参 考 文 献

[1] 时钧,袁权,高从堦. 膜技术手册. 北京:化学工业出版社,2001.

[2] 杨座国,许振良,邴乃慈. 化工进展,2006,25(2):131-135.

[3] 姜忠义,喻应霞,吴洪. 膜科学与技术,2006,26(1):78-83.

[4] Gudeman L F,Peppas N A. J Membr Sci,1995,107:239-248.

[5] 谢锐,褚良银. 膜科学与技术,2007,27:1-7.

[6] Ito Y,Oehiai Y,Park Y S,et al. J Am Chem Soc,1997,119:1619 1623.

[7] Sunarso J,Baumann S,Serra J M,et al. J Membr Sci,2008,320:13-41.

[8] 程云飞,赵海雷,王治峰,滕德强. 稀有金属材料与工程,2008,37(12):2069-2074.

[9] 武洁花,张颖,张明森. 功能材料,2007,38:2748-2750.

[10] Nakashima T,Shimizu M. Ceram Jpn,1986,21:408.

[11] Nakashima T,Shimizu M,Kukizaki M,et al. Key Engineering Materials,1991,61/62:513-516.

[12] 李娜,陈登飞. 膜科学与技术,2006,26(4):73-77.

[13] 谢锐,褚良银,陈文梅,等. 膜科学与技术,2004,24(4):62-65.

[14] Hatate Y,UemuraY,Ijichi K,et al. Journal of Chemical Engineering of Japan,1995,28(6):656-659.

[15] Muramatsu N,Nakauchi K. Journal of Microencapsulation,1998,15(6):715-723.

[16] Muramatsu N,Shiga K,Kondo T,et al. Journal of Microencapsulation,1994,11(2):171-178.

[17] 郝爽,贾志谦,杨禹,黄海鸥,门毅. 膜科学与技术,2021,3:162-168.

[18] Jia Z Q,Cheng X X,Guo Y X,Tu L Y. Chem Eng J,2017,325:513-520.

[19] Jia Z Q,Jiang M C,Wu G R. Chem Eng J,2017,307:283-290.

[20] Hao S,Jiang L,Yang B R,et al. Mater Lett,2019,240:238-241.

[21] Tran H N,You S J,Hosseini A,Chao H P. Water Res,2017,120:88e116.

[22] 卞维柏,潘建明. 化工学报,2021,72(1):304-319.

[23] 王晓丽,杨文胜. 化工学报,2021,72(6):2957-2971.

[24] 郭志远,纪志永,陈华艳,等. 化工进展,2020,39(6):2294-2303.

[25] Guo X Y,Zhao L,Li H N,et al. Science,2024,386:654-659.

全书综合思考题

1. 下列方程在膜科学与技术中有很多应用,试分别举 3 例说明。

    (1) Young-Laplace 方程;(2) Hagen-Poiseuille 方程

2. 下列方法或模型在膜科学与技术中有很多应用,试分别举 3 例说明。

    (1)膜表面活化;(2)阻力串联模型;(3)界面聚合

3. 待分离组分与膜的相互作用很重要,哪些应用中利用了该作用?何时需要抑制该作用?

4. 分离和混合是相互矛盾的,在哪些应用中利用了膜的混合功能?

5. 简述孔隙率对膜的下列性质的影响:

    (1)热导率;(2)接触角

6. 试举 4 例说明无机/有机杂化膜在膜过程中的应用。

7. 试举 3 例说明聚电解质膜在膜过程中的应用。

8. 在某些应用中,膜仅起分隔两相的作用而不具有选择性,试举 4 例说明。